图解学技能从入门到精通丛书

中央空调安装与维修从入门到精通

（图解版）

韩雪涛 主 编
吴 瑛 韩广兴 副主编

机械工业出版社

本书以市场就业为导向，采用完全图解的表现方式，系统全面地介绍了中央空调安装与维修相关岗位从业的专业知识与操作技能。本书充分考虑中央空调安装与维修的岗位需求和从业特点，将中央空调安装与维修的知识技能划分成9个项目模块，每章即为一个模块。第1章，中央空调的种类结构与工作原理；第2章，中央空调安装维修工具的使用；第3章，中央空调管路的加工连接；第4章，中央空调的设计施工要求；第5章，中央空调的装配调试技能；第6章，中央空调常见故障的检修分析；第7章，中央空调管路系统的特点与检修流程；第8章，中央空调管路系统的检修技能；第9章，中央空调电路系统的特点与检修技能。各个项目模块的知识技能严格遵循国家职业资格标准和行业规范，注重模块之间的衔接，确保中央空调安装与维修技能培训的系统、专业和规范。本书收集整理了大量的中央空调安装调试的资料数据和维修案例，并将其直接移植到图书中的实训演练环节，使读者通过实训演练熟练掌握中央空调安装与维修的各项实用技能，为读者今后上岗从业积累经验，真正实现从入门到精通的技能飞跃。本书可作为专业技能认证的培训教材，也可作为各职业技术院校的实训教材，适合从事和希望从事家电维修人员尤其是中央空调安装与维修的技术人员和电工电子技术爱好者阅读。

图书在版编目（CIP）数据

中央空调安装与维修从入门到精通：图解版/韩雪涛主编. —2版. —北京：机械工业出版社，2017.7（2024.8重印）
（图解学技能从入门到精通丛书）
ISBN 978-7-111-57280-0

Ⅰ.①中…　Ⅱ.①韩…　Ⅲ.①集中式空气调节器-安装-图解②集中式空气调节器-维修-图解　Ⅳ.①TB657.2-64

中国版本图书馆CIP数据核字（2017）第157959号

机械工业出版社（北京市百万庄大街22号　邮政编码100037）
策划编辑：张俊红　责任编辑：闫洪庆
责任校对：樊钟英　封面设计：路恩中
责任印制：刘　媛
涿州市般润文化传播有限公司印刷
2024年8月第2版第8次印刷
184mm×260mm・16.5印张・402千字
标准书号：ISBN 978-7-111-57280-0
定价：49.00元

本书编委会

主　编：韩雪涛

副主编：吴　瑛　韩广兴

编　委：张丽梅　宋明芳　朱　勇　吴　玮
唐秀鸯　周文静　韩雪冬　张湘萍
吴惠英　高瑞征　周　洋　吴鹏飞

丛书前言

目前，我国在现代电工行业和现代家电售后服务领域对人才的需求非常强烈。家装电工、水电工、新型电子产品维修及自动化控制和电工电子综合技能应用等领域，有广阔的就业空间。而且，伴随着科技的进步和城镇现代化发展步伐的加速，这些新型岗位的从业人员也逐年增加。

经过大量的市场调研我们发现，虽然人才市场需求强烈，但是这些新型岗位都具有明显的技术特色，需要从业人员具备专业知识和操作技能，然而社会在专业化技能培训方面却存在严重的脱节，尤其是相关的培训教材难以适应岗位就业的需要，难以在短时间内向学习者传授专业完善的知识技能。

针对上述情况，特别根据这些市场需求强烈的热门岗位，我们策划编写了“图解学技能从入门到精通丛书”。丛书将岗位就业作为划分标准，共包括10本图书，分别为《家装电工技能从入门到精通（图解版)》《装修水电工技能从入门到精通（图解版)》《制冷维修综合技能从入门到精通（图解版)》《中央空调安装与维修从入门到精通(图解版)》《智能手机维修从入门到精通（图解版)》《电动自行车维修从入门到精通(图解版)》《办公电器维修技能从入门到精通（图解版)》《电子技术综合技能从入门到精通（图解版)》《自动化综合技能从入门到精通（图解版)》《电工综合技能从入门到精通（图解版)》。

本套丛书重点以岗位就业为目标，所针对的读者对象为广大电工电子初级与中级学习者，主要目的是帮助学习者完成从初级入门到专业技能的进阶，进而完成技能的提升飞跃，能够使读者完善知识体系，增进实操技能，增长工作经验，力求打造大众岗位就业实用技能培训的“金牌图书”。需要特别提醒广大读者注意的是，为了尽量与广大读者的从业习惯一致，所以本书在部分专业术语和图形符号方面，并没有严格按照国家标准进行生硬的统一改动，而是尽量采用行业内的通用术语。整体来看，本套丛书特色非常鲜明：

1. 确立明确的市场定位

本套丛书首先对读者的岗位需求进行了充分调研，在知识构架上将传统教学模式与岗位就业培训相结合，以国家职业资格为标准，以上岗就业为目的，通过全图解的模式讲解电工电子从业中的各项专业知识和专项使用技能，最终目的是让读者明确行业规范、明确从业目标、明确岗位需求，全面掌握上岗就业所需的专业知识和技能，能够独立应对实际工作。

为达到编写初衷，丛书在内容安排上充分考虑当前社会上的岗位需求，对实际工作中的实用案例进行技能拆分，让读者能够充分感受到实际工作所需的知识点和技能点，然后有针对性地学习掌握相关的知识技能。

2. 开创新颖的编排方式

丛书在内容编排上引入项目模块的概念，通过任务驱动完成知识的学习和技能的掌握。

在系统架构上，丛书大胆创新，以国家职业资格标准作为指导，明确以技能培训为主的教学原则，注重技能的提升、操作的规范。丛书的知识讲解以实用且够用为原则，依托项目案例引领，使读者能够有针对性地自主完成技能的学习和锻炼，真正具备岗位从业所需的技能。

为提升学习效果，丛书增设“图解演示”“提示说明”和“相关资料”等模块设计，增加版式设计的元素，使阅读更加轻松。

3. 引入全图全解的表达方式

本套图书大胆尝试全图全解的表达方式，充分考虑行业读者的学习习惯和岗位特点，将专业知识技能运用大量图表进行演示，尽量保证读者能够快速、主动、清晰地了解知识技能，力求让读者能一看就懂、一学就会。

4. 耳目一新的视觉感受

丛书采用双色版式印刷，可以清晰准确地展现信号分析、重点指示、要点提示等表达效果。同时，两种颜色的互换补充也能够使图书更加美观，增强可读性。

丛书由具备丰富的电工电子类图书全彩设计经验的资深美编人员完成版式设计和内容编排，力求让读者体会到看图学技能的乐趣。

5. 全方位立体化的学习体验

丛书的编写得到了数码维修工程师鉴定指导中心的大力支持，为读者在学习过程中和以后的技能进阶方面提供全方位立体化的配套服务。读者可登录数码维修工程师的官方网站（www. chinadse. org）获得超值技术服务。网站提供有技术论坛和最新行业信息，以及大量的视频教学资源和图样手册等学习资料。读者可随时了解最新的数码维修工程师考核培训信息，把握电子电气领域的业界动态，实现远程在线视频学习，下载所需要的图样手册等学习资料。此外，读者还可通过网站的技术交流平台进行技术交流与咨询。

通过学习与实践，读者还可参加相关资质的国家职业资格或工程师资格认证考试，以求获得相应等级的国家职业资格或数码维修工程师资格证书。如果读者在学习和考核认证方面有什么问题，可通过以下方式与我们联系。

数码维修工程师鉴定指导中心

网址：http：//www. chinadse. org

联系电话：022－83718162/83715667/13114807267

E－mail：chinadse@163. com

地址：天津市南开区榕苑路4号天发科技园8－1－401

邮编：300384

作　者

目 录

中央空调的种类结构与工作原理

1.1 中央空调的种类特点

1.1.1 中央空调的功能特点

图解演示

如图1-1所示，中央空调是一种应用于大范围（区域）的空气调节系统。它通过管路将主机与安装于室内的各个末端设备相连，集中控制，实现大范围（区域）的制冷或制热。

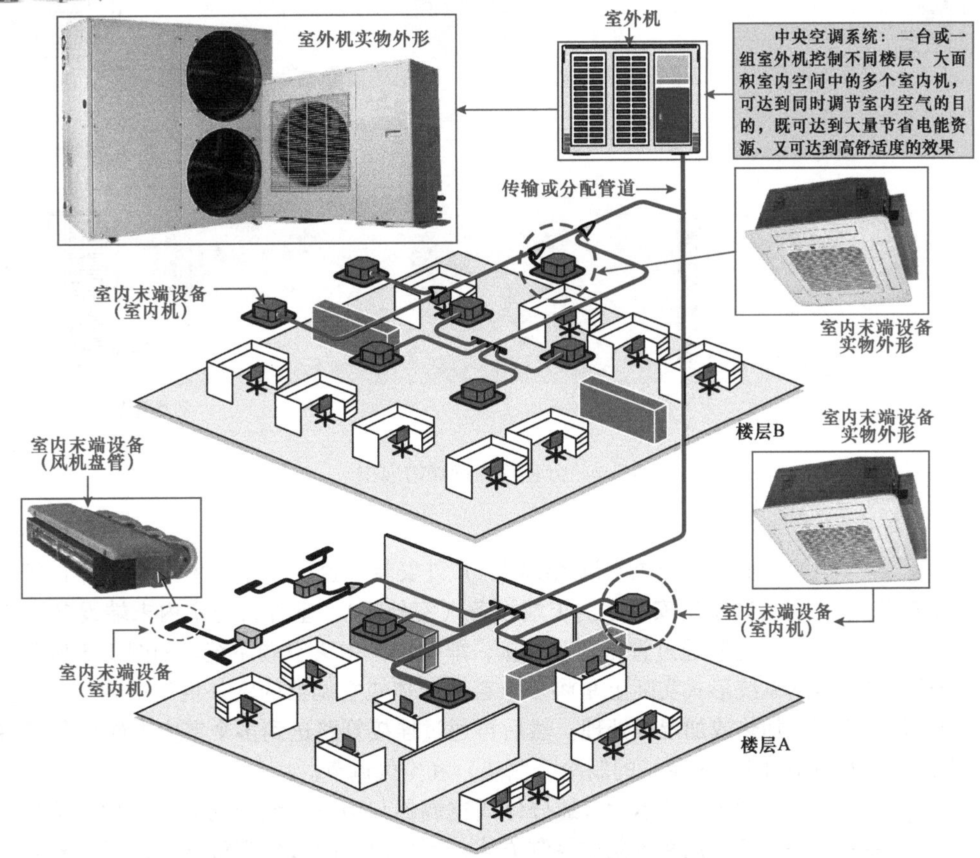

图1-1　典型中央空调系统示意图

目前多联式空调多采用分体式空调器，如图 1-2 所示，室外机安装在户外，室内机安装在需要制冷（制热）的房间内，室外机和室内机通过管路进行连接。如果要实现每个房间都能够享受空调制冷（制热）的效果，则必须在各个房间安装分体式空调器。试想如果在宾馆、饭店等大型机构（场所）房间众多的空间，若都实现制冷（制热）则每个房间都必须安装一套分体式空调器。这将给安装、保养和维护检修带来很多不便，同时，也会造成浪费。

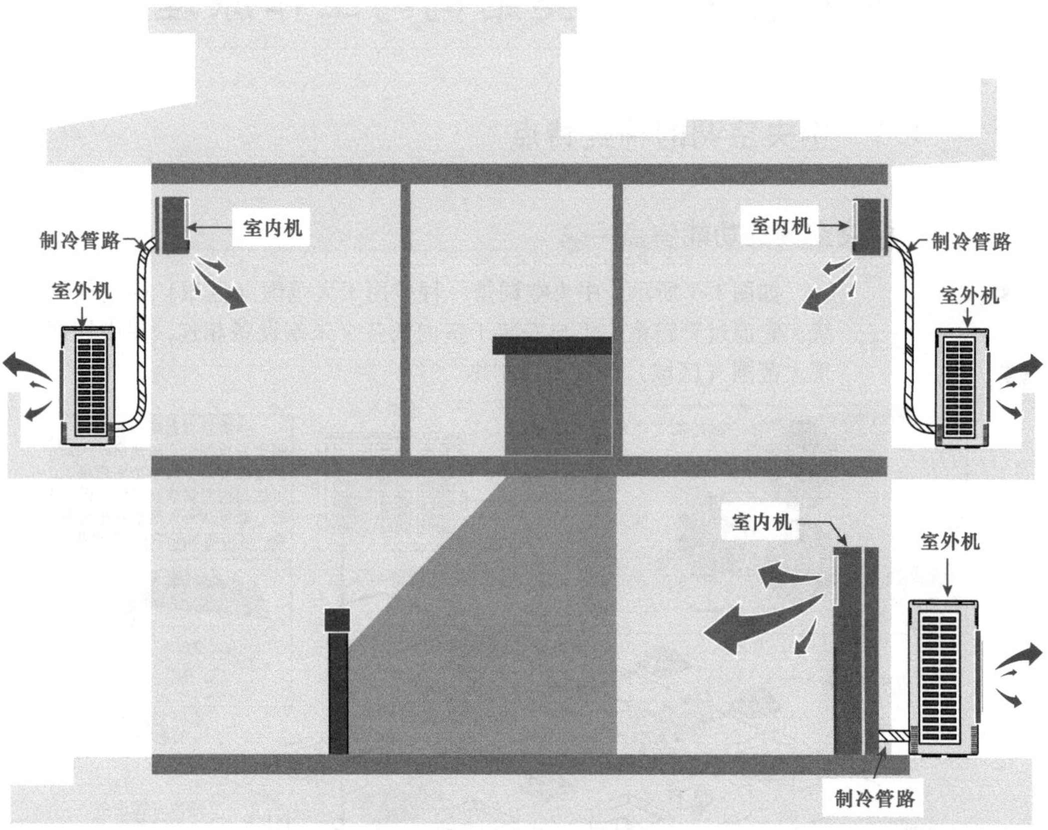

图 1-2　分体式空调器的应用

而采用中央空调系统时，户外安装一台（一组）室外机，并在每个房间（区域）安装室内末端设备（室外机）。室外机与室内末端设备（室内机）之间通过管路相互连接，即构成了中央空调系统。如图 1-3 所示，这种集中处理空调负载的系统形式实际上是将多个普通分体式空调器的室外机集中到一起，完成对空气的净化、冷却、加热或加湿等处理。然后再通过连接管路送到多个室内末端设备（室内机），进而实现对不同房间（区域）的制冷（制热）和空气调节。

图 1-4 所示为普通分体式空调器与中央空调应用效果对比，可见，中央空调采用系统集中控制方式，不仅使空间布局变得合理，更重要的是提升了效率、降低了能耗，也减小了投入成本。

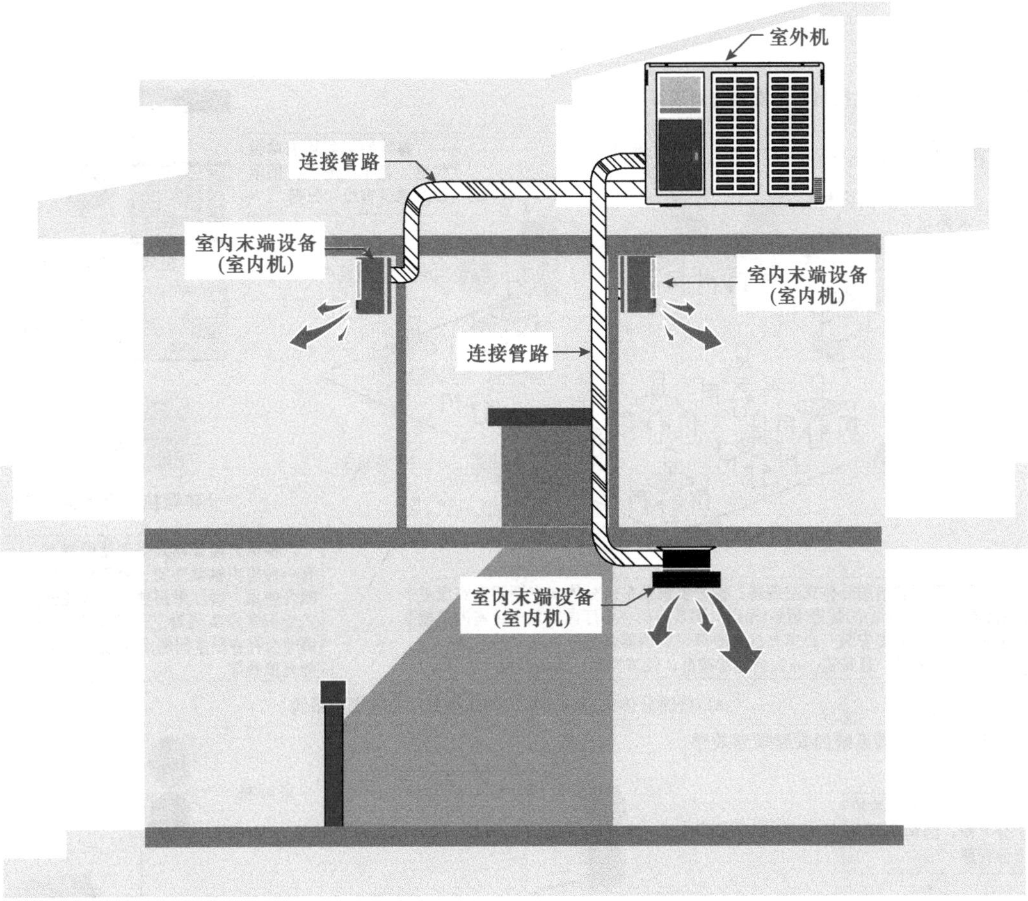

图 1-3　中央空调系统的应用

根据中央空调系统的结构特点，其一般均可实现室内与室外空气的交换，因此还具有有效保持室内空气新鲜度、改善空气品质的功能。

1.1.2　中央空调的分类

中央空调的种类多样，根据结构组成和工作原理的不同，通常可将中央空调分为多联式中央空调、风冷式中央空调和水冷式中央空调三大类。

1. 多联式中央空调

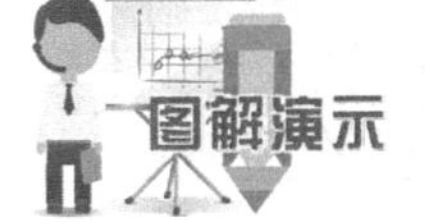

如图 1-5 所示，多联式中央空调是中央空调的主要形式，这种中央空调的结构简单，通过一台主机（室外机）即可实现对室内多处末端设备的制冷（制热）控制。

这种中央空调系统采用集中空调的设计理念，室外机安装于户外，室外机有一组（多组）压缩机，可以通过一组（多组）管路与室内机相连，构成一个（多个）制冷（制热）循环。多联式中央空调的室内机拥有嵌入式、卡式、吊顶式、落地式等多种形式，而且一般在房屋装修时就嵌入在家庭、餐厅、卧室等各个房间（区域），不影响室内布局，同时具有送风形式多样、送风量大、送风温差小、制冷（制热）速度快、温度均衡等特点。

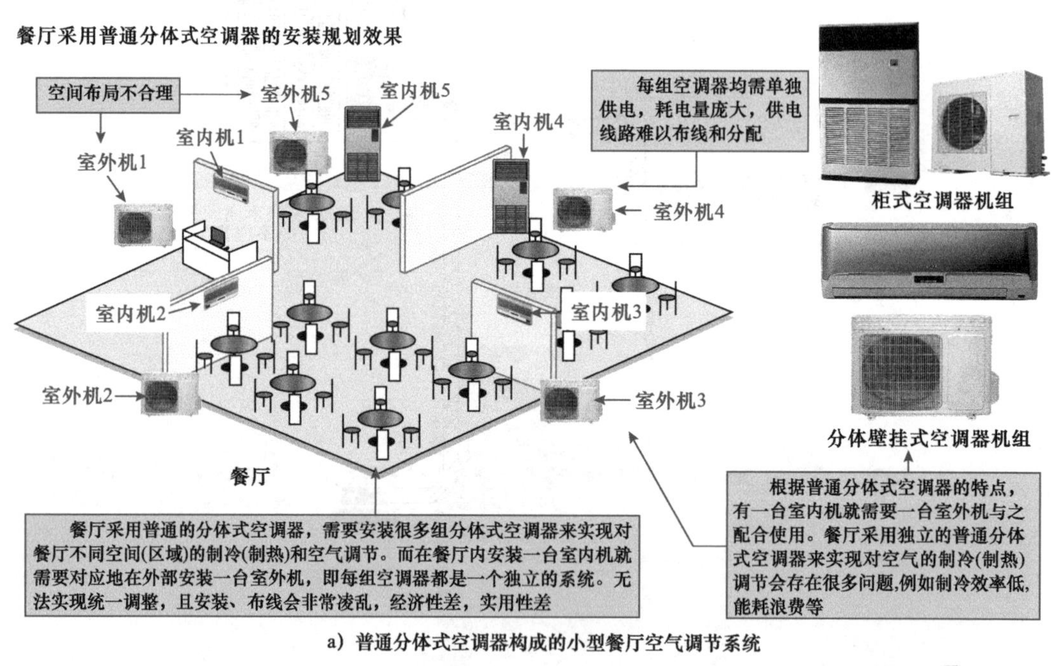

a）普通分体式空调器构成的小型餐厅空气调节系统

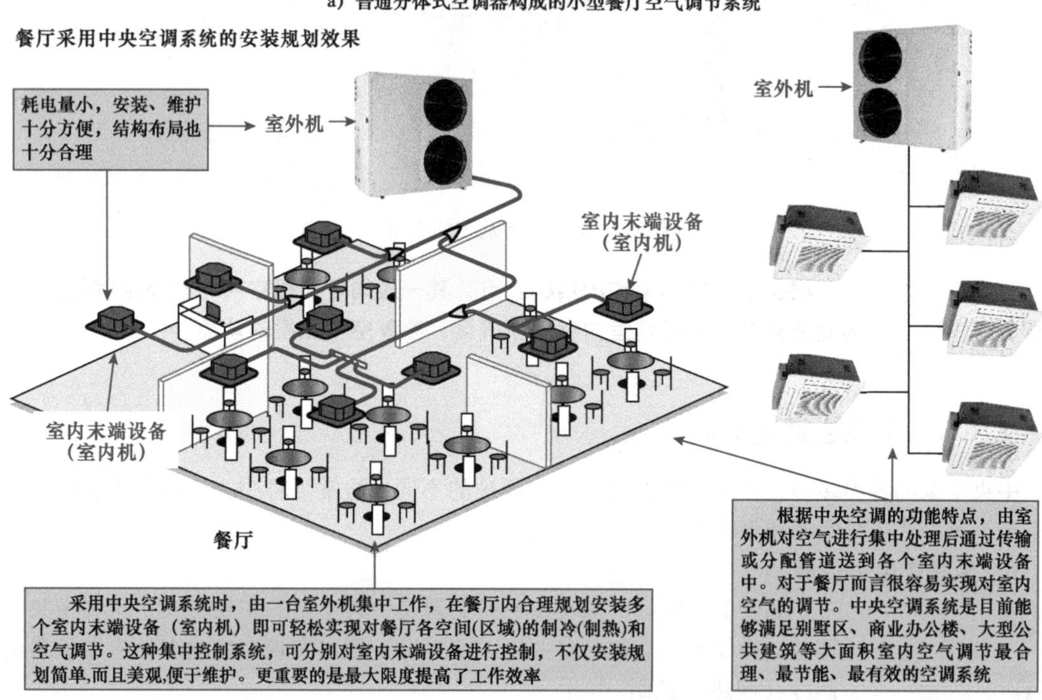

b）中央空调构成的小型餐厅空气调节系统

图 1-4　普通分体式空调器与中央空调应用效果对比

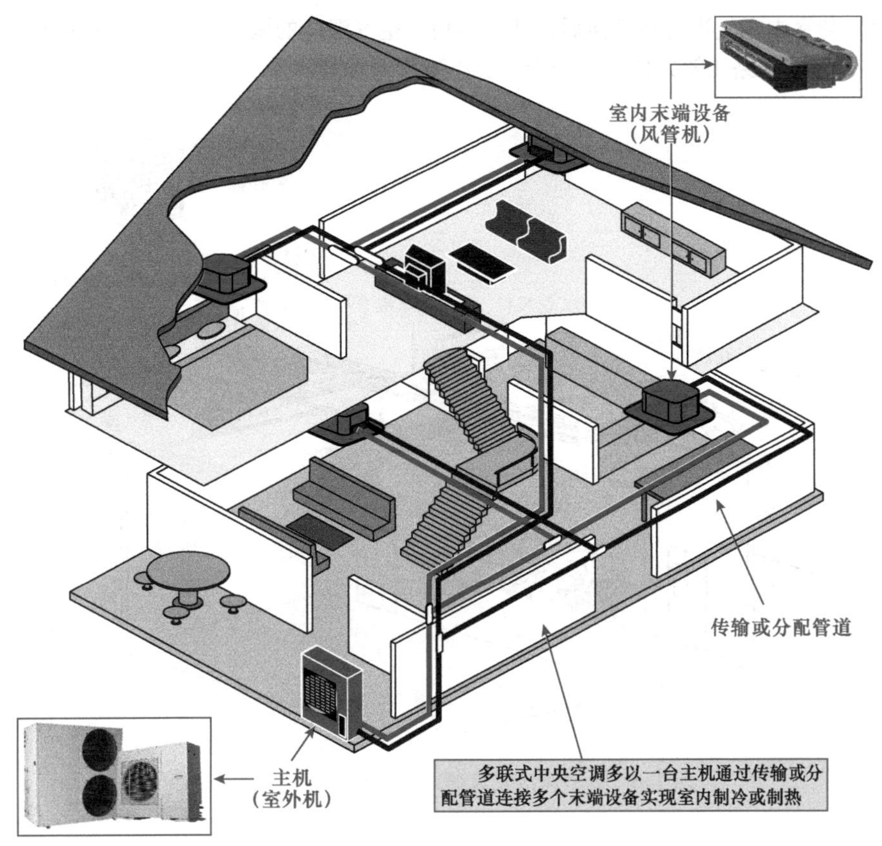

图 1-5　典型多联式中央空调系统示意图

2．风冷式中央空调

风冷式中央空调根据热交换方式的不同又可细分为风冷式风循环中央空调和风冷式水循环中央空调。

（1）风冷式风循环中央空调

如图 1-6 所示，风冷式风循环中央空调工作时，借助空气对制冷管路中的制冷剂进行降温或升温的热交换，然后将降温或升温后的制冷剂经管路送至风管机中，由空气作为热交换介质，实现制冷或制热的效果，最后由风管机经风道将冷风（暖风）由送风口送入室内，实现室内温度的调节。

提示说明

为确保空气的质量，许多风冷式风循环中央空调安装有新风口、回风口和回风风道。室内的空气由回风口进入风道与新风口送入的室外新鲜空气进行混合后再吸入室内，起到良好的空气调节作用。这种中央空调对空气的需求量较大，所以要求风道的截面积也较大，很占用建筑物的空间。除此之外，该系统的中央空调其耗电量较大，有噪声，多数情况下应用于有较大空间的建筑物中，例如，超市、餐厅以及大型购物广场等。

（2）风冷式水循环中央空调

如图 1-7 所示，风冷式水循环中央空调以水作为热交换介质。工作时，由风冷机组实现对冷冻水管路中冷冻水的降温（升温）。然后，将降温（升温）后的水送入室内末端设备（风机盘管）中，再由室内末端设备

（风机盘管）与室内空气进行热交换后，从而实现对空气温度的调节。这种中央空调结构安装空间相对较小，维护管路比较方便，适用于中、小型公共建筑。

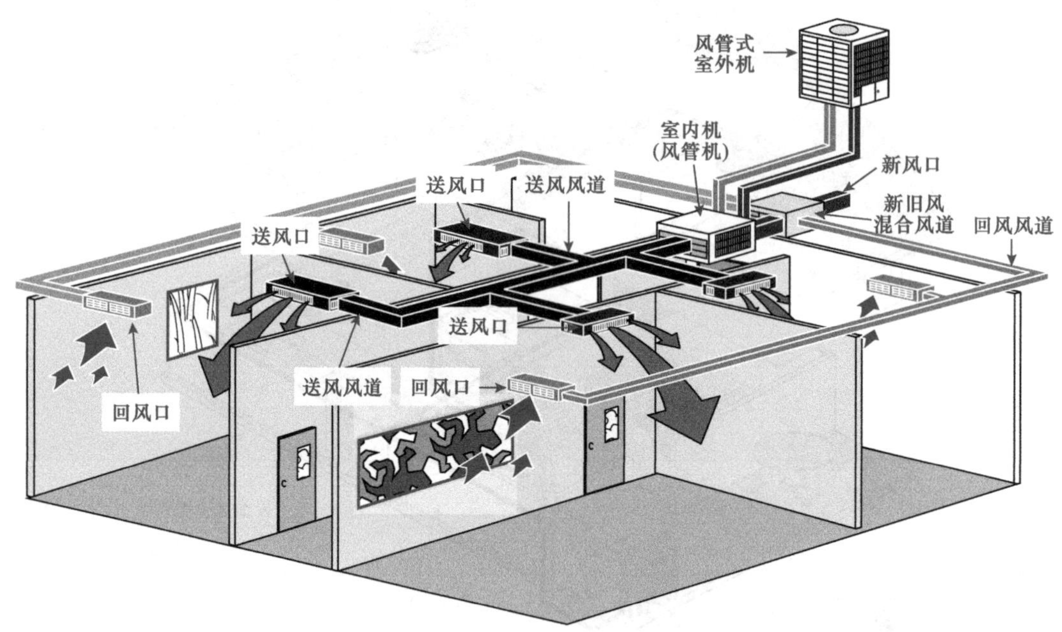

图 1-6　典型风冷式风循环中央空调系统示意图

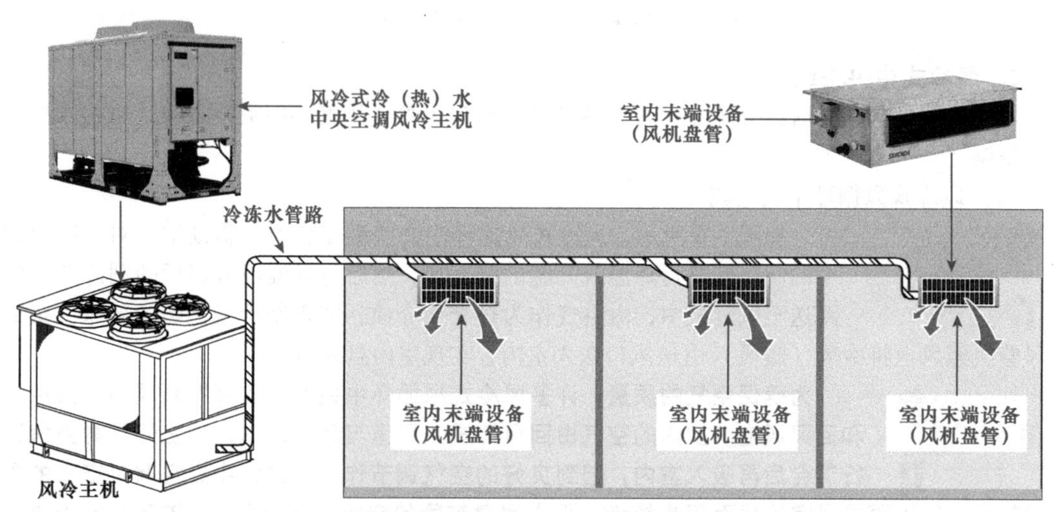

图 1-7　典型风冷式冷（热）水中央空调系统示意图

3. 水冷式中央空调

图解演示

如图 1-8 所示，水冷式中央空调主要是由水冷机组、冷却水塔、冷却水泵、冷却水管路、冷冻水管路以及风机盘管等部分构成。

工作时，冷却水塔、冷却水泵对冷却水进行降温循环从而对水冷机组中冷凝器内的制冷剂进行降温，使降温后的制冷剂流向蒸发器中，经蒸发器对循环的冷冻水进行降温，从而将降温后的冷冻水送至室内末端设备（风机盘管）中，由室内末端设备（风机盘管）与室内空气进行热交换后，实现对空气的调节。冷却水塔是系统中非常重要的热交换设备，其作用是确保制冷（制热）循环得以顺利进行，这类中央空调安装施工较为复杂，多用于大型酒店、商业办公楼、学校、公寓等大型建筑。

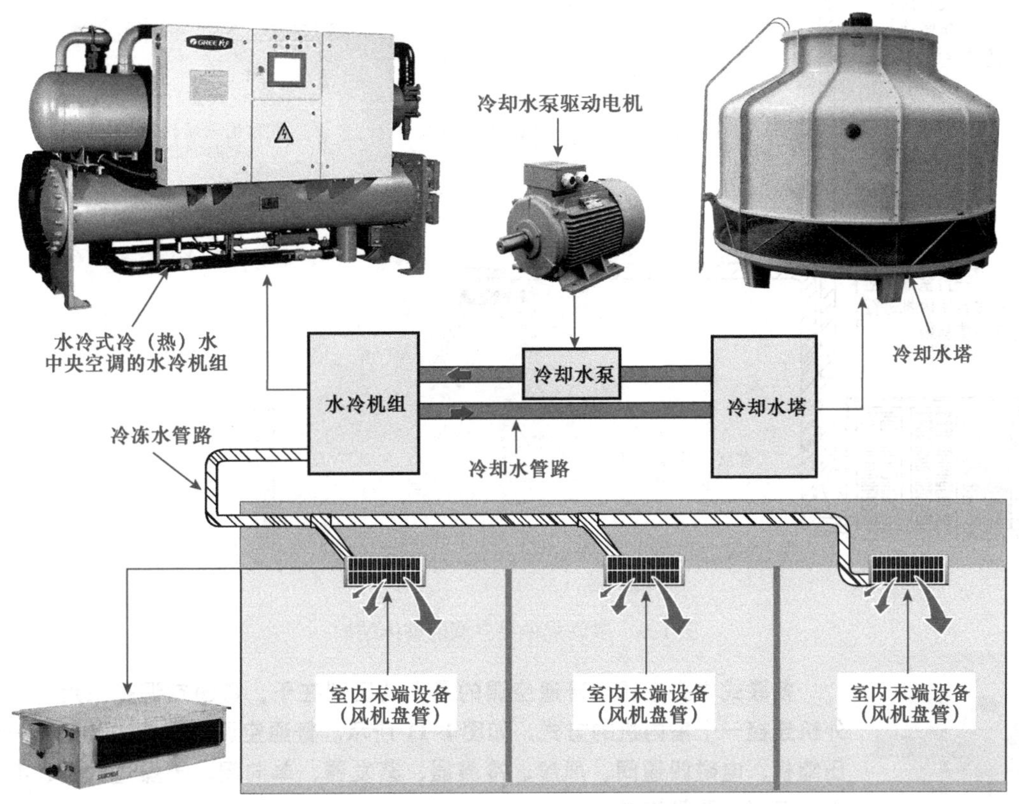

图 1-8　典型水冷式中央空调系统示意图

1.2　中央空调的结构特点

1.2.1　多联式中央空调的结构特点

如图 1-9 所示，多联式中央空调采用制冷剂作为冷媒（也可称为一托多式的中央空调），可以通过一个室外机拖动多个室内机进行制冷或制热工作。

图 1-10 所示为多联式中央空调的结构组成。室内机组中的各管路及电路系统相对独立，而室外机组将多个压缩机连接在一个室外管路循环系统中，由主电路以及变频电路对其进行控制，通过管路系统与室内机组进行冷热交换，达到制冷或制热的目的。

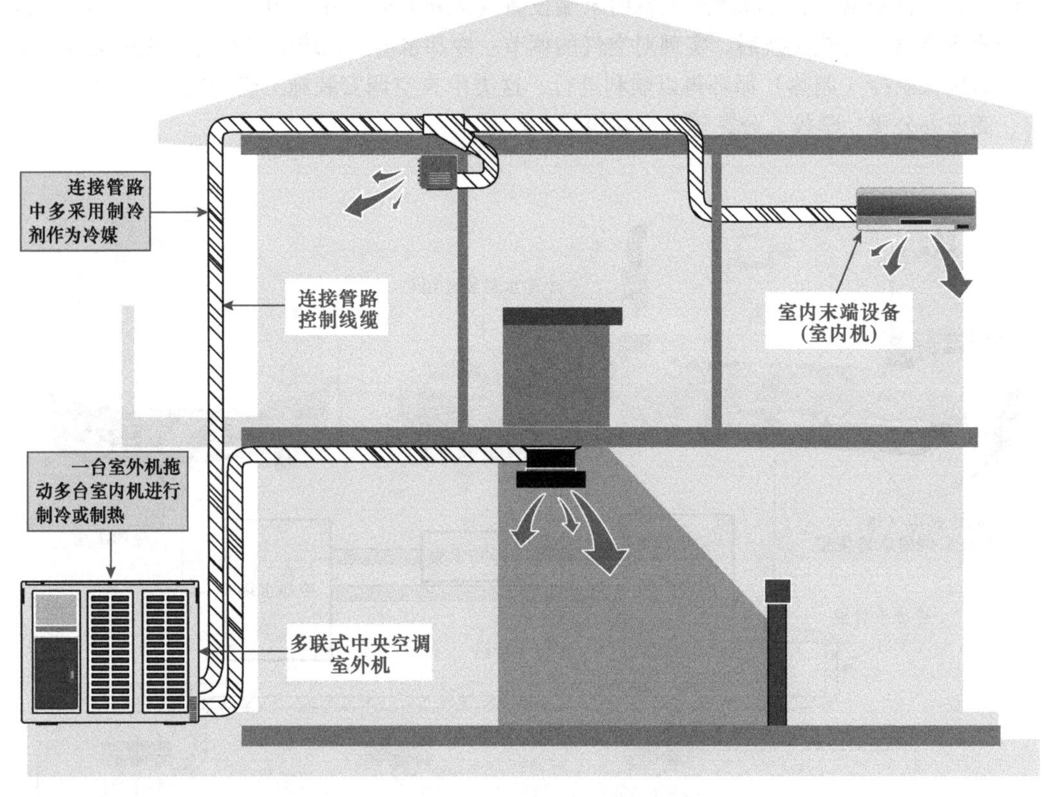

图 1-9　多联式中央空调的整体结构

多联式中央空调与普通空调的最大的区别在于，普通空调是采用一个室外机连接一个室内机的方式，如图 1-11 所示。普通空调的内部主要是由一个压缩机、电磁四通阀、风扇、冷凝器、蒸发器、单向阀、干燥过滤器、毛细管、控制电路等构成。

1. 多联式中央空调的室外机

如图 1-12 所示，多联式中央空调的室外机主要用来控制压缩机为制冷剂提供循环动力，然后通过制冷管路与室内机配合，实现能量的转换。

图 1-13 所示为多联式中央空调室外机的内部结构。从图中可以看到，室外机内部主要有冷凝器、交流风扇组件、压缩机、电磁四通阀、毛细管及控制电路等部分。

如图 1-14 所示，通常多联式中央空调器室外机中可容纳多个压缩机，每个压缩机都有一个独立的循环系统。不同的压缩机可以构建各自独立的制冷循环。

2. 风管式室内机

图 1-15 所示为风管式室内机的实物外形。风管式室内机一般在房屋装修时，嵌入在家庭、餐厅、卧室等各个房间相应的墙壁上。

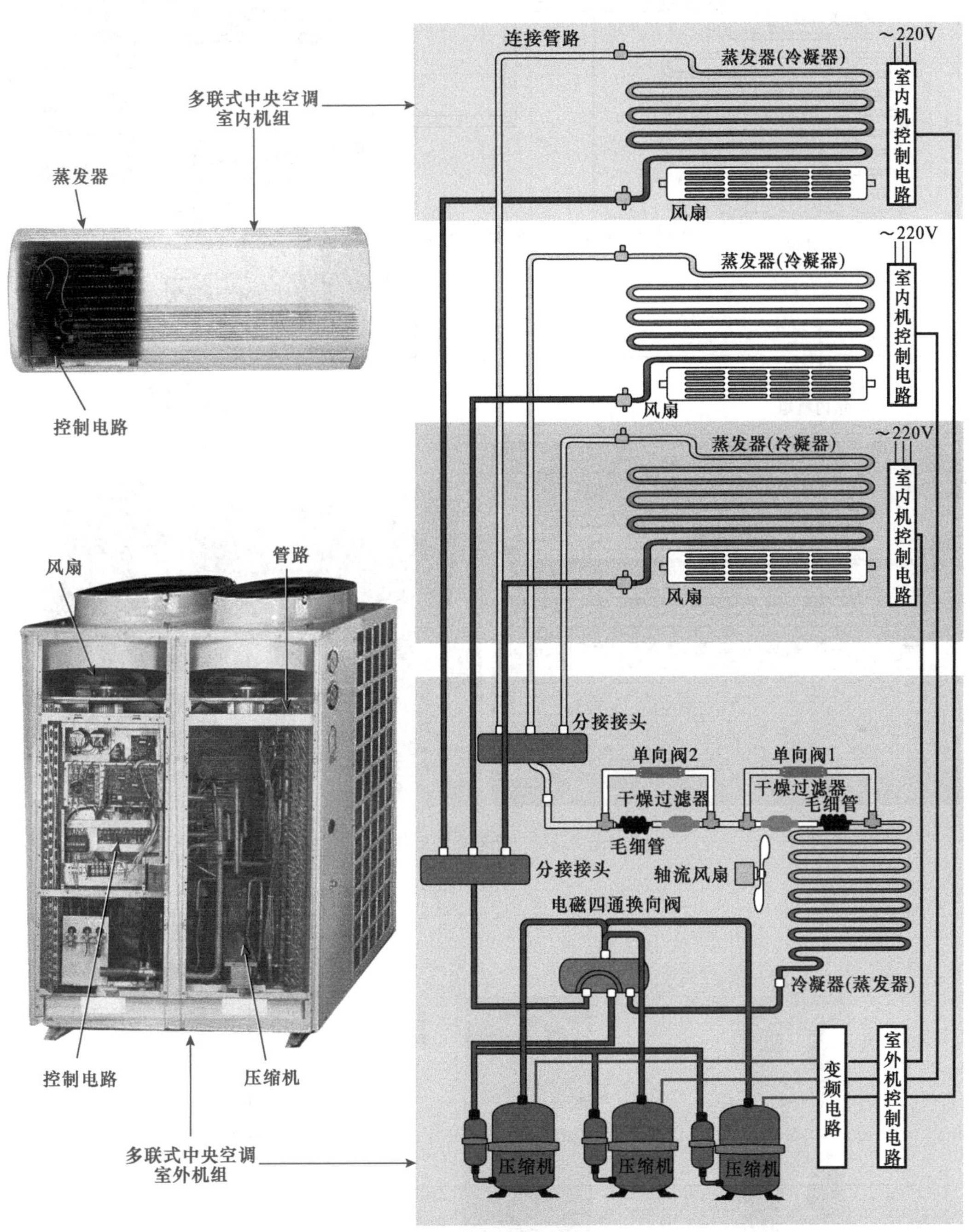

图 1-10　多联式中央空调的结构组成

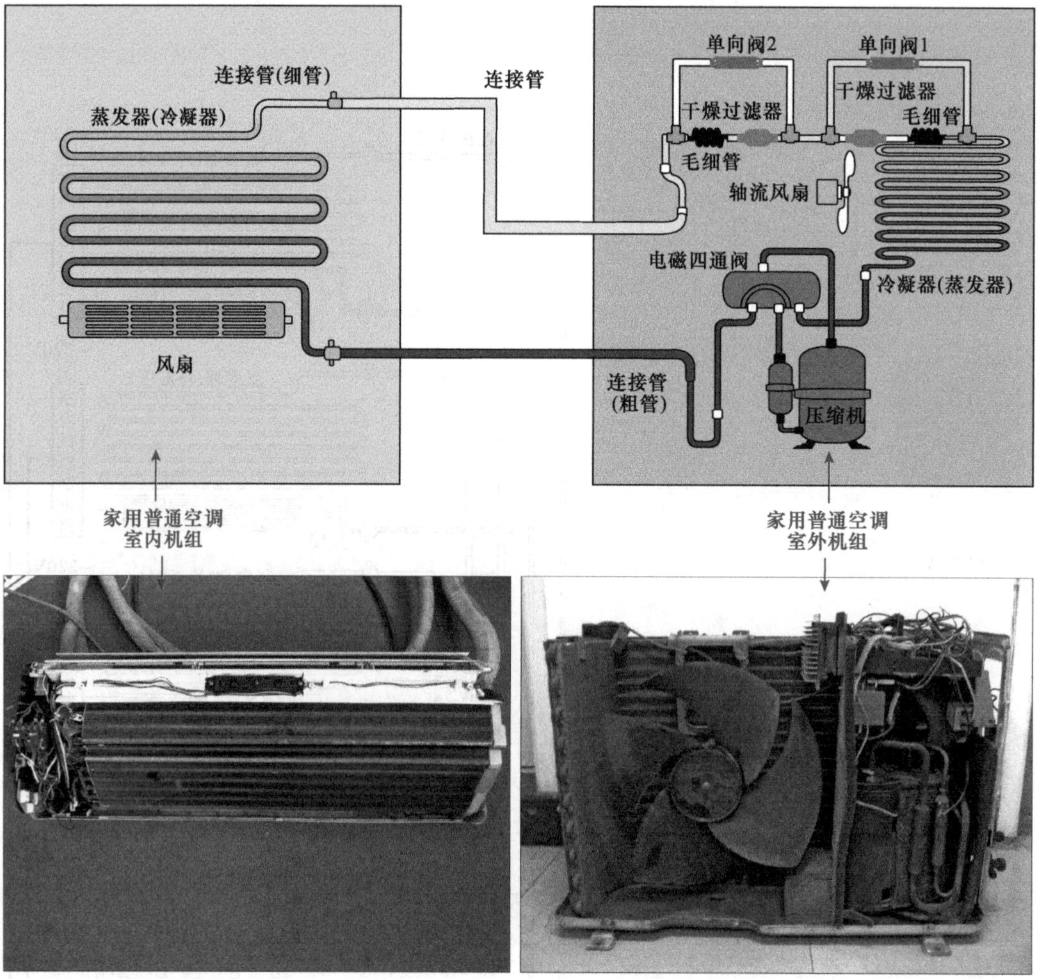

连接管(细管)
连接管
蒸发器(冷凝器)
风扇
单向阀2
单向阀1
干燥过滤器
干燥过滤器
毛细管
毛细管
轴流风扇
电磁四通阀
冷凝器(蒸发器)
连接管(粗管)
压缩机
家用普通空调室内机组
家用普通空调室外机组

图 1-11　普通空调的组成

图 1-12　多联式中央空调的室外机

图 1-13　多联式中央空调室外机的内部结构

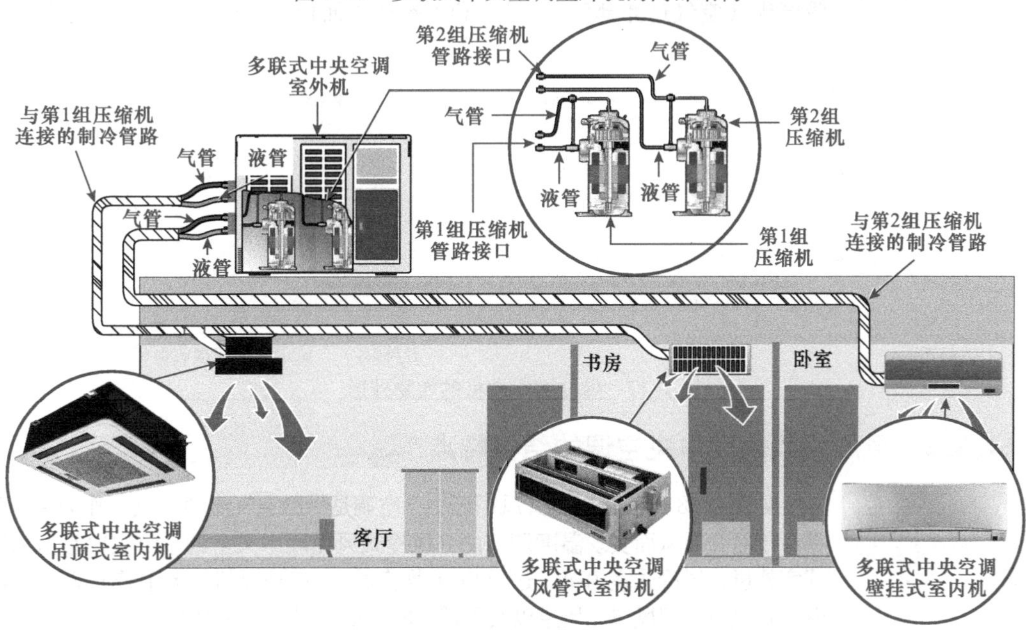

图 1-14　多联式中央空调压缩机的控制关系

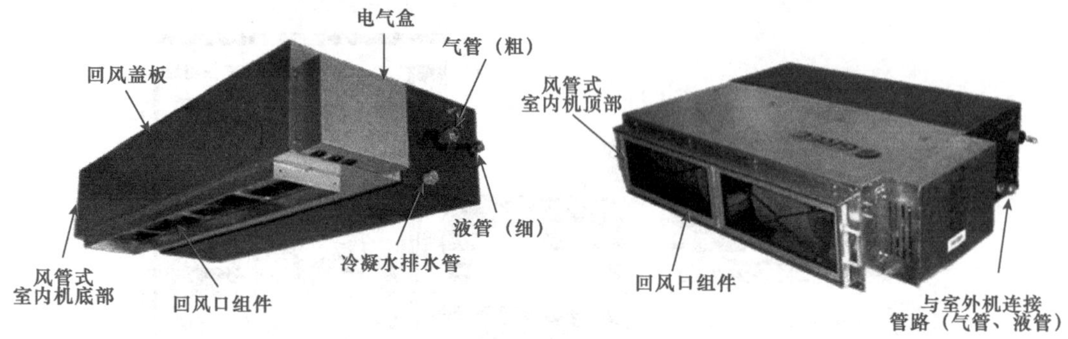

图 1-15　风管式室内机的实物外形

3. 嵌入式室内机

图 1-16 所示为嵌入式室内机的实物外形。嵌入式室内机主要由涡轮风扇电动机、涡轮风扇、蒸发器、接水盘、控制电路、排水泵、前面板、过滤网、过滤网外壳等构成。

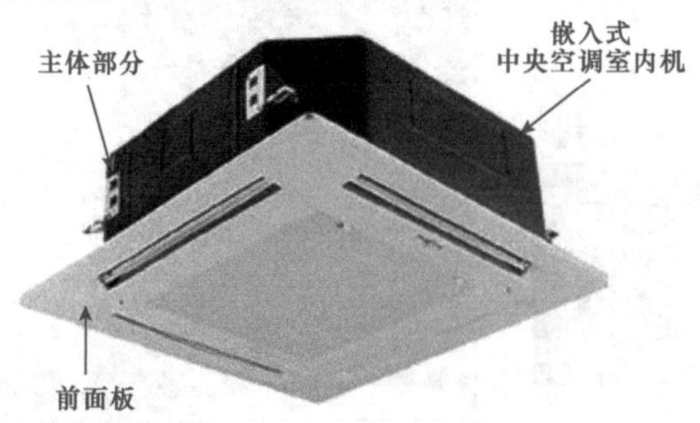

图 1-16　嵌入式室内机的实物外形

4. 壁挂式室内机

图 1-17 所示为壁挂式室内机的实物外形。壁挂式室内机可以根据用户的需要挂在房间的墙壁上。从壁挂式室内机的正面可以找到进风口、前盖、吸气栅（空气过滤部分）、显示和遥控接收面板、导风板、出风口等部分。

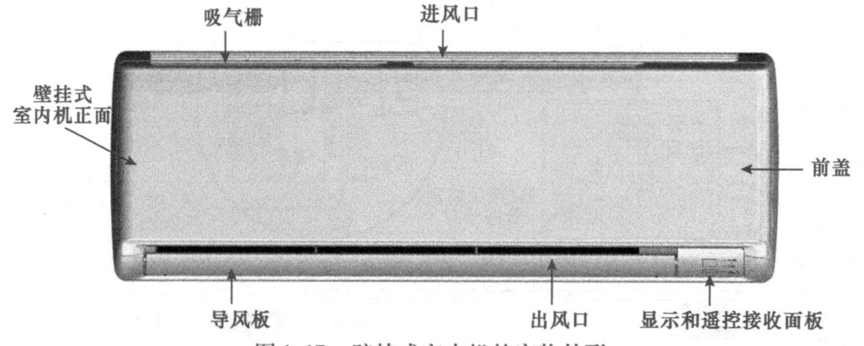

图 1-17　壁挂式室内机的实物外形

1.2.2　风冷式风循环中央空调的结构特点

如图 1-18 所示，风冷式风循环中央空调是借助空气流动（风）作为冷却和循环传输介质从而实现温度调节的。风冷式风循环中央空调系统主要是由风冷式室外机、风冷式室内机、送风口（散流器）、室外风机、风道连接器、过滤器、新风口、回风口、风道以及风道中的风量控制设备等构成的。

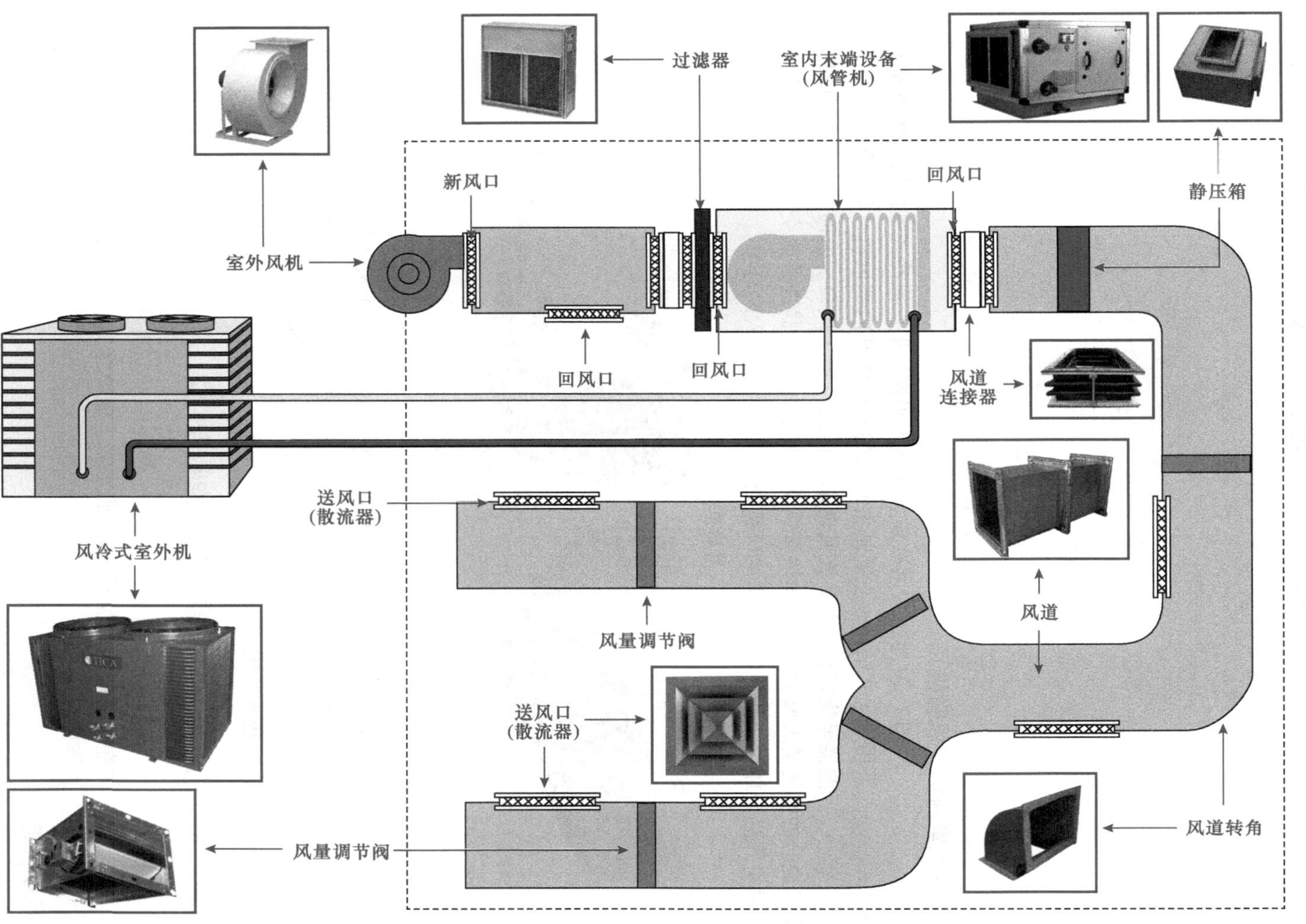

图 1-18　风冷式风循环中央空调的整体结构

1. 风冷式室外机

图1-19所示为风冷式室外机的实物外形。风冷式室外机采用空气循环散热方式对制冷剂降温，其结构紧凑，可安装在楼顶及地面上。

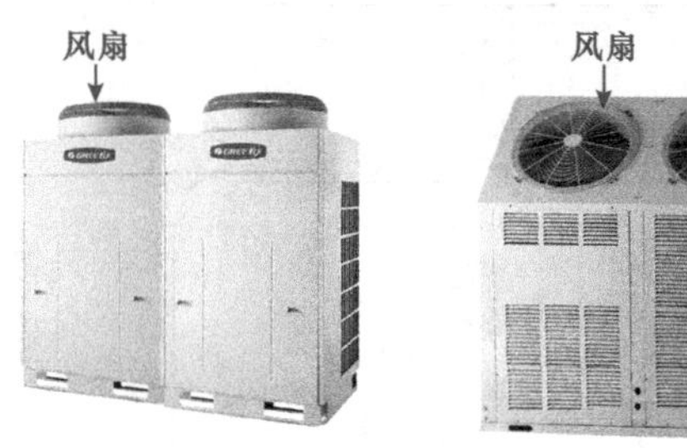

图1-19 风冷式室外机的实物外形

2. 风冷式室内机（风管机）

图1-20所示为风冷式室内机的实物外形。风冷式室内机（风管机）多采用风管式结构。主要是由封闭的外壳将其内部风机、蒸发器以及空气加湿器等集成在一起，在其两端有回风口和送风口。由回风口将室内的空气或由新旧风混合的空气送入风管机中，由风管机将空气通过蒸发器进行热交换，再由风管机中的加湿器对空气进行加湿处理，最后由送风口将处理后的空气送入风道中。

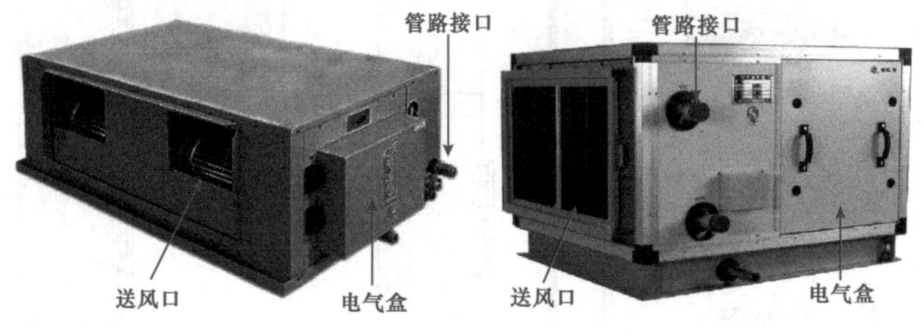

图1-20 风冷式室内机（风管机）的实物外形

3. 送风风道

图1-21所示为风冷式风循环中央空调的送风风道。由风管机（室内机）将升温或降温后的空气经送风口送入风道中，经风道中的静压箱进行降压，再经风量调节阀对风量进行调节后将热风或冷风经送风口（散流器）送入室内。

1.2.3 风冷式水循环中央空调的结构特点

如图1-22所示，风冷式水循环中央空调系统主要是由风冷机组、室内末端设备（风机盘管）、膨胀水箱、制冷管路、冷冻水泵和闸阀组件及压力表等构成。

1. 风冷机组

图1-23所示为风冷机组的实物外形。风冷机组是以空气流动（风）作为冷（热）源，以水作为供冷（热）介质的中央空调机组。

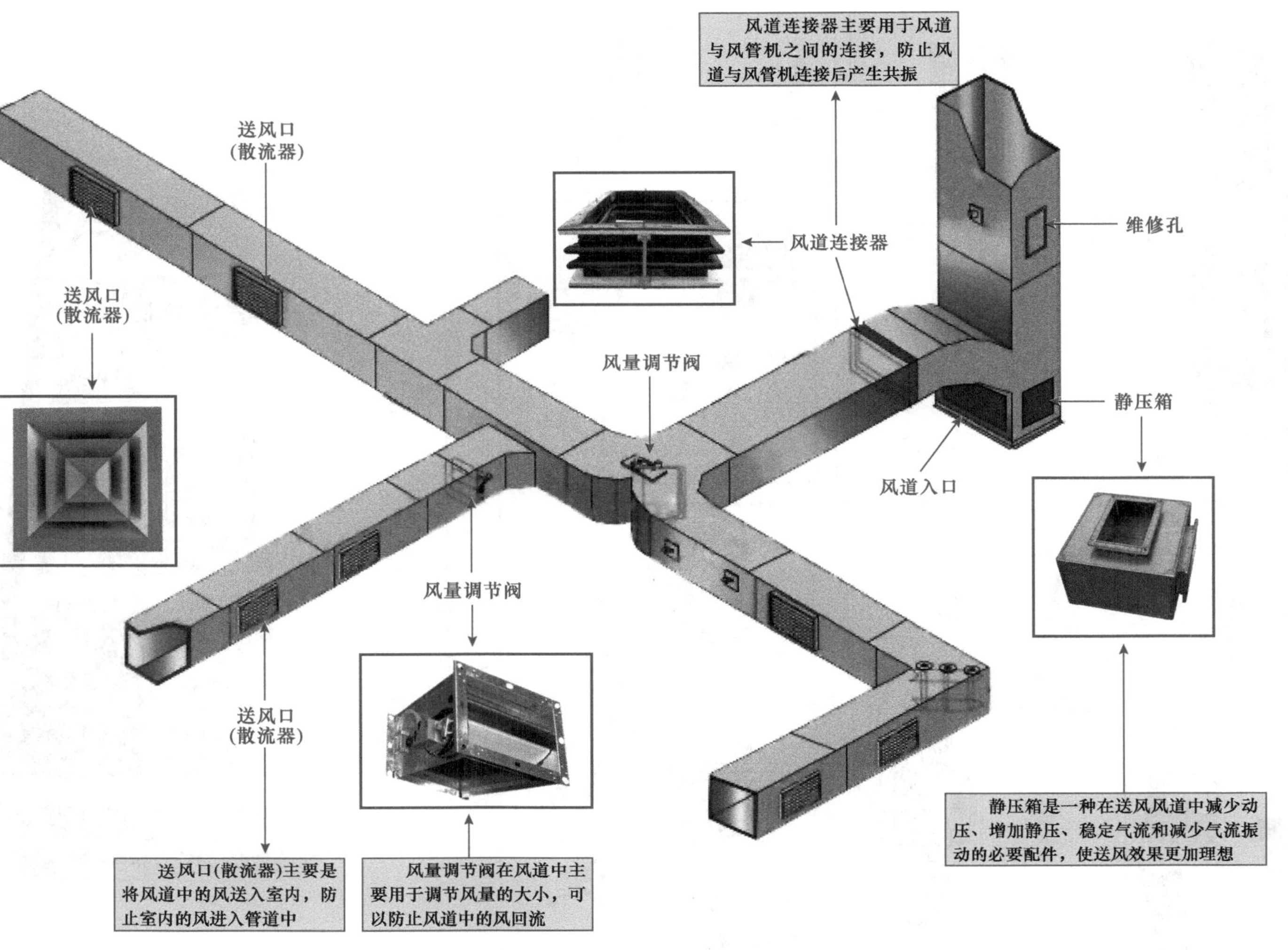

图 1-21　风冷式风循环中央空调的送风风道

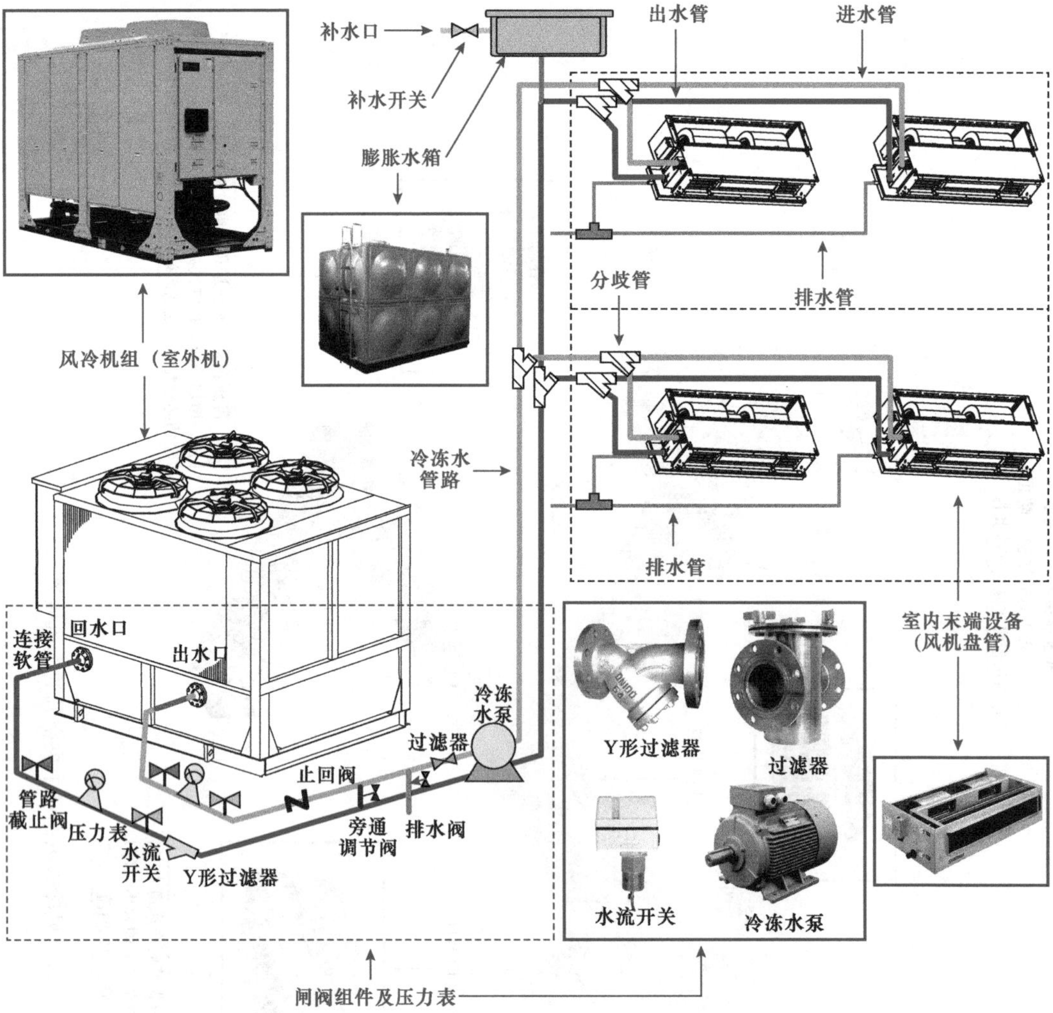
补水口
补水开关
膨胀水箱
出水管
进水管
分歧管
排水管
风冷机组（室外机）
冷冻水
管路
排水管
室内末端设备
(风机盘管)
连接
软管
回水口
出水口
冷冻
水泵
过滤器
止回阀
管路
截止阀
压力表
水流
开关
Y形过滤器
旁通
调节阀
排水阀
Y形过滤器
过滤器
水流开关
冷冻水泵
闸阀组件及压力表

图 1-22　风冷式水循环中央空调的整体结构

压缩机
翅片冷凝器

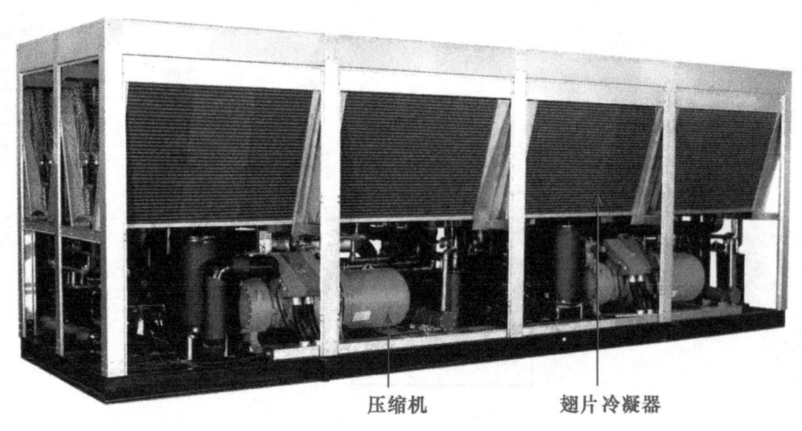

图 1-23　风冷机组的实物外形

2. 冷冻水泵

图 1-24 所示为冷冻水泵的实物外形。冷冻水泵连接在风冷机组的末端，主要用于对风冷机组降温的冷冻水加压后送到冷冻水管路中。

图 1-24　冷冻水泵的实物外形

3. 风机盘管

风机盘管是风冷式水循环中央空调的室内末端设备。主要是利用风扇作用，使空气与盘管中的冷水（热水）进行热交换，并将降温（升温）后的空气输出。如图 1-25 所示，风机盘管主要有两管制风机盘管和四管制风机盘管。

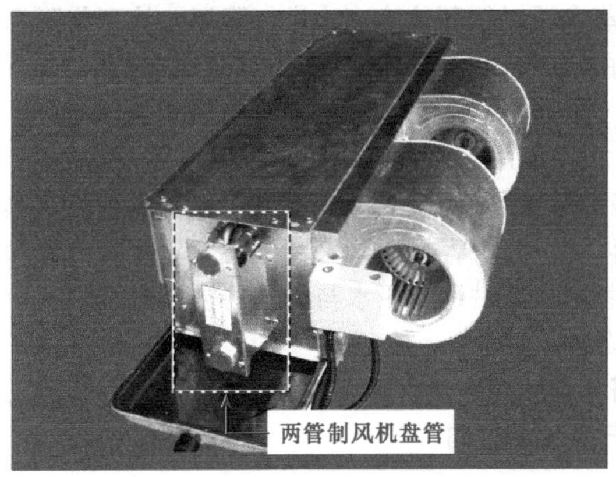

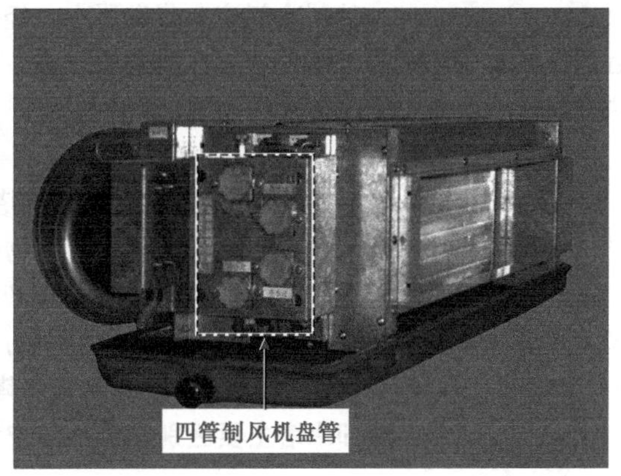

图 1-25　两管制风机盘管和四管制风机盘管

其中，两管制风机盘管是比较常见的中央空调末端设备，它在夏季可以流通冷水、冬季流通热水；而四管制风机盘管可以同时流通热水和冷水，使其可以根据需要分别对不同的房间进行制热和制冷，该类风机盘管多用于酒店等高要求的场所。

4. 膨胀水箱

图1-26所示为膨胀水箱的实物外形。膨胀水箱是风冷式水循环中央空调中非常重要的部件之一，主要作用是平衡水循环管路中的水量及压力。

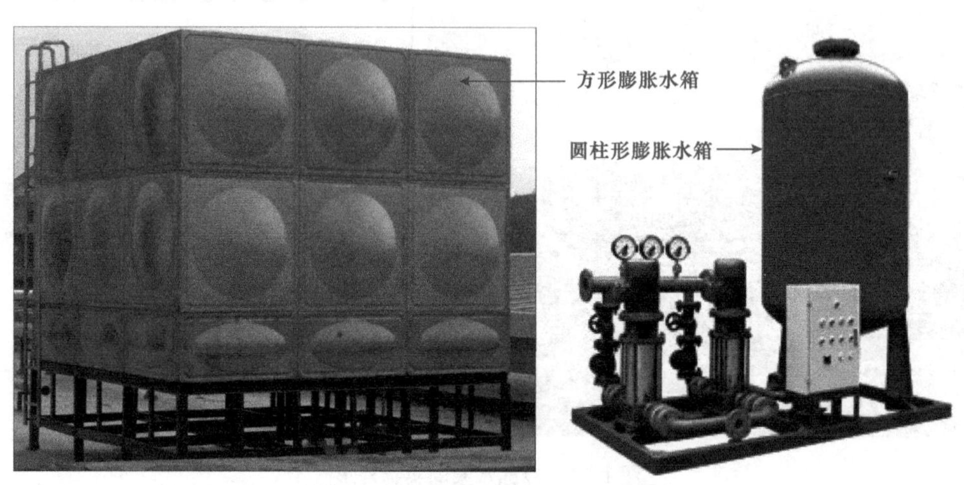

图1-26　膨胀水箱的实物外形

1.2.4　水冷式中央空调的结构特点

如图1-27所示，水冷式中央空调是指通过冷却水塔、冷却水泵对冷却水进行降温循环从而对水冷机组中冷凝器内的制冷剂进行降温，使降温后的制冷剂流向蒸发器中，经蒸发器对循环的冷冻水进行降温，从而将降温后的冷冻水送至室内末端设备（风机盘管）中，由室内末端设备（风机盘管）与室内空气进行热交换后，从而实现对空气的调节。

1. 冷却水塔

图1-28所示为冷却水塔的实物外形。冷却水塔是集合空气动力学、热力学、流体学、化学、生物化学、材料学、静/动态结构力学以及加工技术等多种学科为一体的综合产物。它是一种利用水与空气的接触对水进行冷却，并将冷却的水经连接管路送入水冷机组中的设备。

图1-29为逆流式冷却水塔和横流式冷却水塔。逆流式冷却水塔和横流式冷却水塔主要区别在于水和空气流动的方向。

2. 水冷机组和水泵

图1-30所示为水冷机组和水泵的实物外形。水冷机组是水冷式中央空调系统的核心组成部件，一般安装在专门的空调机房内，它靠制冷剂循环来达到冷凝效果，然后靠水泵完成水循环从而带走一定的冷量。

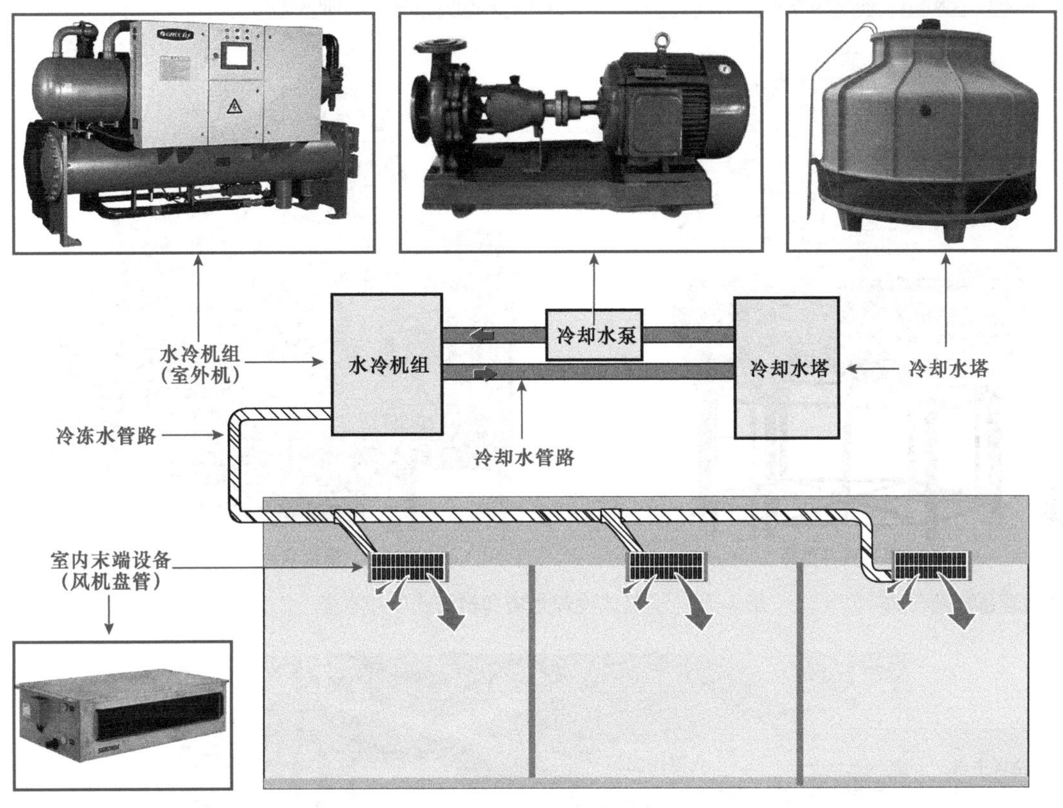

图 1-27　水冷式中央空调的整体结构

图 1-28　冷却水塔的实物外形

图 1-29　逆流式冷却水塔和横流式冷却水塔

图 1-30　水冷机组和水泵的实物外形

1.3　中央空调的工作原理

1.3.1　多联式中央空调的工作原理

多联式中央空调系统主要是由一个室外机与多个室内机组成，并通过制冷管道相互连接构成一拖多的形式。室外机工作从而带动多个室内机完成空气的制冷（制热）循环，最终实现对各个房间（区域）的温度调节。

1. 多联式中央空调的制冷过程

多联式中央空调的种类较多，其外形结构和功能也有所差异，但工作原理是基本相同的，图 1-31 为典型多联式中央空调的制冷原理示意图。

由图中可以看到典型多联式中央空调的制冷原理如下：

a 制冷剂在每台压缩机中被压缩，将原本低温低压的制冷剂气体压缩成高温高压的过热蒸汽后，由压缩机的排气管口排出。高温高压气态的制冷剂从压缩机排气管口排出后，通过电磁四通阀的 A 口进入。在制冷的工作状态下，电磁四通阀中的阀块在 B 口至 C 口处，所以高温高压制冷剂气体经电磁四通阀的 D 口送出，送入冷凝器中。

b 高温高压制冷剂气体进入冷凝器中，由轴流风扇对冷凝器进行降温处理，冷凝器管路中的制冷剂进行降温后送出低温高压液态的制冷剂。

c 低温高压液态的制冷剂经冷凝器送出后，经管路中的单向阀 1 后，经干燥过滤器 1 滤除制冷剂中多余的水分，再经毛细管进行节流降压，变为低温低压的制冷剂液体，再经分接接头 1 分别送入室内机的管路中。

d 低温低压液态的制冷剂经管路后，分别进入三条室内机的蒸发器管路中，在蒸发器中进行吸热汽化，使得蒸发器外表面及周围的空气被冷却，最后冷量再由室内机的贯流风扇从出风口吹出。

e 当蒸发器中的低温低压液态制冷剂经过热交换工作后，变为低温低压的气态制冷剂，经制冷管路流向室外机，经分接接头 2 后汇入室外机管路中，通过电磁四通阀 B 口进入，由 C 口送出，再经压缩机吸气孔返回压缩机中，再次进行压缩，如此周而复始，完成制冷循环。

在多联式中央空调系统中，室外机内部的冷凝器与室内的蒸发器之间安装有单向阀，它是用来控制制冷剂流向的，具有单向导通、反向截止的特性。

2. 多联式中央空调的制热过程

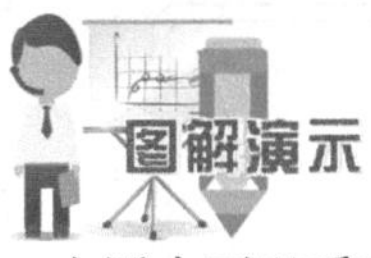

多联式中央空调制热过程主要是通过电路系统控制电磁四通阀中的阀块进行换向，从而改变制冷剂的流向。图 1-32 所示为多联式中央空调的制热原理。

由图中可以看到典型多联式中央空调的制冷原理如下：

a 制冷剂经压缩机处理后变为高温高压气体，由压缩机的排气口排出。当多联式中央空调进行制热时，电磁四通阀由电路控制内部的阀块由 B 口、C 口移向 C 口、D 口。此时高温高压气态的制冷剂经电磁四通阀的 A 口送入，再由 B 口送出，经分接接头 2 送入各室内机的蒸发器管路中。

b 高温高压气态的制冷剂进入室内机蒸发器后，过热的蒸汽通过蒸发器散热，散出的热量由贯流风扇从出风口吹入室内，热交换后的制冷剂转变为低温高压液态，通过分接接头 1 汇合，送入室外机管路中。

c 低温高压液态的制冷剂进入室外机管路后，经管路中的单向阀 2、干燥过滤器 2 以及毛细管 2 对其进行节流降压后，将低温低压液态的制冷剂送入冷凝器中。

d 低温低压的制冷剂液体在冷凝器中完成汽化过程，制冷剂液体向外界吸收大量的热，重新变为气态，并由轴流风扇将冷气由室外机吹出。

e 低温低压的气态制冷剂经电磁四通阀的 D 口流入，由 C 口送出，最后经压缩机吸气孔返回压缩机中，使其再次进行制热循环。

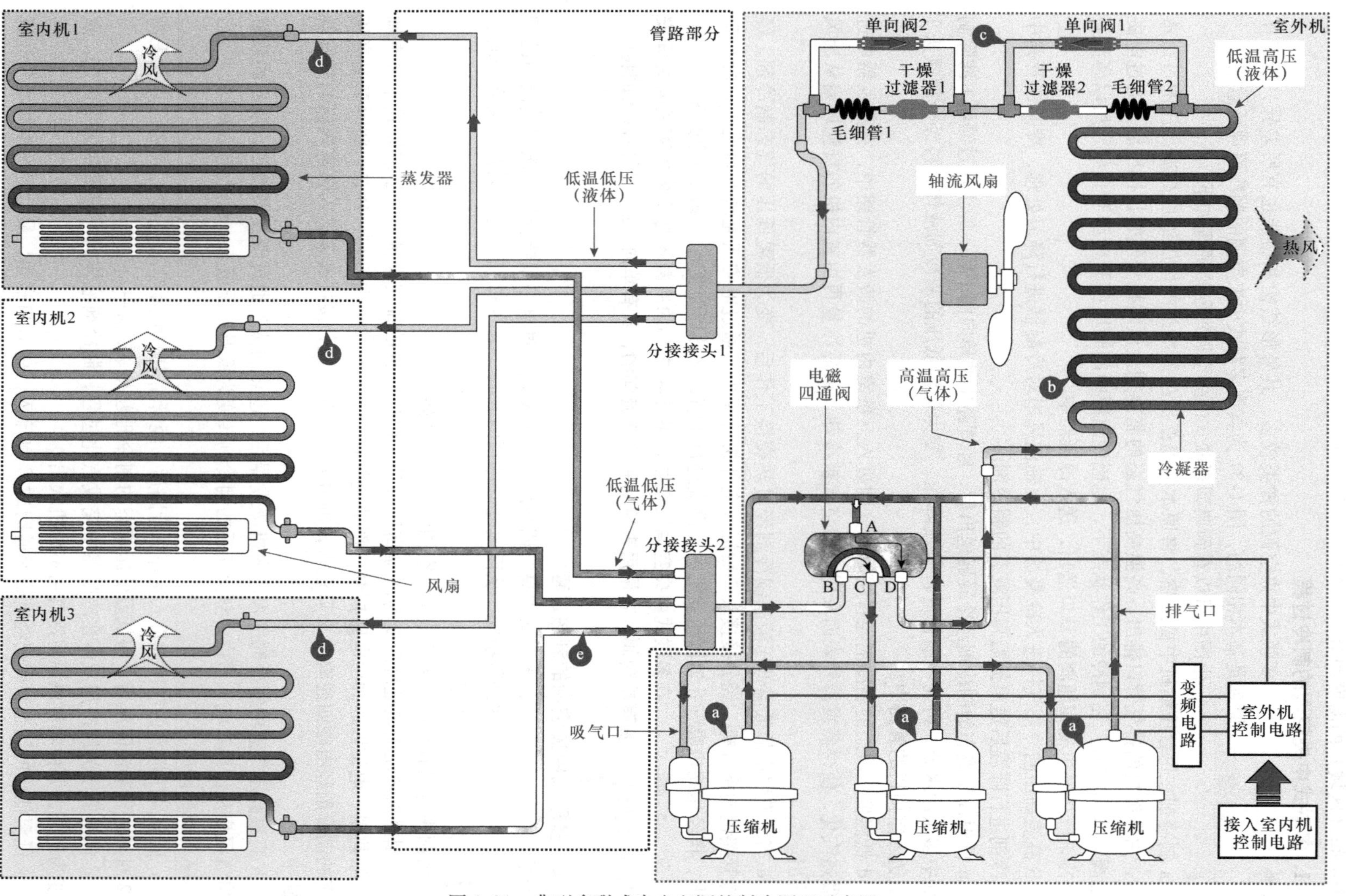

图1-31 典型多联式中央空调的制冷原理示意图

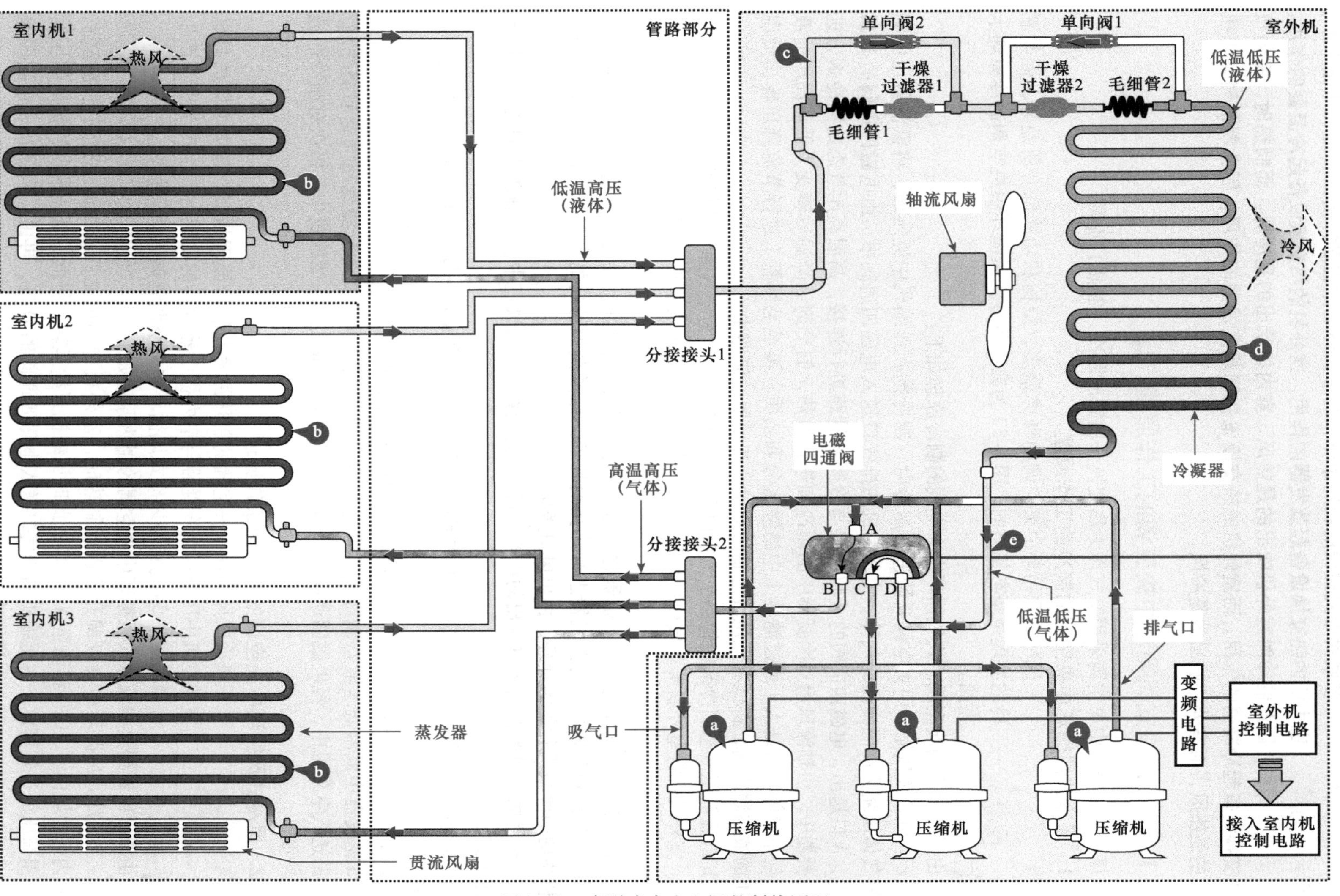

图 1-32 多联式中央空调的制热原理

多联式中央空调的制热循环和制冷循环的过程正好相反。在制冷循环中，室内机的热交换设备起蒸发器的作用，室外机的热交换设备起冷凝器的作用，因此制冷时室外机吹出的是热风，室内机吹出的是冷风。而制热时，室内机的热交换设备起冷凝器的作用，而室外机的热交换设备则起蒸发器的作用，因此制热时室内机吹出的是热风，而室外机吹出的是冷风。

1.3.2 风冷式风循环中央空调的工作原理

风冷式水循环中央空调采用空气作为热交换介质完成制冷（制热）循环。

1. 风冷式风循环中央空调的制冷的工作原理

风冷式风循环中央空调的种类繁多，结构和功能也有所差异，但其制冷的原理是基本相同的，图 1-33 为典型风冷式风循环中央空调制冷原理示意图。

由图可以看到典型风冷式风循环中央空调的制冷原理如下：

a 当风管式风循环中央空调开始进行制冷时，制冷剂在压缩机中经压缩，将低温低压的制冷器气体压缩为高温高压的气体，由压缩机的排气口送入电磁四通阀中，由电磁四通阀的 D 口进入，A 口送出，电磁四通阀的 A 口直接与冷凝器管路进行连接，高温高压气态的制冷剂，进入冷凝器中，由轴流风扇对冷凝器中的制冷剂进行散热，制冷剂经降温后转变为低温高压的液态，经单向阀 1 后送入干燥过滤器 1 中滤除水分和杂质，再经毛细管 1 进行节流降压输出低温低压的液态制冷剂，将低温低压液态制冷剂送往蒸发器的管路中。

b 低温低压液态制冷剂经管路送入室内风管机蒸发器中，为空气降温进行准备。

c 室外风机将室外新鲜空气由新风口送入，室内回风口送入的空气在新旧风混合风道中进行混合。

d 混合后的空气经过滤器将杂质滤除送至风管机的回风口处，并由风管机中的风机吹动空气，使空气经过蒸发器，与蒸发器进行热交换处理，经过蒸发器后的空气变为冷空气，再经风管机中的加湿段进行加湿处理，由出风口送出。

e 经室内机风管机出风口送出的冷空气经风道连接器进入风道中，经静压箱对冷空气进行静压处理。

f 经过静压处理后的冷空气在风道中流动，经过风道中的风量调节阀，可以对冷空气的量进行调节。

g 调节后的冷空气经排风口后送入室内，对室内温度进行降温。

h 蒸发器中低温低压液态制冷剂，通过与空气进行热交换后变为低温低压气态的制冷剂，经管路送入室外机中，经电磁四通阀的 C 口进入，由 B 口将其送入压缩机中，再次对制冷剂进行制冷循环。

2. 风冷式风循环中央空调的制热的工作原理

风冷式风循环中央空调的制热原理与制冷原理相似，其中不同的只是室外主机中压缩机、冷凝器与室内机中蒸发器的功能由产生冷量变为产生热量。图 1-34 为典型风冷式风循环中央空调制热原理示意图。

由图可以看到典型风冷式风循环中央空调的制热原理如下：

a 当风冷式风循环中央空调开始进行制热时，室外机中的电磁四通阀通过控制电路控制，使其内部滑块由 B、C 口移动至 A、B 口；此时压缩机开始运转，将低温低压的制冷剂气体压缩为高温高压的过热蒸汽，由压缩机的排气口送入电磁四通阀的 D 口，再由 C 口送出，电磁四通阀的 C 口与室内机的蒸发器进行连接。

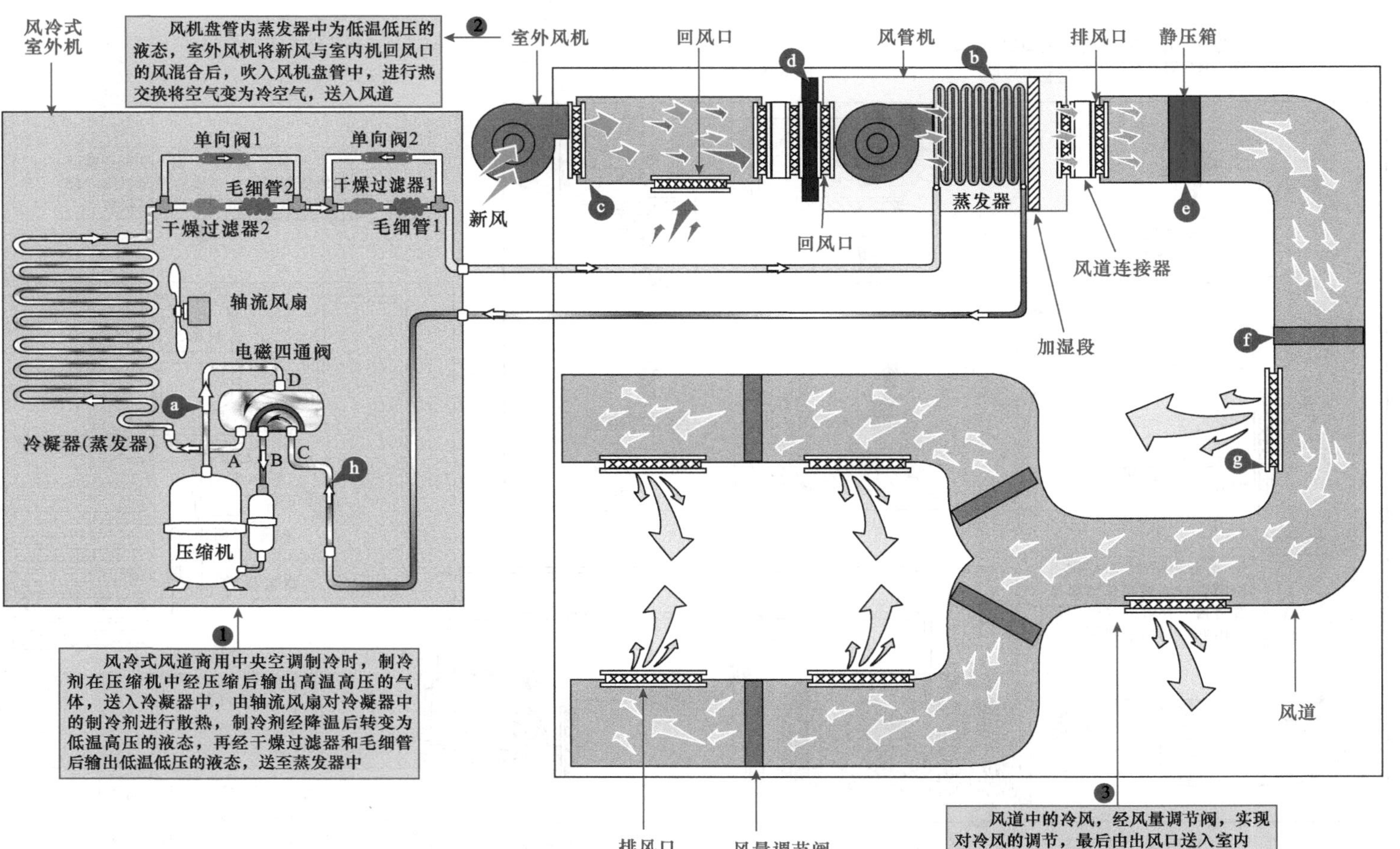

图 1-33　典型风冷式风循环中央空调制冷原理示意图

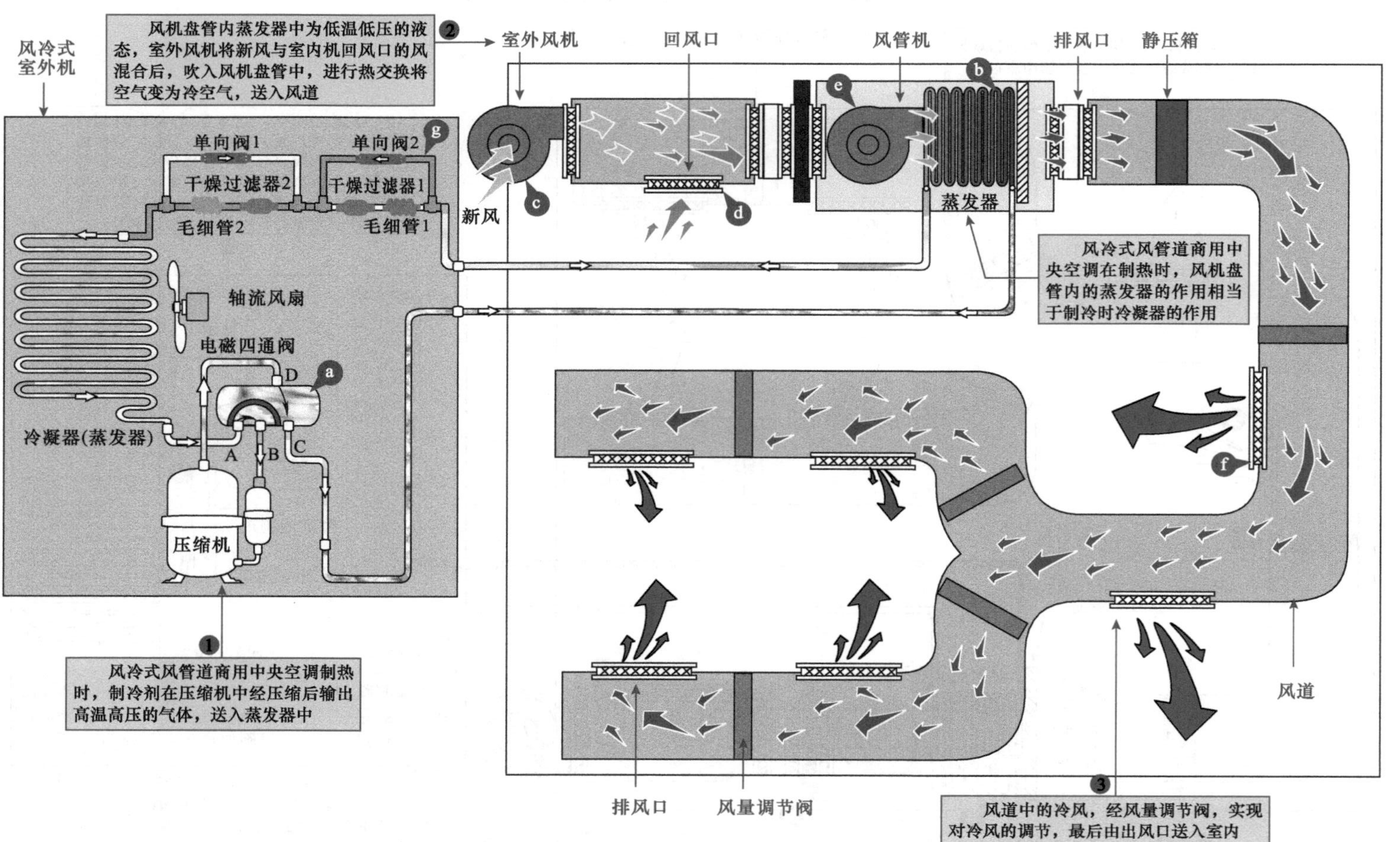

图1-34　典型风冷式风循环中央空调制热原理示意图

b 高温高压气态的制冷剂经管路送入蒸发器中，为空气升温进行准备。

c 室内控制电路对室外风机进行控制，使室外风机开启送入适量的新鲜空气，使其进入新旧风混合风道。因为冬季室外的空气温度较低，若送入大量的新鲜空气，可能导致风管式中央空调的制热效果下降。

d 由室内回风口将室内空气送入，室外送入的新鲜空气与室内送入的空气在新旧风混合风道中进行混合。再经过滤器将杂质滤除送至风管机的回风口处。

e 滤除杂质后的空气经回风口送入风管机中，由风管机中的风机将空气吹动，空气经过蒸发器后，与蒸发器进行热交换处理，经过蒸发器后的空气变为暖空气，再经风管机中的加湿段进行加湿处理，由出风口送出。

f 经室内机风机盘管出风口送出的暖空气经过风道连接器进入风道中，同样在风道中经过静压箱静压，然后经过风量调节阀后，再由排风口送入室内，对室内温度进行升温。

g 蒸发器中的制冷剂与空气进行热交换后，制冷剂转变为低温高压的液体进入室外机中，经室外机中单向阀 2 后送入干燥过滤器 2 滤除水分和杂质，再经毛细管 2 对其进行节流降压，将低温低压的液体送入冷凝器中，轴流风扇转动，使冷凝器进行热交换后，制冷剂转变为低温低压的气体经电磁四通换向阀的 A 口进入，由 B 口将其送回压缩机中，再次对制冷剂进行制热循环。

根据风冷式风循环中央空调系统使用空气来源的不同，主要有直流式系统、封闭式系统、回风式系统三种类型，图 1-35 为不同类型的空气循环图。

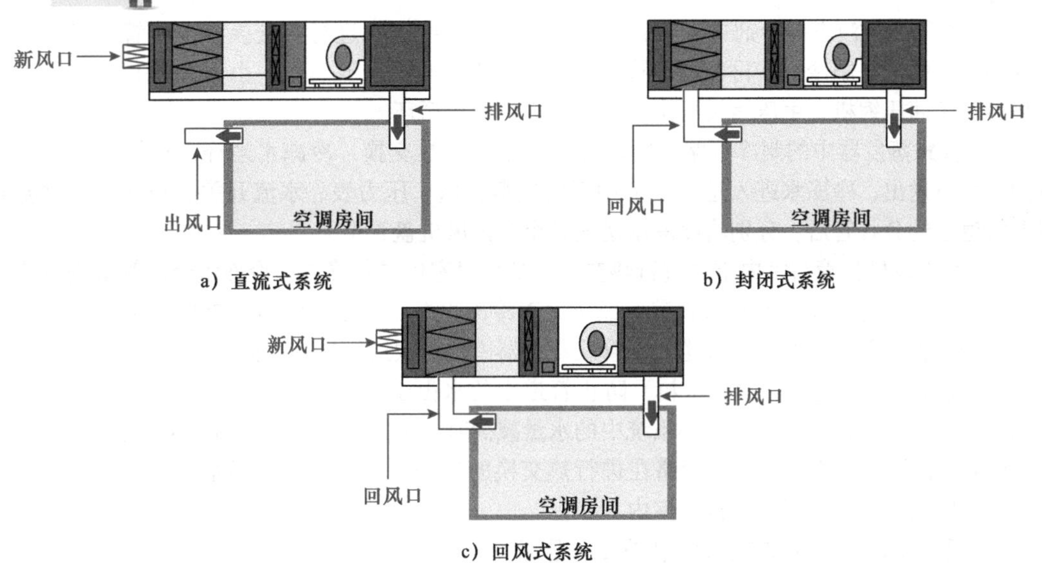

图 1-35　不同类型的空气循环图

直流式系统：这种系统使用的空气全部来自室外，经处理后送入室内吸收余热、余湿，然后全部排到室外，如图 1-35a 所示。这种系统能量损失大，适用于空气有一定污染以及对空气品质要求较高的空调房间。

封闭式系统：与直流式系统刚好相反。封闭式系统全部使用室内再循环的空气，如图 1-35b 所示。因此，这种系统最节能，但是卫生条件也是最差的，它只能使用于无人操作、只需保持空气温、湿度的场所。

回风式系统：该系统使用的空气一部分为室外机新风，另一部分为室内回风，如图 1-35c 所示。这种系统具有既经济又符合卫生要求的特点，使用比较广泛。在工程上根据使用回风的次数的多少又分为一次回风系统和二次回风系统。

1.3.3 风冷式水循环中央空调的工作原理

风冷式水循环中央空调采用冷凝风机（散热风扇）对冷凝器进行冷却，并由冷却水作为热交换介质完成制冷制热循环。

1. 风冷式水循环中央空调的制冷工作原理

风冷式水循环中央空调因其自身优势，应用领域比较广泛，根据不同的应用环境特点，其结构组成有所差异，但基本的制冷原理是相同的，图 1-36 为典型风冷式水循环中央空调制冷原理示意图。

由图可以看到典型风冷式水循环中央空调制冷原理如下：

a 风冷式水循环中央空调制冷时，由室外机中的压缩机对制冷剂进行压缩，将制冷剂压缩为高温高压的气体，由电磁四通阀的 A 口进入，经 D 口送出。

b 高温高压气态制冷剂经制冷管路，送入翅片式冷凝器中，由冷凝风机（散热风扇）吹动空气，对翅片式冷凝器中的制冷剂进行降温，制冷剂由气态变成低温高压液态。

c 低温高压液态制冷剂由翅片式冷凝器流出进入制冷管路，制冷管路中的电磁阀关闭，截止阀打开后，制冷剂经制冷管路中的储液罐、截止阀、干燥过滤器、液视后形成低温低压的液态制冷剂。

d 低温低压的液态制冷剂进入壳管式蒸发器中，与冷冻水进行热交换，由壳管式蒸发器送出低温低压的气态制冷剂，再经制冷管路，进入电磁四通阀的 B 口中，由 C 口送出，进入气液分离器后送回压缩机，由压缩机再次对制冷剂进行制冷循环。

e 壳管式蒸发器中的制冷管路与循环的冷冻水进行热交换，冷冻水经降温后由壳管式蒸发器的出水口送出，冷冻水进入送水管道中经管路截止阀、压力表、水流开关、止回阀、过滤器以及管道上的分歧管后，分别将冷冻水送入各个室内风机盘管中。

f 由室内风机盘管与室内空气进行热交换，从而对室内进行降温。冷冻水经风管机进行热交换后，经过分歧管循环进入回水管道，经压力表冷冻水泵、Y 形过滤器、单向阀以及管路截止阀后，经壳管式蒸发器的入水口送回壳管式蒸发器中，再次进行热交换循环。

g 在送水管道中连接有膨胀水箱，防止管道中的水由于热胀冷缩而导致管道破损，在膨胀水箱上设有补水口，当冷冻水循环系统中的水量减少时，可以通过补水口为该系统进行补水。

h 室内机风机盘管中的制冷管路在进行热交换的过程中，会形成冷凝水，由风机盘管上的冷凝水盘盛放，经排水管将其排出室内。

2. 风冷式水循环中央空调的制热工作原理

风冷式水循环中央空调的制热原理与制冷原理相似，其中不同的只是室外机的功能由制冷循环转变为制热循环。图 1-37 为典型风冷式水循环中央空调的制热原理示意图。

由图中可以看到该典型风冷式水循环中央空调的制热原理如下：

a 风冷式水循环中央空调进行制热工作时，制冷剂在压缩机中被压缩，将原来低温低压的制冷剂气体压缩为高温高压的气体，电磁四通阀在控制电路的控制下，将内部阀块由 C、B 口移动至 C、D 口，此时高温高压气体的制冷剂由压缩机送入电磁四通阀的 A 口，经电磁四通阀的 B 口进入制热管路中。

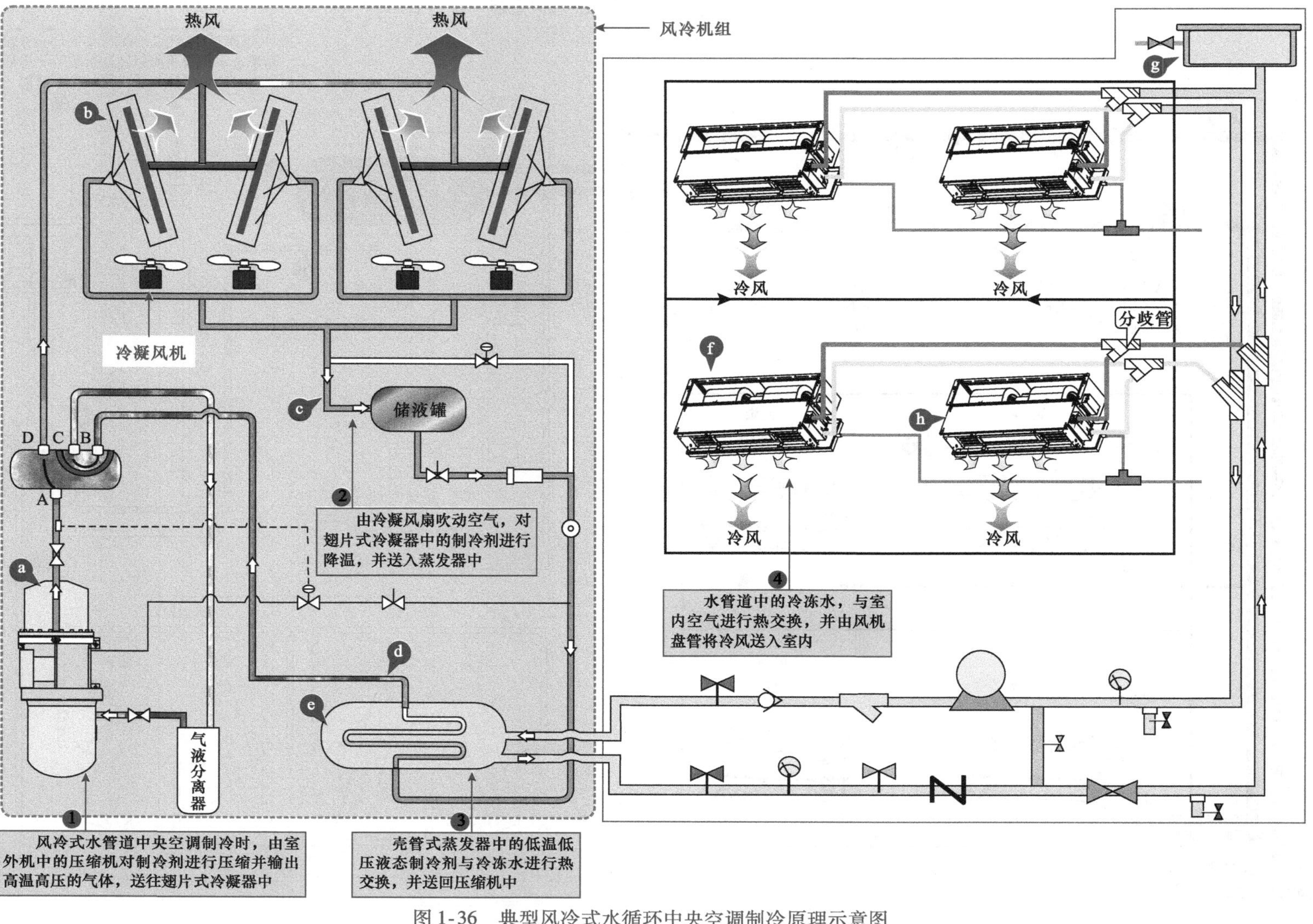

图1-36　典型风冷式水循环中央空调制冷原理示意图

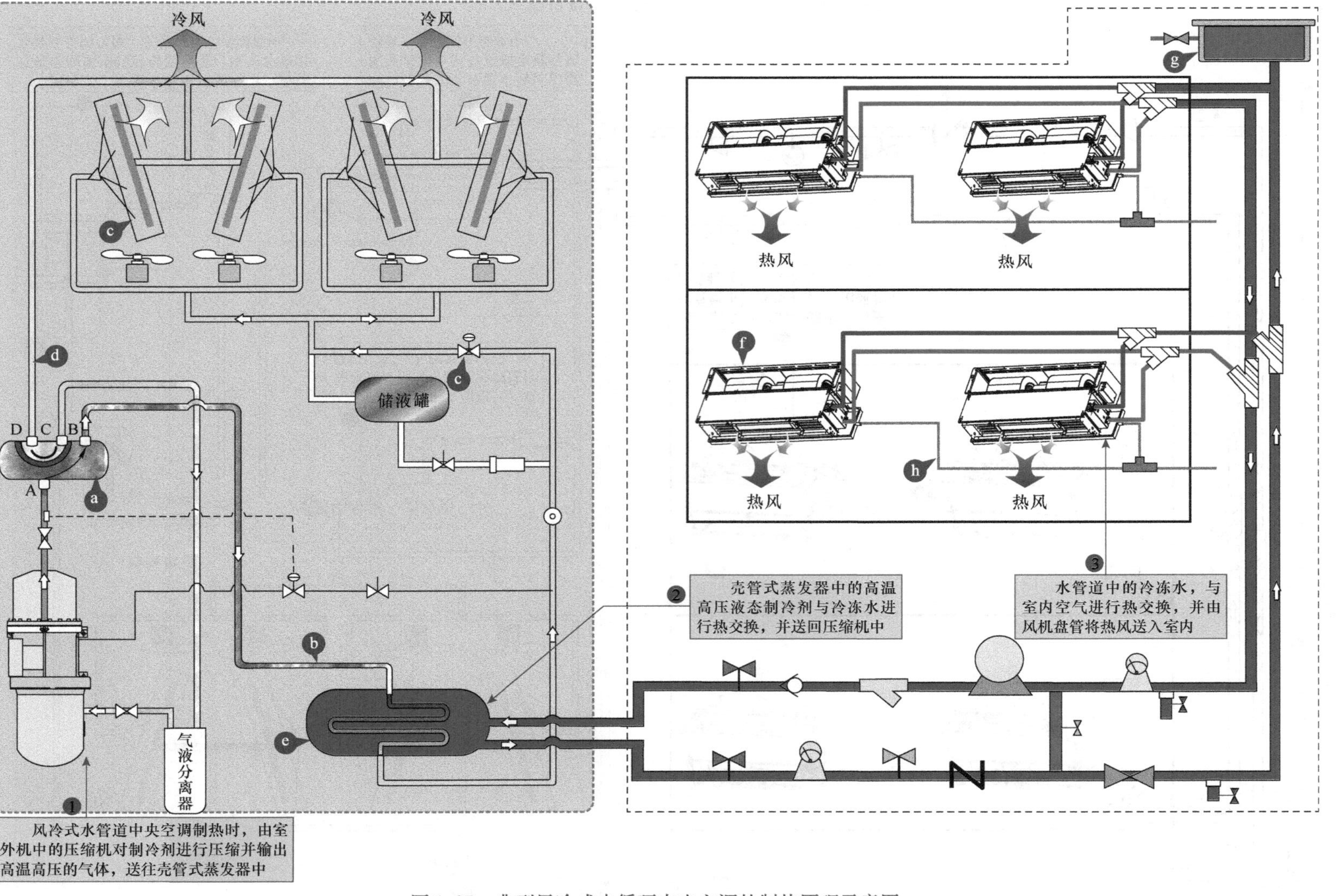

图 1-37　典型风冷式水循环中央空调的制热原理示意图

b 高温高压气体的制冷剂进入制热管路后，送入壳管式蒸发器中，与冷冻水进行热交换，使冷冻水的温度升高。

c 高温高压气体的制冷剂经壳管式蒸发器进行热交换后，转变为低温高压的液态制冷剂进入制热管路中，此时制热管路中的电磁阀开启、截止阀关闭，制冷剂经电磁四通阀后转变为低温低压的液体，继续经管路进入翅片式冷凝器中，由冷凝风机对翅片式冷凝器进行降温，制冷剂经翅片式冷凝器后转变为低温低压的气体。

d 低温低压气态的制冷剂经电磁四通阀 D 口进入，经 C 口送入气液分离器中，进行气液分离后，送入压缩机中，由压缩机再次对制冷剂进行制热循环。

e 壳管式蒸发器中的制热管路与循环冷冻水进行热交换，冷冻水经升温后由壳管式蒸发器的出水口送出，冷冻水进入送水管道后经管路截止阀、压力表、水流开关、止回阀、过滤器以及管道上的分歧管后，分别将冷冻水送入各个室内风机盘管中。

f 由室内机风机盘管与室内空气进行热交换，从而实现室内升温，冷冻水经风机盘管进行热交换后，经过分歧管进入回水管道，经压力表、冷冻水泵、Y 形过滤器、单向阀以及管路截止阀后，经壳管式蒸发器的入水口回到壳管式蒸发器中，再次与制冷剂进行热交换循环。

g 在送水管道中连接有膨胀水箱，由于管路中的冷冻水升温，可能会发生热胀的效果，所以此时胀出的冷冻水进入膨胀水箱中，防止管道压力过大而破损，在膨胀水箱上设有补水口，当冷冻水循环系统中的水量减少时，又可以通过补水口为该系统进行补水。

h 当室内机风机盘管进行热交换时，管路中可能会形成冷凝水，此时由风机盘管上的冷凝水盘盛放，经排水管将其排出室内，防止对室内环境造成损害。

根据上述几种中央空调的制冷制热原理不难看出，无论其结构形式和方式如何变化，中央空调系统中最基本的制冷剂循环系统基本相同，都是由压缩机、蒸发器和冷凝器等构成的，系统的制冷和制热模式也均是通过电磁四通阀控制制冷剂的流向来实现的，这些基本的过程与普通多联式空调器制冷剂循环的过程和原理均是相同的，读者在了解其核心部分原理之后，不难发现，看似庞大复杂的中央空调系统，实质上也是在普通空调器的基础之上，对其功能、结构、能效和效率进行拓展。

1.3.4 水冷式中央空调的工作原理

水冷式中央空调通常可以用于制冷，若需要其进行制热时，需要在室外机循环系统中加装制热设备，对管路中的水进行制热处理。在这里主要对水冷式中央空调的制冷原理进行介绍。

水冷式中央空调采用压缩机、制冷剂并结合蒸发器和冷凝器进行制冷。水冷式中央空调的蒸发器、冷凝器及压缩机均安装在水冷机组，其中，冷凝器的冷却方式为冷却水循环冷却方式。图 1-38 为水冷式中央空调的制冷原理示意图。

由图可以看到典型水冷式中央空调制冷原理如下：

a 水冷式中央空调制冷时，水冷机组的压缩机将制冷剂进行压缩，将其压缩为高温高压气体送入壳管式冷凝器中，等待冷却水降温系统对壳管式冷凝器进行降温。

b 冷却水降温系统进行循环，由壳管式冷凝器送出温热的水，进入冷却水降温系统的管道中，经过压力表和水流开关后，进入冷却水塔，由冷却水塔对水进行降温处理，再经冷却水塔的出水口送出，经冷却水泵、单向阀、压力表以及 Y 形过滤器后，进入壳管式冷凝器中，实现对冷凝器的循环降温。

c 送入壳管式冷凝器中的高温高压的制冷剂气体，经过冷却水降温系统的降温后，送出低

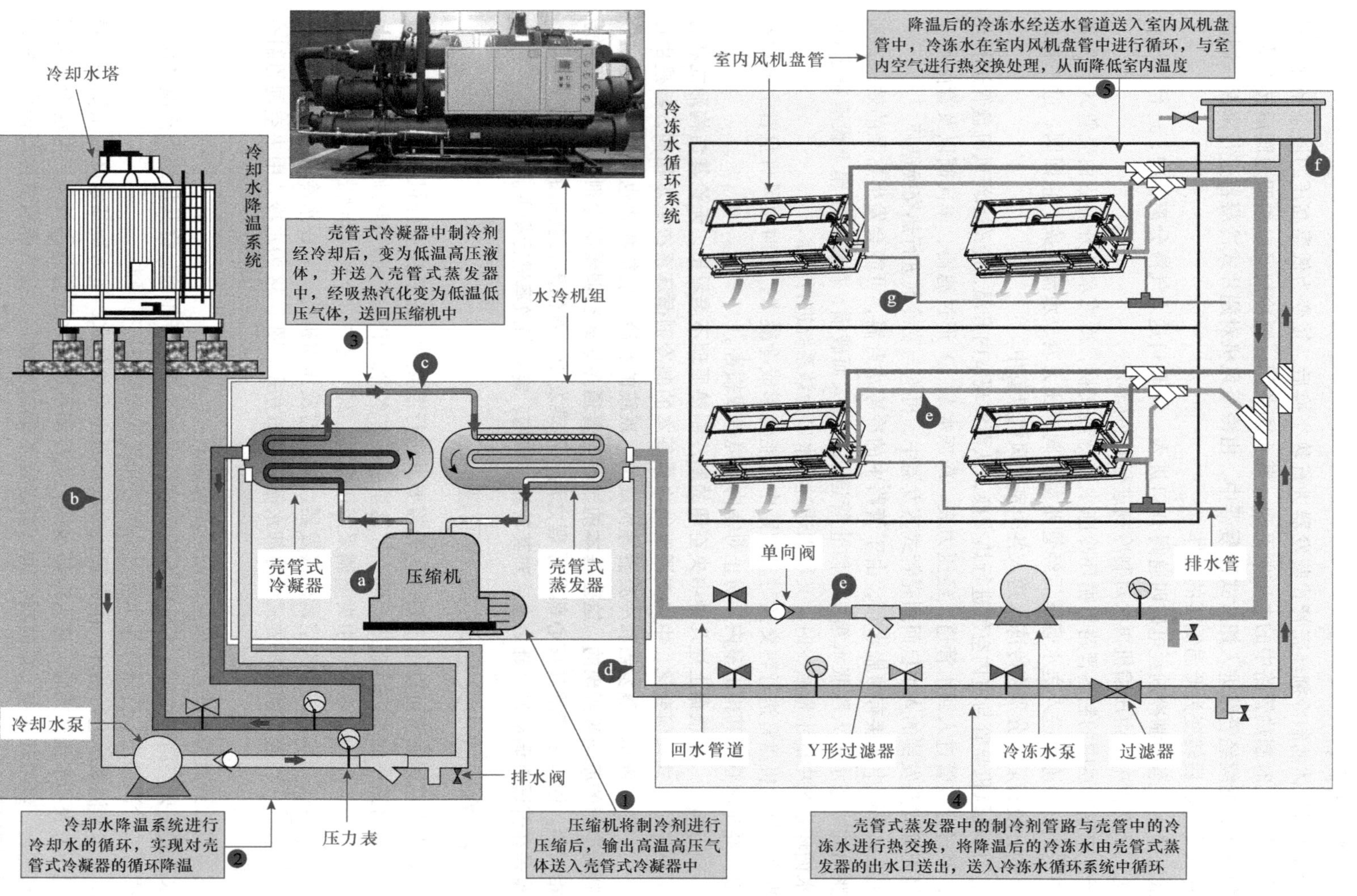

图 1-38　水冷式中央空调的制冷原理示意图

温高压液体状态的制冷剂，制冷剂经过管路循环进入壳管式蒸发器中，低温低压液体状态的制冷剂在蒸发器管路中吸热汽化，变为低温低压制冷剂气体，然后进入压缩机中，再次进行压缩，进行制冷循环。

d 壳管式蒸发器中的制冷剂管路与壳管中的冷冻水进行热交换，将降温后的冷冻水由壳管式蒸发器的出水口送出，进入送水管道中经过管路截止阀、压力表、水流开关、电子膨胀阀以及过滤器在送水管道中循环。

e 经降温后的冷冻水经送水管道送入室内风机盘管中，冷冻水在室内风机盘管中进行循环，与室内空气进行热交换处理，从而降低室内温度。进行热交换后的冷冻水循环至回水管道中，经压力表、冷冻水泵、Y 形过滤器、单向阀以及管路截止阀后，经入水口送回壳管式蒸发器中。由壳管式蒸发器再次对冷冻水进行降温，使其循环。

f 在送水管道中连接有膨胀水箱，防止管道中的冷冻水由于热胀冷缩而导致管道破损，膨胀水箱上带有补水口，当冷冻水循环系统中的水量减少时，也可以通过补水口为该系统进行补水。

g 室内机风机盘管中的制冷管路在进行热交换的过程中，会形成冷凝水，冷凝水由风机盘管上的冷凝水盘盛放，经排水管将其排出室内。

中央空调安装维修工具的使用

2.1 加工工具的使用

2.1.1 切管器的使用

图解演示

切管器主要用于中央空调中制冷剂铜管的切割。在安装中央空调时，经常需要使用切管器切割不同长度和不同直径的铜管。

图2-1所示为典型切管器的实物外形。切管器主要由刮管刀、滚轮、刀片及进刀旋钮组成。

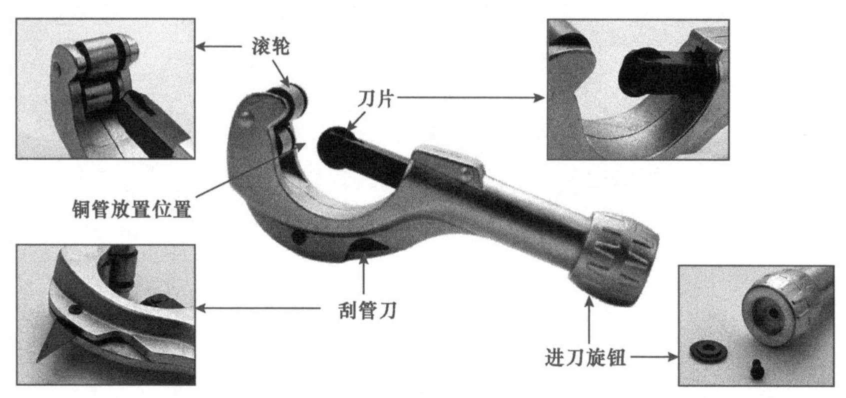

图2-1 切管器的实物外形

中央空调制冷剂管路管径不同，可选择不同规格的切管器切割。图2-2所示为不同规格的切管器及使用方法。

2.1.2 倒角器的使用

倒角器是用于中央空调制冷剂铜管切割后的修整处理工具。在切割中央空调器制冷剂铜管后，为避免管口有毛刺，一般借助倒角器将管口进行倒角处理。图2-3所示为倒角器的实物外形，倒角器主要由倒内角刀片、倒外角刀片等组成。

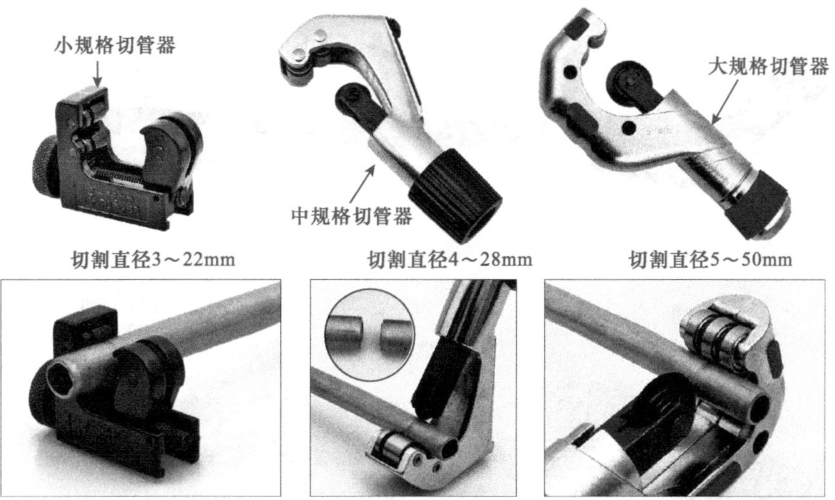

图 2-2　不同规格切管器的使用方法

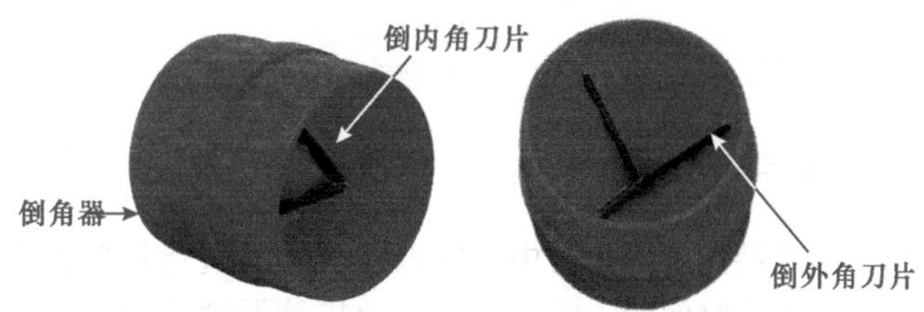

图 2-3　倒角器的实物外形

使用倒角器修整制冷剂铜管切口时，使制冷剂铜管的垂直切口倒角去除毛刺，如图 2-4 所示。

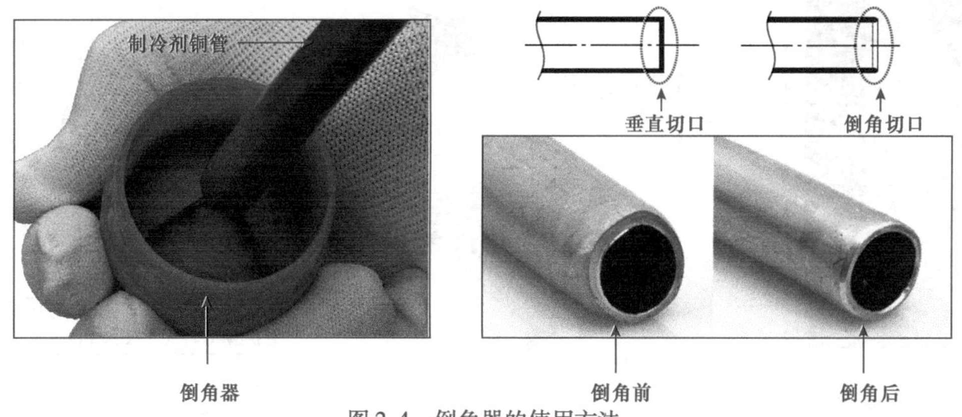

图 2-4　倒角器的使用方法

相关资料

除了使用倒角器修整制冷剂铜管的切割口外，还可借助锉刀和刮刀去除切口毛刺，如图 2-5 所示。

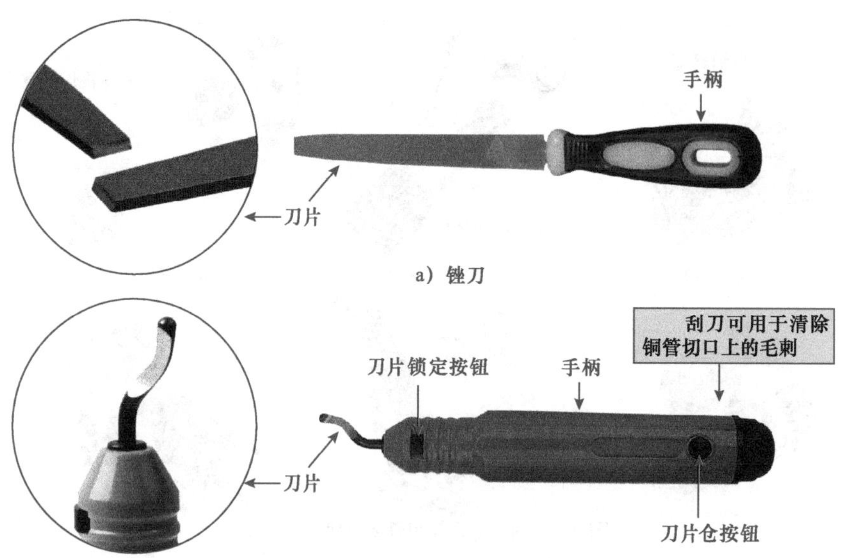

a）锉刀

b）刮刀

图 2-5　锉刀和刮刀的实物外形及使用方法

2.1.3　扩管器的使用

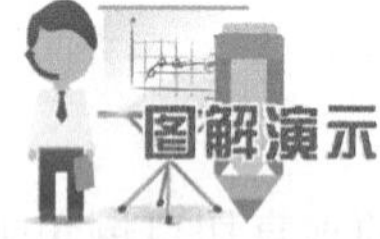

扩管器主要用于对中央空调制冷铜管进行扩口操作，一般在扩喇叭口的纳子连接时使用。图 2-6 所示为扩管器的实物外形，扩管器主要由顶压器和夹板组成。

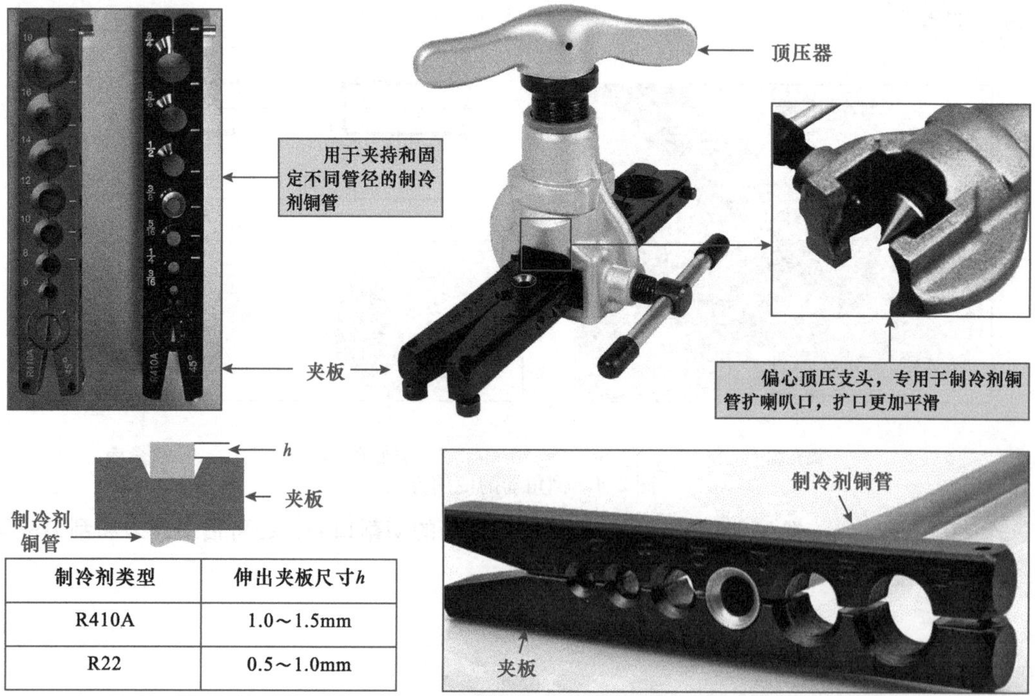

制冷剂类型	伸出夹板尺寸 h
R410A	1.0～1.5mm
R22	0.5～1.0mm

图 2-6　扩管器的实物外形

制冷剂铜管扩管器通常有两种规格，如图 2-7 所示。一种是 R410A 制冷剂专用扩管器，一种是传统的扩管器，主要注意的是，若使用传统扩管器扩口，R410A 制冷剂铜管应比 R22 制冷剂铜管伸出夹板长度多 0.5m。

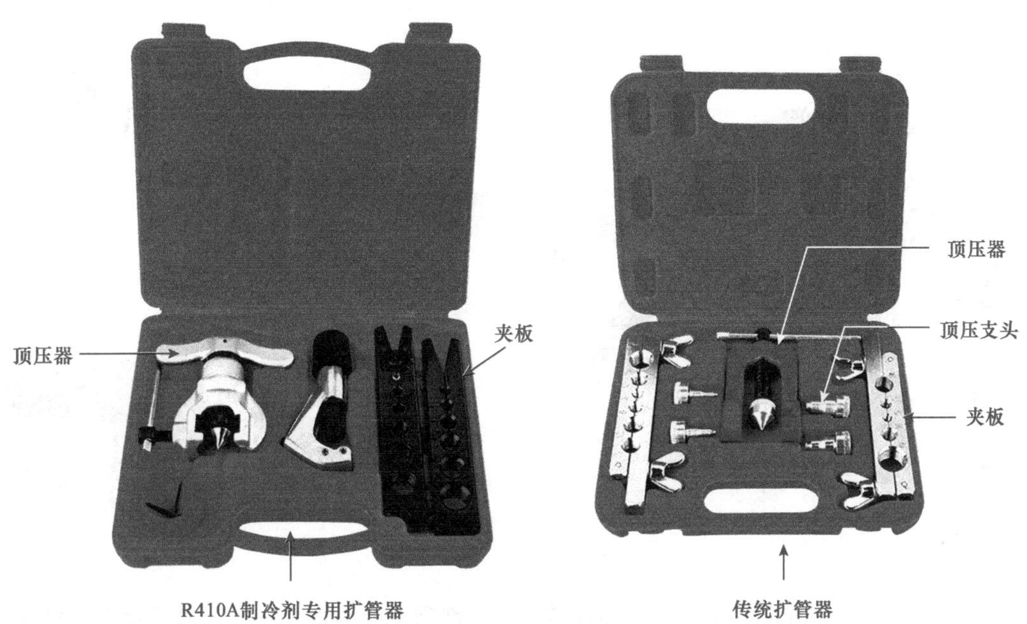

图 2-7　扩管器的种类和使用

目前，制冷剂管路用的切管器、倒角器、扩管器通常集中置于专用的工具箱中，配套使用，更加方便使用和收纳管理，如图 2-8 所示。

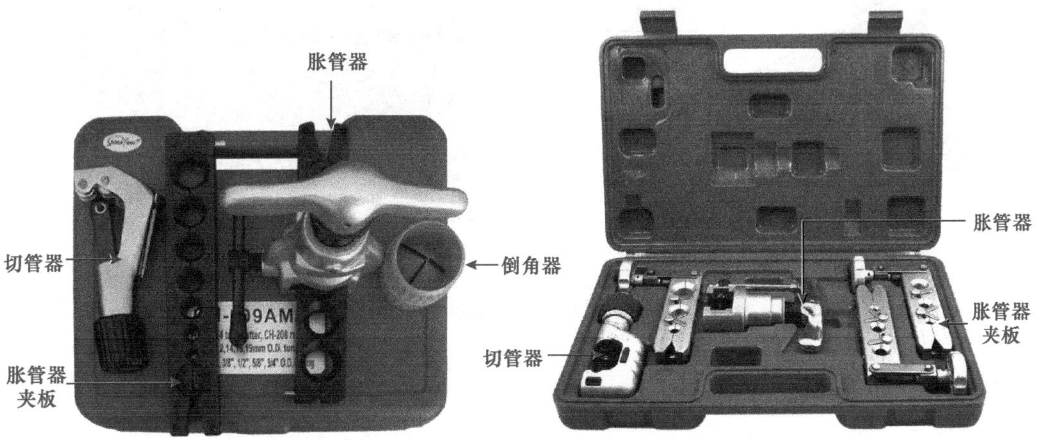

图 2-8　制冷管路加工工具箱

2.1.4 胀管器的使用

胀管器主要用于对中央空调制冷铜管连接时扩大管径。图 2-9 所示为胀管器的实物外形，其主要由胀杆和胀头组成。

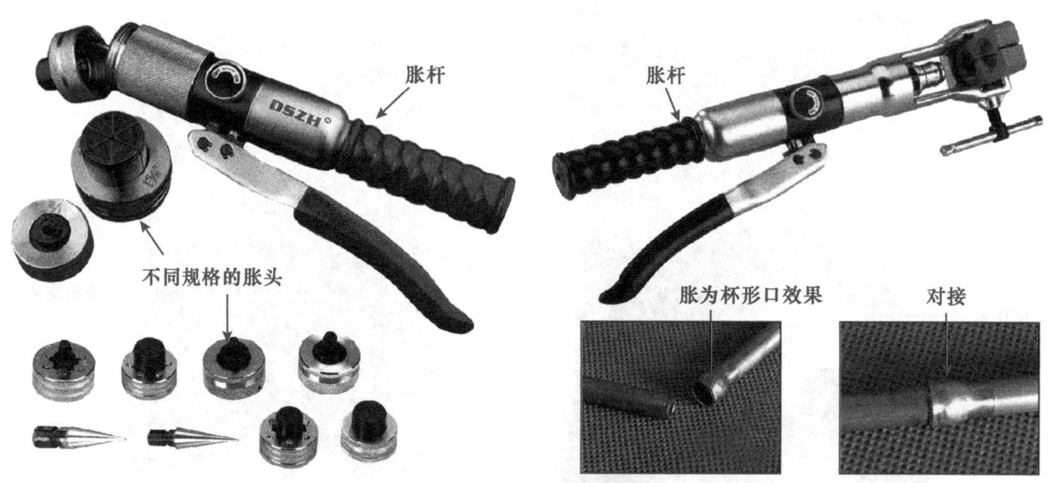

图 2-9 胀管器的实物外形

相关资料

胀管器的种类多种多样，制冷剂铜管胀管操作中，还常常借助一种手动简易胀管器，如图 2-10 所示，该类胀管器操作简单，使用方便，多应用于小管径铜管的胀管操作中。

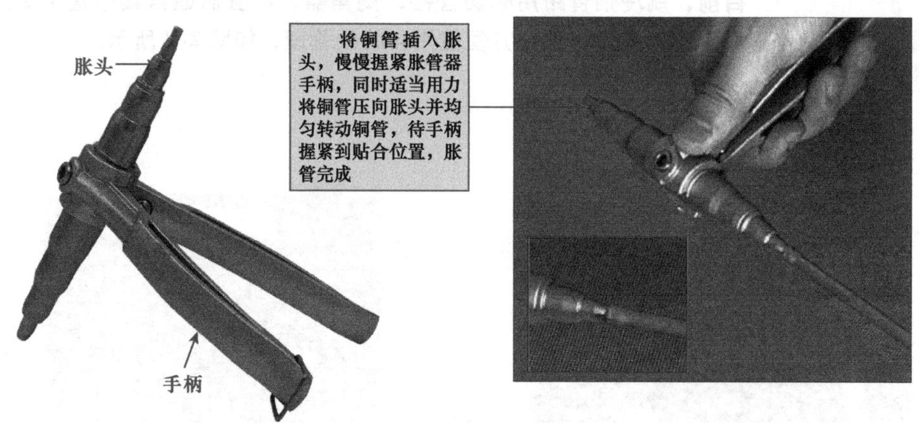

图 2-10 手动简易胀管器的实物外形及使用

2.1.5 弯管器的使用

弯管器主要用于弯曲配管。在中央空调制冷管路安装与连接过程中，需要管路弯曲时，必须借助专用的弯管器进行，切不可徒手掰折。目前，弯管器有手动弯管器和电动弯管器两种。图 2-11 所示为典型弯管器的实物外形。

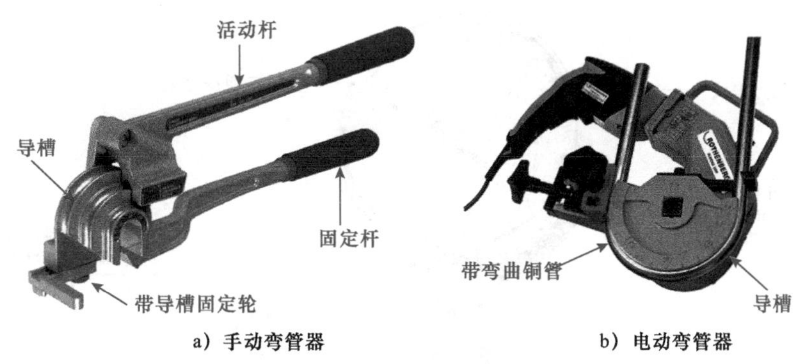

图 2-11　弯管器的实物外形

不同管径的铜管可选用不同规格的弯管器弯管，一般大管径制冷剂铜管多采用电动弯管器，小管径铜管可采用手动弯管器，如图 2-12 所示。

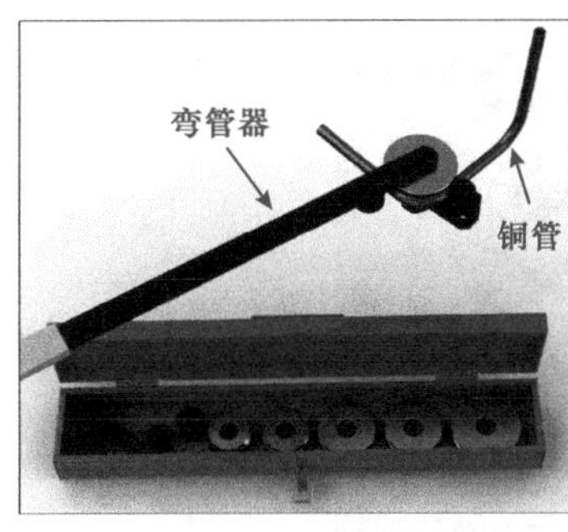

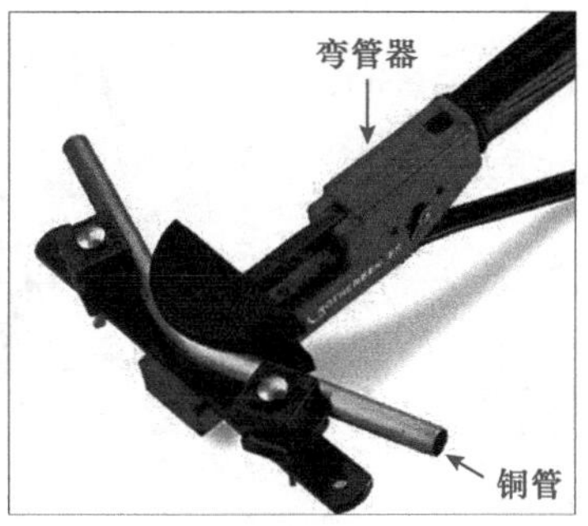

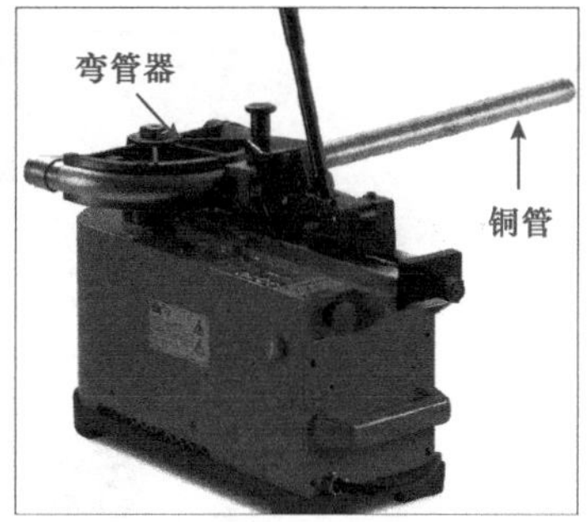

图 2-12　弯管器的应用

2.2　测量仪表的使用

2.2.1　三通压力表的使用

三通压力表主要用于中央空调管路系统安装完成后的气密性实验。图 2-13 所示为三通压力表的实物外形，可以看到，压力表主要由压力表头、控制阀门、接口 A、接口 B 组成。

中央空调大多采用新型环保的 R410A 制冷剂，该制冷剂要求管路压力较大，因此，所选三通压力表的量程应至少大于 8MPa。

图 2-14 所示为三通压力表在中央空调气密性实验中的应用。

2.2.2　双头压力表的使用

双头压力表也称为五通压力表，主要在中央空调管路系统的抽真空、充注制冷剂和检修、检查管路时使用。

图 2-15 所示为双头压力表的实物外形。

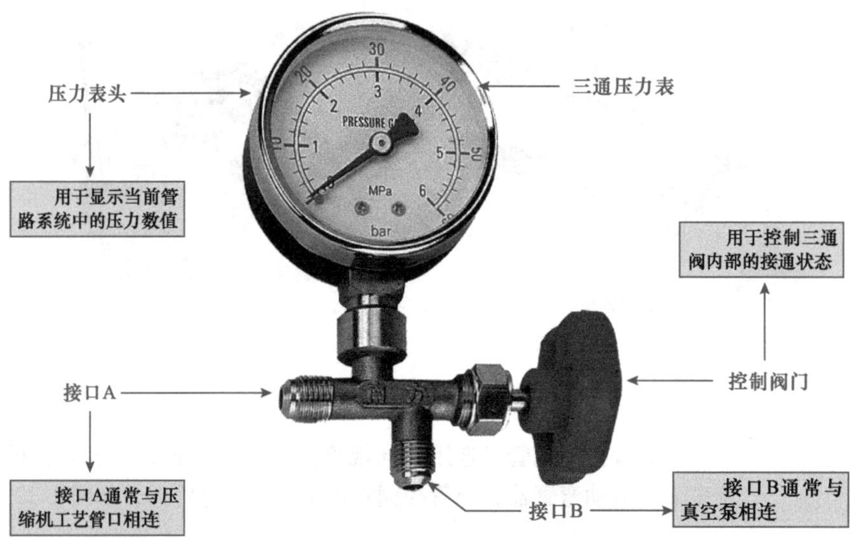

图 2-13　三通压力表的实物外形

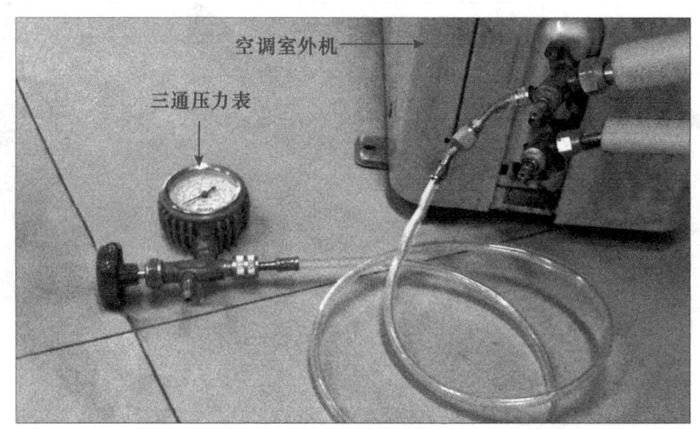

图 2-14　三通压力表在中央空调气密性实验中的应用

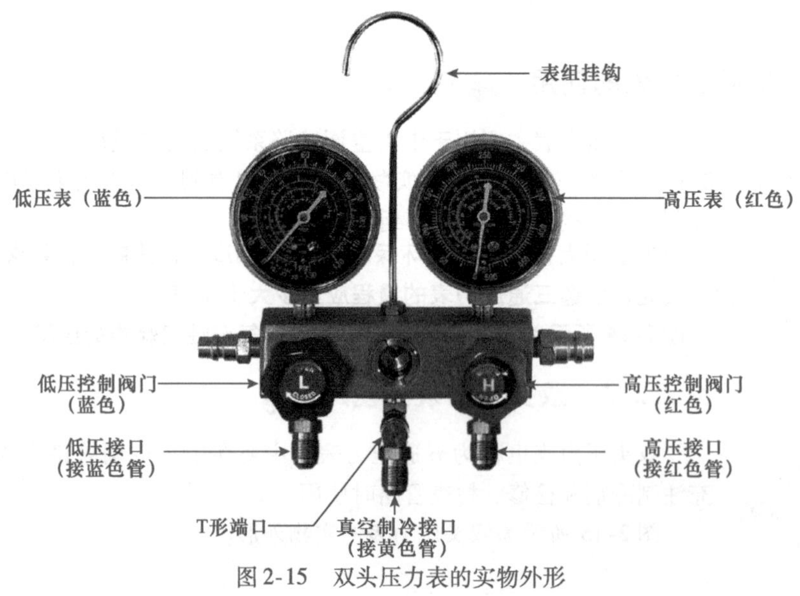

图 2-15　双头压力表的实物外形

R410A 制冷剂管路所用双头压力表与 R22 制冷剂管路所用双头压力表结构和功能均相同，不同的是，由于 R410A 制冷剂管路管压较大，因此 R410A 制冷剂管路所用双头压力表最大量程也较大，如图 2-16 所示。

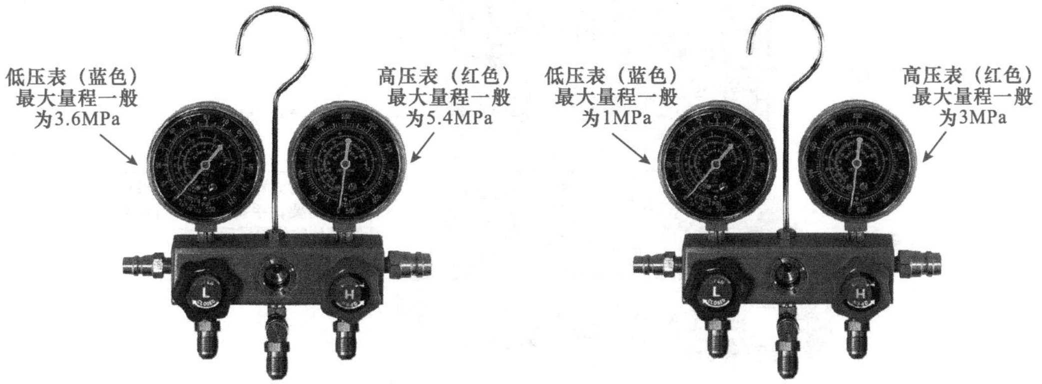

a）R410A制冷剂管路用双头压力表　　b）R22制冷剂管路用双头压力表

图 2-16　R410A 制冷剂管路用和 R22 制冷剂管路用双头压力表的比较

2.2.3　真空表的使用

真空表是一种准确计量真空的仪表，一般用于中央空调制冷管路抽真空操作中。图 2-17 所示为典型真空表的实物外形，该类仪表量程一般从负压开始。

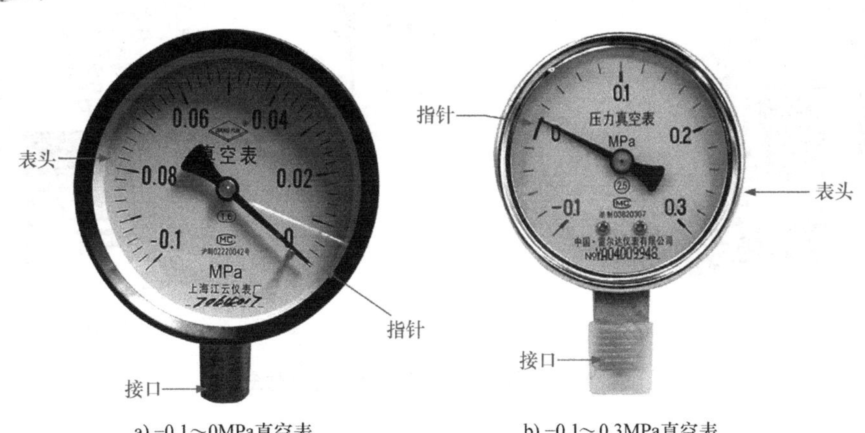

a) -0.1～0MPa真空表　　b) -0.1～0.3MPa真空表

图 2-17　典型真空表的实物外形

2.2.4　称重计的使用

称重计是用来称量重量的设备。在中央空调制冷剂充注操作中，往往需要借助称重计来称量制冷剂加入的重量，从而使充注制冷剂的实际量精确地等同于制冷剂标称重量。图 2-18 所示为典型称重计的实物外形，称重时可将制冷剂钢瓶直接置于称重计置物板上。

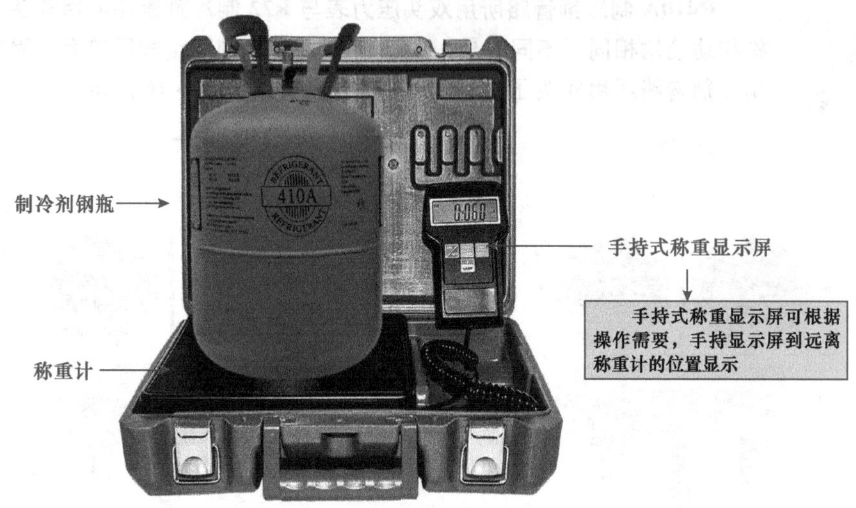

图 2-18　典型称重计的实物外形及使用

中央空调充注制冷剂时，可将制冷剂钢瓶置于称重计上，根据标称充注重量计算出减重数值，连接管路开始充注，当称重计数值降低至计算数值时，停止充注，如图 2-19 所示。

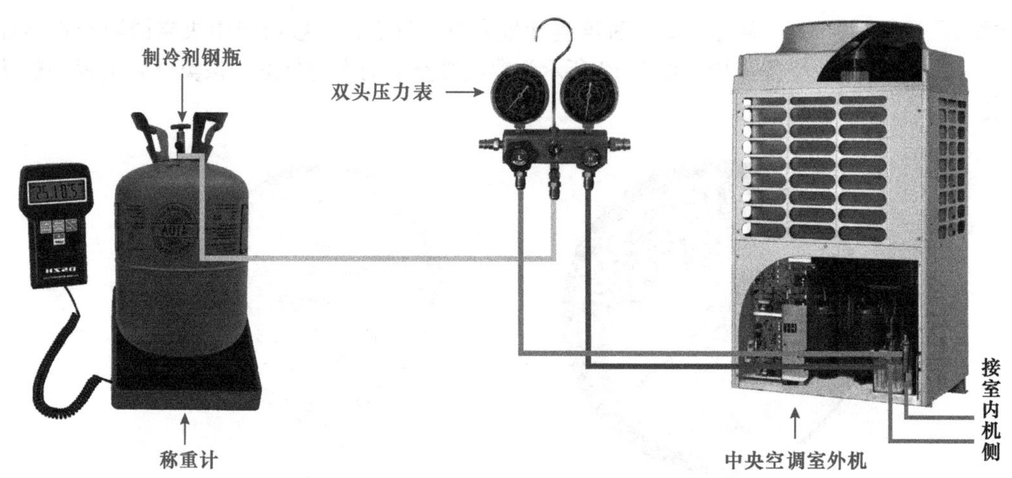

图 2-19　借助称重计充注制冷剂示意图

2.2.5　制冷剂自动充注回收机的使用

制冷剂自动充注回收机可以自动设定控制剂的充注或回收功能，精确控制制冷剂充注回收量。图 2-20 所示为典型制冷剂自动充注回收机的实物外形及应用。

根据应用场合的不同，制冷剂自动充注回收机可以分为便携式、中型和大型三类。制冷剂自动充注回收机不仅具有精确充注或回收制冷剂的功能，有些还具有制冷剂再生、净化处理等功能。

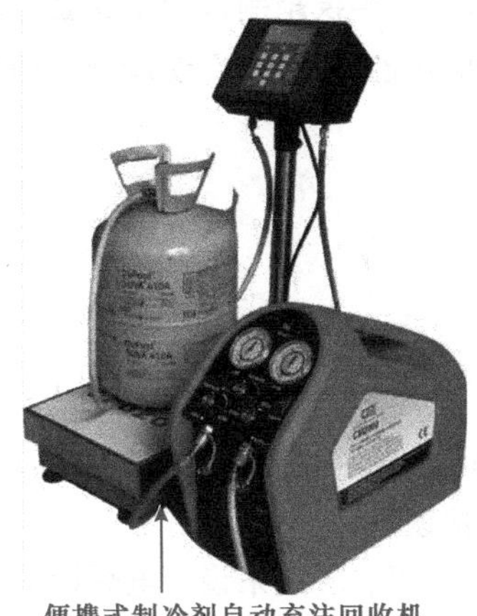

图 2-20　制冷剂自动充注回收机的实物外形及应用

2.2.6　检漏仪的使用

图解演示

检漏仪是用于检查中央空调制冷剂有无泄漏的仪表。目前，应用于制冷检漏方面的检漏仪根据检测原理及检测对象的不同，可以分为卤素检漏仪、氨检漏仪和氢检漏仪，根据外形结构的不同又可分为便携式检漏仪、台式检漏仪和移动式检漏仪。

图 2-21 所示为氢检漏仪的实物外形与使用方法。

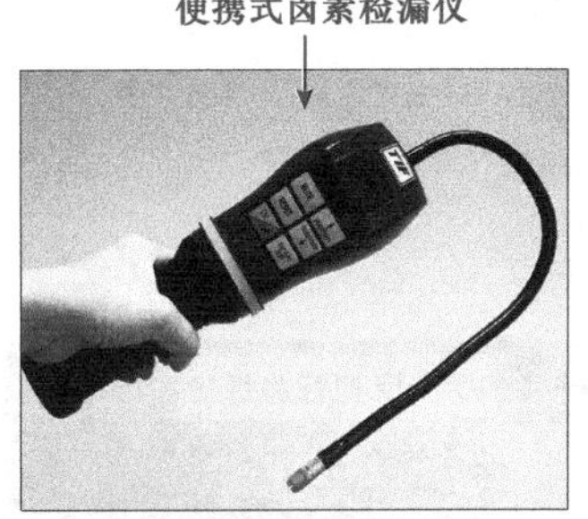

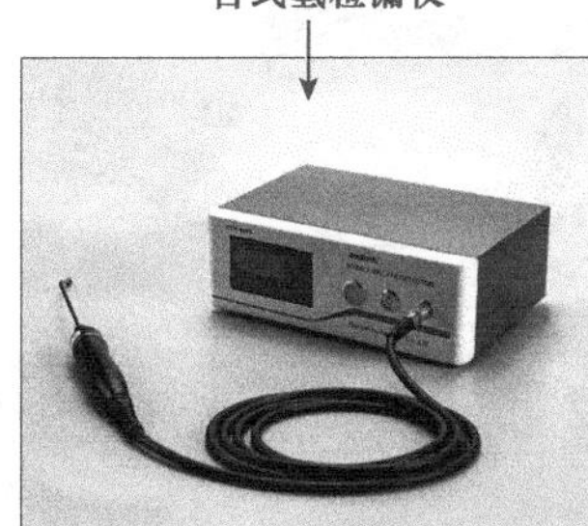

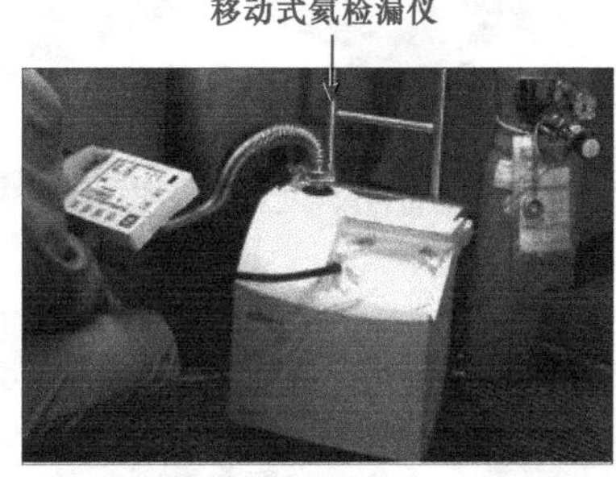

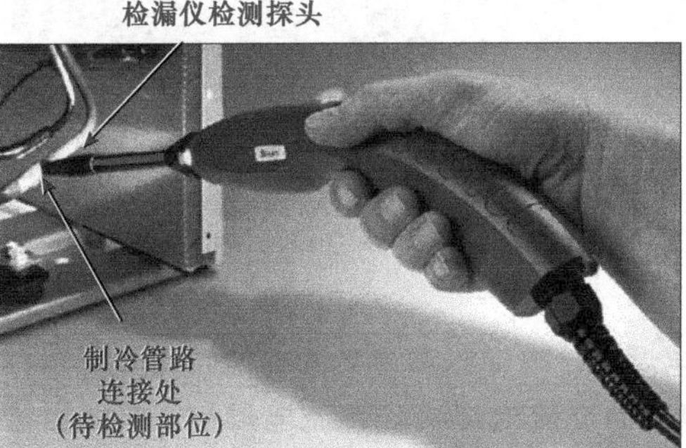

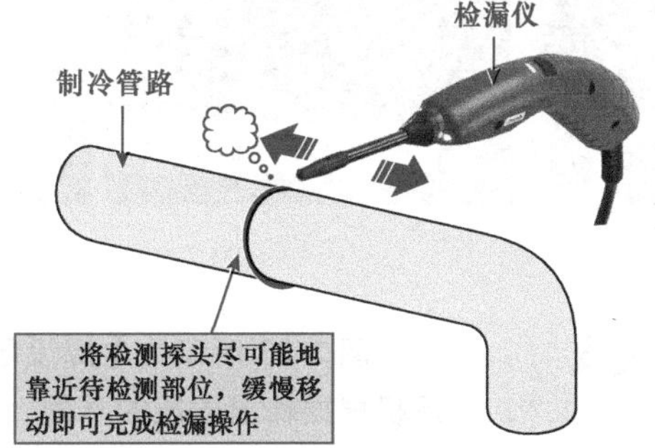

图 2-21　氢检漏仪的实物外形与使用方法

如果采用 R410A 作为制冷剂的中央空调，由于这种制冷剂不含氟，而是由多种成分混合而成，因此，在选择检漏仪时不能使用 CFC 或 HCFC 的氟利昂检漏仪，而应使用氢检漏仪。

2.3 焊接设备的使用

2.3.1 电焊设备的使用

图解演示

电焊设备主要用于水循环管路的焊接，是水冷式中央空调和风冷式水循环中央空调的管路安装连接中的主要焊接设备。

图 2-22 所示为电焊设备的实物外形及应用。一般来说，电焊设备主要包括电焊机、电焊钳、焊条和接地夹等。

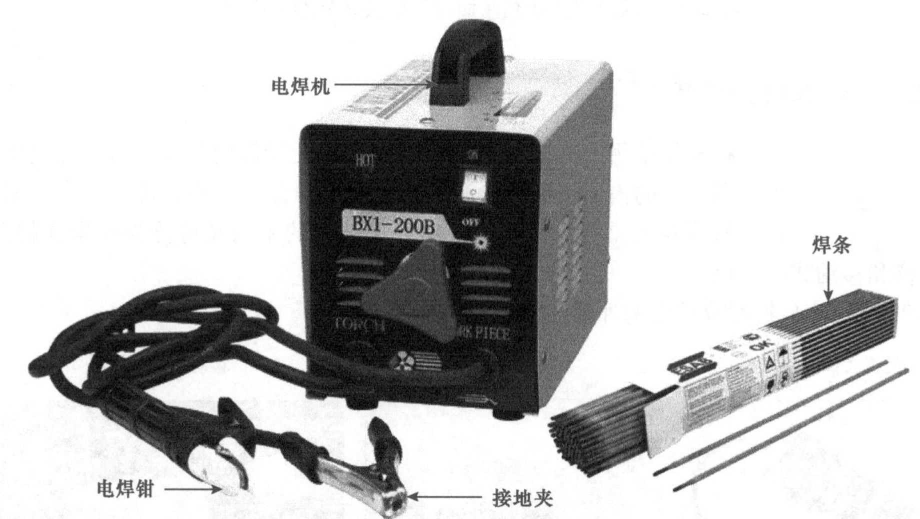

图 2-22　电焊设备的实物外形及应用

图 2-23 所示为电焊设备中电焊机、电焊钳和焊条的功能特点。其中，电焊机根据输出电压的不同，可以分为交流电焊机和直流电焊机；电焊钳需要结合电焊机同时使用；焊条主要是由焊芯和药皮两部分构成的。

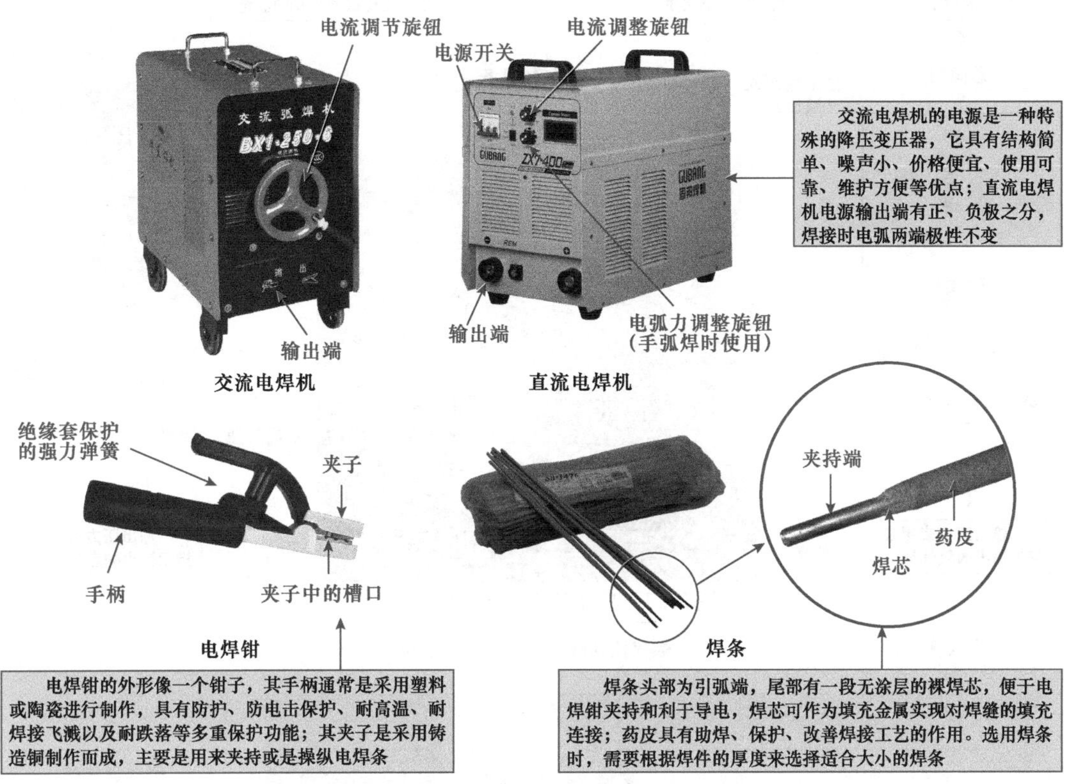

图 2-23　电焊机、电焊钳和焊条的功能特点

2.3.2　气焊设备的使用

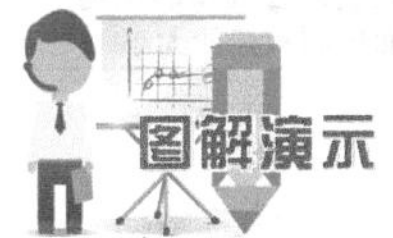

气焊设备是中央空调制冷管路焊接连接的专用设备。它是利用可燃气体与助燃气体混合燃烧生成的火焰作为热源，通过熔化焊条，将金属管路焊接在一起。

图 2-24 所示为典型气焊设备的实物外形。一般来说，气焊设备主要包括氧气瓶、燃气瓶、焊枪和连接软管等。

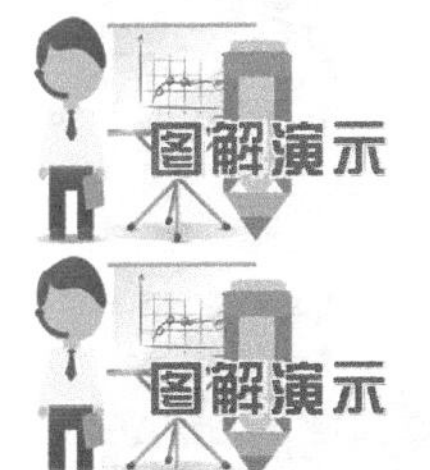

图 2-25 所示为典型焊枪的结构组成。焊枪是实现气焊连接的重要部分，其主要由燃气进气管、氧气进气管、手柄、氧气控制阀、燃气控制阀、喷嘴、射气管、混合气管、焊嘴等部分构成的。

图 2-26 所示为气焊设备在中央空调管路安装中的应用，可以看到气焊设备焊接管路的操作方法。

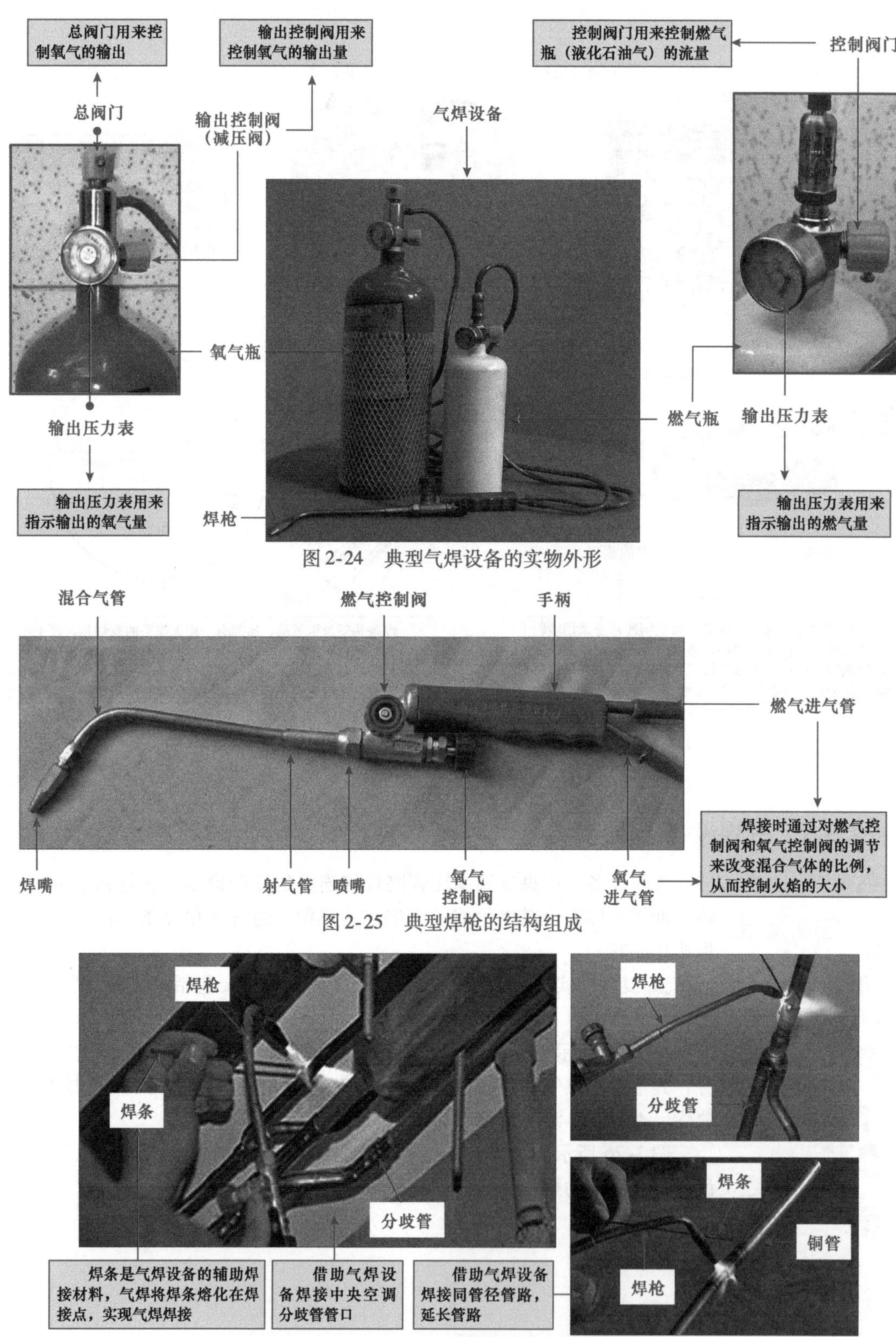

图 2-24　典型气焊设备的实物外形

图 2-25　典型焊枪的结构组成

图 2-26　气焊设备在中央空调管路安装中的应用

2.4　辅助设备的使用

2.4.1　真空泵的使用

真空泵是对中央空调制冷剂管路进行抽真空操作的重要设备。中央空调制冷管路在安装或检修完毕都要进行抽真空操作。图 2-27 所示为中央空调抽真空操作中常见的真空泵实物外形。

图 2-27　中央空调抽真空操作中常见的真空泵实物外形

图 2-28 为真空泵在中央空调制冷剂管路真空操作中的应用示意图。可以看到，真空泵通过管路与双头压力表连接后，再与中央空调室外机管路连接，实现抽真空操作。

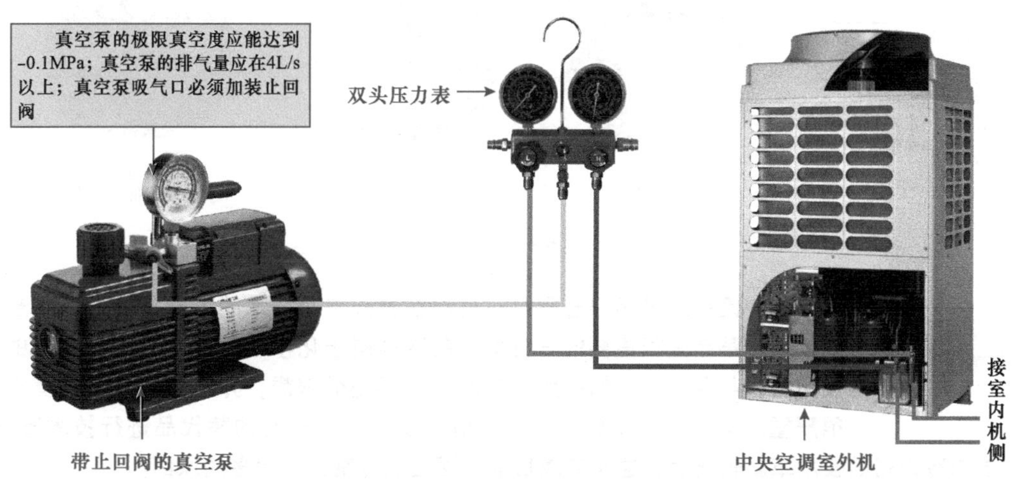

图 2-28　真空泵在中央空调制冷剂管路真空操作中的应用示意图

通常，普通制冷剂（如R22）管路抽真空操作时，使用一般的真空泵即可，中央空调采用R410A制冷剂的管理，需选用带止回阀的真空泵，如图2-29所示。

图2-29　不同制冷剂管路所选用真空泵的区别

2.4.2　制冷剂钢瓶的使用

制冷剂是中央空调管路系统中完成制冷循环的介质，在充入中央空调管路系统前，存放于制冷剂钢瓶中。图2-30所示为不同制冷剂钢瓶的实物外形，在中央空调管路系统中，一般采用环保型的R410A制冷剂。

图2-30　不同制冷剂钢瓶的实物外形

制冷设备从发明到普及，一直都在进行制冷技术的不断改进，其中制冷剂的技术革新是很重要的一方面。制冷剂属于化学物质，早期的制冷剂由于使用材料与制造工艺的问题，制冷效果不是很理想，并且对人体和环境影响很严重。这就使制冷剂的设计人员不断地对制冷剂的替代品进行技术革新，而我国制冷设备的技术革新较落后，这是造成目前市面上制冷剂型号较多的原因。

制冷剂R22：这是空调器中使用率最高的制冷剂，许多老型号空调器都采用R22作为制冷

剂，该制冷剂含有氟利昂，对臭氧层破坏严重。

制冷剂 R407C：该制冷剂是一种不破坏臭氧层的环保制冷剂，它与 R22 有着极为相近的特性和性能，应用于各种空调系统和非离心式制冷系统。R407C 可直接应用于原 R22 的制冷系统，不用重新设计系统，只需更换原系统的少量部件以及将原系统内的矿物冷冻油更换成能与 R407C 互溶的润滑油，就可直接充注 R407C，实现原设备的环保更换。

制冷剂 R410A：R410A 是一种新型环保制冷剂，不破坏臭氧层，具有稳定、无毒、性能优越等特点，工作压力为普通 R22 空调的 1.6 倍左右，制冷（暖）效率高，可提高空调工作性能。

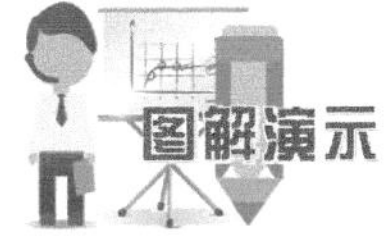

制冷剂通常都封装在钢瓶中，常见的钢瓶可以分为带虹吸管制冷剂钢瓶和不带虹吸管制冷剂钢瓶，如图 2-31 所示。带虹吸管制冷剂钢瓶可以正置充注制冷剂，而不带虹吸管制冷剂钢瓶需要倒置充注制冷剂。

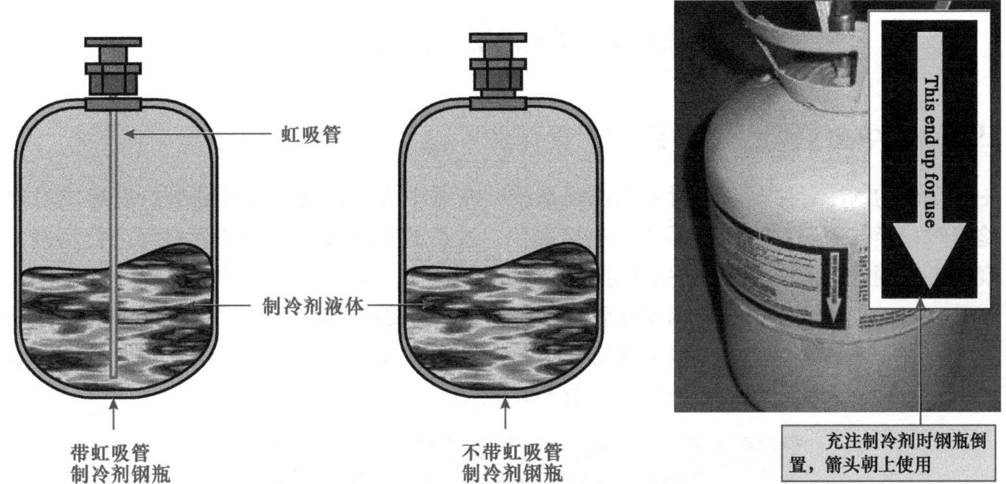

图 2-31　制冷剂钢瓶的内部结构图

不同类型的制冷剂化学成分不同，因此其性能也不相同，表 2-1 所列为 R22、R407C 以及 R410A 制冷剂性能的对比。

表 2-1　制冷剂性能的对比

制冷剂	R22	R407C	R410A
制冷剂类型	旧制冷剂（HCFC）	新制冷剂（HFC）	
成分	R22	R32/R125/R134A	R32/R125
使用制冷剂	单一制冷剂	疑似共沸混合制冷剂	非共沸混合制冷剂
氟	有	无	无
沸点/℃	-40.8	-43.6	-51.4
蒸汽压力(25℃)/MPa	0.94	0.9177	1.557
臭氧破坏系数（ODP）	0.055	0	0
制冷剂填充方式	气体	以液态从钢瓶取出	以液态从钢瓶取出
冷媒泄漏是否可以追加填充	可以	不可以	可以

中央空调管路的加工连接

3.1 中央空调制冷管路的加工技能

3.1.1 中央空调制冷管路的切管作业

中央空调的制冷管路是一个封闭的循环系统，在对中央空调器中的管路进行安装或对部件进行检修时，经常需要对管路中部件的连接部位、过长的管路或不平整的管口等进行切割，以便实现中央空调管路的安装及部件的代换、检修或焊接。

中央空调制冷管路的切管操作需要借助切管器、倒角器或刮刀等进行。切管前，先根据所切管路的管径选择合适规格的切管器，并做好切管器的初步调整和准备，如图 3-1 所示。

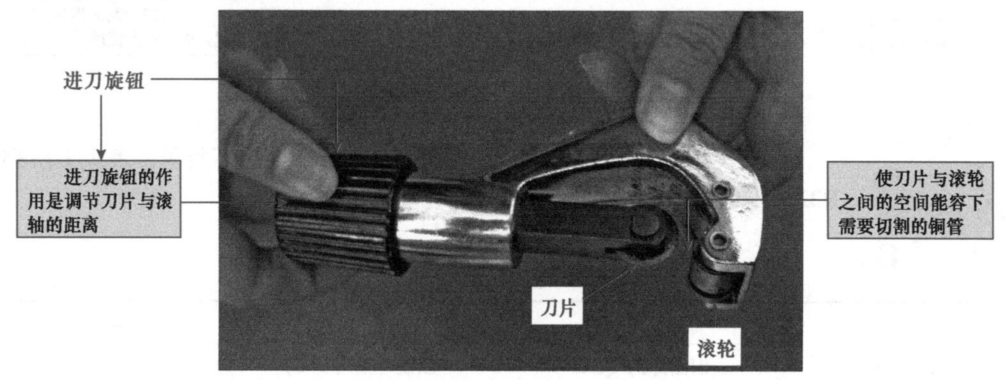

图 3-1　切管器的初步调整和准备方法

图解演示

调整好切管器后，将需要切割的管路放置在切管工具中并进行位置的调整，调整时应注意切管工具的刀片垂直并对准管路，使刀片接触被切管的管壁，然后便可按照切管的操作规范进行切管作业，如图 3-2 所示。

提示说明

值得注意的是，使用切管器进行切管作业时，应顺时针旋转切管器，且在选装过程中，适当调节进刀旋钮，逐渐进刀，切忌进刀过度，导致铜管管口变形，切口必须保持平滑，如图 3-3 所示。

另外，中央空调制冷管的切管作业不允许使用钢锯和砂轮机切割，以免出现管口变形、铜管内壁不均匀、铜屑进入管内堵塞电子膨胀阀，影响管路安装质量，可能造成系统无法正常运行。

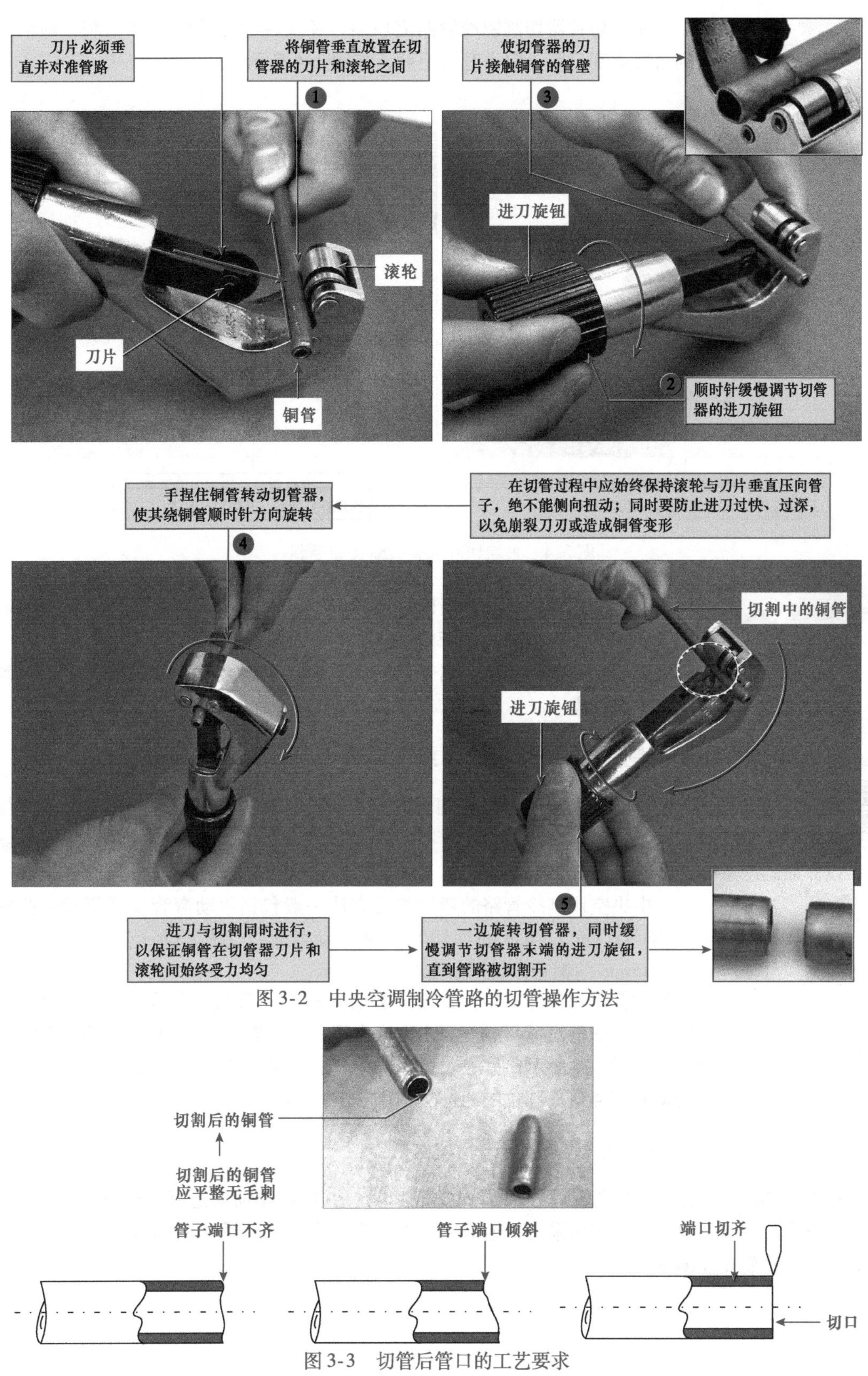

图 3-2　中央空调制冷管路的切管操作方法

图 3-3　切管后管口的工艺要求

使用切管器切割制冷管路完成后，还要注意去除缩径和毛刺，即借助倒角器或刮刀等，除去管口毛刺，如图 3-4 所示。

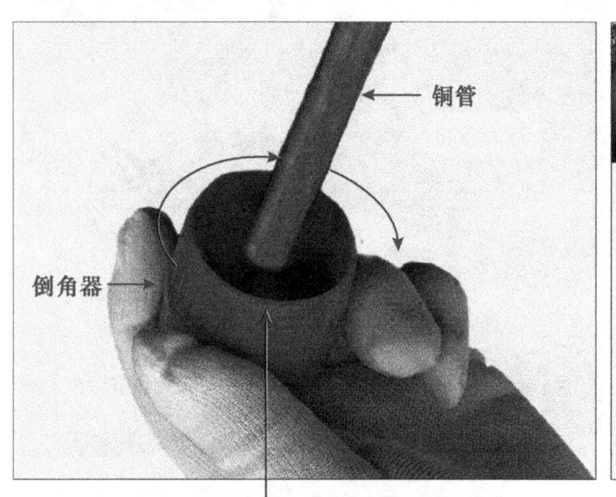

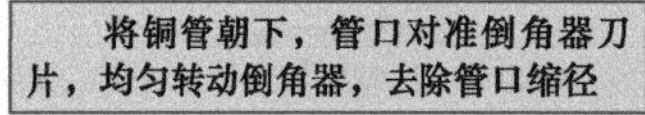

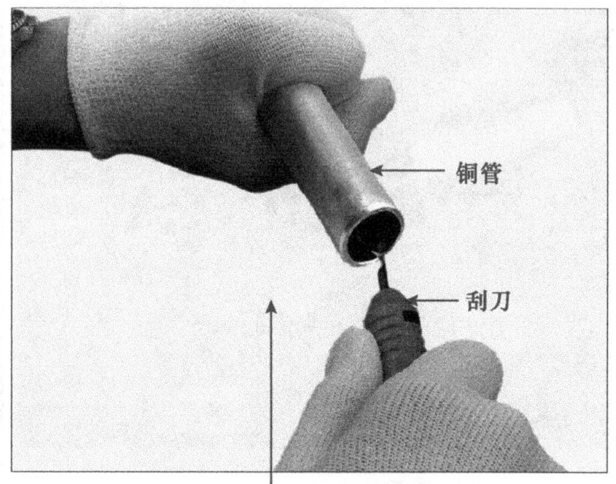

将铜管朝下，用刮刀贴紧管口，围绕管口转动，去除管口毛刺

图 3-4　去除切开的管口缩径和毛刺

需要特别注意的是，倒角时或使用刮刀刮除管口毛刺时，必须将铜管管口朝下，以防止有铜屑进入管内，造成电子膨胀阀堵塞。

去除毛刺必须彻底，否则管口进行扩口后可能会发生漏气现象，直接影响配管安装质量。

3.1.2　中央空调制冷管路的弯管作业

在安装中央空调的过程中，为了适应制冷铜管的安装需要，减少系统管路焊接环节，往往需要对铜管进行弯曲，为了避免因弯曲而造成管壁有凹瘪的现象，需借助专门的弯管器进行操作，以保证制冷系统正常的循环效果。

中央空调制冷管路的弯管加工方法一般包括手动弯管（适用管径范围为 ϕ6.35 ~ ϕ12.7mm 的细铜管）和电动弯管（适用管径范围为 ϕ6.35 ~ ϕ44.45mm 的铜管）两种，如图 3-5 所示。

制冷管路弯管作业中，管道弯管的弯曲半径应大于其直径的 3.5 倍，铜管弯曲变形后的短径与原直径之比应大于 2/3。弯管后，铜管内侧不能起皱或变形，如图 3-6 所示；另外，管道的焊接接口不应放在弯曲部位，接口焊缝距管道或管件弯曲部位的距离应不小于 100mm。

3.1.3　中央空调制冷管路的扩管作业

中央空调的扩管作业是指将制冷配管管口扩成喇叭口，应用于需要进行纳子（连接螺母）连接的场合。中央空调制冷系统多采用新型 R410A 制冷剂，因此这里选用 R410A 制冷管路专用扩管器进行扩管作业演示。

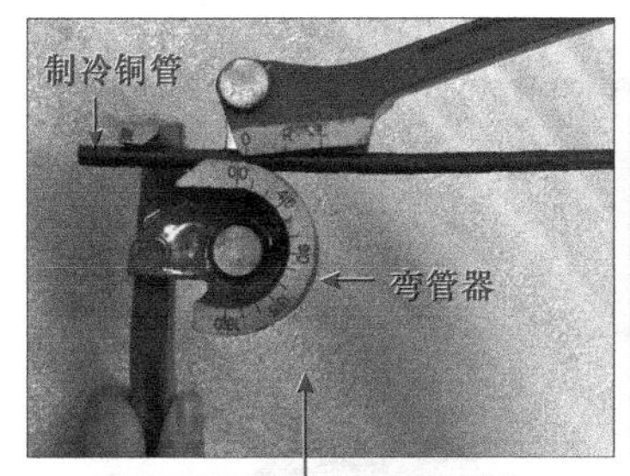

将铜管放入弯管口内并确保铜管的一端固定完好

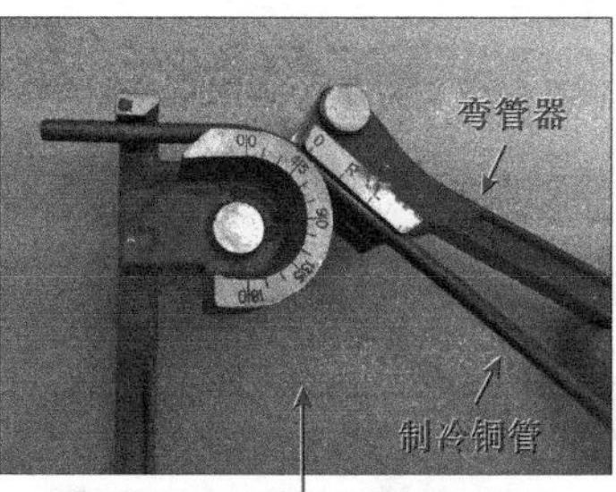

铜管在弯管器上应使铜管与弯管器贴合，并用力扳动手柄

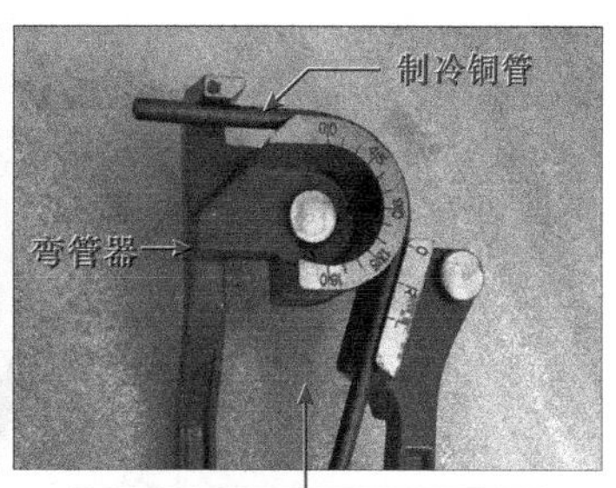

操作弯管器时，应双手同时用力向内扳动

根据管路连接和安装需求，将管路弯至固定的角度

铜管弯曲后,管壁不能出现凹瘪或变形的情况

a）手动弯管的操作方法

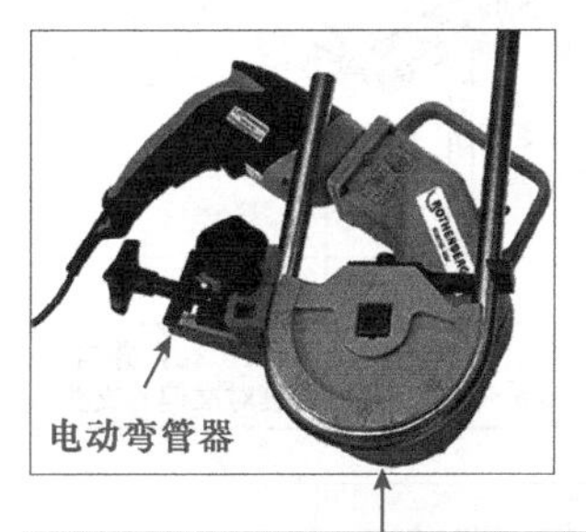

电动弯管操作与手动弯管操作基本相同，即根据安装需要确定弯管的角度，然后将待弯曲的铜管插入电动弯管器的弯头中，接通电源开始弯管

电动弯管机

与手动弯管不同的是，电动弯管的动力来自电动机，无需手动费力

b）电动弯管的操作方法

图3-5 中央空调制冷管路的弯管方法

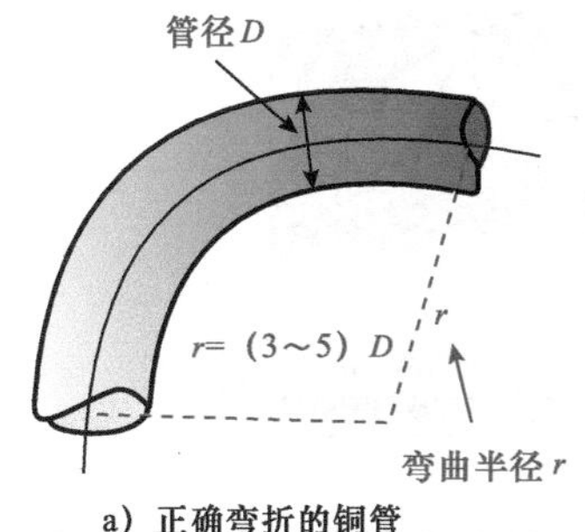

a）正确弯折的铜管

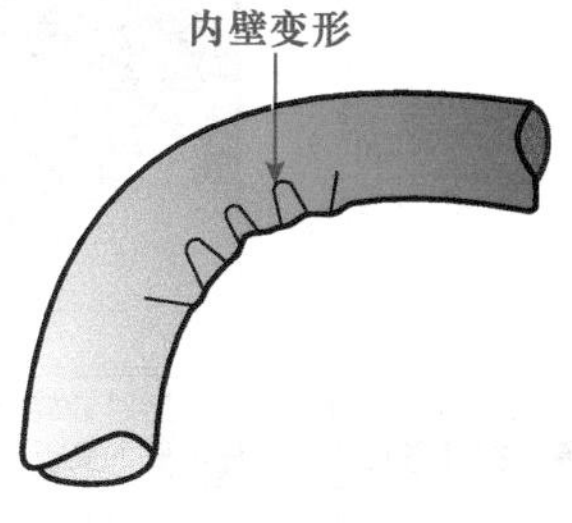

b）弯折后铜管内壁变形

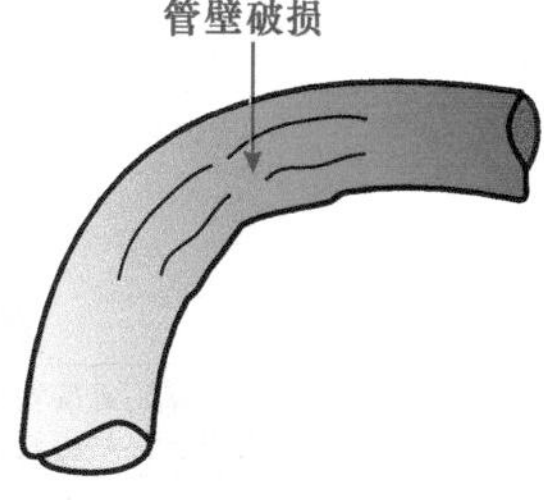

c）弯折后铜管破损

图3-6 中央空调制冷管路弯管加工要求

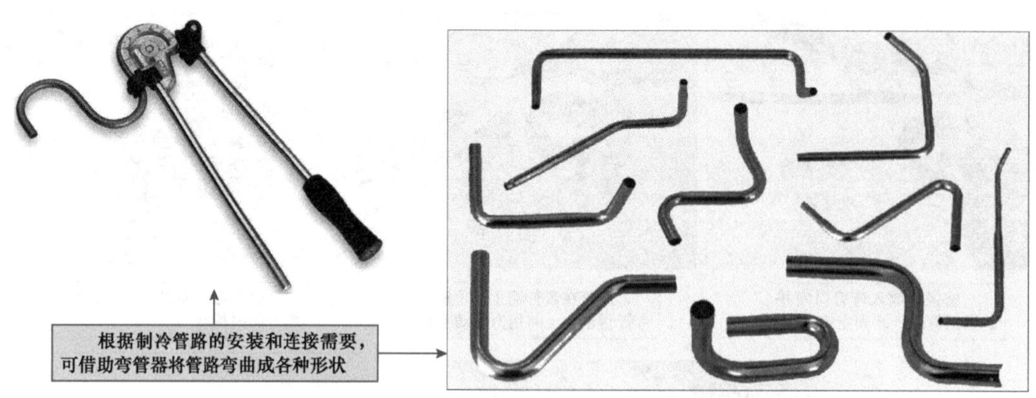

图 3-6　中央空调制冷管路弯管加工要求（续）

使用 R410A 制冷管路专用扩管器的扩管作业如图 3-7 所示，扩管操作要求铜管管口平整、无毛刺、无翻边现象。

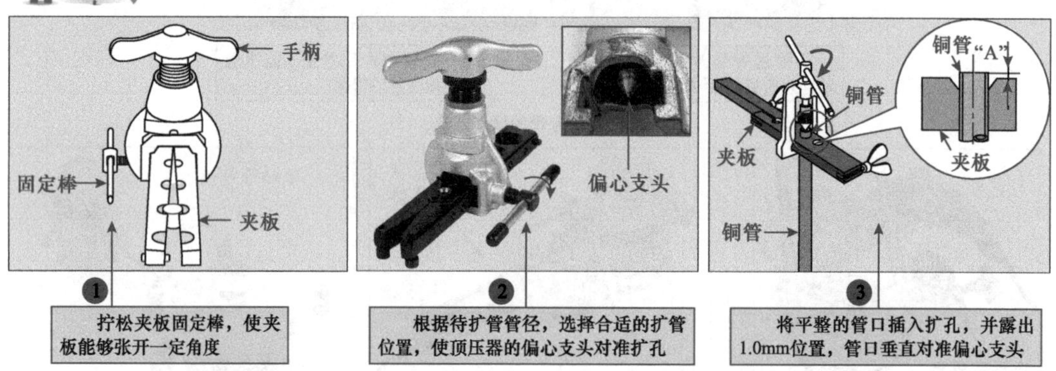

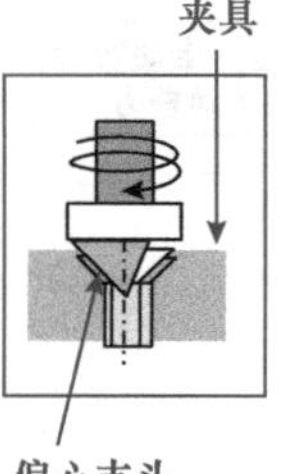

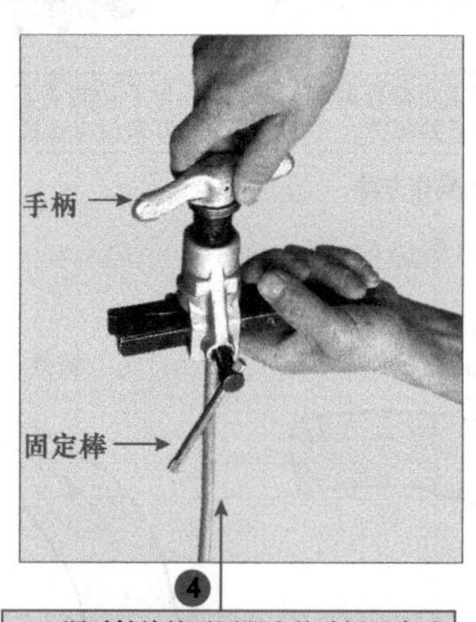

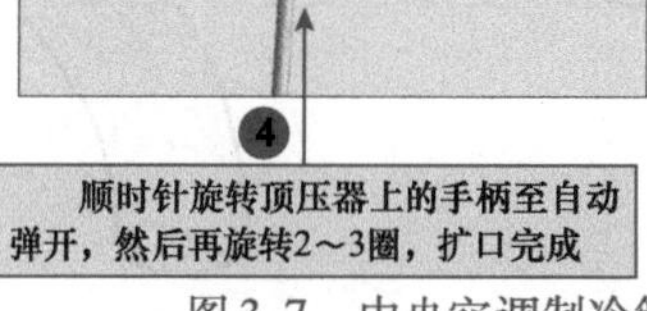

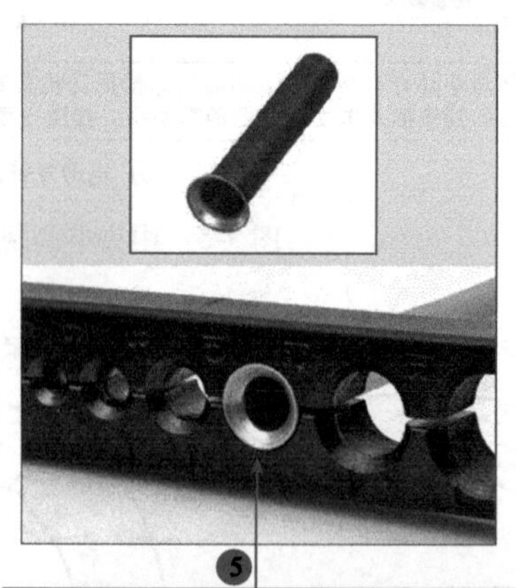

图 3-7　中央空调制冷管路的扩口方法（喇叭口）

值得注意的是，不同管径的制冷铜管，扩喇叭口的形状和尺寸不同，如图 3-8 所示。

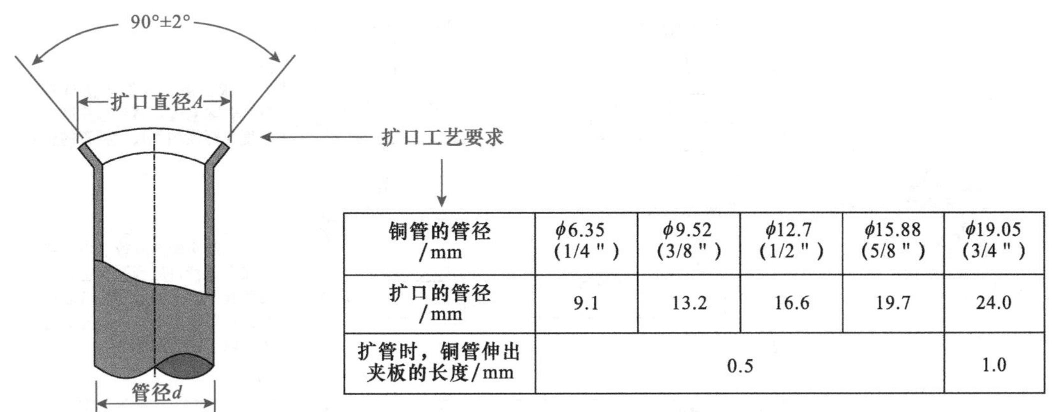

铜管的管径/mm	ϕ6.35 (1/4")	ϕ9.52 (3/8")	ϕ12.7 (1/2")	ϕ15.88 (5/8")	ϕ19.05 (3/4")
扩口的管径/mm	9.1	13.2	16.6	19.7	24.0
扩管时，铜管伸出夹板的长度/mm	0.5				1.0

图 3-8　不同管径制冷铜管喇叭口的形状和尺寸要求

使用扩管器扩喇叭口后，要求扩口与母管同径，不可出现偏心情况，不应产生纵向裂纹，否则需要割掉管口重新扩口，图 3-9 所示为其工艺要求和合格喇叭口与不合格喇叭口的对照比较。

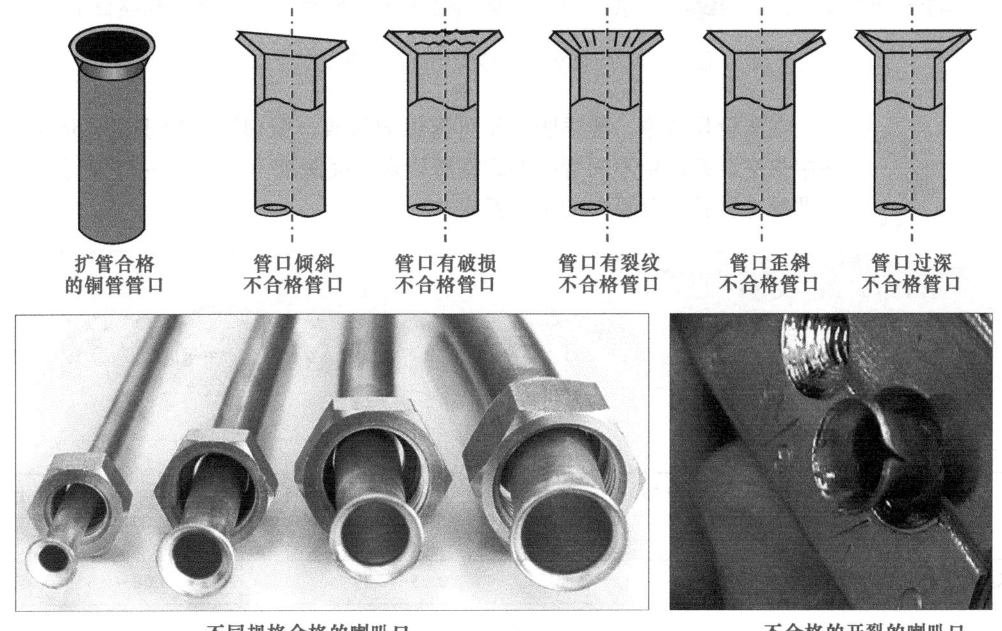

不同规格合格的喇叭口　　不合格的开裂的喇叭口

图 3-9　合格喇叭口与不合格喇叭口的对照比较

3.1.4　中央空调制冷管路的胀管作业

在中央空调制冷管路连接操作中，两根同管径的管路钎焊连接时，需要将其中一根的管口进行胀管操作，即胀大管口管径，使另一根管口能够插入胀开的管口中。胀管操作需要借助专用的胀管器，如图 3-10 所示。

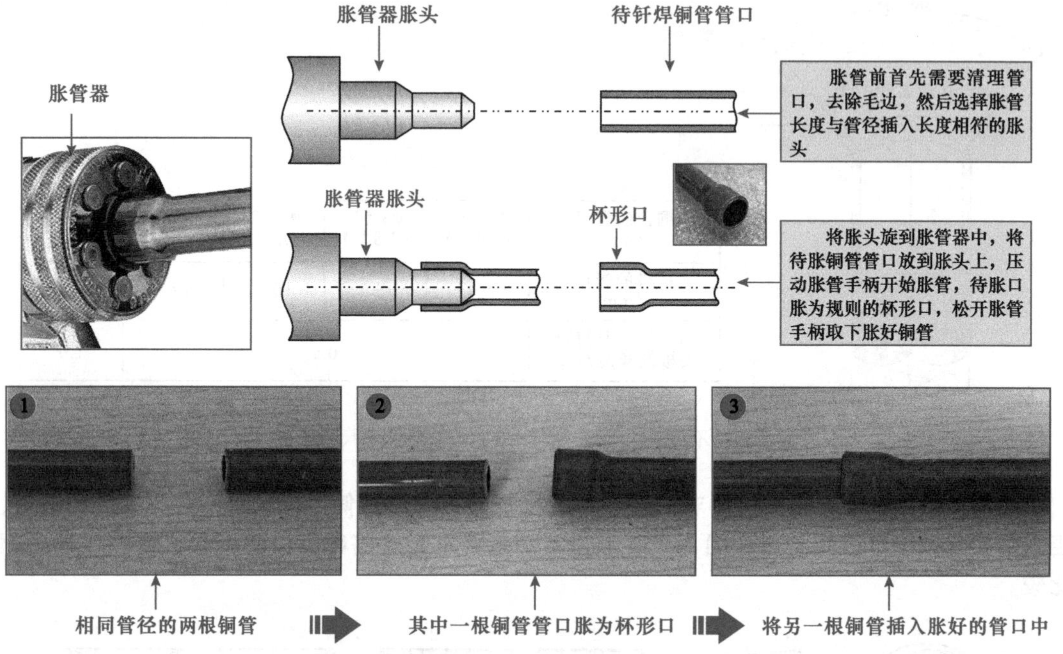

图 3-10　中央空调制冷管路的胀管操作

提示说明　在胀管操作中，要求胀口不可有纵向裂纹、胀口不能出现歪斜情况，且在中央空调系统中不同管径的铜管所要求承插深度不同。图 3-11 所示为中央空调制冷管路胀管操作的工艺要求。

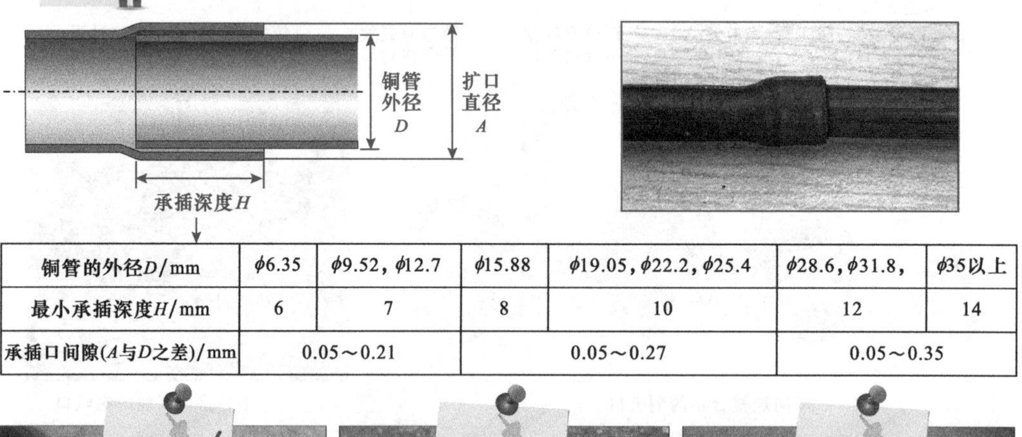

铜管的外径D/mm	φ6.35	φ9.52，φ12.7	φ15.88	φ19.05，φ22.2，φ25.4	φ28.6，φ31.8，	φ35以上
最小承插深度H/mm	6	7	8	10	12	14
承插口间隙(A与D之差)/mm	0.05～0.21		0.05～0.27		0.05～0.35	

图 3-11　中央空调制冷管路胀管操作的工艺要求

3.2　中央空调制冷管路的连接技能

3.2.1　中央空调制冷管路的承插钎焊连接

承插钎焊连接是指借助气焊设备将承插接口进行焊接，且在焊接过程中，向制冷管路中充入氮气（0.03～0.05MPa），以防止在焊接时产生氧化物而造成系统堵塞。

中央空调制冷管路的承插钎焊连接大致可分为四个步骤，即承插钎焊设备的连接、气焊设备的点火操作、焊接操作、气焊设备关火。

1. 承插钎焊设备的连接

如图3-12所示，中央空调制冷管路焊接前，先将待焊接的两根管路按照图3-10、图3-11所示的方法和要求进行承插连接，然后在焊接管路一侧连接氮气钢瓶，同时准备好气焊设备、焊剂、焊料等，做好焊接准备。

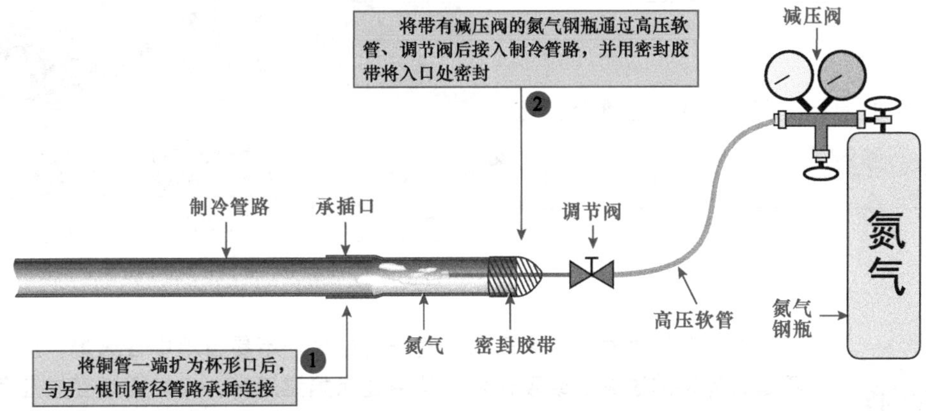

图3-12　中央空调制冷管路承插钎焊设备的连接示意图

2. 气焊设备的点火操作

如图3-13所示，气焊设备的操作有着严格的规范和操作顺序要求，焊接管路前必须严格按照要求进行气焊设备的点火操作。

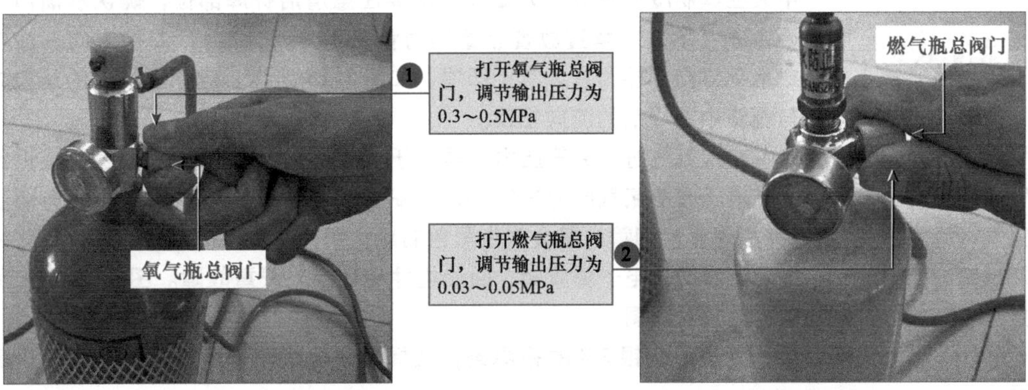

图3-13　气焊设备的点火操作

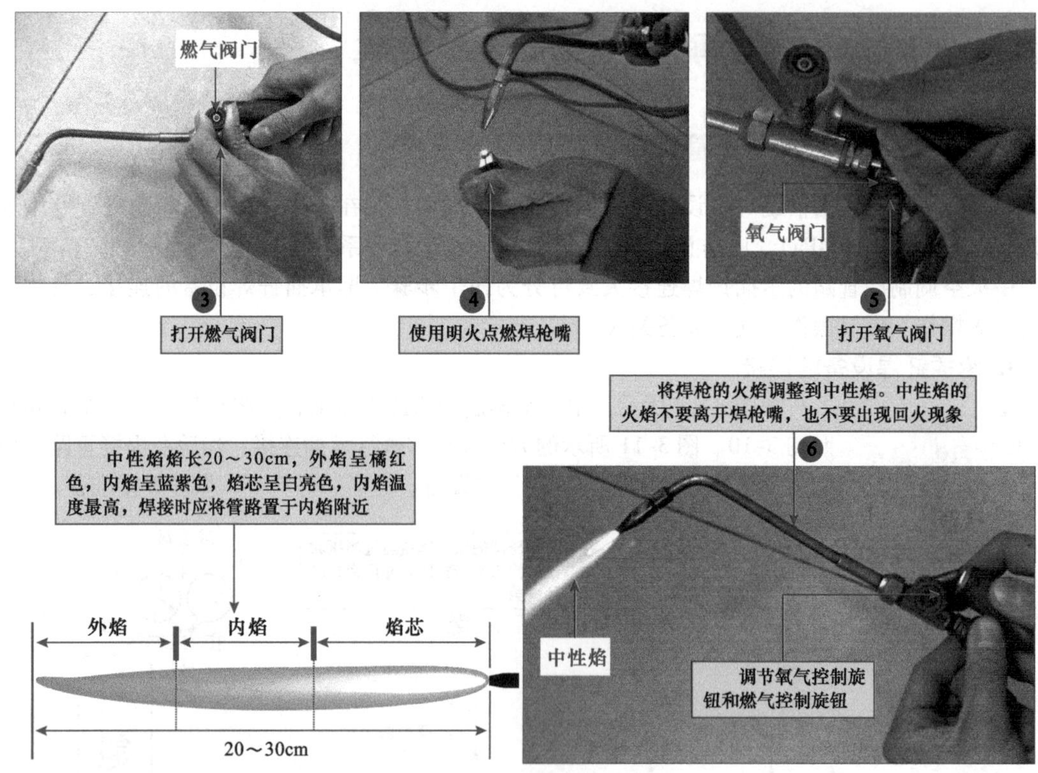

图 3-13　气焊设备的点火操作（续）

在调节火焰时，如氧气或燃气开得过大，不易出现中性火焰，反而成为不适合焊接的过氧焰或碳化焰，其中过氧焰温度高，火焰逐渐变成蓝色，焊接时会产生氧化物；而碳化焰的温度较低，无法焊接管路。

3. 承插钎焊的操作方法

如图 3-14 所示，打开氮气钢瓶，待焊接管路中充入氮气，待管路中空气吹净后，继续充氮，同时将气焊设备火焰对准承插接口部分，对待焊接管路进行预热，然后加入焊料焊接承插口部分。

中央空调制冷管路钎焊开始前，需要注意清洁钎焊部位，确认承插口间隙是否合适（承插后垂直放置靠摩擦力管路不分离为准），焊接方向一般以向下或水平方向焊接为宜，禁止仰焊，如图 3-15 所示，且承插接口的承口方向应与管路中制冷剂的流向相反。

焊接时，向制冷管路中充入氮气时，氮气压力一般大于 0.03～0.05MPa 为宜，也可根据制冷管路管径大小，适当调节减压阀使氮气压力适宜钎焊（钎焊管路未连接氮气钢瓶一端有明显的氮气气流为宜）。若未充氮焊接，铜管内壁会产生黑色的氧化铜，当管路投入使用后，氧化铜会随着制冷剂流动堵塞过滤器滤网、电子膨胀阀、回油组件等，造成严重故障。图 3-16 为充氮焊接与未充氮焊接铜管内壁比较对照图。

另外，若采用硬钎焊，应使用含银 2% 的银焊条，气焊设备火焰调整至中性焰，避免过氧化焊。

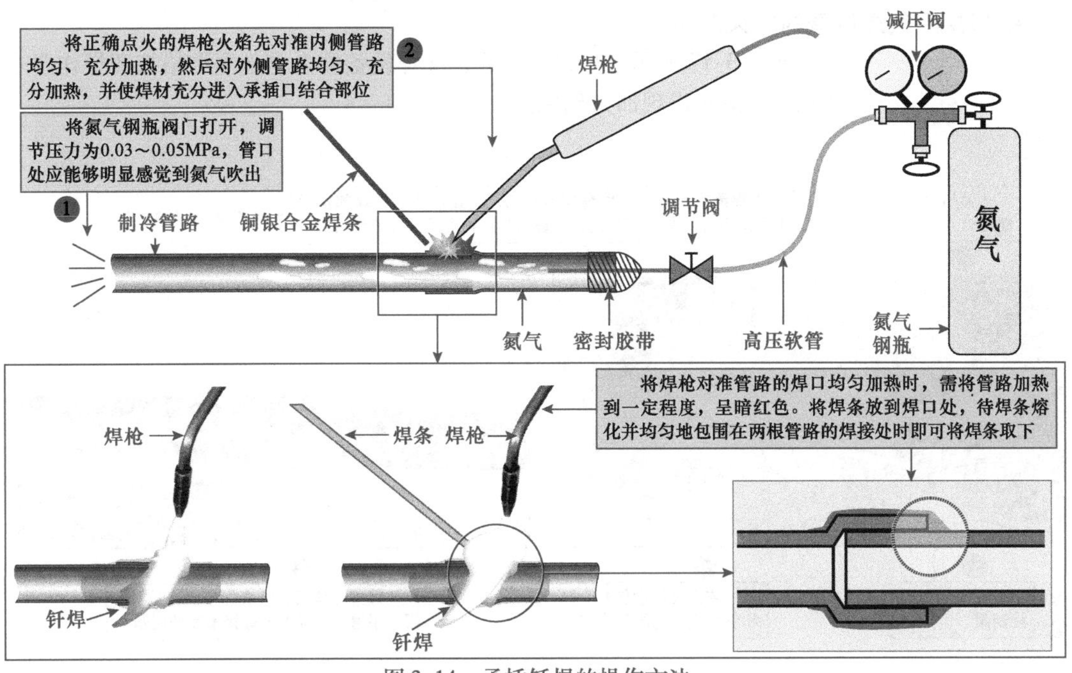

图3-14　承插钎焊的操作方法

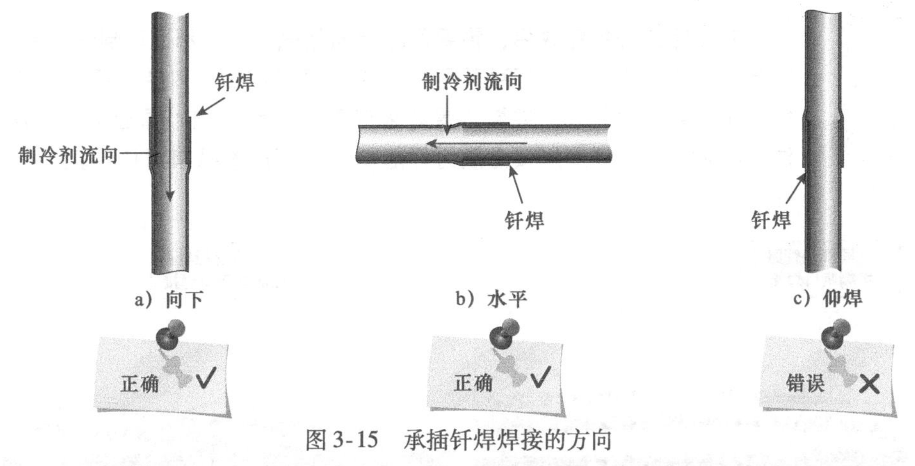

图3-15　承插钎焊焊接的方向

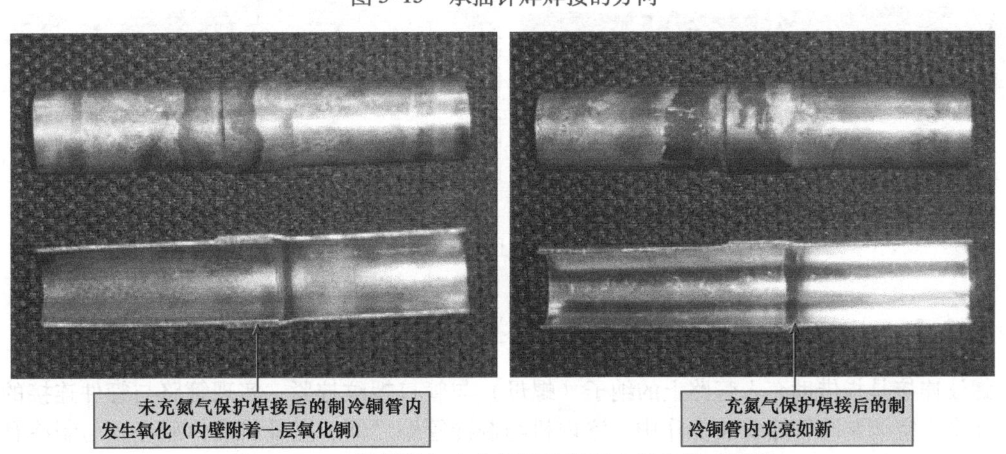

图3-16　充氮焊接与未充氮焊接铜管内壁比较对照图

4. 焊接后气焊设备的关火顺序

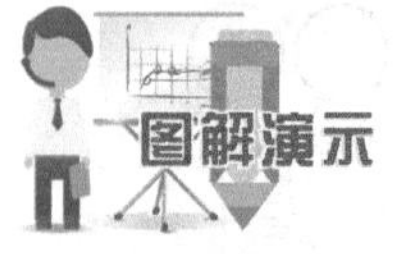

如图 3-17 所示，焊接完成后，气焊设备关火也必须严格按照操作要求和顺序，避免出现回火现象。

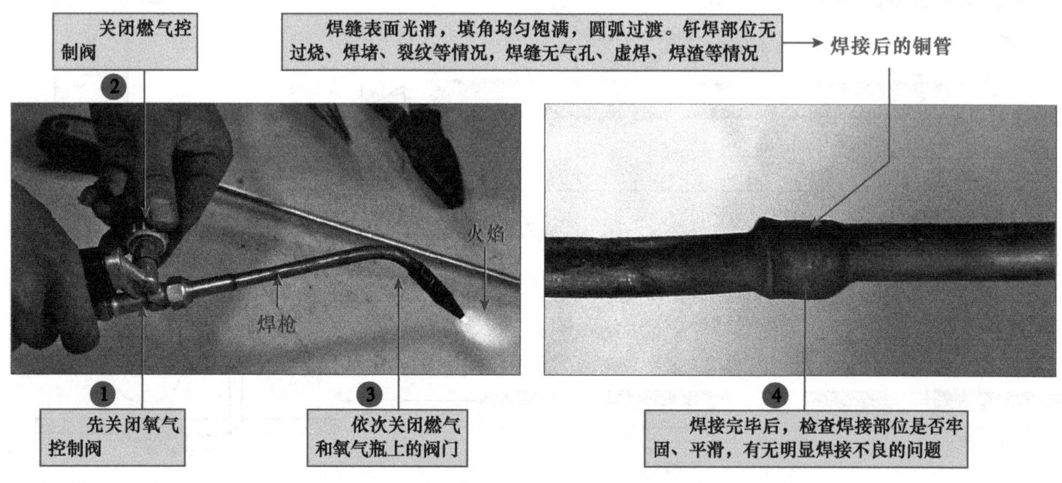

图 3-17　焊接后气焊设备的关火顺序

制冷管路钎焊完成后，需要再继续通氮气 3～5min，直到管路自然冷却，不会产生氧化物为止。不可使用冷水冷却钎焊部位，以免因铜管和焊材的收缩率不一致导致裂纹。焊接位置要求应无砂眼和气泡，焊缝饱满平滑。值得注意的是，承插钎焊焊接必须为杯形口，不可用喇叭口对接焊接，如图 3-18 所示。

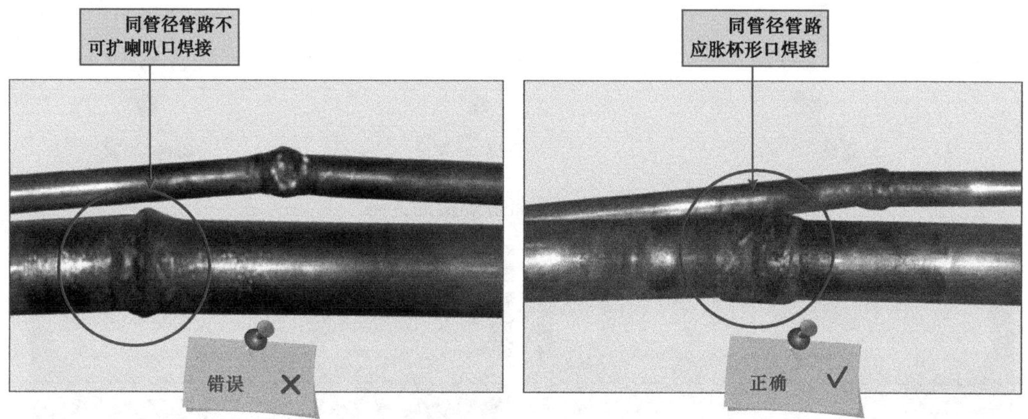

图 3-18　承插焊接的正确与错误方法比较

3.2.2　中央空调制冷管路的螺纹连接

螺纹连接是指借助套入管路上的纳子（螺母）与管口螺纹拧紧，实现管路与管件连接的方法。在中央空调制冷管路安装操作中，室内机与制冷管路之间、室外机液体截止阀与制冷管路之间一般采用螺纹连接。

1. 螺纹连接前的扩口操作

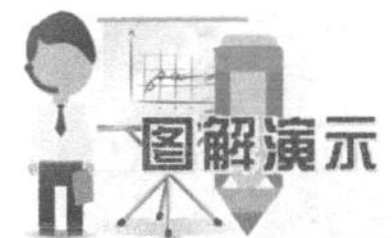

制冷管路采用螺纹连接时，需要借助专用的扩管器将管路的管口扩为喇叭口。扩口前，先将规格匹配的纳子（纳子的最小内径略大于待连接管路的管径）套入管路中，如图 3-19 所示。

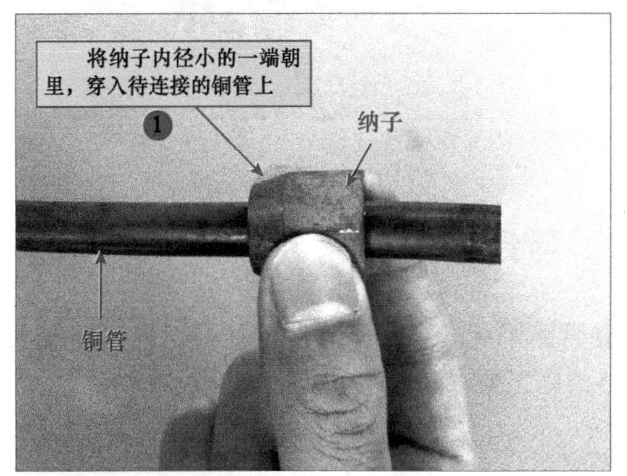

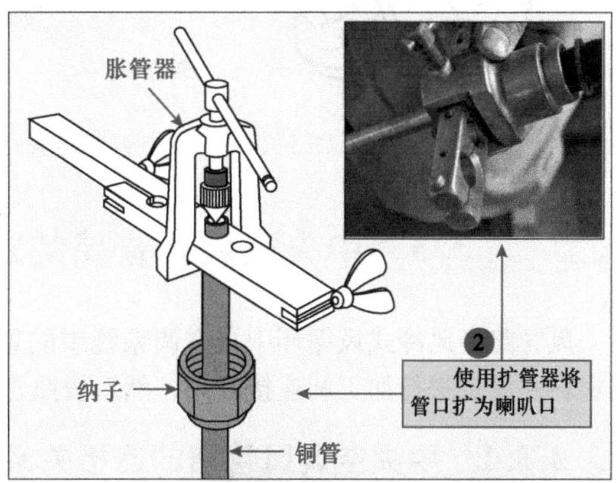

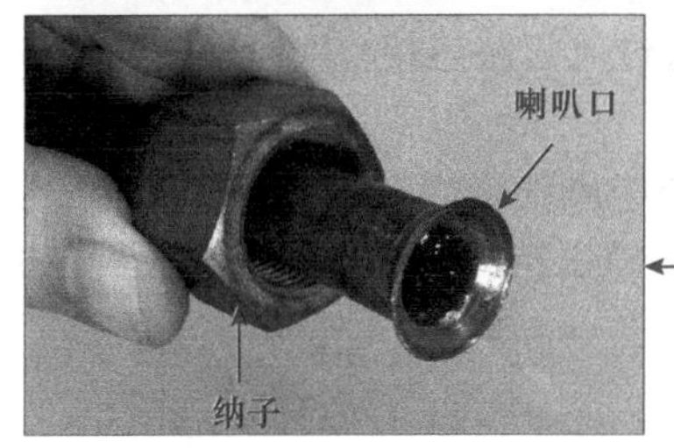

图 3-19　螺纹连接前的扩口操作

2. 螺纹连接的方法

图解演示

以室内机与制冷管路连接为例，将扩好的喇叭口对准室内机管路螺纹接口，将纳子旋拧到螺纹上，并借助两把力矩扳手拧紧，确保连接紧密，如图 3-20 所示。

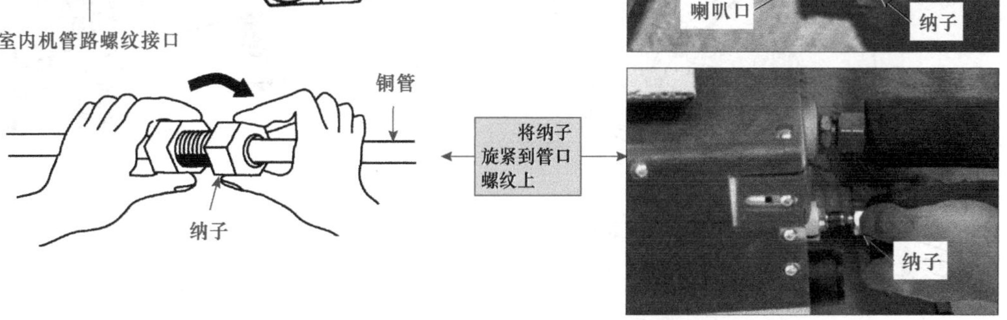

图 3-20　中央空调制冷管路螺纹连接的操作方法

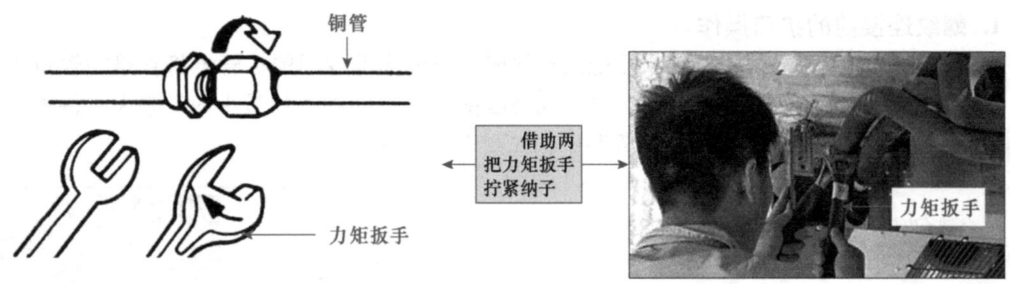

图 3-20　中央空调制冷管路螺纹连接的操作方法（续）

3.3　中央空调风管路的加工与连接技能

风管路是风冷式风循环中央空调系统中的重要管路系统。风管路安装前需要对风管路相关的材料和设备进行加工和连接处理，然后按照管路的施工要求和规范安装即可。

3.3.1　中央空调风管路的连接关系

风冷式风循环中央空调系统中，室外机与室内末端设备通过风管路连接，由风管路输送冷热风实现制冷或制热功能。

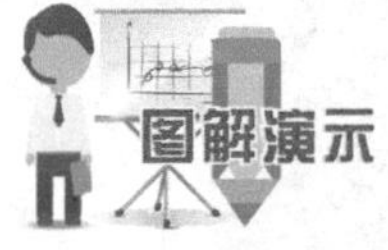

图 3-21 为风冷式风循环中央空调系统中风管路的连接关系示意图。可以看到，风管路主要由风道和风道设备（静压箱、风量调节阀、法兰等）构成。

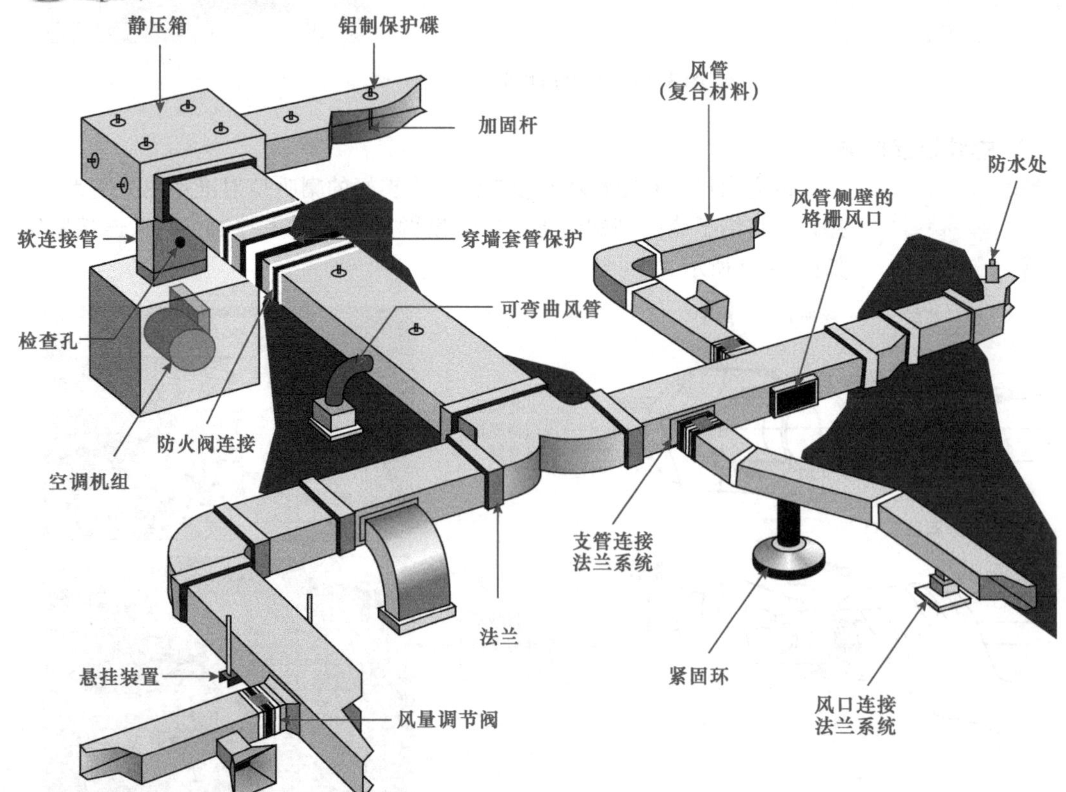

图 3-21　风冷式风循环中央空调系统中风管路的连接关系示意图

风道是风冷式风循环中央空调主要的送风传输通道，在安装风道时，应先根据安装环境实地测量和规划。按照要求制作出一段一段的风管，然后依据设计规划，将一段一段的风管接在一起，并与相应的风道设备连接组合、固定。

3.3.2 中央空调风管的加工和制作

风管是中央空调器送风的管道系统。通常，在进行中央空调安装过程中，风管的制作都采用现场丈量、加工，然后通过咬口连接、铆接和焊接等方式加工成型并连接。

因此，在制作风管前，一定要根据设计要求对风管的长度和安装方式进行核查，并结合实际安装环境，结合仔细的丈量结果做出周密的风管制作方案。然后根据实际丈量尺寸，确定风管的大小和数量，核算板材。

目前，风管按照制作的材料主要有金属材料风管和复合材料风管两种。其中，以金属材料的风管最为常见，许多中央空调中都采用镀锌钢板为材料。这种材料的风管在加工制作时首先按照规定尺寸下料，进行剪板和倒角。

1. 镀锌钢板的剪裁和倒角

切割镀锌钢板多采用剪板机，将需要裁切的尺寸直接输入电脑，剪板机便会自动根据输入的尺寸完成精确的切割。图3-22所示为镀锌钢板的剪切和倒角。

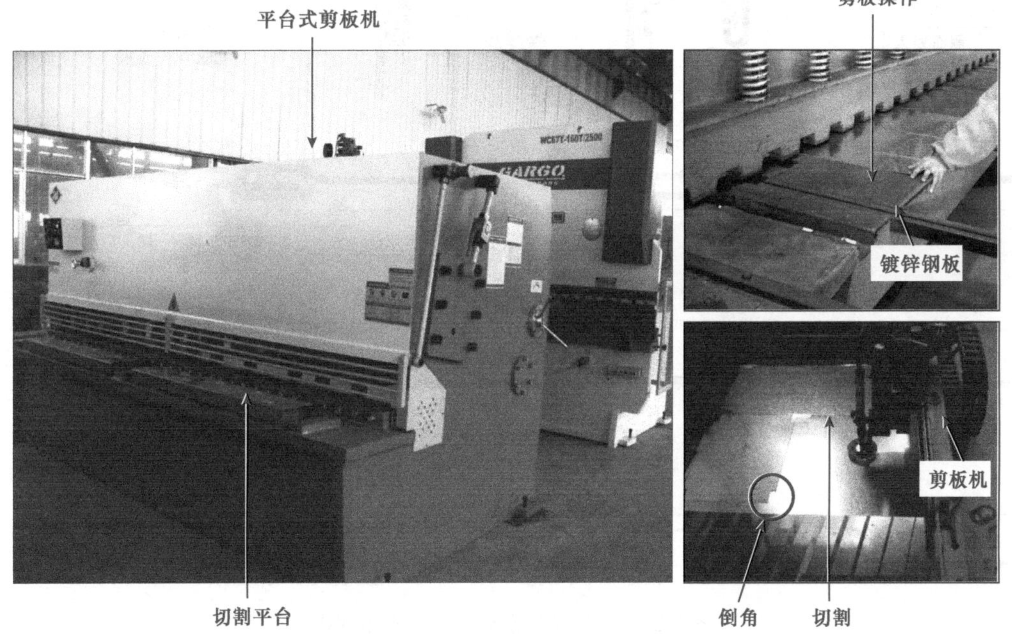

图3-22 镀锌钢板的剪切和倒角

在剪板/倒角操作时，一定要注意人身安全，手严禁伸入到切割平台的压板空隙中。在剪板操作时，手尽可能远离刀口（最近距离不得少于5cm），如果是使用脚踏式剪板机，在调整板材时，脚不要放在踏板上，以免误操作导致割伤事故或材料损伤。

2. 镀锌钢板咬口方法

剪板/倒角完成，接下来就要对切割成型的镀锌钢板进行咬口操作。咬口也称咬边（或辘骨），主要用于板材边缘的加工，使板材便于连接。

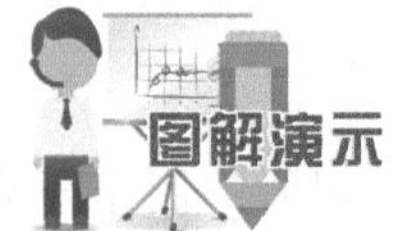

如图 3-23 所示，镀锌钢板常见的咬口连接方式主要有按扣式咬口连接、联合角咬口（东洋骨）连接、转角咬口（驳骨）连接、单咬口（勾骨）连接、立咬口（单/双骨）连接、抽条咬口（剪烫骨）连接等。

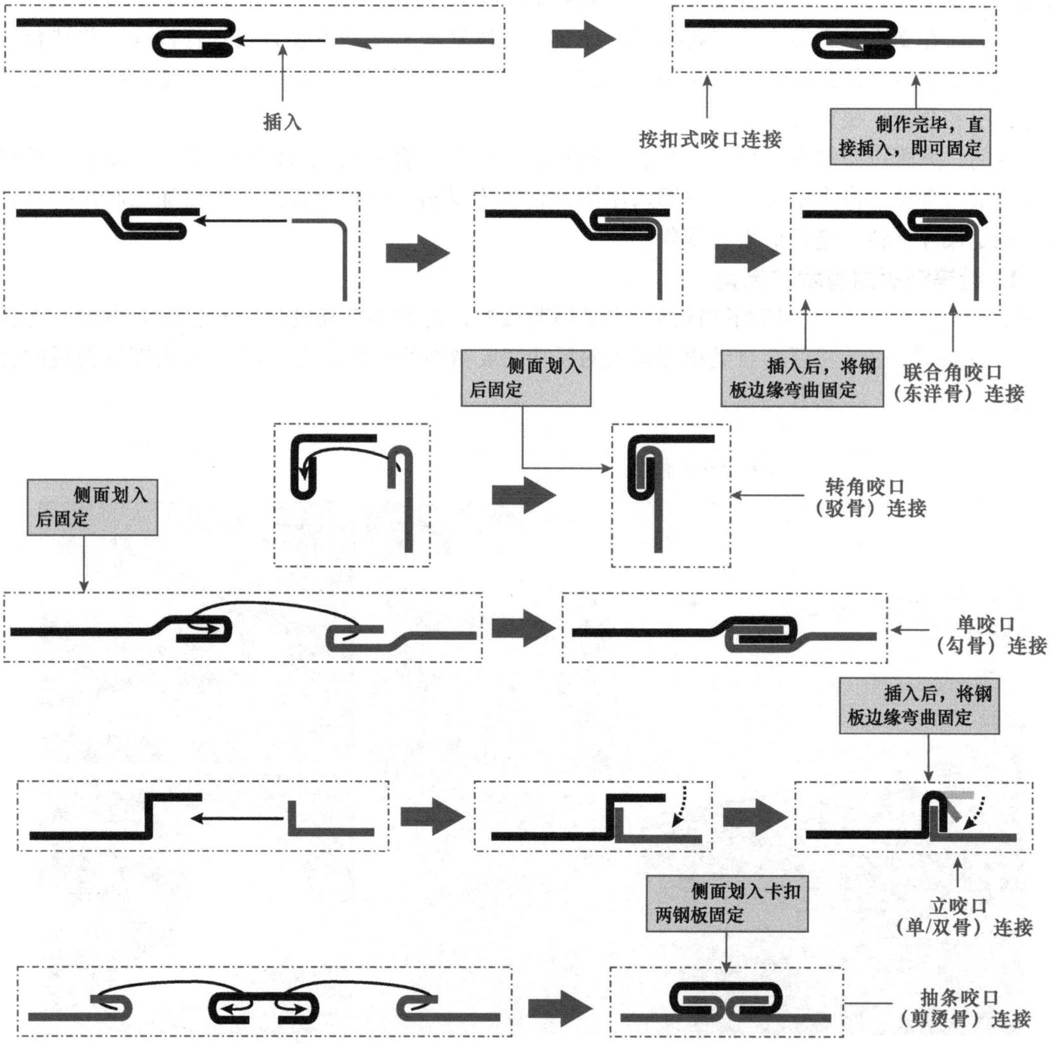

插入
按扣式咬口连接
制作完毕，直接插入，即可固定
插入后，将钢板边缘弯曲固定
联合角咬口（东洋骨）连接
侧面划入后固定
转角咬口（驳骨）连接
侧面划入后固定
单咬口（勾骨）连接
插入后，将钢板边缘弯曲固定
立咬口（单/双骨）连接
侧面划入卡扣两钢板固定
抽条咬口（剪烫骨）连接

图 3-23　镀锌钢板常见的咬口连接方式

相关资料

如图 3-24 所示，镀锌钢板的咬口是由咬口机完成的，咬口机种类多样，主要可分为专项功能咬口机和多功能咬口机两大类。专项功能咬口机往往只能对应一种咬口形式，而多功能咬口机则可以完成多种形式的咬口操作。

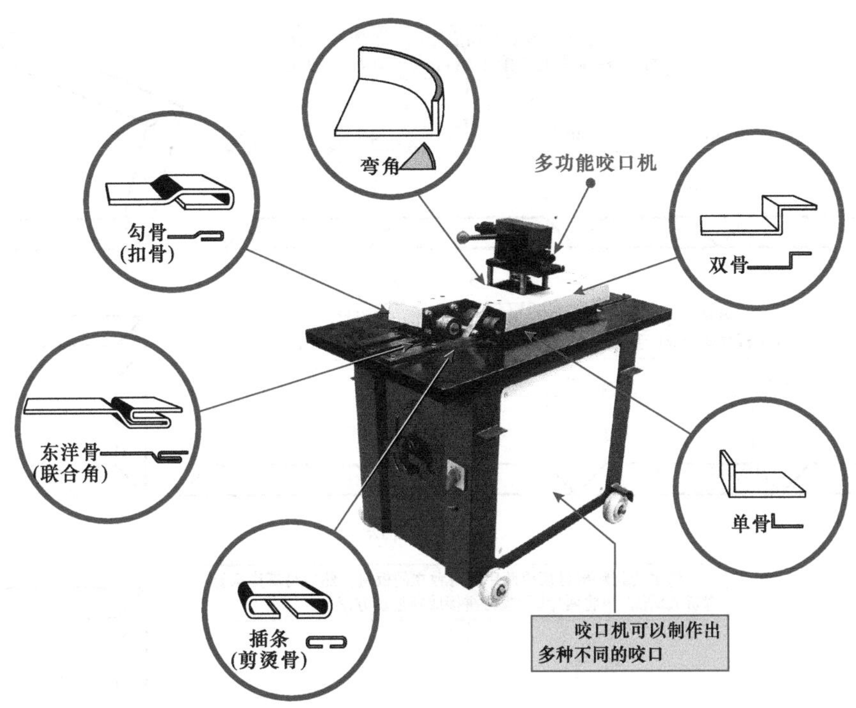

图 3-24　镀锌钢板咬口机

3. 镀锌钢板折方（或圈圆）的方法

咬口操作完成后，便可以根据设计规划，对咬口成型的镀锌钢板进行折方（或圈圆）操作。

如图 3-25 所示，通常，风管的形状主要有矩形和圆形。如果需要制作矩形风管，则利用折方机对加工好的镀锌钢板进行弯折，使其折成矩形。若需要制作圆形风管，则可利用圈圆机进行圈圆操作。

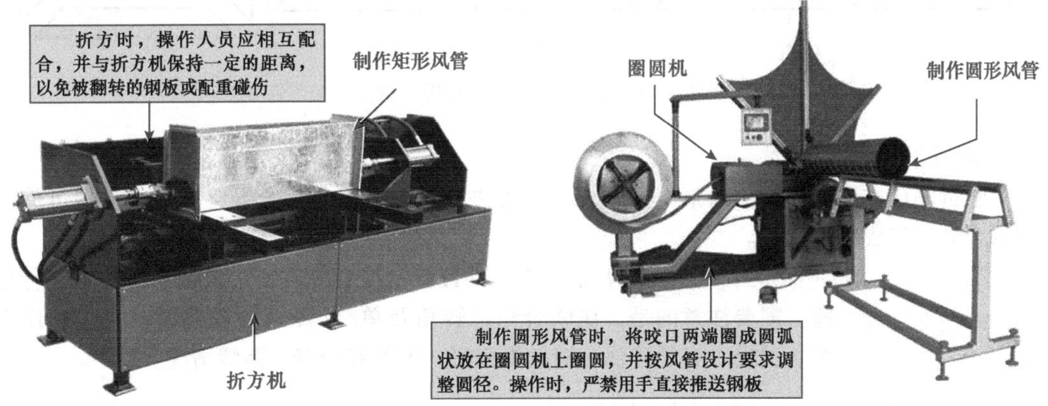

图 3-25　镀锌钢板折方（或圈圆）的方法

图 3-26 所示为复合材料风管的折方方法。复合材料的板材可切成不同的样式，然后再进行拼接。矩形风管的拼接可采用一片法、U 形两片法、L 形两片法和四片法。

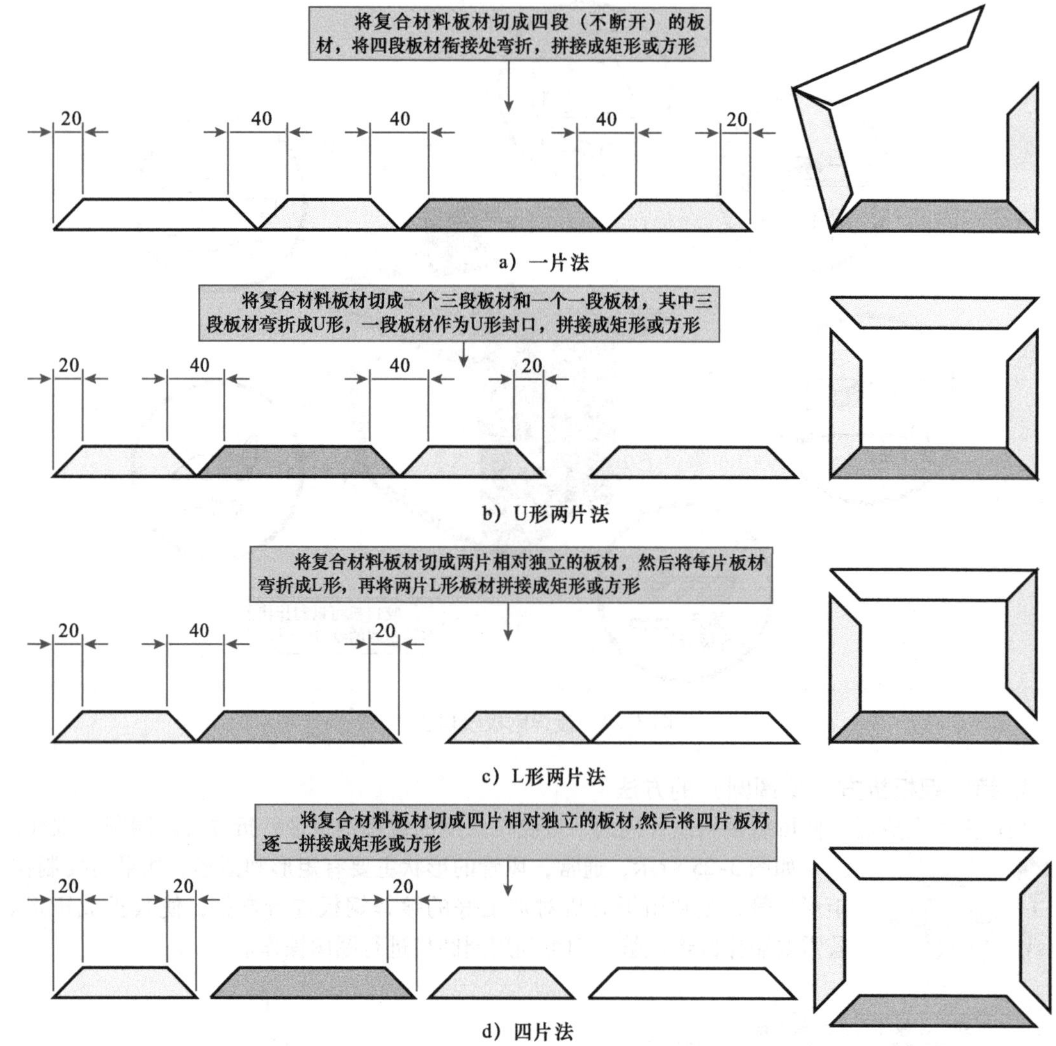

将复合材料板材切成四段（不断开）的板材，将四段板材衔接处弯折，拼接成矩形或方形

a）一片法

将复合材料板材切成一个三段板材和一个一段板材，其中三段板材弯折成U形，一段板材作为U形封口，拼接成矩形或方形

b）U形两片法

将复合材料板材切成两片相对独立的板材，然后将每片板材弯折成L形，再将两片L形板材拼接成矩形或方形

c）L形两片法

将复合材料板材切成四片相对独立的板材,然后将四片板材逐一拼接成矩形或方形

d）四片法

图3-26　复合材料风管的折方方法

4. 风管的合缝处理

风管折制成方形（或圈成圆形）后，要对风管进行合缝处理，使之最终成型。一般可使用专用的合缝机完成合缝操作。

如图3-27所示，借助专用的镀锌钢板合缝机，对板材拼接位置进行合缝。需要注意的是，在联合角、转角及单/双骨等位置合缝时，应操作仔细、缓慢，必须确保合缝效果完好，不能有开缝、漏缝情况。

3.3.3　中央空调风管路的连接

通常，金属材料的风管通常采用法兰连接及铆接的方法进行连接；复合材料风管可以采用错位无法兰插接式连接。

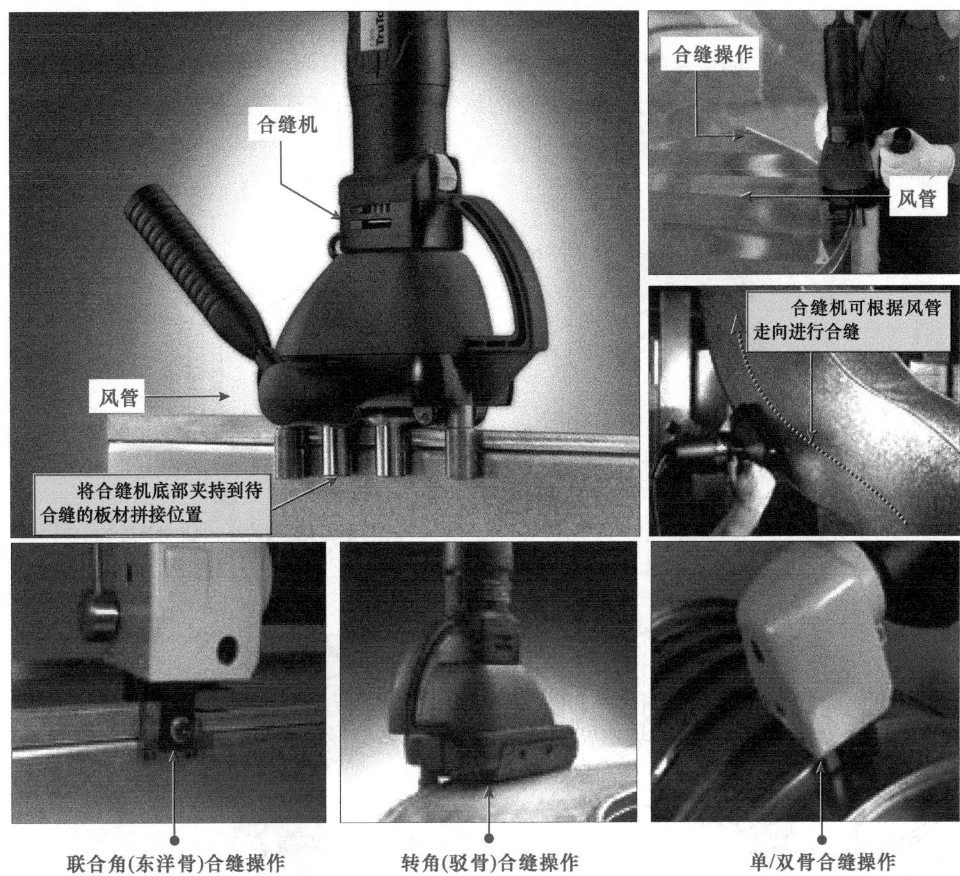

图 3-27　风管合缝的处理方法

1. 金属材料风管的法兰连接

法兰连接是指借助法兰角连接器将一段风管与另一段风管进行连接和固定。图 3-28 所示为采用金属材料制作的风管，借助法兰角连接器实现连接的方法。

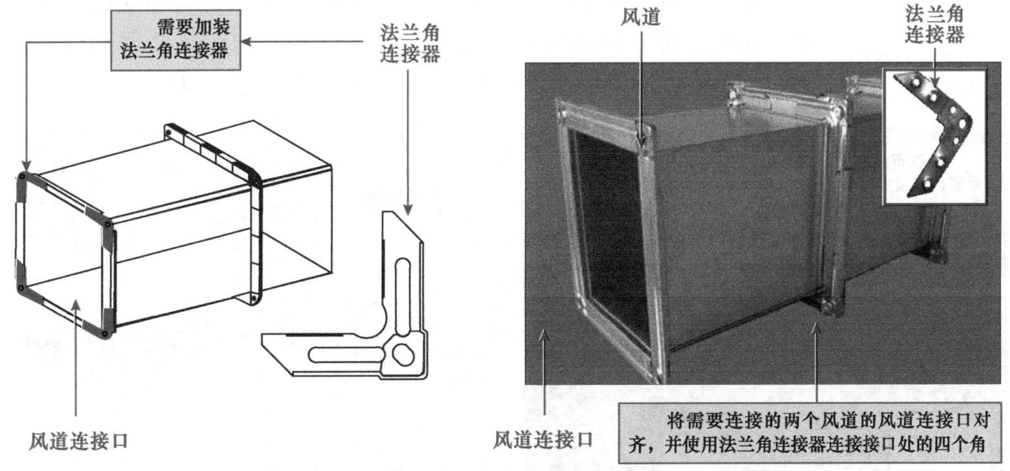

图 3-28　金属材料风管之间的法兰连接方法

2. 金属材料风管的铆接

图解演示

铆接是指利用铆钉实现一段风管与另一段风管的连接和固定。图3-29所示为采用金属材料制作的风管借助铆钉实现铆接的方法。

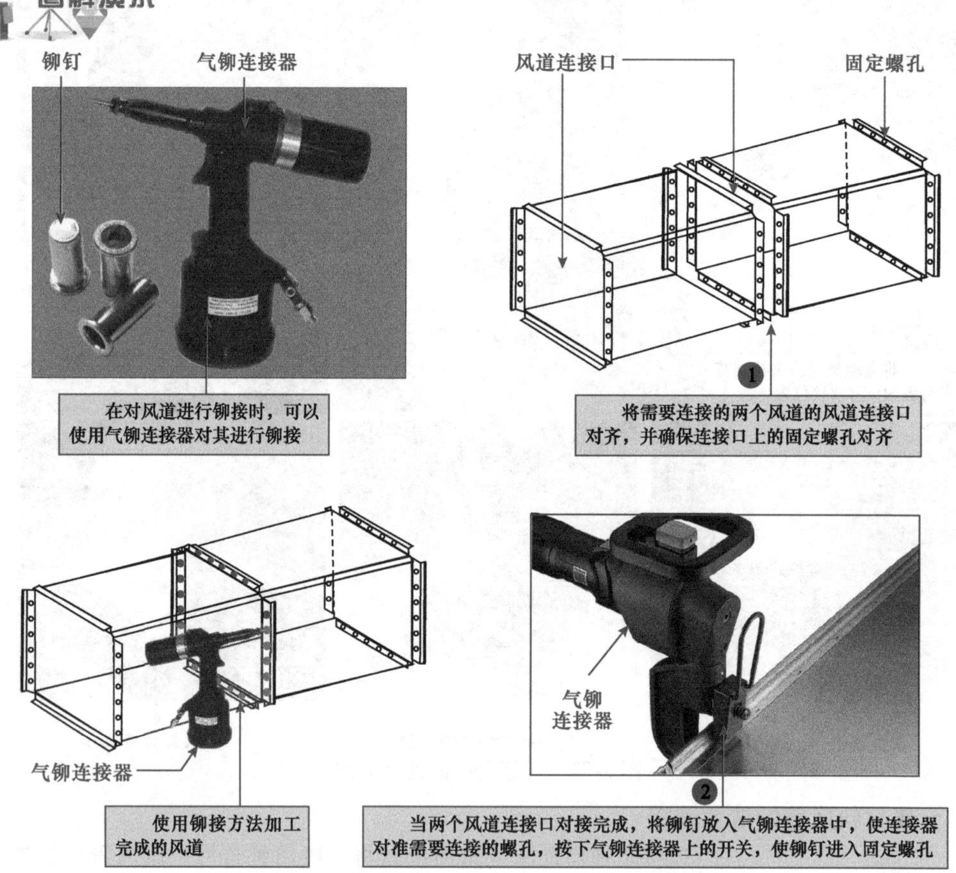

图3-29　金属材料风管之间的铆接方法

风管在加工和连接中，除了按照上述操作方法进行相应的加工处理外，往往还需要根据实际的安装位置进行必要的加工处理和连接，图3-30所示为风冷式风循环中央空调多段风管的连接效果。

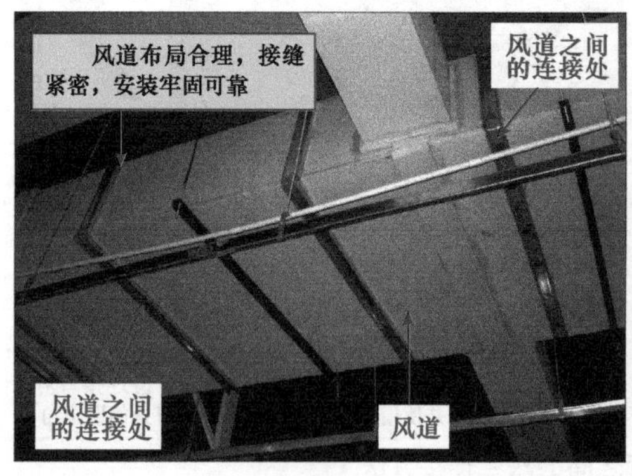

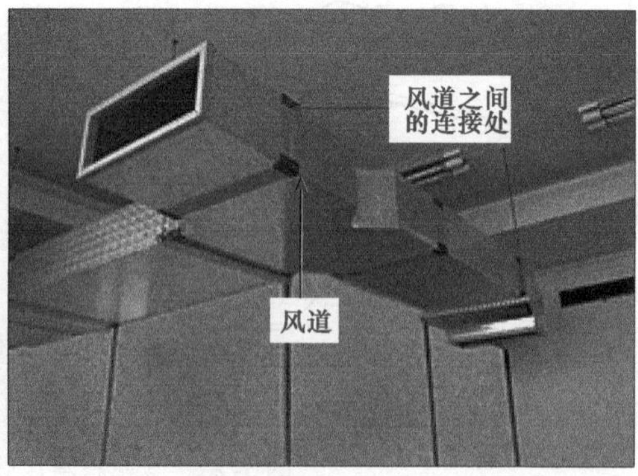

图3-30　风冷式风循环中央空调多段风管的连接效果

3. 复合材料风管的插接

如图 3-31 所示，玻镁复合风道可以采用错位无法兰插接式连接，将风道的连接插口对齐，将专用的黏合剂涂抹在风道连接口上，将其对接插入即可。

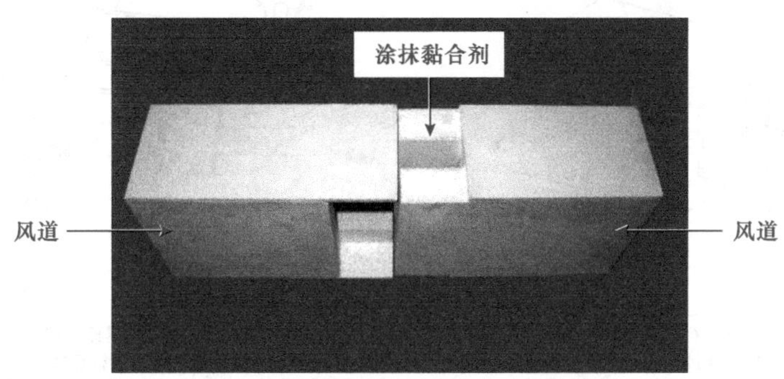

图 3-31　复合材料风管的插接方法

3.3.4　中央空调风管路的风道设备与管路的连接

风道中除了主体风管外，往往安装有多种风道设备，如静压箱、风量调节阀等，因此还需要将静压箱与风管连接、风量调节阀与风管连接。

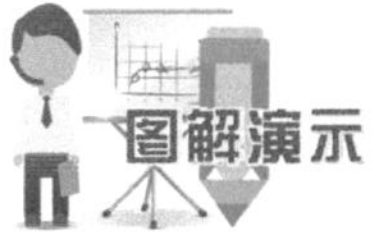

图 3-32 所示为静压箱与风量调节阀，由图中可以看出风量调节阀与静压箱上都带有安装法兰角连接器的部位，与风道之间的连接方式基本相同。

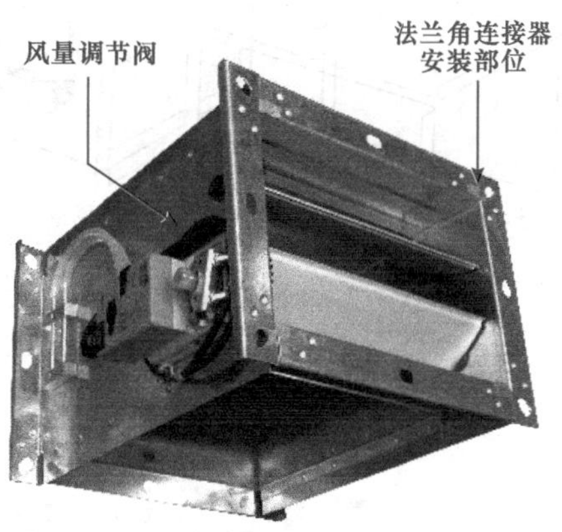

图 3-32　中央空调风管管路中的静压箱与风量调节阀

1. 静压箱与风管之间的连接

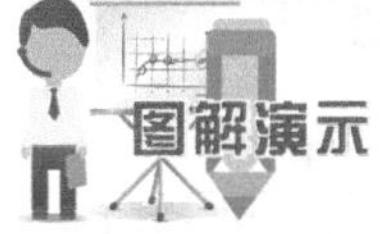

根据静压箱接口的类型，连接静压箱和风管一般采用法兰连接角连接。图 3-33 所示为静压箱与风管之间使用法兰连接角进行连接的操作方法。

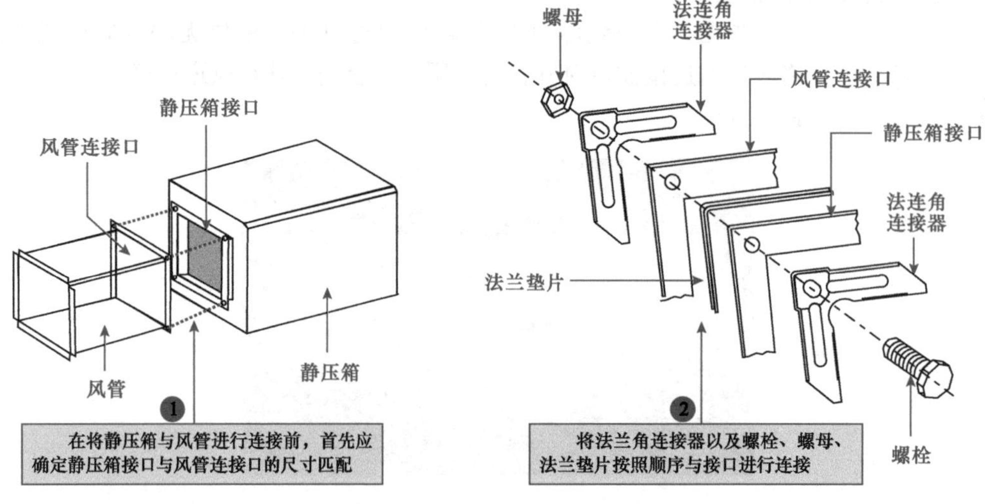

图 3-33　静压箱与风管之间的连接方法

2. 风量调节阀与风管之间的连接

根据风量调节阀接口的类型，连接风量调节阀和风管一般采用插接法兰条与勾码连接。图 3-34 所示为风量调节阀与风管之间通过插接法兰条与勾码连接的方法。

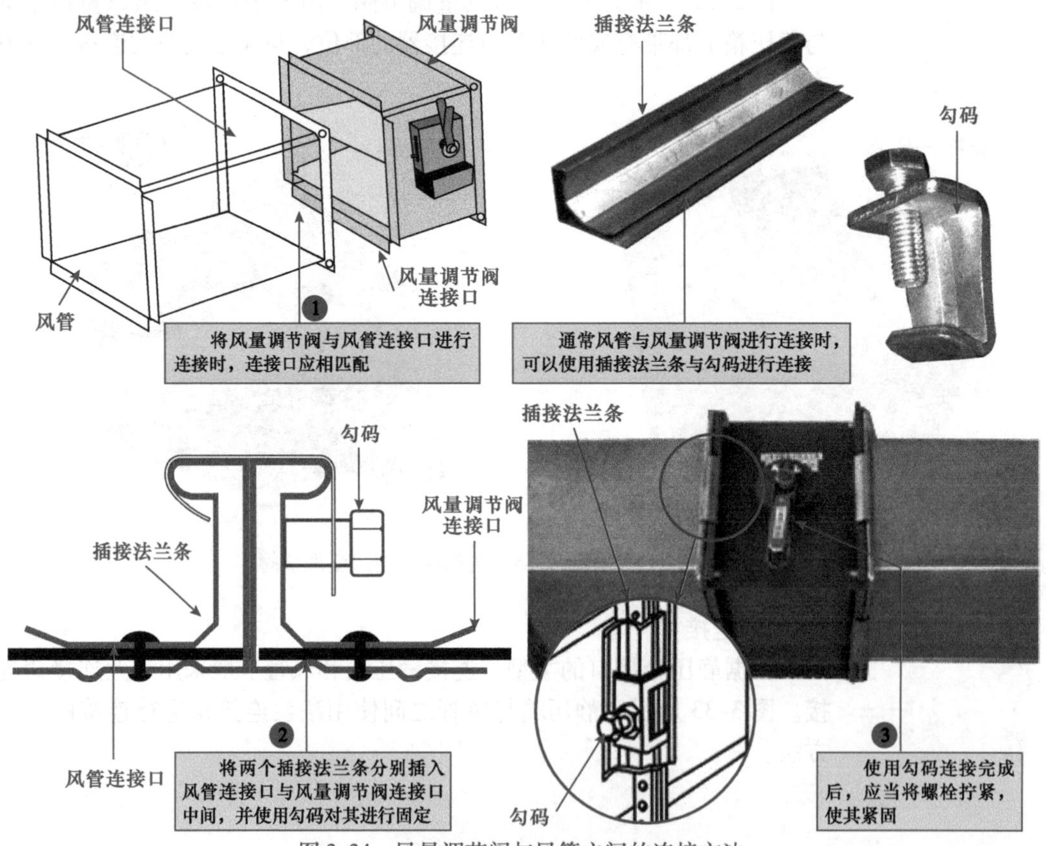

图 3-34　风量调节阀与风管之间的连接方法

3.3.5　中央空调风道的吊装

图解演示

中央空调的风道多采用吊装的方法安装在天花板上。吊装时应先根据风道的宽度选择合适的钢筋吊架，然后在确定的安装位置上，使用电钻打孔，并将全螺纹吊杆安装在打好的孔中。安装好吊杆后，将连接好的风道固定到吊杆上即可。

图3-35所示为使用吊杆吊装风道的操作方法。

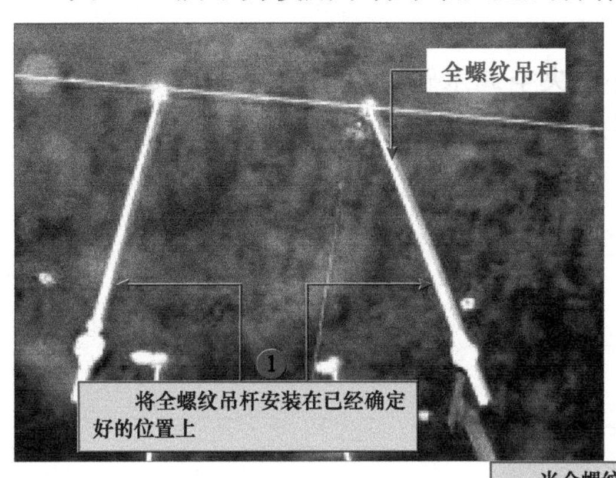

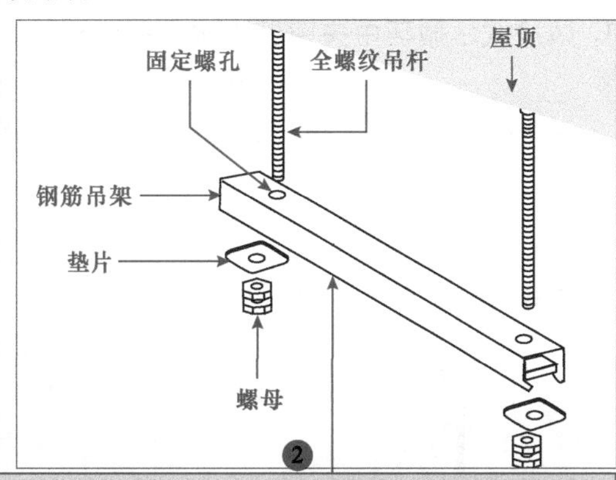

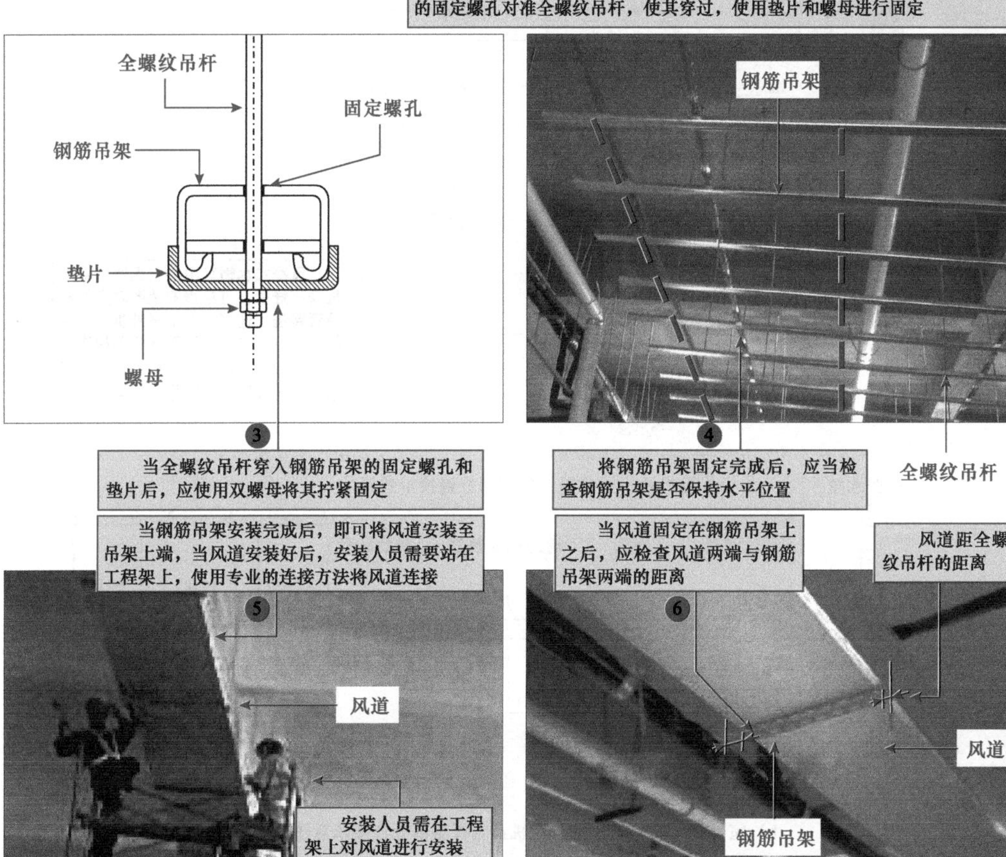

图3-35　使用吊杆吊装风道的操作方法

3.4 中央空调水管路的加工与连接技能

水管路是风冷式水循环中央空调和水冷式中央空调中的重要管路系统。水管路安装前需要对水管路相关的材料和设备进行加工和连接，然后按照管路的施工要求和规范安装即可。

3.4.1 中央空调水管路的连接关系

1. 风冷式水循环中央空调中水管路的连接关系

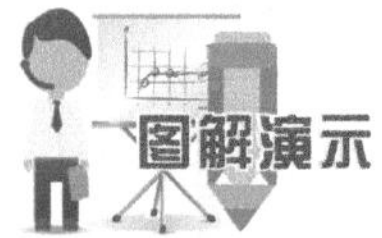

图3-36为风冷式水循环中央空调水管路系统的安装连接关系示意图。风冷式水循环中央空调水管路主要由管道、接头及闸阀、仪表等构成。

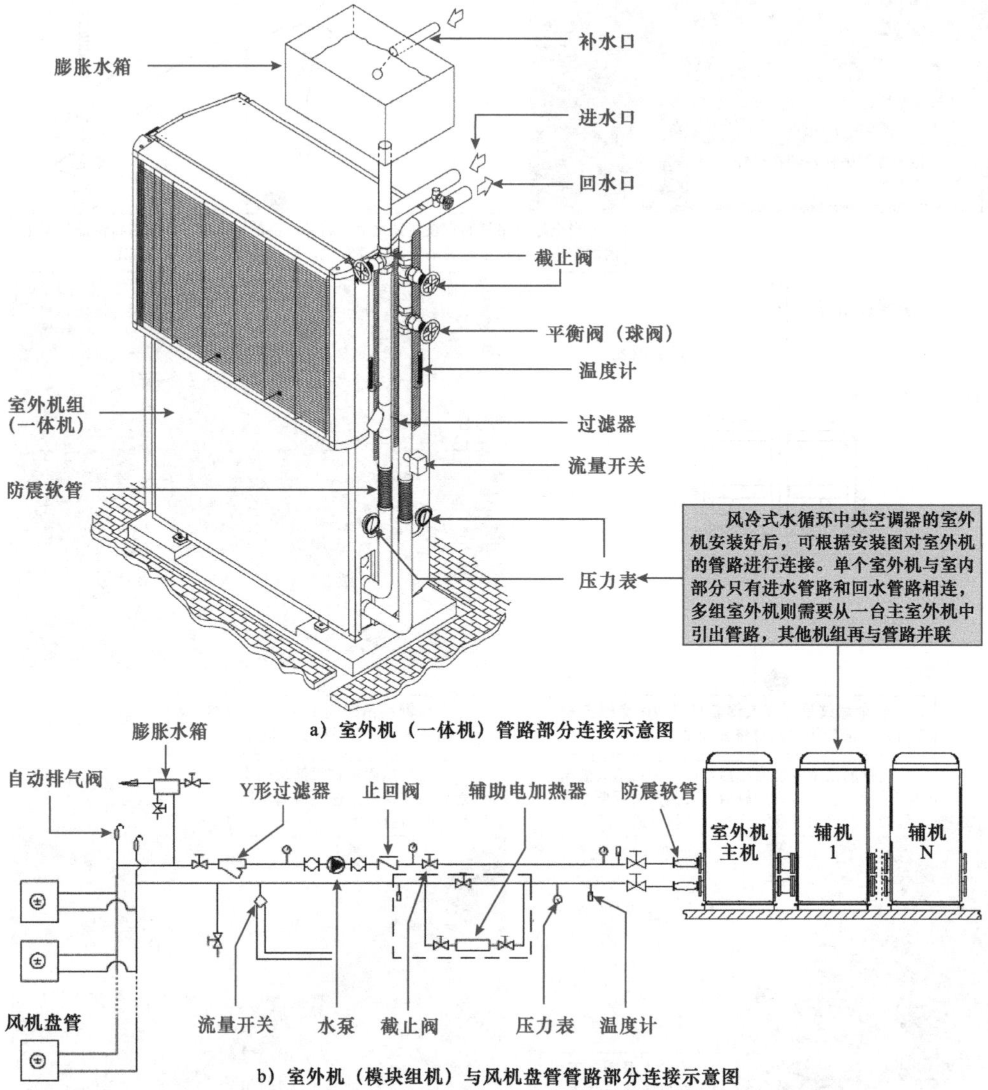

风冷式水循环中央空调器的室外机安装好后，可根据安装图对室外机的管路进行连接。单个室外机与室内部分只有进水管路和回水管路相连，多组室外机则需要从一台主室外机中引出管路，其他机组再与管路并联

a）室外机（一体机）管路部分连接示意图

b）室外机（模块组机）与风机盘管管路部分连接示意图

图3-36 风冷式水循环中央空调水管路系统的安装连接关系示意图

2. 水冷式中央空调中水管路的连接关系

如图 3-37 所示，水冷式中央空调水管路的连接是指将所有用来使水系统正确、安全运行的设备和控制部件采用正确的顺序和方法安装连接。正确连接管路系统也是决定水冷式中央空调系统性能的关键步骤。

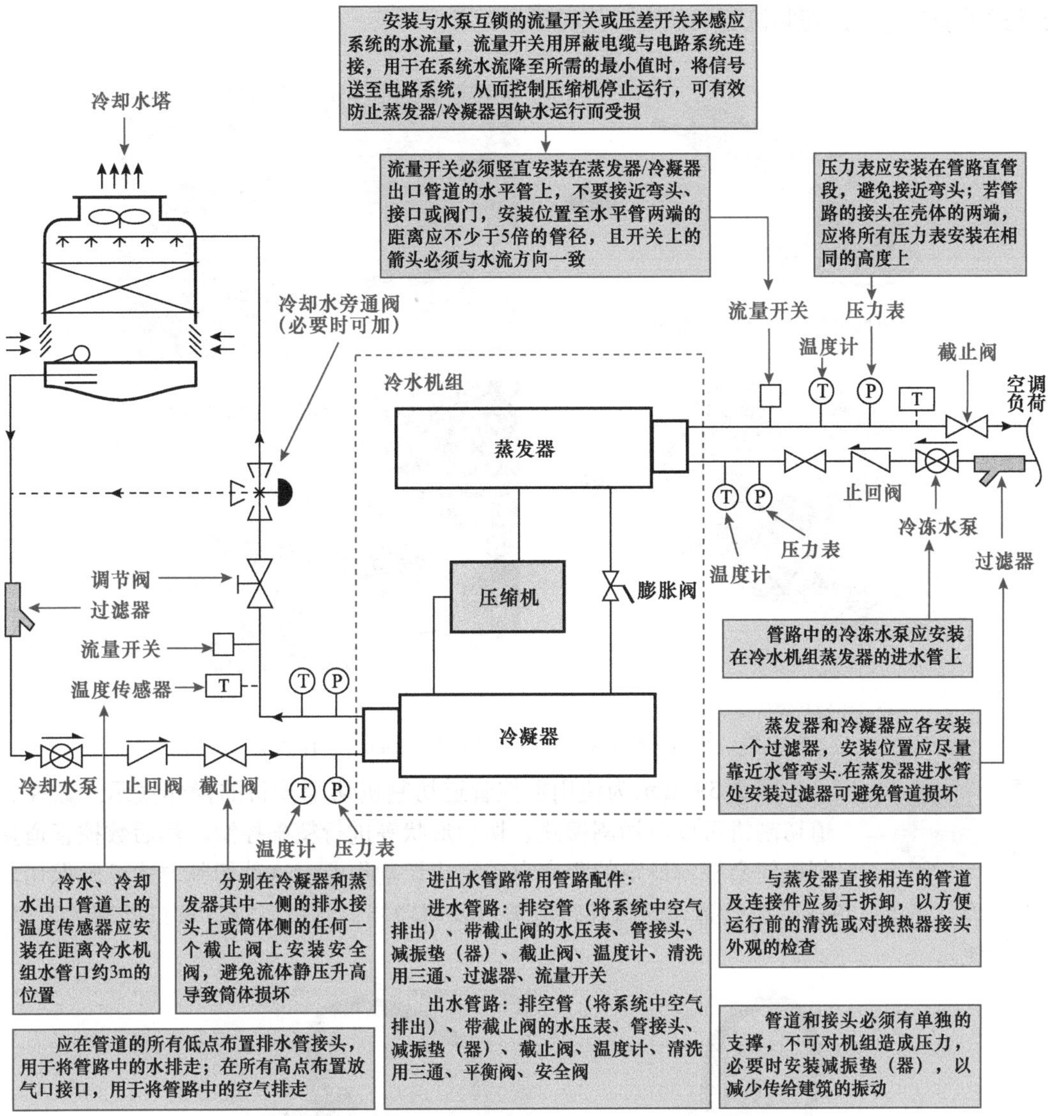

安装与水泵互锁的流量开关或压差开关来感应系统的水流量，流量开关用屏蔽电缆与电路系统连接，用于在系统水流降至所需的最小值时，将信号送至电路系统，从而控制压缩机停止运行，可有效防止蒸发器/冷凝器因缺水运行而受损

冷却水塔

流量开关必须竖直安装在蒸发器/冷凝器出口管道的水平管上，不要接近弯头、接口或阀门，安装位置至水平管两端的距离应不少于5倍的管径，且开关上的箭头必须与水流方向一致

压力表应安装在管路直管段，避免接近弯头；若管路的接头在壳体的两端，应将所有压力表安装在相同的高度上

冷却水旁通阀（必要时可加）

流量开关　压力表　温度计　截止阀　空调负荷

冷水机组

蒸发器

止回阀　冷冻水泵　压力表　过滤器　温度计

调节阀　过滤器　流量开关　温度传感器

压缩机　膨胀阀

管路中的冷冻水泵应安装在冷水机组蒸发器的进水管上

冷凝器

蒸发器和冷凝器应各安装一个过滤器，安装位置应尽量靠近水管弯头.在蒸发器进水管处安装过滤器可避免管道损坏

冷却水泵　止回阀　截止阀　温度计　压力表

冷水、冷却水出口管道上的温度传感器应安装在距离冷水机组水管口约3m的位置

分别在冷凝器和蒸发器其中一侧的排水接头上或筒体侧的任何一个截止阀上安装安全阀，避免流体静压升高导致筒体损坏

进出水管路常用管路配件：

进水管路：排空管（将系统中空气排出）、带截止阀的水压表、管接头、减振垫（器）、截止阀、温度计、清洗用三通、过滤器、流量开关

出水管路：排空管（将系统中空气排出）、带截止阀的水压表、管接头、减振垫（器）、截止阀、温度计、清洗用三通、平衡阀、安全阀

与蒸发器直接相连的管道及连接件应易于拆卸，以方便运行前的清洗或对换热器接头外观的检查

应在管道的所有低点布置排水管接头，用于将管路中的水排走；在所有高点布置放气口接口，用于将管路中的空气排走

管道和接头必须有单独的支撑，不可对机组造成压力，必要时安装减振垫（器），以减少传给建筑的振动

图 3-37　水冷式中央空调中水管路的连接关系示意图

3.4.2　中央空调水管路的加工

在中央空调水管路系统中，不同的管材所采用的切割方式也不尽相同。

1. 镀锌钢管的切割

镀锌钢管是用于中央空调水管路系统的主要管材，对于镀锌钢管的切割通常使用管道切割机。

目前，常用的管道切割机主要可以分为手动砂轮管道切割机和数控管道切割机两大类。

图解演示 图3-38所示为使用手动砂轮管道切割机切割管材的操作演示。手动砂轮管道切割机主要用于切割管径较细的管材，且切割断面会较为粗糙，但使用方便、灵活。根据使用特点，这种管道切割机又可以细分为便携式手动砂轮管道切割机和台式手动砂轮管道切割机两种。台式手动砂轮管道切割机较便携式手动砂轮管道切割机更加稳定，但灵活性稍差。

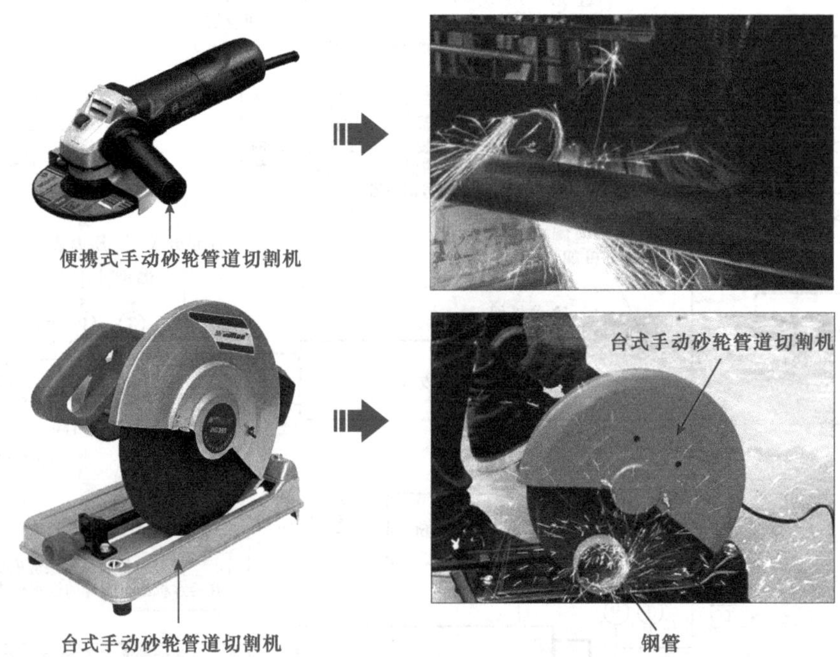

图3-38　使用手动砂轮管道切割机切割管材的操作演示

图解演示 图3-39所示为使用数控管道切割机切割管材的操作演示。数控管道切割机可以对切割模式、切割形状等进行精确控制。然后数控管道切割机便会根据设定的程序自动完成切割作业。这种切割方式可确保切割断面精确、平整。许多数控管道切割机还带有坡口处理功能，省去了管材坡口处理的工序，非常方便。

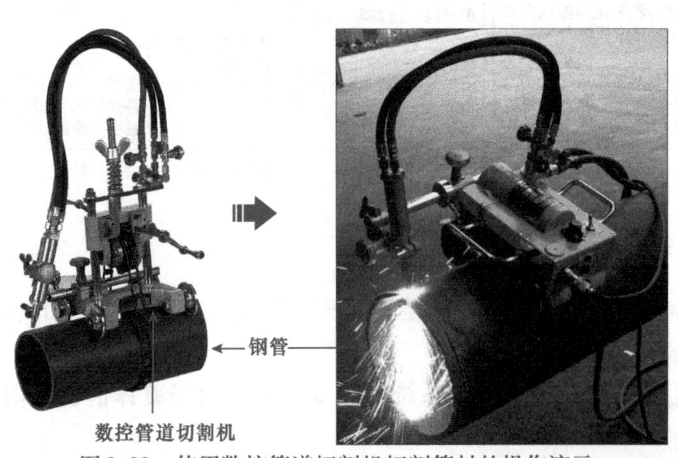

图3-39　使用数控管道切割机切割管材的操作演示

2. PP－R 管的切割

PP－R 管常用于中央空调的排水管路，这种管材不仅易于加工，而且具有环保、耐腐蚀、耐热、内壁光滑不结垢等特点，是一种新型的排水管材。

通常，对于 PP－R 管的切割可使用管子割刀（切管刀）直接剪切。图 3-40 所示为使用管子割刀（切管刀）剪切 PP－R 管的操作演示。管子割刀俗称 PP－R 剪刀，将 PP－R 管直接放置于刀口内，用力合拢手柄即可完成切割作业。

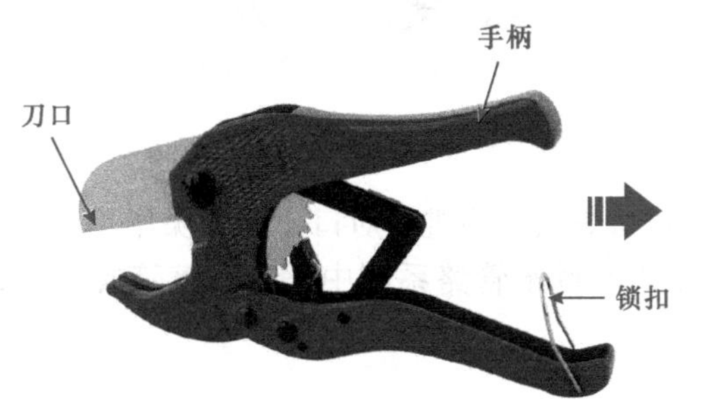

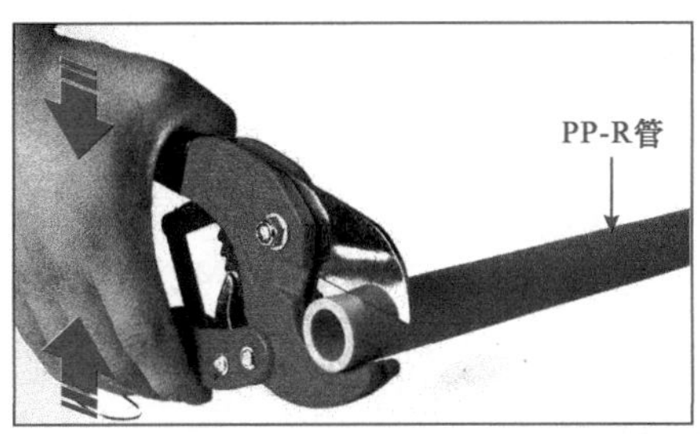

图 3-40　使用管子割刀剪切 PP－R 管的操作演示

3.4.3　中央空调水管路的连接

1. 焊接

对于钢管或铸铁管来说，常采用焊接的方式进行两段管路之间或管路与其他管路部件之间的连接。焊接是中央空调水管路工程中最重要且应用最广泛的连接方式，具有接口牢固耐久，不易渗漏，接头强度和严密性高，使用后不需要经常管理等特点。

通常，为了确保管路焊接的质量，确保接头能够焊透而不出现工艺缺陷，在焊接之前要对待焊管路进行坡口处理。

图 3-41 所示为坡口的操作演示，坡口处理多采用坡口机完成，目前常见的坡口机主要有便携式坡口机和管道切割坡口机两种。便携式坡口机使用灵活，能实现不同规格的坡口处理，而管道切割坡口机则兼具管道切割和坡口的处理，将切割管道和坡口处理一步完成，非常方便、快捷。

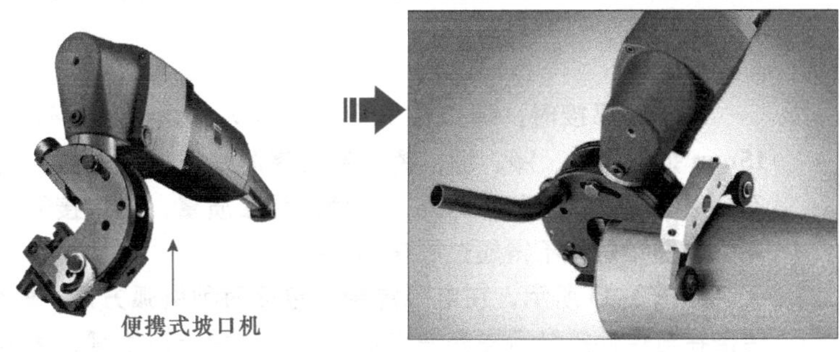

图 3-41　坡口的操作演示

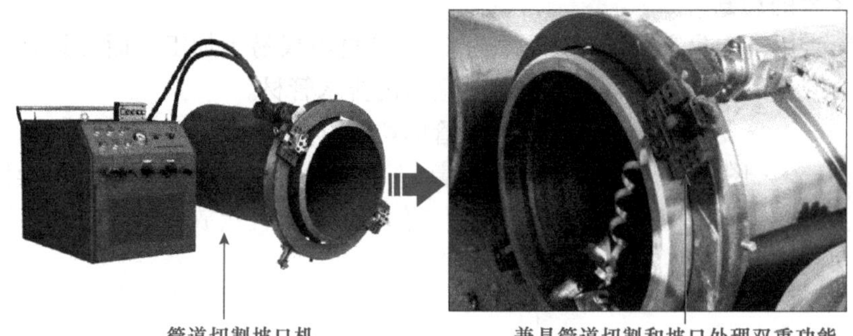

图 3-41　坡口的操作演示（续）

坡口处理完毕，便可对待焊接管路进行对口、施焊操作。

如图 3-42 所示，在中央空调水管路系统中，对于钢管或铸铁管的焊接多采用电焊方式。

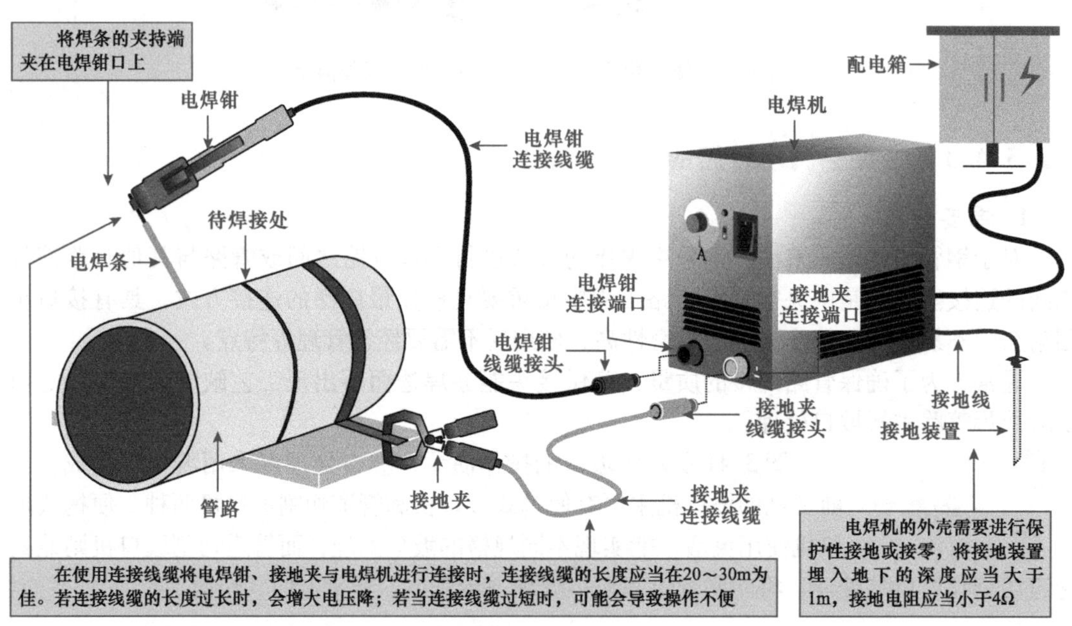

图 3-42　电焊操作

在管路焊接时，焊口位置应避开应力集中区，要确保坡口及外层表面15mm 范围内油、漆、垢、锈、毛刺等清除干净，并露出金属光泽，且不得有裂纹、夹层等缺陷。另外，为确保焊接质量，待焊接的组对焊件内壁应齐平，内壁错边量不得超过厚度的 10%。

如图 3-43 所示，在电弧焊中，包括两种引弧方法，即划擦法和敲击法。焊条在与焊件接触后提升速度要适当，太快难以引弧，太慢焊条和焊件容易粘在一起（电磁力），这时，横向左右摆动焊条，便可使焊条脱离焊件。

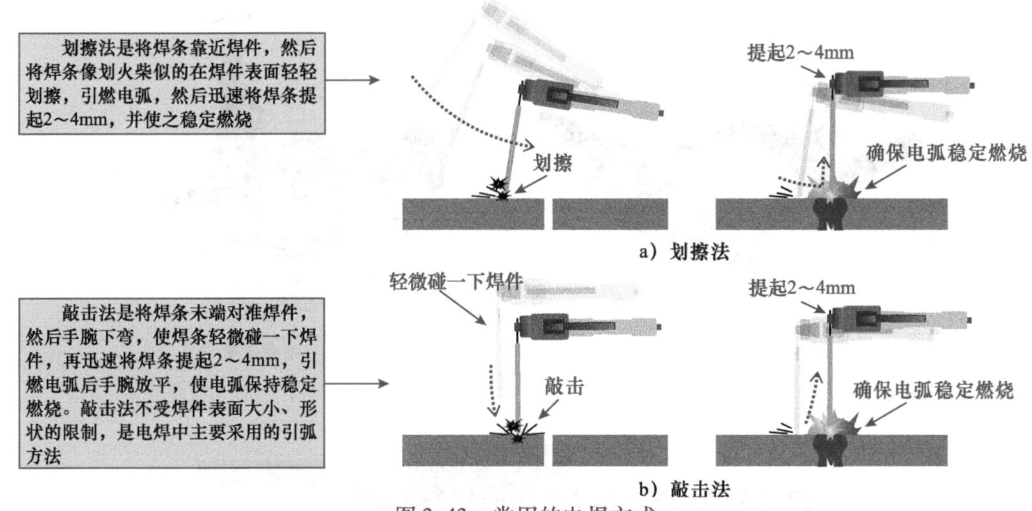

图3-43　常用的电焊方式

2. 螺纹连接

螺纹连接又称丝扣连接，是一种可拆卸的管路固定连接方式。这种连接具有结构简单、连接可靠、装拆方便等特点。如图3-44所示，螺纹连接通过内外螺纹把管道与管道、管道与阀门连接起来。这种连接主要用于管径小于50mm冷水或排水系统中的钢管、铜管和高压管道的连接。

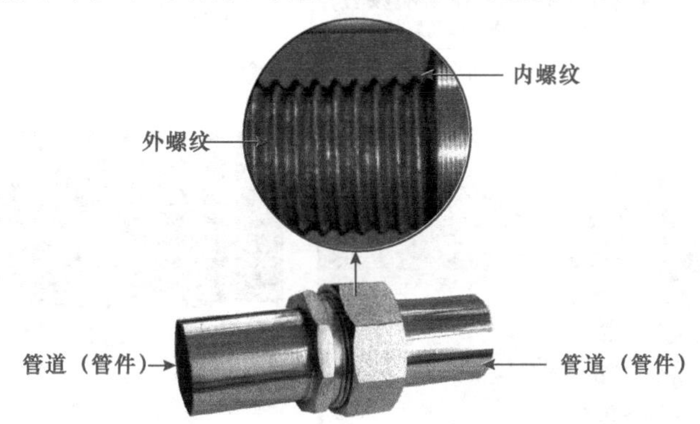

图3-44　螺纹连接示意图

如图3-45所示，对于管道连接端的螺纹加工通常采用套丝机完成。螺纹加工完毕，便可进行螺纹连接。

为确保连接处的密封效果，管道螺纹连接处可采用铅油和麻丝（或聚四氟乙烯防水胶带）作为密封填料，拧紧时不允许将填料带入管道内部。螺纹连接管道安装后的管螺纹根部应有2～3扣的外露螺纹，多余的麻丝应清理干净并做防腐处理，如图3-46所示。

3. 法兰连接

法兰连接就是把两个管道或管件，各自固定在一个法兰盘上，然后再使用螺栓将各自固定有法兰盘的两部分管道或管件紧固在一起。图3-47为法兰连接的示意图。

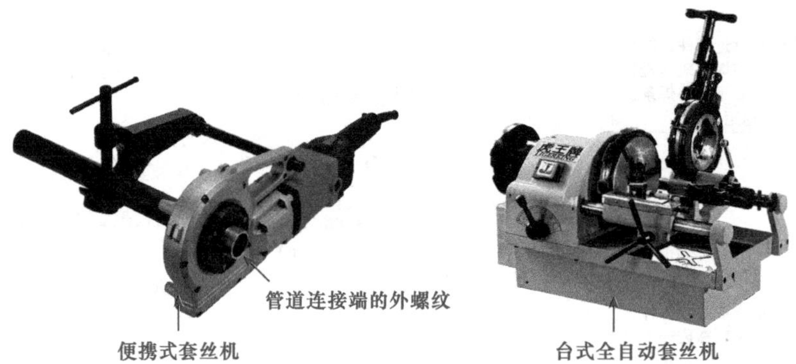

图 3-45　螺纹加工

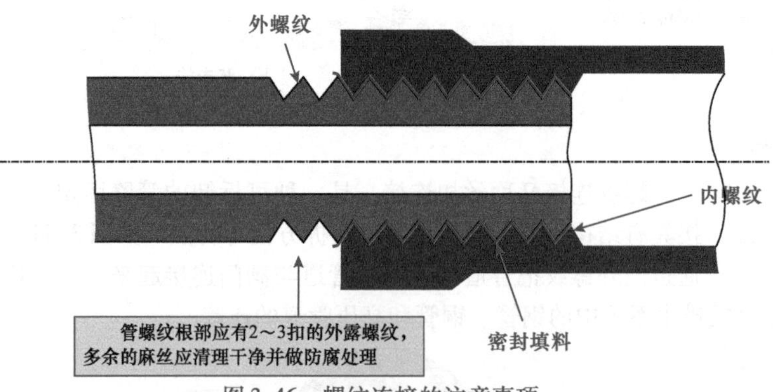

图 3-46　螺纹连接的注意事项

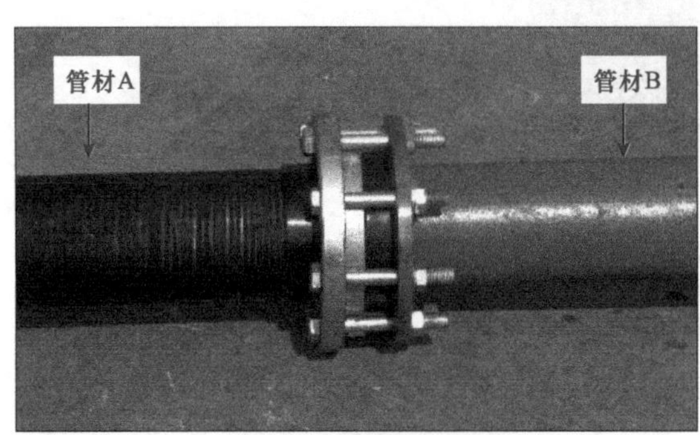

不同材质管道的法兰连接

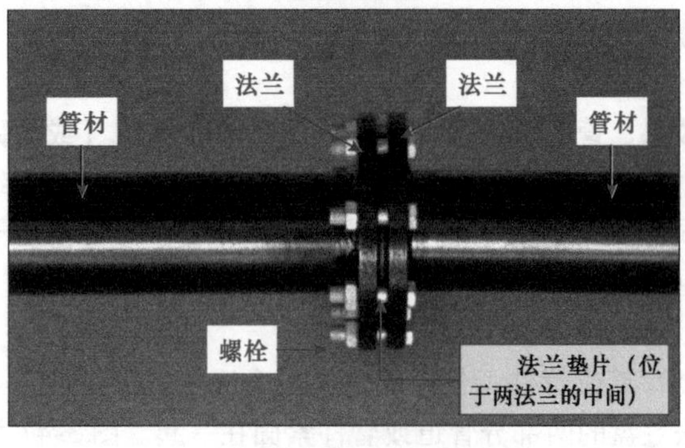

相同材质管道的法兰连接

图 3-47　法兰连接的示意图

法兰连接可用于连接不同材质的管道或同材质管道，也多用于管道与闸阀、止回阀、水泵等管路部件之间的连接。

4. 热熔连接

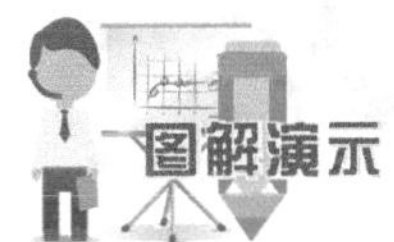

热熔连接广泛应用于 PP－R 管或 PB 管、PE－RT 管等新型管材的连接。图 3-48 所示为热熔连接的操作演示。

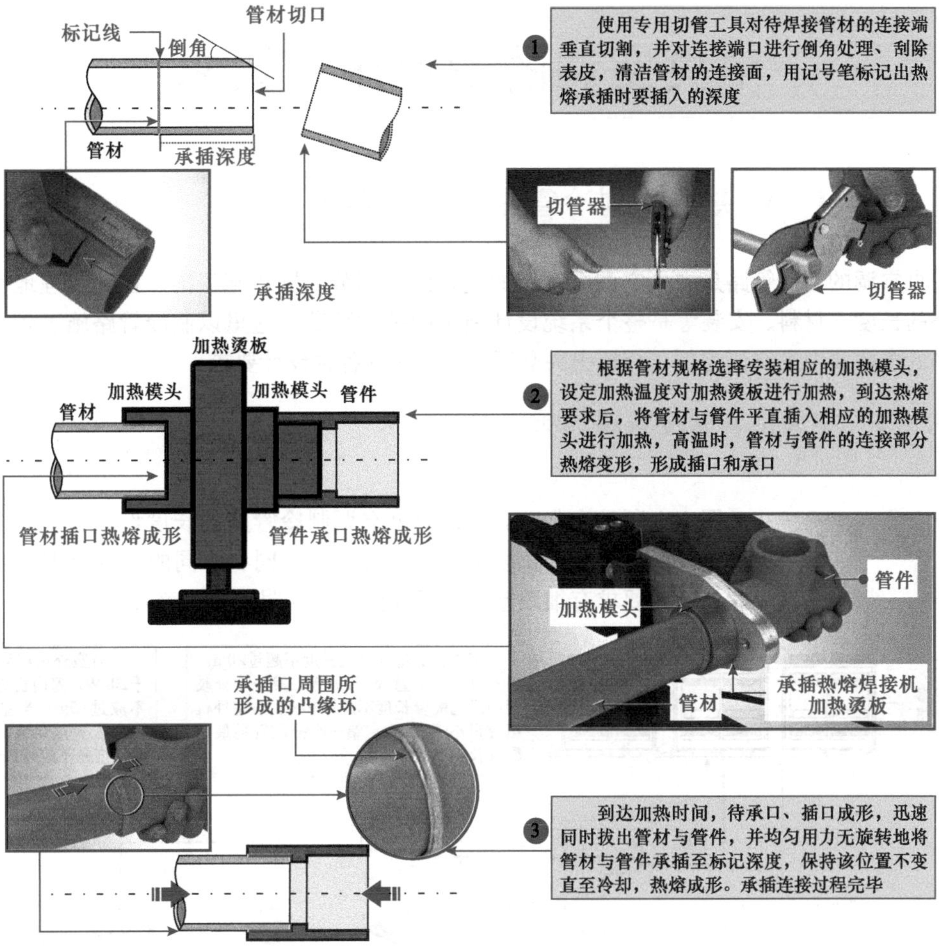

标记线
倒角
管材切口
管材
承插深度
承插深度
切管器
切管器

① 使用专用切管工具对待焊接管材的连接端垂直切割，并对连接端口进行倒角处理、刮除表皮，清洁管材的连接面，用记号笔标记出热熔承插时要插入的深度

加热烫板
加热模头
加热模头
管件
管材
管材插口热熔成形
管件承口热熔成形

② 根据管材规格选择安装相应的加热模头，设定加热温度对加热烫板进行加热，到达热熔要求后，将管材与管件平直插入相应的加热模头进行加热，高温时，管材与管件的连接部分热熔变形，形成插口和承口

管件
加热模头
管材
承插热熔焊接机加热烫板
承插口周围所形成的凸缘环

③ 到达加热时间，待承口、插口成形，迅速同时拔出管材与管件，并均匀用力无旋转地将管材与管件承插至标记深度，保持该位置不变直至冷却，热熔成形。承插连接过程完毕

图 3-48　热熔连接的操作演示

相关资料

热熔器可更换不同样式的加热模头，对塑料管材进行热熔连接时，应选配不同直径的圆形加热模头。

使用热熔器加热时，加热温度需要提前设定，如加热 DN20 的供暖复合管，一般将加热温度设为 260℃；PE 给水管热熔连接时，加热温度为 200～235℃。另外，在热熔连接时，若环境温度较低，可适当延长加热时间，确保将管材加热为足够的黏流态熔体，从而完成连接。

中央空调的设计施工要求

4.1 中央空调制冷管路的设计要求

中央空调的制冷管路是中央空调系统中的重要组成部分。操作施工前，正确合理地设计制冷管路的长度、材料、安装等是整个系统设计施工的关键环节。这里以制冷管路施工较为复杂和多样的多联式中央空调为例，介绍中央空调制冷管路的各种设计要求。

4.1.1 中央空调制冷管路的长度设计要求

图 4-1 所示为典型多联式中央空调制冷管路的长度设计要求。多联式中央空调制冷配管的长度按照机组容量的不同有不同的长度要求（不同厂家对长度的要求有细微差别，可根据出厂说明具体了解）。

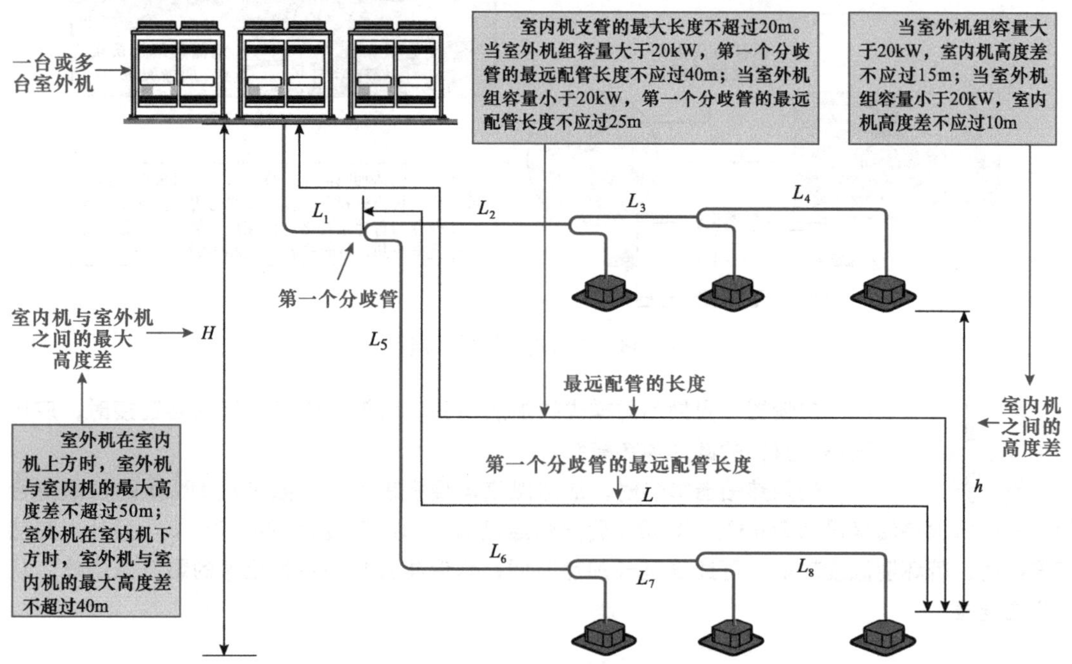

图 4-1　典型多联式中央空调制冷管路的长度设计要求

制冷管路长度要求中，等效长度是指在考虑了分歧管、弯头、存油弯等局部压力损失后换算后的长度。其计算公式为：等效长度 = 配管长度 + 分歧管数量 × 分歧管等效长度 + 弯头数量 × 弯头等效长度 + 存油弯 × 存油弯等效长度。

分歧管的等效长度一般按 0.5m 计算，弯头和存油弯的等效长度与管路管径有关，见表 4-1。

表 4-1 不同管径制冷管路弯头、存油弯的等效长度

管径/mm	等效长度/m		管径/mm	等效长度/m		管径/mm	等效长度/m	
	弯头	存油弯		弯头	存油弯		弯头	存油弯
ϕ9.52	0.18	1.3	ϕ22.23	0.40	3.0	ϕ34.9	0.60	4.4
ϕ12.7	0.20	1.5	ϕ25.4	0.45	3.4	ϕ38.1	0.65	4.7
ϕ15.88	0.25	2.0	ϕ28.6	0.50	3.7	ϕ41.3	0.70	5.0
ϕ19.05	0.35	2.4	ϕ31.8	0.55	4.0	ϕ44.5	0.70	5.0
分歧管	0.5							

例如，12HP 的室外机，管道的实际长度为 82m，管道直径为 28.6mm，使用了 14 个弯管、2 个存油弯、3 个分歧管时，其等效长度为：

$$82 + 0.5 \times 14 + 3.7 \times 2 + 0.5 \times 3 = 97.9(\mathrm{m})$$

不同容量机组的制冷管路长度要求，见表 4-2。

表 4-2 不同容量机组的制冷管路长度要求

项目		容量大于等于 60kW 机组	容量大于等于 20kW 且小于 60kW 机组	容量小于 20kW 机组
R410A 制冷剂系统		允许值	允许值	允许值
配管总长（实际长）		500m	300m	150m
最远配管长度	实际长度	150m	100m	70m
	相当长度	175m	125m	80m
第一分歧管到最远室内机配管相当长度 L		40m	40m	25m
室内机 - 室外机落差	室外机在上	50m	50m	30m
	室外机在下	40m	40m	25m
室内机 - 室内机落差		15m	15m	10m

4.1.2 中央空调制冷管路的材料选配要求

中央空调制冷管路一般由脱磷无缝紫铜管拉制而成，选择管路时，应尽量选择长直管或盘绕管，以避免经常焊接。

选配制冷管路时，要求管路内外表面无孔缝、裂纹、气泡、杂质、铜粉、锈蚀、脏污、积碳层和严重氧化膜等情况，且不允许管路存在明显划伤、凹坑等缺陷。

表 4-3 所示为不同规格的制冷剂管路管径及壁厚数据，选用管路时根据实际需求和设计要求选配。

表 4-3　不同规格的制冷剂管路管径及壁厚数据

铜管外径		R22 制冷剂管路		R410A 制冷剂管路	
mm	英寸	最小壁厚/mm	类型	最小壁厚/mm	类型
ϕ6.35	1/4	0.8	O	0.8	O
ϕ9.52	3/8	0.8	O	0.8	O
ϕ12.7	1/2	0.8	O	0.8	O
ϕ15.88	5/8	1.0	O	1.0	O
ϕ19.05	3/4	1.0	O	1.0	1/2H
ϕ22.23	7/8	1.0	1/2H	1.0	1/2H
ϕ25.4	1	1.0	1/2H	1.0	1/2H
ϕ28.6	1-1/8	1.0	1/2H	1.0	1/2H
ϕ31.75	1-1/4	1.1	1/2H	1.1	1/2H
ϕ34.88	1-3/8	1.3	1/2H	1.3	1/2H
ϕ38.1	1-1/2	1.4	1/2H	1.4	1/2H
ϕ41.3	1-5/8	1.5	1/2H	1.5	1/2H
ϕ44.45	1-3/4	1.7	1/2H	1.7	1/2H

注：类型中“O”指硬度较小的软铜管，可扩喇叭口；“1/2H”指半硬度管，不可扩喇叭口。

制冷管路根据安装位置、长度和制冷容量不同，选配管径也有相应要求。表 4-4 所示为制冷管路选配管径对照表。

表 4-4　制冷管路选配管径对照表

室外机容量	所有室内机等效配管长度<90m		所有室内机等效配管长度≥90m	
	室内机主配管尺寸/mm		室内主机配管尺寸/mm	
	液管	气管	液管	气管
8 匹	ϕ12.7	ϕ22.2	ϕ12.7	ϕ25.4
10 匹	ϕ12.7	ϕ25.4	ϕ12.7	ϕ25.4
12 匹	ϕ12.7	ϕ28.6	ϕ15.88	ϕ28.6
14~16 匹	ϕ15.88	ϕ28.6	ϕ15.88	ϕ31.8
18~22 匹	ϕ15.88	ϕ31.8	ϕ19.05	ϕ31.8
24 匹	ϕ15.88	ϕ34.9	ϕ19.05	ϕ34.9
26~32 匹	ϕ19.05	ϕ34.9	ϕ22.2	ϕ38.1
34~48 匹	ϕ19.05	ϕ41.3	ϕ22.2	ϕ41.3
50~72 匹	ϕ22.2	ϕ44.5	ϕ25.4	ϕ44.5

注：表内“匹”为功率单位，又称马力，1 匹 =745.7W。

禁止使用供给、排水用途的铜管作为制冷管路（内部清洁度不够，杂质或水分会导致制冷管路脏堵、冰堵等情况）。R410A 制冷剂铜管必须为专用去油铜管，可承受压力≥45kgf/cm²；R22 制冷剂铜管可承受压力应≥30kgf/cm²（1kgf/cm² =0.0980665MPa）。

制冷管路在施工时，必须先根据设计要求选择符合需求的管径和壁厚；制冷管路在运输和存放时，应注意管口两端封口，避免杂质、灰尘进入，如图 4-2 所示，运输过程中应避免因碰撞出现管壁划伤、凹坑等情况；安装操作中必须采用专用的加工工具，并保证管路系统内部的清洁、干燥和气密性。

图 4-2　制冷管路存放要求

4.1.3　中央空调制冷管路的安装和固定要求

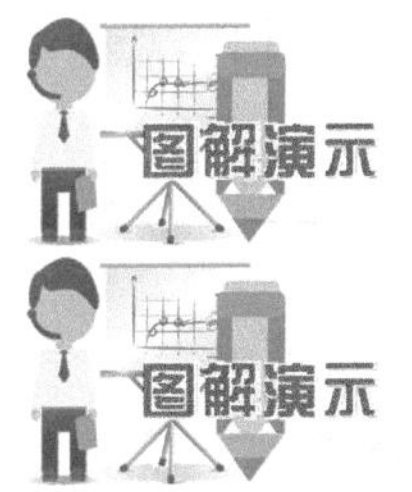

中央空调制冷管路可直接固定在墙壁上，也可将其水平或垂直进行吊装。常用于辅助固定的附件主要有金属卡箍、U 形管卡、角钢支架、托架或圆钢吊架等。图 4-3 所示为制冷管路横管和竖管的固定方式和要求。

图 4-4 所示为制冷管路的局部管固定要求。局部管是指制冷剂配管中的弯管、分歧管、室内机接口管和穿墙管等，这些比较特殊的管路部分，对管路固定的方式有一定要求。

4.1.4　中央空调器分歧管的设计要求

分歧管是将制冷管路进行分路的配件，按照规范要求正确设计、安装和连接分歧管也是制冷剂配管连接中的重要环节。

横管固定：横管可采用金属卡箍、U形管卡、角钢支架、角钢托架或圆钢吊架固定。应注意，U形管卡应用扁钢制作；角钢支架、角钢托架或圆钢吊架需做防腐防锈处理

铜管外径/mm	ϕ<12.7	ϕ>12.7
吊支架间距/m	1.2	1.5

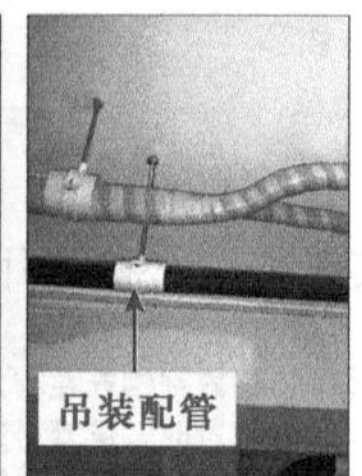

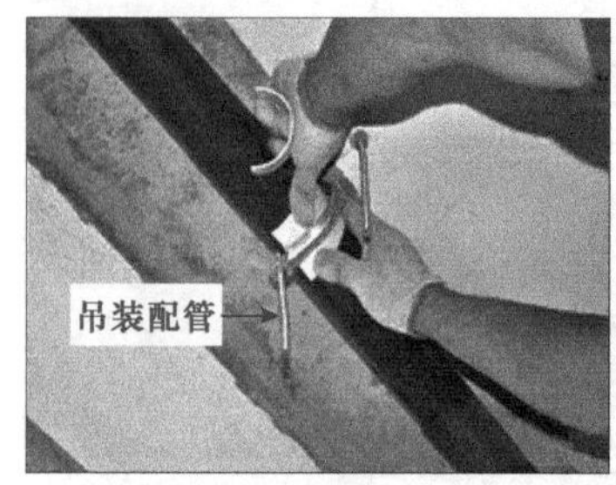

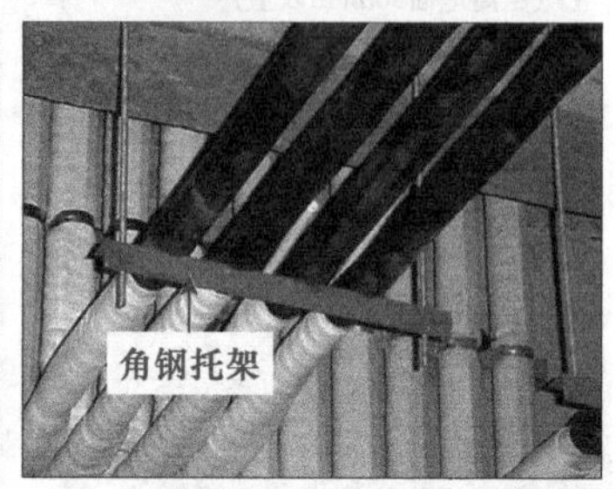

竖管固定：竖管一般采用U形管卡每间隔2.5m以内固定。管卡处应使用圆木垫代替保温材料。U形管卡应卡住圆木垫外固定，且应对圆木垫进行防腐处理

图 4-3　制冷管路横管和竖管的固定方式和要求

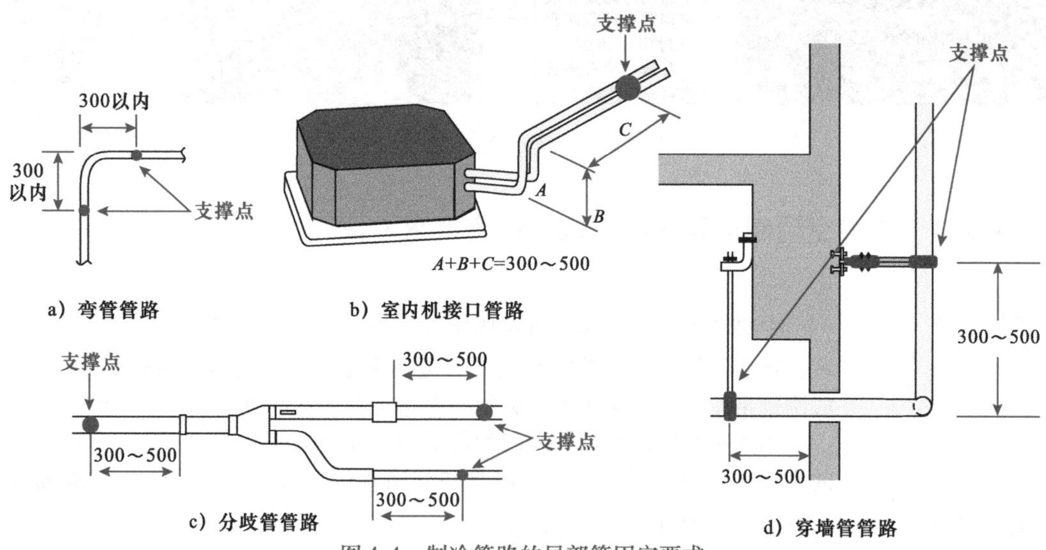

图 4-4　制冷管路的局部管固定要求

1. 分歧管的距离要求

图解演示

多联式中央空调制冷管路中，不直接连接室内机的分歧管称为主分歧管，主分歧管的安装位置与最近、最远室内机之间的管路长度等必须符合设计规范，如图 4-5 所示。

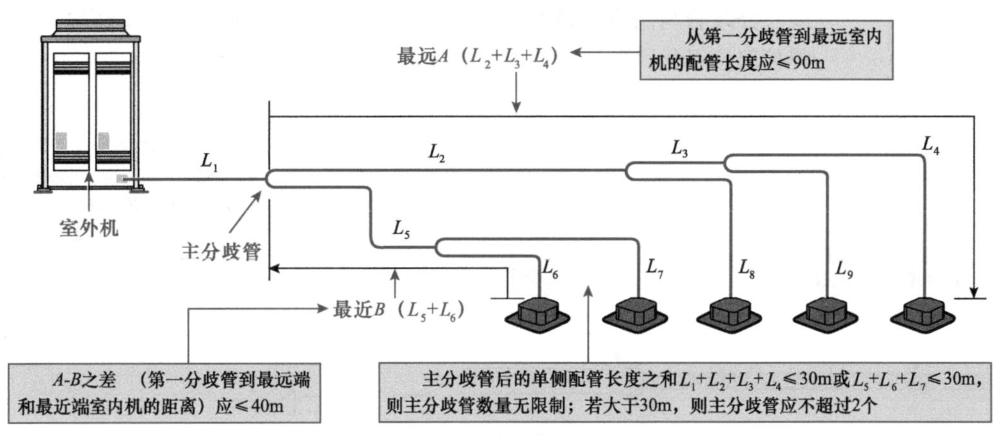

图 4-5　主分歧管的设计要求

2. 分歧管的安装与焊接要求

图解演示

分歧管安装和连接时，对其连接方向、长度都有明确要求和规定，实际操作时必须按照要求操作和执行，如图 4-6 所示。

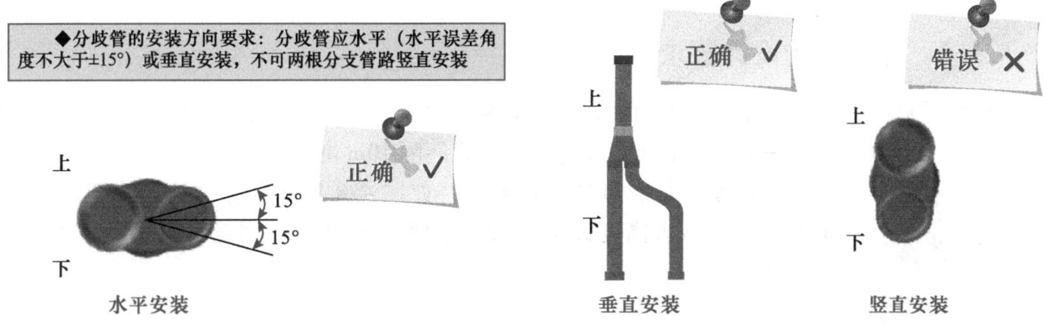

a）分歧管的安装方向要求

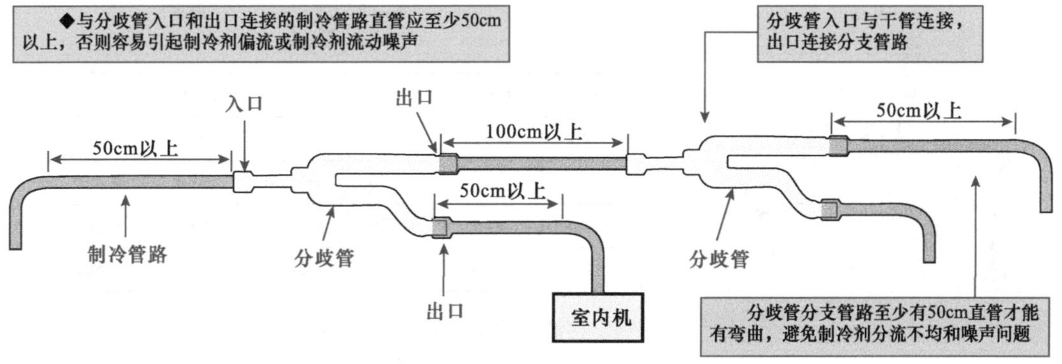

b）分歧管的安装长度要求

图 4-6　分歧管连接方向和长度要求

分歧管与制冷管路焊接时，需要充氮焊接（即氮气置换钎焊），防止焊接部位氧化，导致管路内部出现杂质，如图4-7所示。

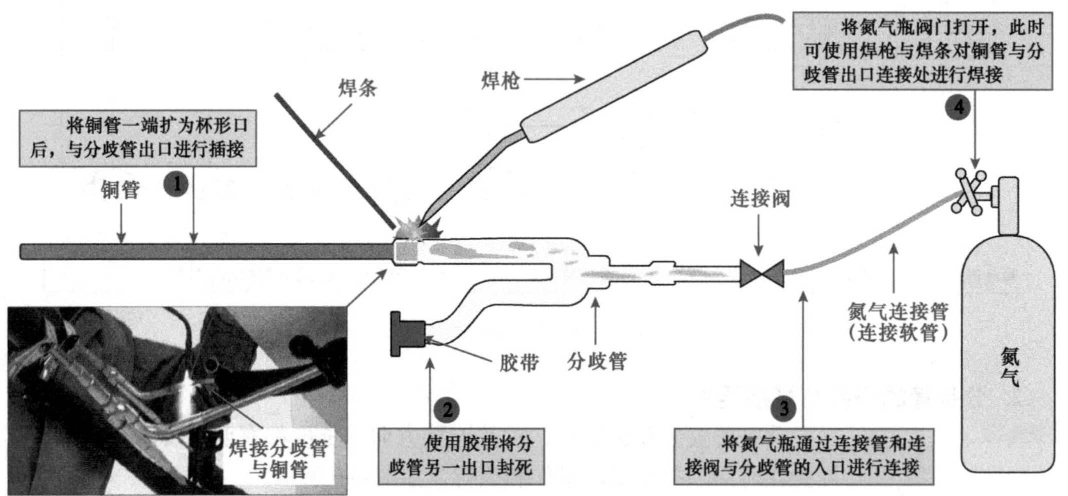

图4-7　分歧管的焊接要求

4.1.5　存油弯的设计要求

存油弯是制冷配管中一种为便于回油设置的管路附件。一般情况下，当中央空调室内、室外机高度差大于10m时，需要在气管上设置存油弯，每间隔10m增加一个。

存油弯的大小与其管径有关，如图4-8所示，存油弯的高度一般为10cm左右，或者高度大于3～5倍的配管外径，使用铜管扩喇叭口后，采用钎焊预制。

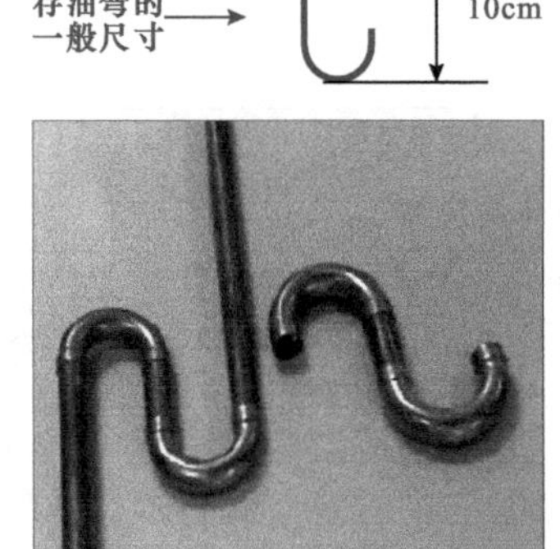

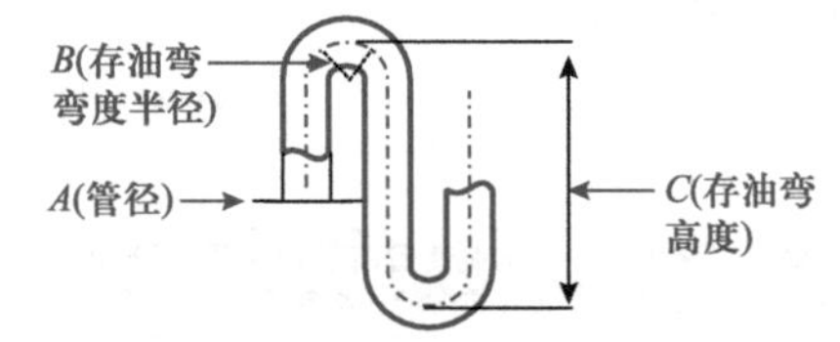

A/mm	B/mm	C/mm	A/mm	B/mm	C/mm
φ22.2	≥31	≤150	φ38.1	≥60	≤350
φ25.4	≥45	≤150	φ41.3	≥80	≤450
φ28.6	≥45	≤150	φ44.45	≥80	≤500
φ34.9	≥60	≤250	φ54.1	≥90	≤500

图4-8　存油弯的规格要求

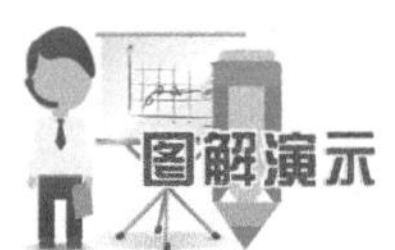

当室内、室外机高度差大于10m时，每间隔10m需要安装一个存油弯，如图4-9所示。

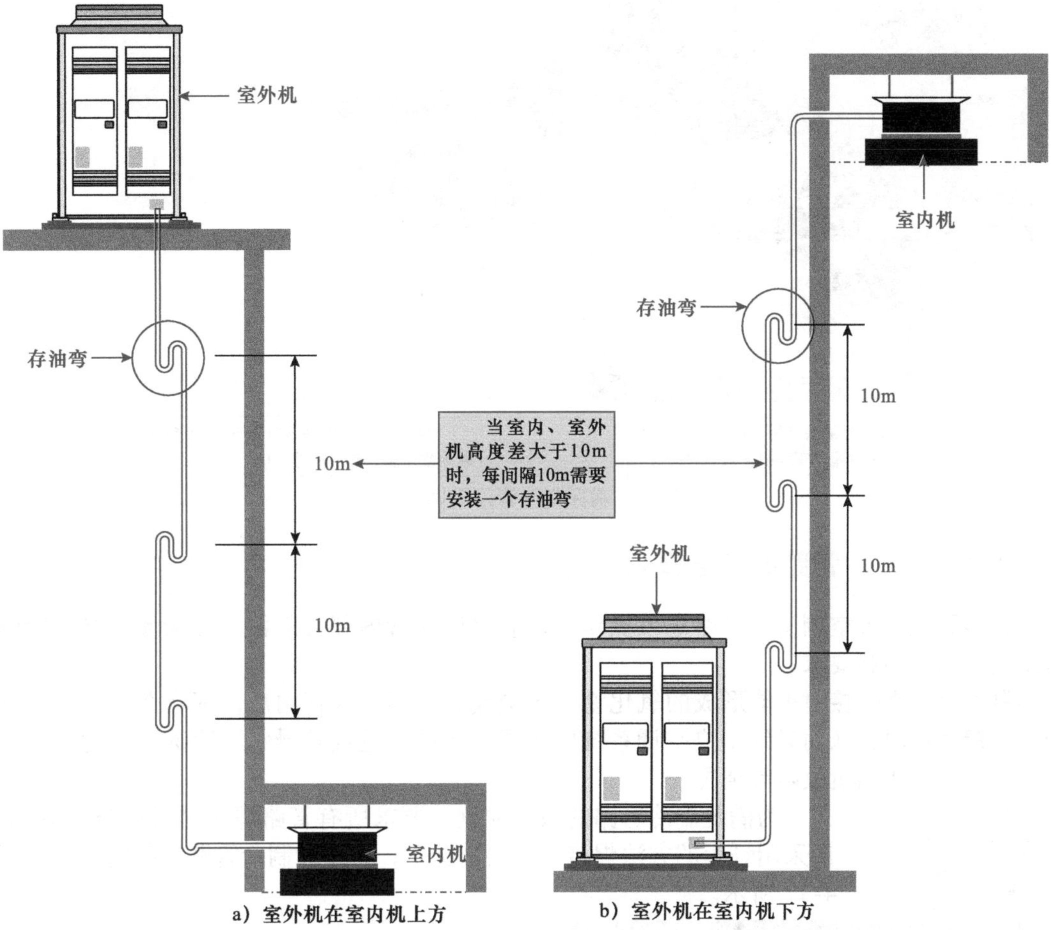

a）室外机在室内机上方　　b）室外机在室内机下方

图 4-9　存油弯的安装距离要求

4.2　中央空调制冷管路的施工原则

4.2.1　制冷管路的干燥原则

多联式中央空调制冷管路施工操作中，确保制冷管路内部干燥是施工的基本要求和原则。

制冷管路的干燥原则是指确保管路中无水分，应在运输和存储过程中，避免管路端部进水（如雨水）或管路中水分结露等情况发生，以便引起中央空调系统膨胀阀等结冰、冷冻油劣化进而导致过滤器阻塞、压缩机故障等。

为满足制冷管路的干燥原则，在运输、存放、安装等过程中可采取配管端口保护、配管清洁和真空干燥等措施，确保制冷管路符合干燥规范要求，如图 4-10 所示。

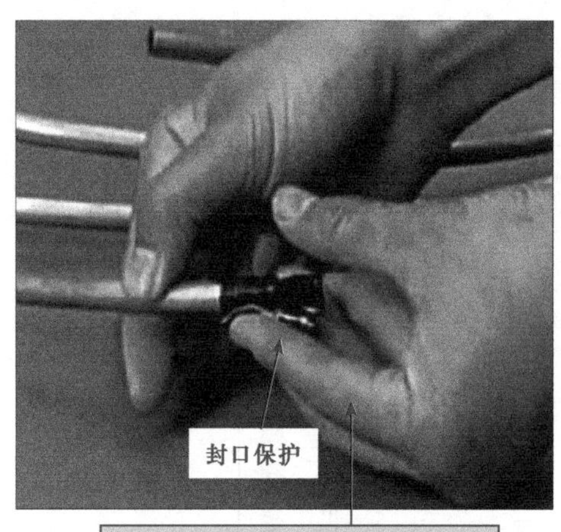

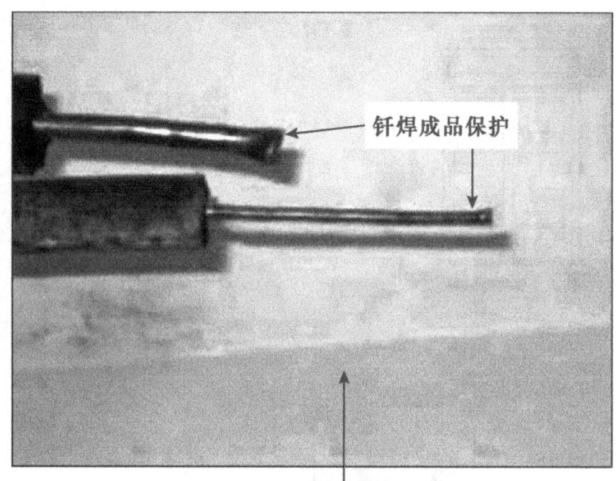

图 4-10　确保制冷管路干燥的措施

4.2.2　制冷管路的清洁原则

在多联式中央空调制冷管路施工操作中，应保证配管内部无脏污、无杂质，符合管路施工的清洁原则和要求。

制冷管路在焊接时可能形成的氧化物、灰尘或脏污等侵入管内后，都将造成制冷管路出现不清洁情况，从而导致中央空调系统中出现膨胀阀、毛细管异常，冷冻油劣化，不制冷、不制热，压缩机故障等情况。

为满足制冷管路的清洁原则，要求所有管路焊接时必须充入氮气，即采用钎焊的方法焊接；必要情况下，必须对制冷管路进行清洁，如图 4-11 所示。

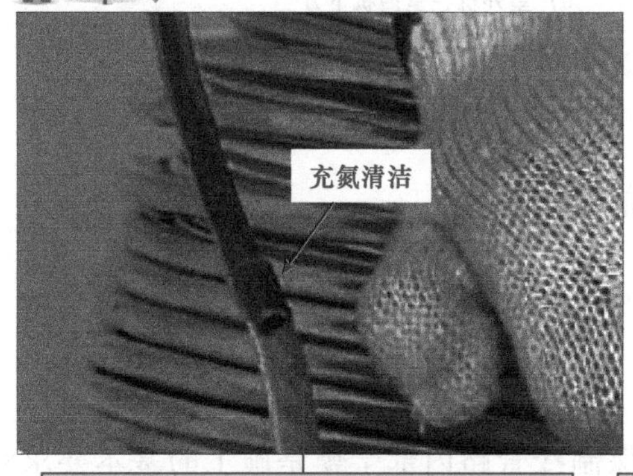

a）充氮清洁法

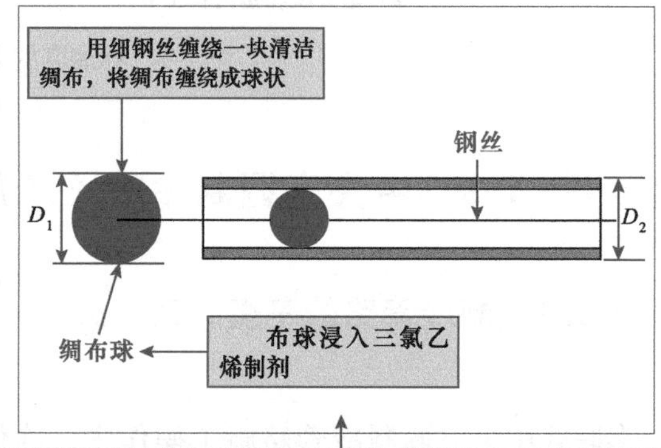

b）绸布抽拉清洁法

图 4-11　制冷管路的清洁方法

4.2.3　制冷管路的密闭原则（气密性）

制冷管路的密闭原则是指在中央空调管路施工操作中，应确保制冷管路无任何泄漏情况。在中央空调制冷管路施工操作中，管路之间的焊接不良、喇叭口螺纹连接不良或安装操作不规范导致管路外部划伤、凹坑或针孔等都会导致制冷管路气密性差，从而导致中央空调制冷剂不足、冷冻油劣化、压缩机过热，严重的还会导致不制冷、不制热和压缩机故障等。

为满足制冷管路的密闭原则，要求必须按照规范焊接管路、按照规范扩喇叭口，并按要求连接螺纹口与喇叭口，紧固管口纳子等，如图4-12所示。

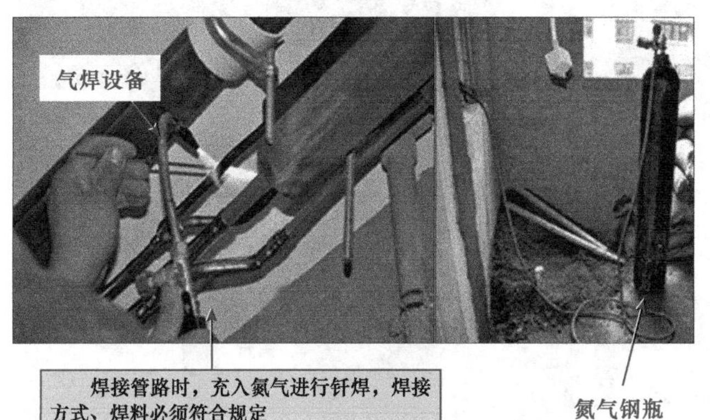

图4-12　确保制冷管路的密闭性的措施

4.2.4　制冷管路的保温原则

中央空调在制冷时气管的温度很低，因管道散热会损失冷量并引起结露滴水；制热时管路温度很高，可能会引起烫伤。因此，综合各方面因素，制冷管路应按要求实施保温处理，如图4-13所示，以保证中央空调的制冷/制热效果。

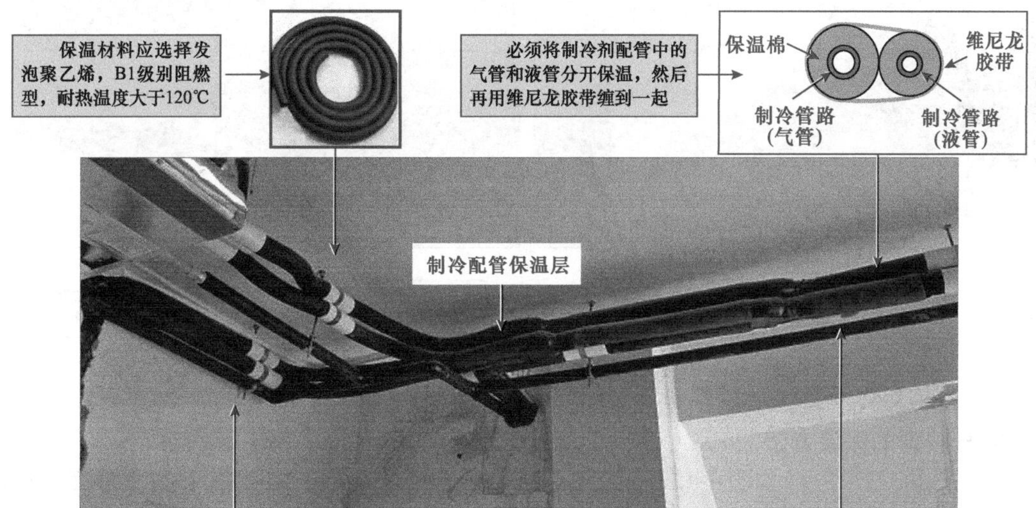

图4-13　中央空调制冷管路的保温

1. 直管的保温方法

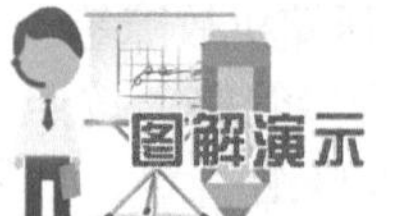

图 4-14 所示为制冷剂管路直管的保温方法。穿保温层时，必须将制冷剂配管的管口密封，防止有杂物进入管路，影响制冷/制热效果。

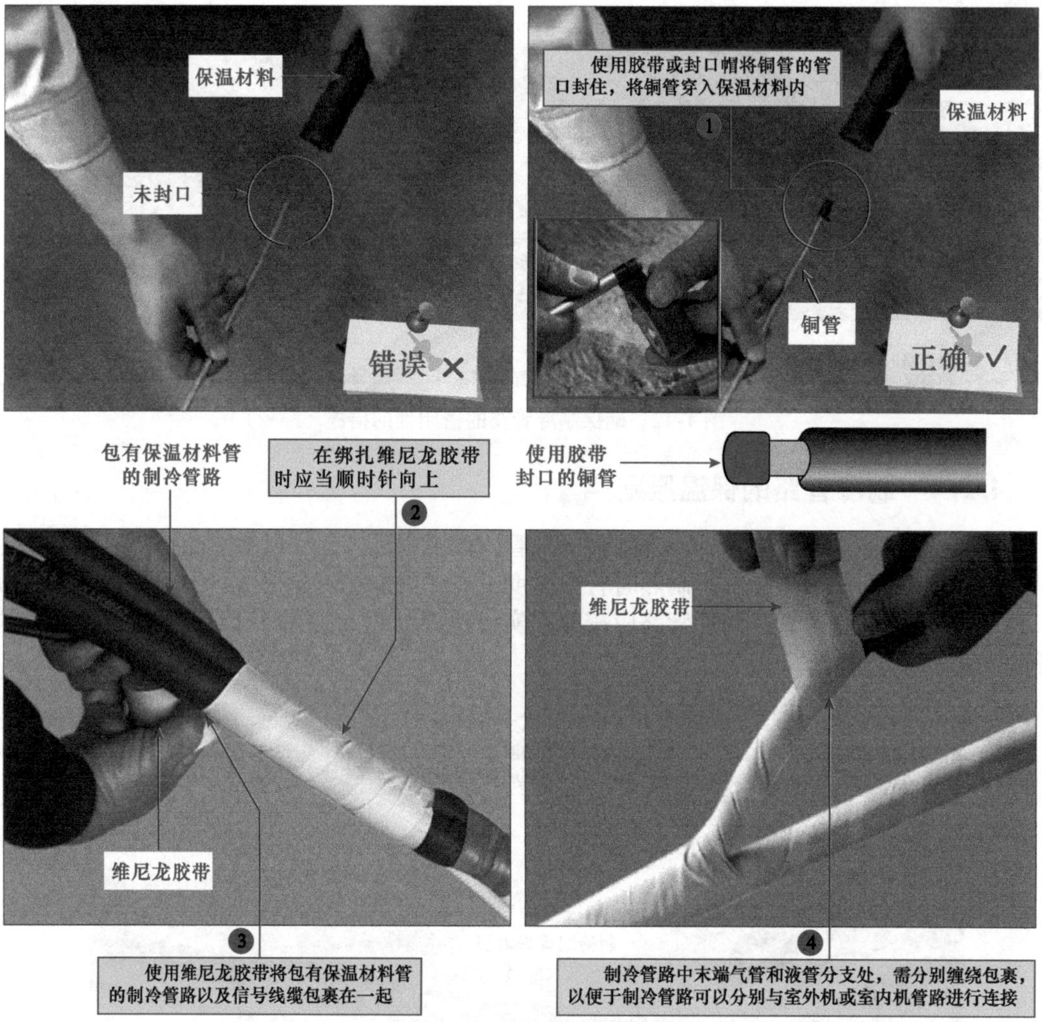

保温材料
未封口
错误 ×
使用胶带或封口帽将铜管的管口封住，将铜管穿入保温材料内
①
保温材料
铜管
正确 √
包有保温材料管的制冷管路
在绑扎维尼龙胶带时应当顺时针向上
②
使用胶带封口的铜管
维尼龙胶带
维尼龙胶带
③
使用维尼龙胶带将包有保温材料管的制冷管路以及信号线缆包裹在一起
④
制冷管路中末端气管和液管分支处，需分别缠绕包裹，以便于制冷管路可以分别与室外机或室内机管路进行连接

图 4-14　制冷剂管路直管的保温方法

2. 分歧管的保温方法

如图 4-15 所示，分歧管保温一般需要使用专用的分歧管保温套，然后将保温套的进、出口分别与直管的保温层连接，使用专用胶粘，然后缠布基胶带（宽度不小于 50mm）。

3. 保温层衔接处的修补

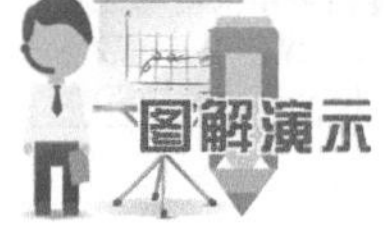

如图 4-16 所示，当保温层因安装需要切断或两段保温层需要连接时，需按要求对接口处进行处理，确保连接可靠。

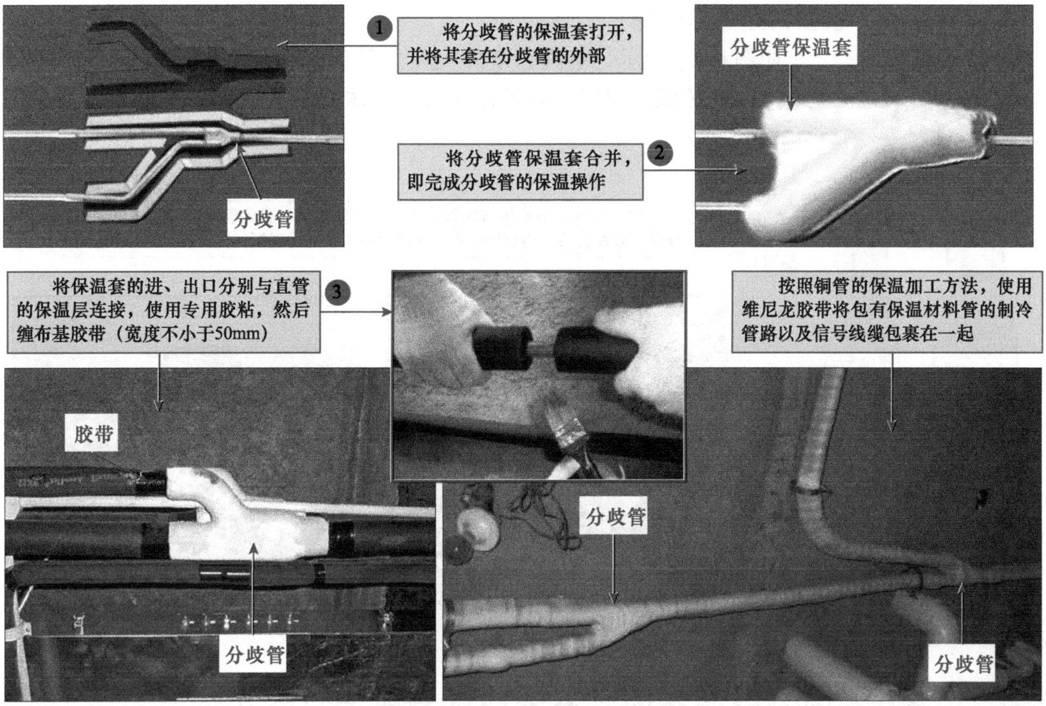

1 将分歧管的保温套打开，并将其套在分歧管的外部

分歧管

分歧管保温套

2 将分歧管保温套合并，即完成分歧管的保温操作

3 将保温套的进、出口分别与直管的保温层连接，使用专用胶粘，然后缠布基胶带（宽度不小于50mm）

胶带

分歧管

按照铜管的保温加工方法，使用维尼龙胶带将包有保温材料管的制冷管路以及信号线缆包裹在一起

分歧管

分歧管

图4-15　分歧管的保温方法

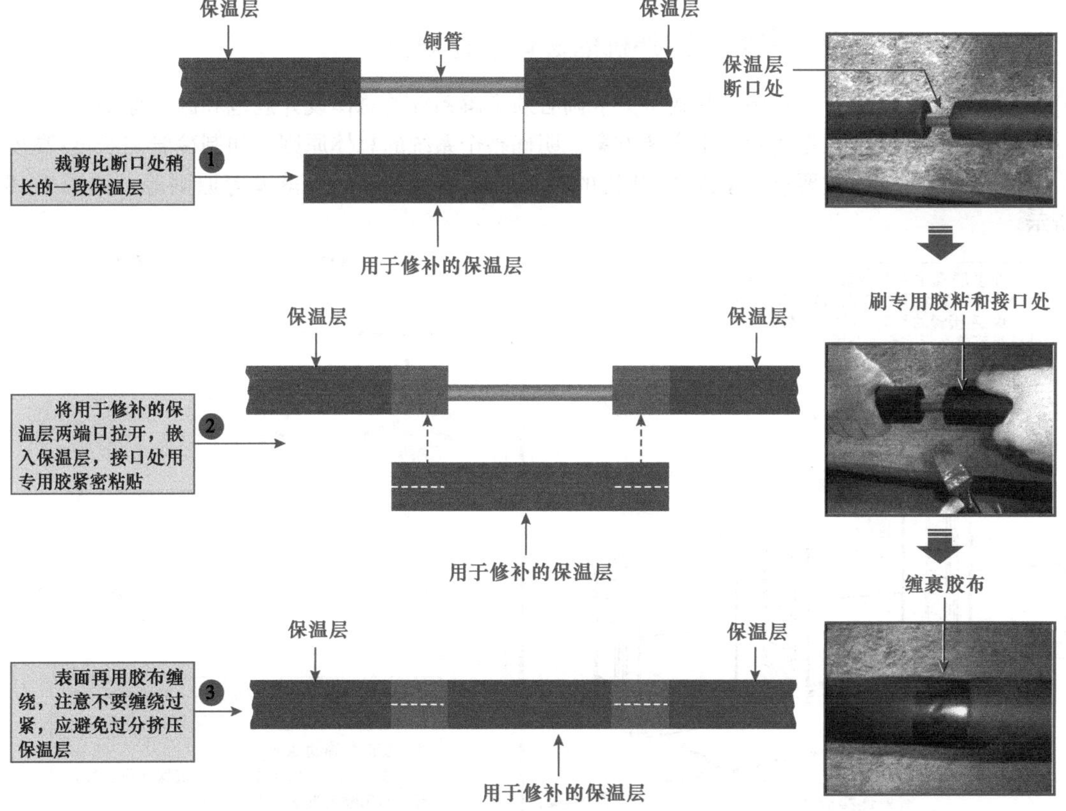

图4-16　保温层衔接处的修补方法

4. 室内、室外机接口处保温处理

如图4-17所示，室内、室外机接口处保温需要在气密性实验后进行，处理接口处的保温层时，要求保温层与机体之间不能有间隙。

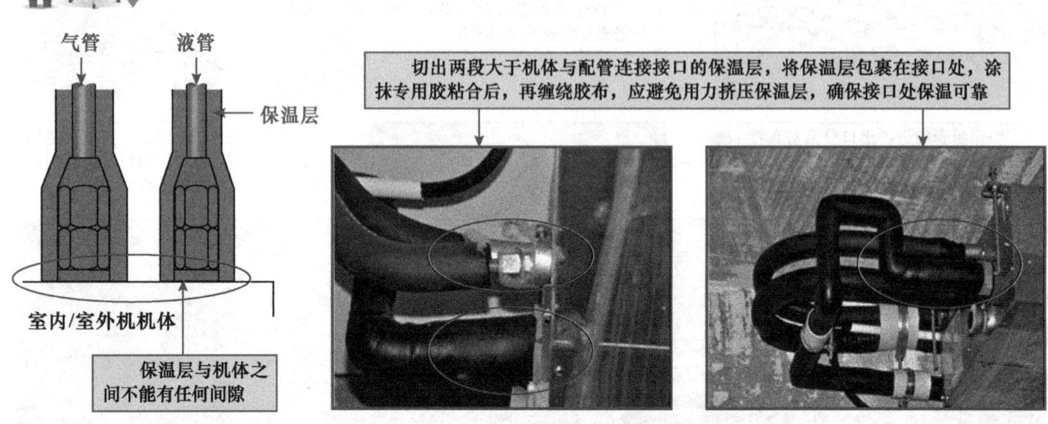

图4-17　室内、室外机接口处保温处理

4.3 中央空调室内、室外机的安装设计规范

4.3.1 中央空调室内、室外机的总体设计规范

图解演示

安装多联式中央空调必须了解系统的总体设计规范和施工原则。例如，根据实际设定安装方案，明确整个系统的总体原则，如制冷管路长度/高度差要求、室内/室外机的类型、安装位置和高度落差等原则等，如图4-18所示。

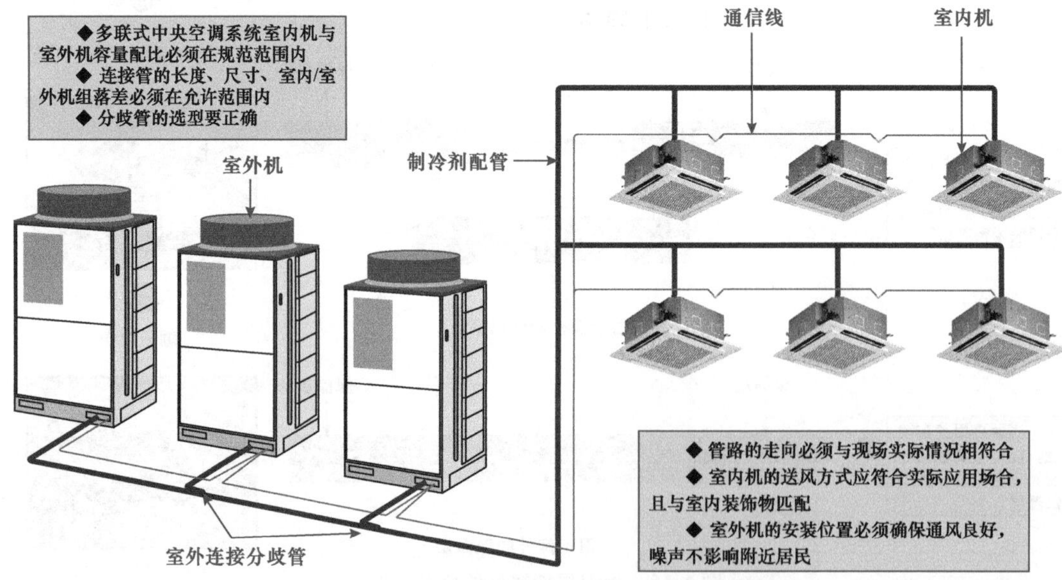

图4-18　中央空调室内、室外机的总体设计规范

多联式中央空调系统室内机与室外机的容量配比一般为50%～130%，不同厂家要求不同，但最低不能低于50%，最高不超过130%，超出这一范围将导致多联式中央空调系统无法开机，表4-5所示为某品牌多联式中央空调室内机与室外机容量配置表。

容量配比最低不可低于50%，是因为当空调的压缩机运转一定时间，达到所需要的负荷后，压缩机自动转为低频运转或停机。若配比低于50%，即室内机总制冷量低于室外机的50%，则会出现室外机的能力过剩，高压压力高，引起停机保护等动作，误报故障，另外，由于系统中的冷媒量小，将导致制冷剂无法正常循环，严重的会导致压缩机损坏和烧毁，且由于压缩机不是在其高效工作区域运行，能耗较高，不利于节能。

表4-5　某品牌多联式中央空调室内机与室外机容量配置表

容量范围	8HP	10HP	12HP	14HP	16HP	18HP	20HP	22HP	24HP	26HP
可连接室内机台数	13	16	19	23	26	29	33	36	39	43
连接室内机的总容量指数	112～291	140～364	168～436	200～520	225～585	252～655	280～727	312～811	337～876	365～949
容量范围	28HP	30HP	32HP	34HP	36HP	38HP	40HP	42HP	44HP	46HP
可连接室内机台数	46	50	53	56	59	63	64	64	64	64
连接室内机的总容量指数	393～1021	425～1105	450～1170	477～1240	505～1312	537～1396	562～1461	590～1534	618～1606	650～1690

注：容量指数单位一般为（W/100）。

4.3.2　中央空调室外机及配管的安装设计规范

1. 中央空调室外机配管的安装要求

制冷配管从室外机机组底部引出，通过分歧管连接，其中机组气管由气管分歧管连接（较粗）；液管由液管分歧管连接（较细）。图4-19所示为室外机制冷管路的连接方式和连接要求。

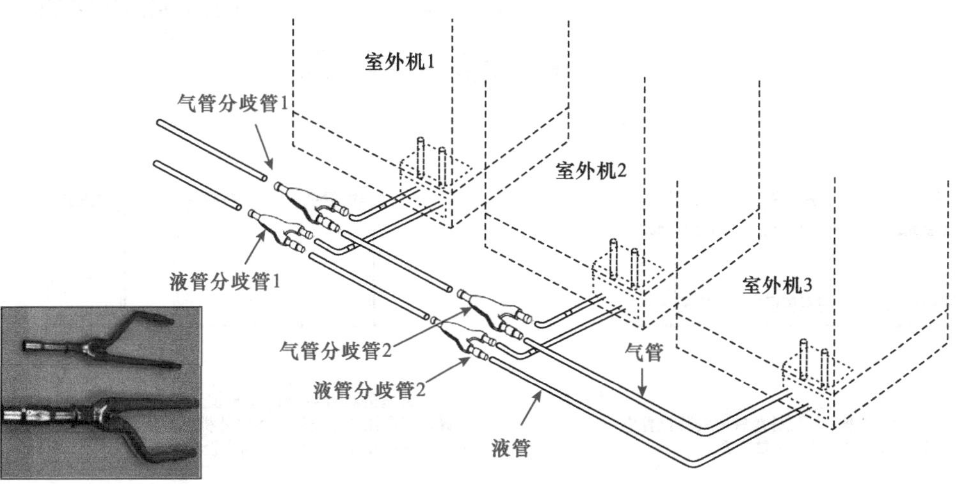

a）制冷管路从室外机机组底部水平引出

图4-19　室外机制冷管路的连接方式和连接要求

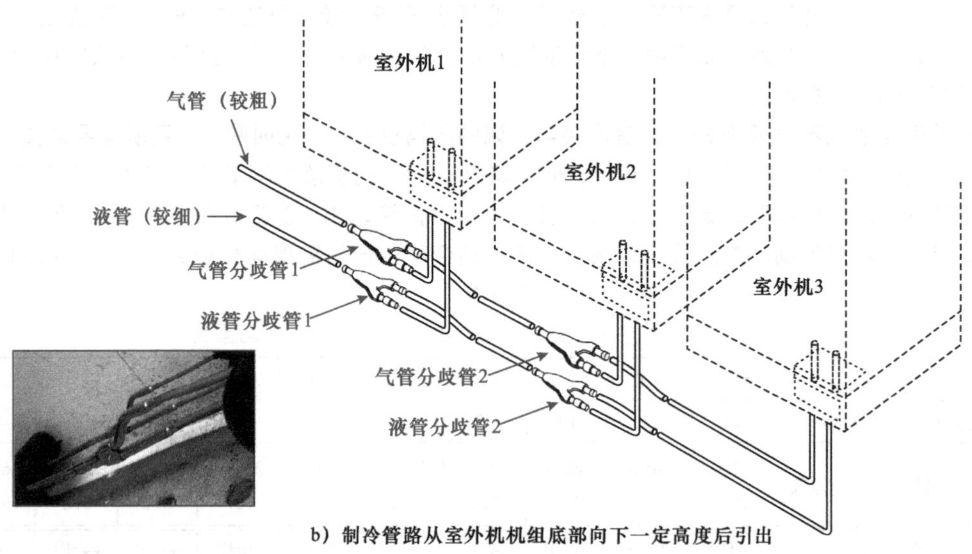

图 4-19　室外机制冷管路的连接方式和连接要求（续）

2. 中央空调室外机的连接要求

图解演示

在多台室外机连接构成的室外机组系统中，室外机的连接顺序、连接管路引出长度、分歧管高度、制冷管路引出方向等都有一定要求，如图4-20所示。

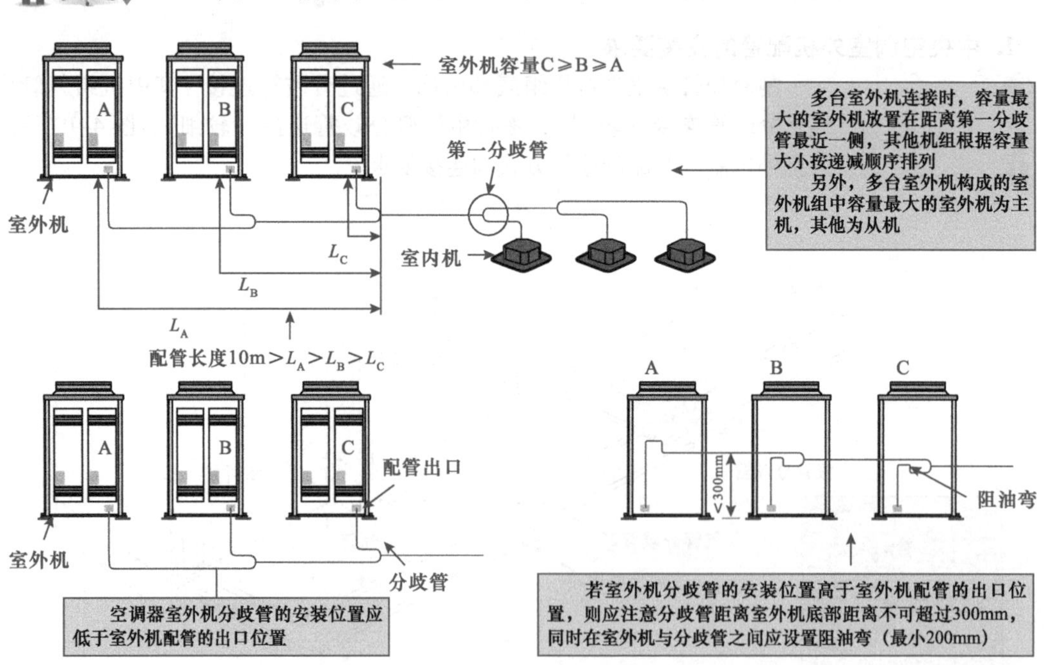

图 4-20　中央空调室外机的连接要求

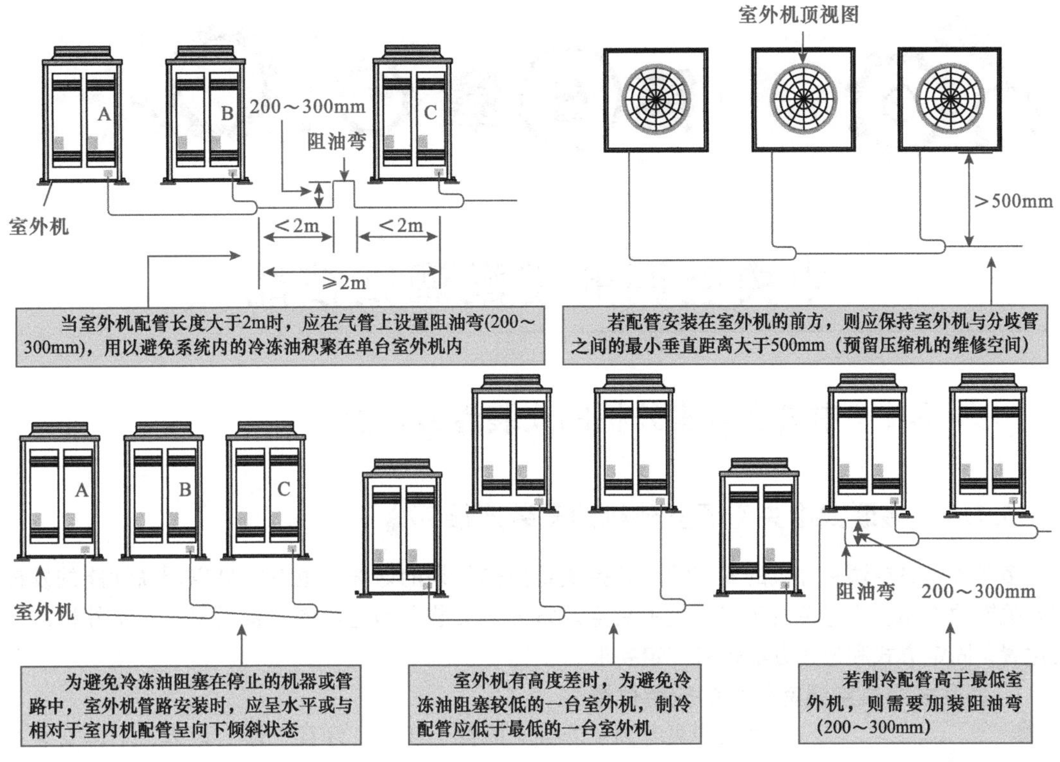

图4-20 中央空调室外机的连接要求（续）

图4-21所示为室外机安装不当的两种情况。任何安装异常都可能导致整个中央空调系统制冷功能失常或无法工作的故障，在设计、安装、连接施工等环节，必须严格按照要求和规范进行，避免因操作不当导致的系统异常。

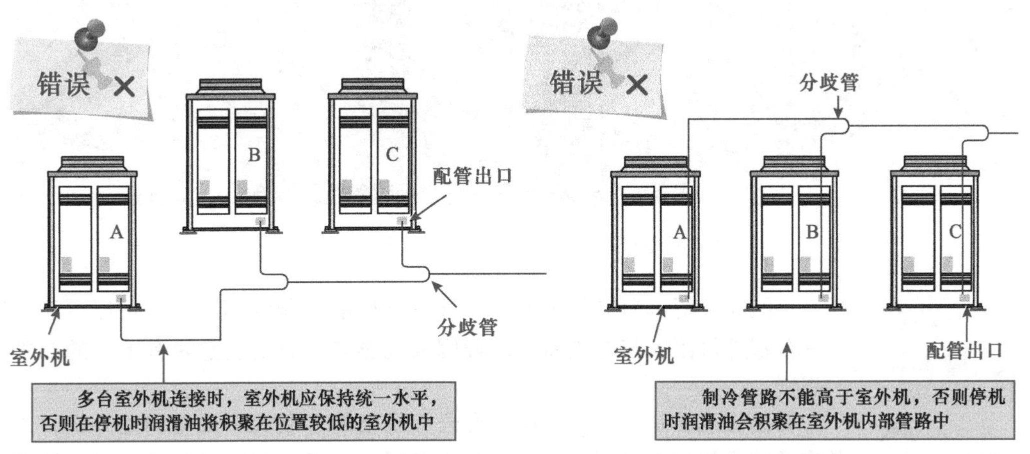

图4-21 室外机安装不当的两种情况

中央空调的装配调试技能

5.1 中央空调室外机的安装连接技能

5.1.1 多联式中央空调室外机的安装连接

多联式中央空调室外机的安装情况直接决定换热效果的好坏，也对中央空调高性能的发挥起着关键的作用。为避免由于多联式中央空调室外机安装不当造成的不良后果，对室外机的安装位置、固定方式和连接方法也有一定要求。

1. 多联式中央空调室外机的安装位置

图解演示

多联式中央空调室外机应放置于通风良好且干燥的地方，不应安装在空间狭小的阳台或室内；室外机的噪声及排风不应影响到附近居民；室外机不应安装于多尘、多污染、多油污或含硫等有害气体成分高的地方。图5-1为典型多联式中央空调室外机的安装位置图。

图5-1　典型多联式中央空调室外机的安装位置图

图解演示

图5-2所示为多联式中央空调室外机的安装空间要求。可以看到，同一台室外机因安装位置周围环境因素的影响，对安装空间有不同的要求和规定。

提示说明

需要注意的是，不同品牌、型号和规格的多联式中央空调室外机，对安装空间的具体要求也不同。在实际安装时，必须根据实际室外机设备的安装说明和要求规范确定安装位置。例如图5-3所示为水平出风单台室外机和顶部出风单台室外机的安装位置要求对比。

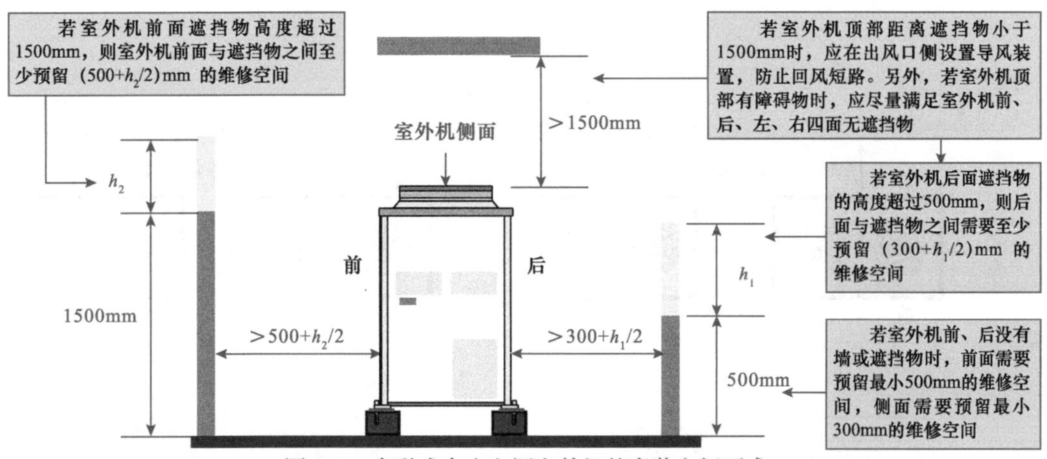

图 5-2　多联式中央空调室外机的安装空间要求

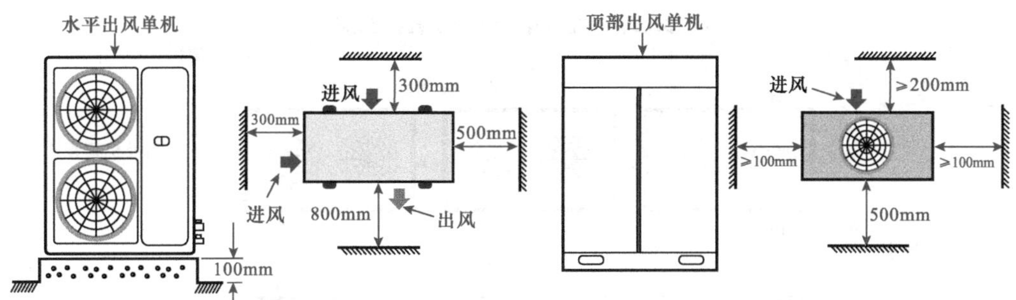

图 5-3　水平出风单台室外机和顶部出风单台室外机的安装位置要求对比

图解演示

多联式中央空调室外机可以单台工作，也可以多台构成工作组协同工作，不同组合形式时，室外机的安装空间有不同的要求，具体如图 5-4 所示。

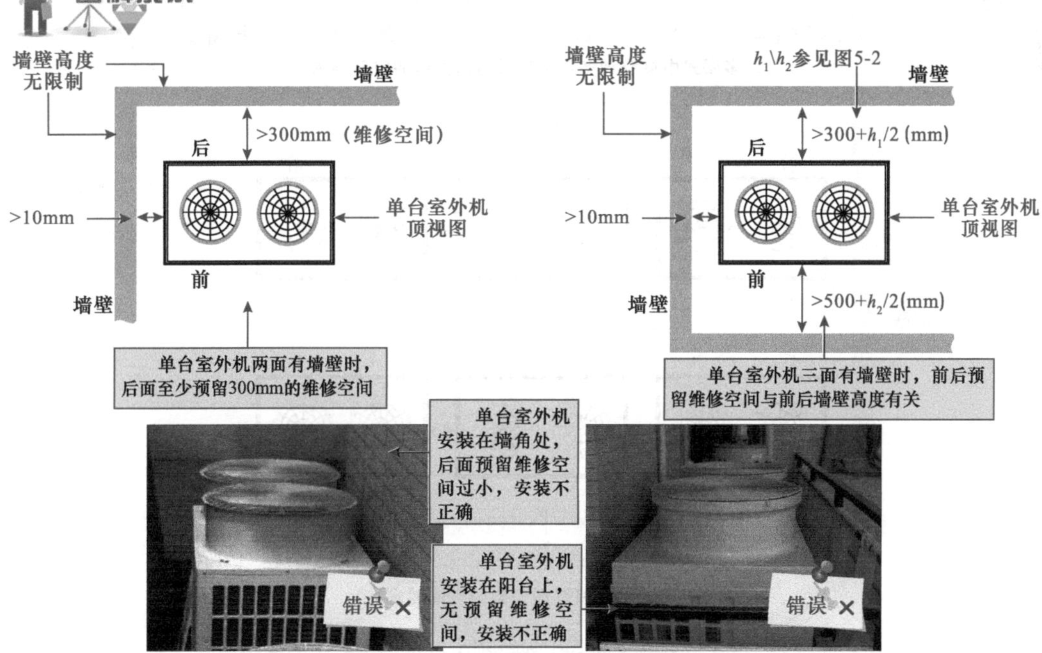

a）多联式中央空调单台室外机安装空间要求

图 5-4　不同组合形式时多联式中央空调室外机的安装空间要求

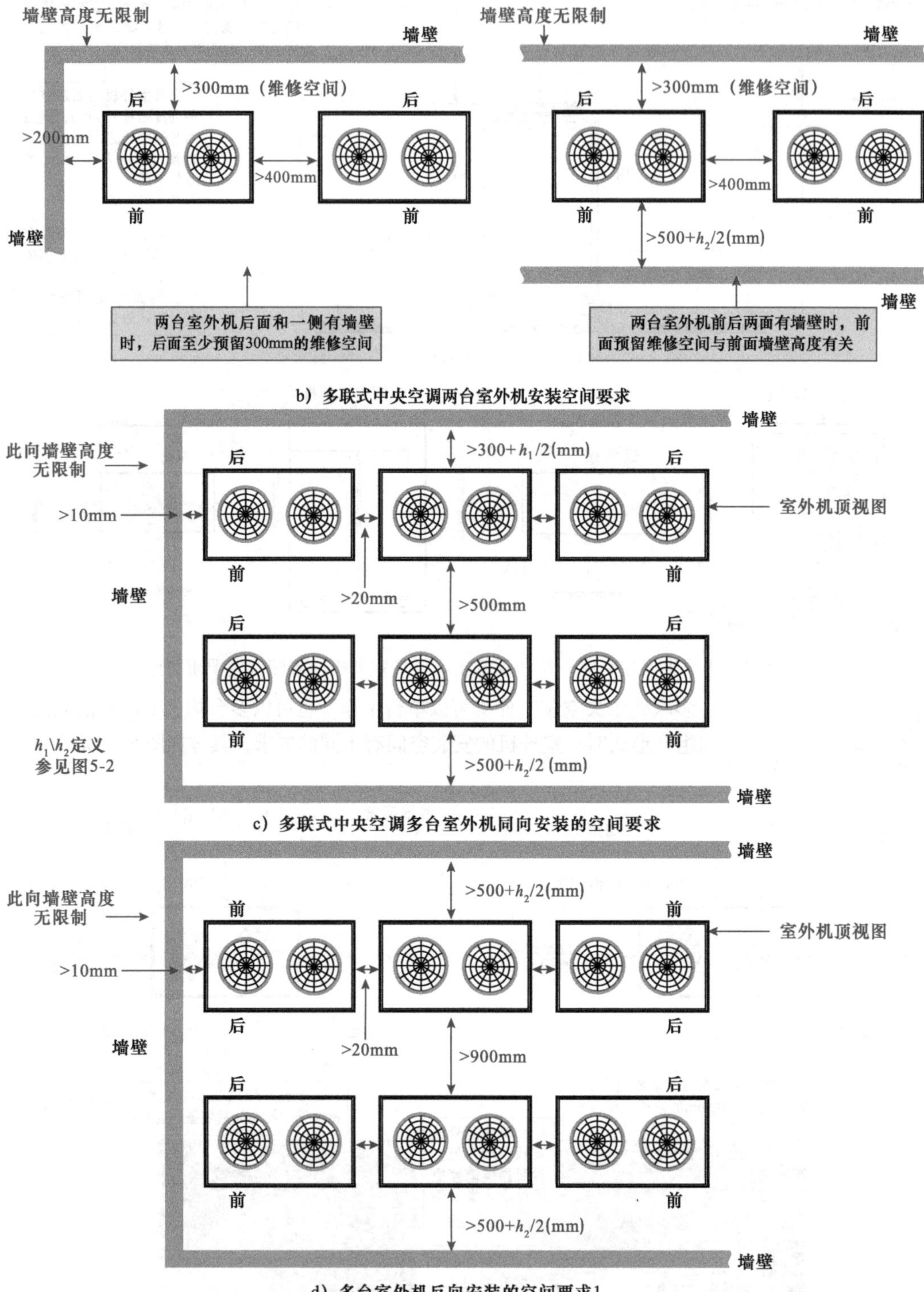

b）多联式中央空调两台室外机安装空间要求

c）多联式中央空调多台室外机同向安装的空间要求

d）多台室外机反向安装的空间要求1

图5-4　不同组合形式时多联式中央空调室外机的安装空间要求（续）

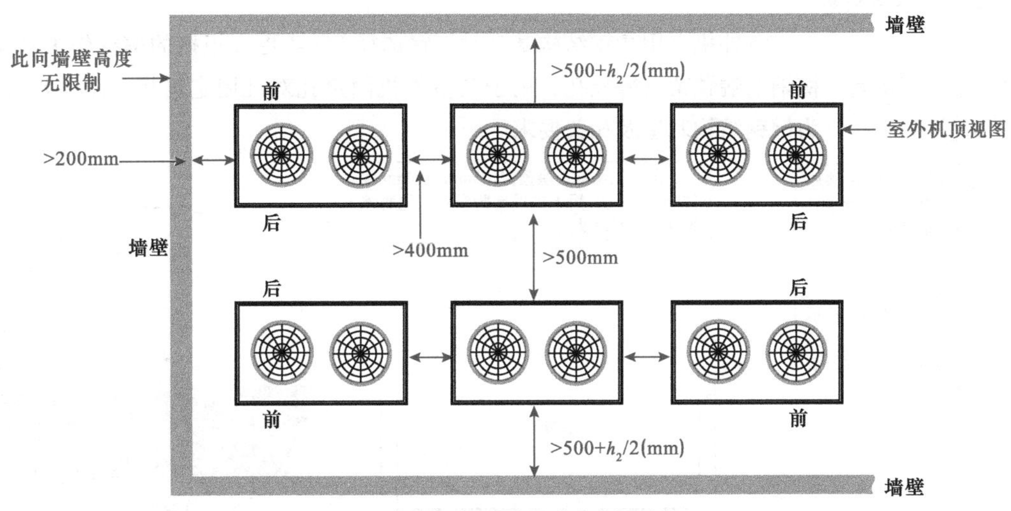

e）多台室外机反向安装的空间要求2

图5-4　不同组合形式时多联式中央空调室外机的安装空间要求（续）

如图5-5所示，当多台室外机同向安装时，一组最多允许安装6台室外机，相邻两组室外机之间的最小距离应不小于1m。另外，若室外机安装在不同楼层时，需要特别注意避免气流短路，必要时需要配置风管。

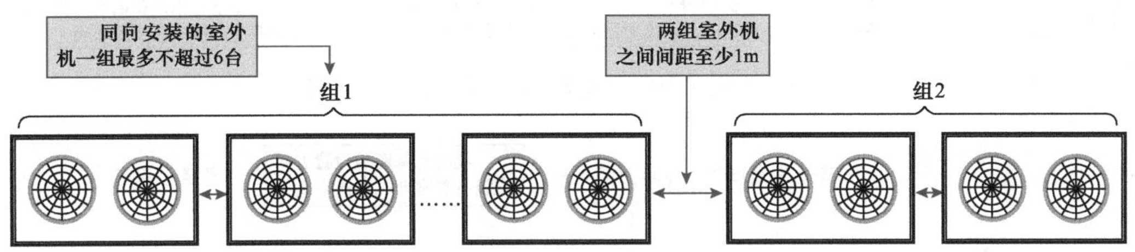

图5-5　多联式室外机机组的台数及机组与机组距离要求

2. 多联式中央空调室外机的固定

多联式中央空调室外机一般固定在专门制作的基座上。室外机基座是承载和固定室外机的重要部分，基座的好坏以及安装状态也是影响多联式中央空调整个系统性能的重要因素。目前，多联式中央空调室外机基座主要有混凝土结构基座和槽钢结构基座两种。

（1）混凝土结构基座

混凝土结构基座一般根据多联式中央空调室外机的实际规格和安装位置现场浇注制作，图5-6所示为多联式中央空调室外机混凝土结构基座的相关要求。

浇注混凝土结构基座时需要注意，混凝土结构基座的设置方向应该沿着多联式中央空调室外机座的横梁，不可垂直相交于横梁设置，如图5-7所示。

（2）槽钢结构基座

室外机采用槽钢结构基座时，宜选择14#或更大规格的槽钢作为基座；槽钢上端预留有螺栓孔，用于与室外机固定孔对准固定连接，图5-8所示为槽钢结构基座及相关要求。

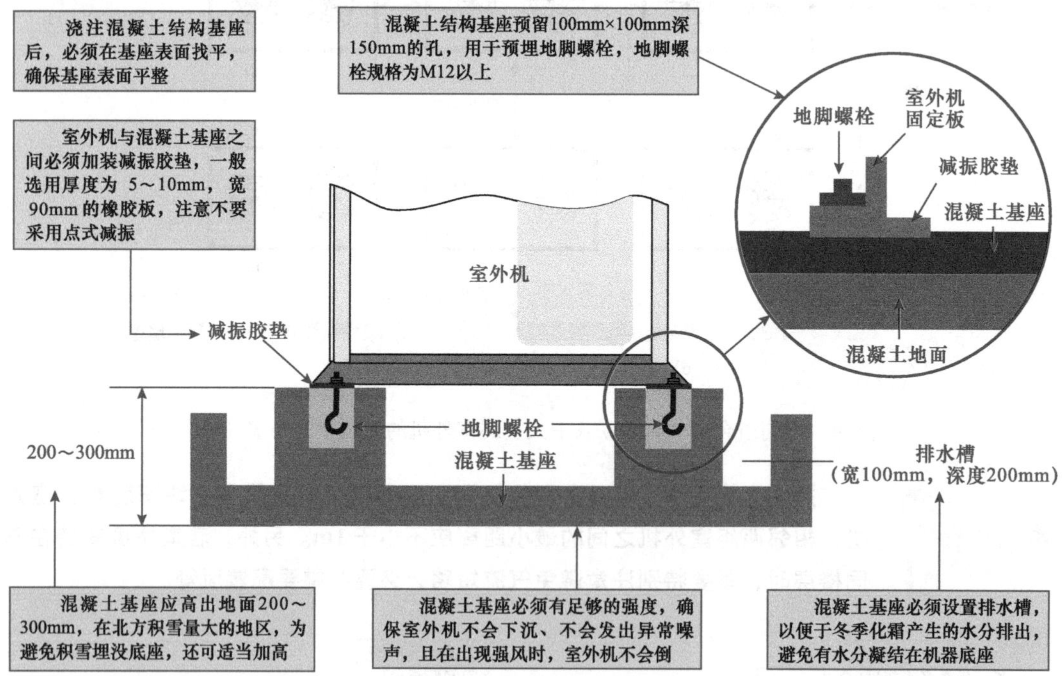

图5-6　多联式中央空调室外机的混凝土结构基座

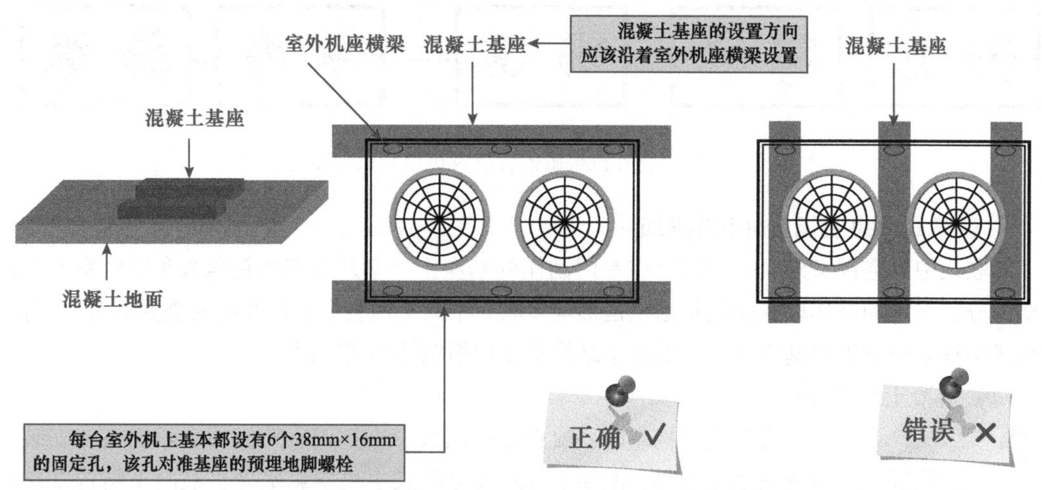

图5-7　混凝土结构基座的设置方向要求

制作好基座后，将多联式中央空调室外机固定到基座上，即可完成室外机的固定。

图解演示

如图5-9所示，采用起吊设备将室外机吊运到符合安装要求的位置，使用国标规格的固定螺母、垫片将其固定在制作好的基座上即可。

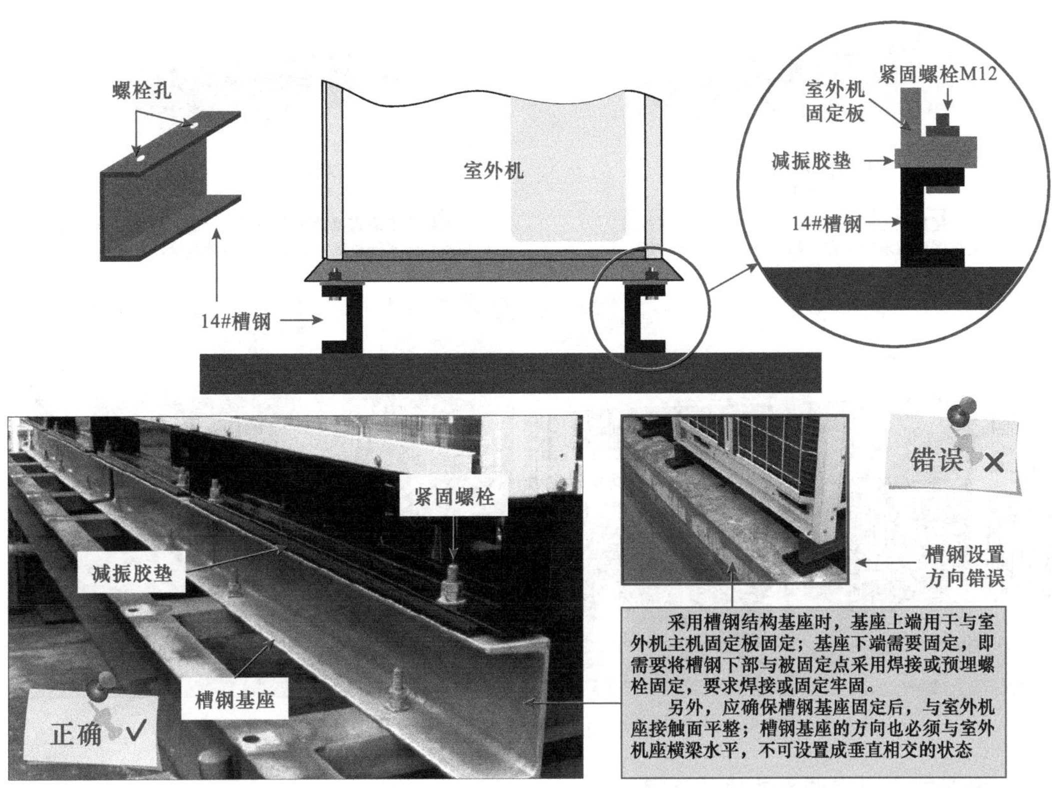

图 5-8　槽钢结构基座及相关要求

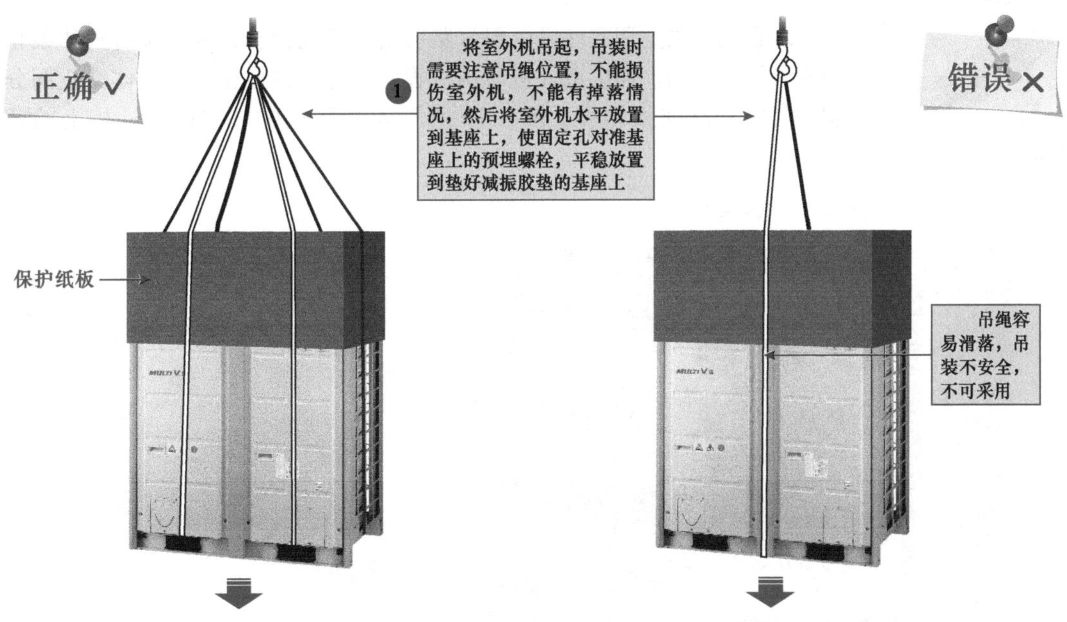

图 5-9　多联式中央空调室外机的固定方法

图5-9　多联式中央空调室外机的固定方法（续）

3. 多联式中央空调室外机的连接

多联式中央空调室外机固定完成后，需要将其内部管路与制冷管路连接，实现制冷管路的循环通路。

多联式中央空调室外机内部管路引出至机壳部位，分别接有气体截止阀和液体截止阀。连接室外机与制冷管路，将气体截止阀和液体截止阀分别与制冷管路连接即可，图5-10所示为多联式中央空调室外机上的截止阀。

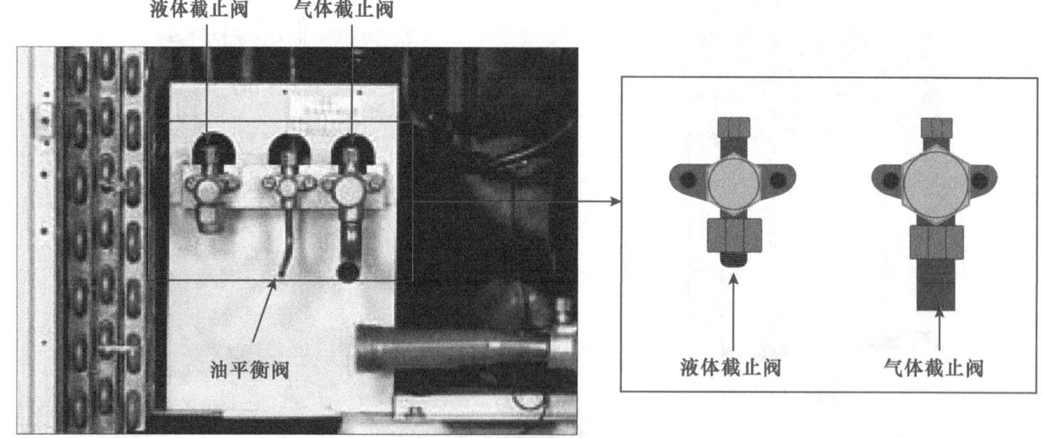

图5-10　多联式中央空调室外机上的气体截止阀和液体截止阀

分别将气体截止阀和液体截止阀与制冷管路连接，如图 5-11 所示。

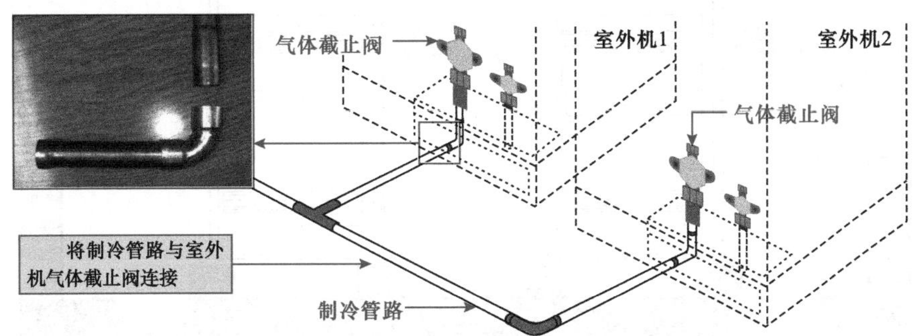

a）中央空调室外机气体截止阀与制冷管路的连接

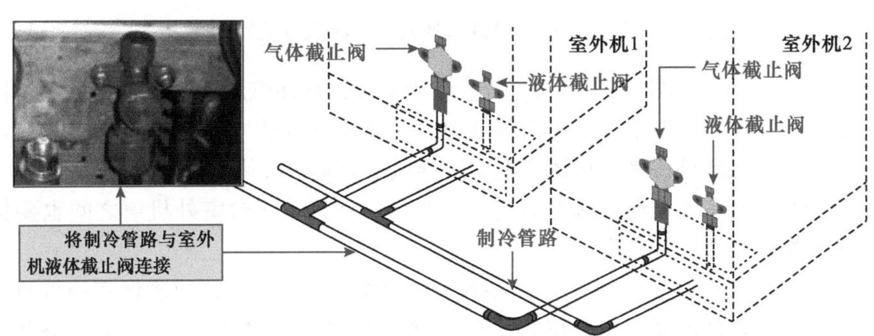

b）中央空调室外机液体截止阀与制冷管路的连接

图 5-11　多联式中央空调室外机气体截止阀、液体截止阀与制冷管路的连接方法

多联式中央空调室外机截止阀与制冷管路连接时，气体截止阀一般通过钎焊或法兰连接，液体截止阀与制冷管路通过喇叭口螺纹连接。

5.1.2　风冷式中央空调室外机的安装连接

在实施风冷式中央空调室外机安装作业之前，要根据规定选择合适的安装位置。安装位置的选择在整个中央空调器系统的安装过程中十分关键，安装位置是否合理将直接影响整个系统的工作效果。

1. 风冷式中央空调室外机的安装位置

选择风冷式室外机的安装位置时尽可能选择通风良好且干燥的地方，注意避开阳光长时间直射、高温热源直接辐射或环境脏污恶劣的区域。同时也要注意室外机的噪声及排风不要影响周围居民的生活及通风。

在安装高度上，为确保工作良好，中央空调室外机的进风口至少要高于周围障碍物 80cm。图 5-12 所示为风冷式中央空调室外机进、送风口位置的要求。

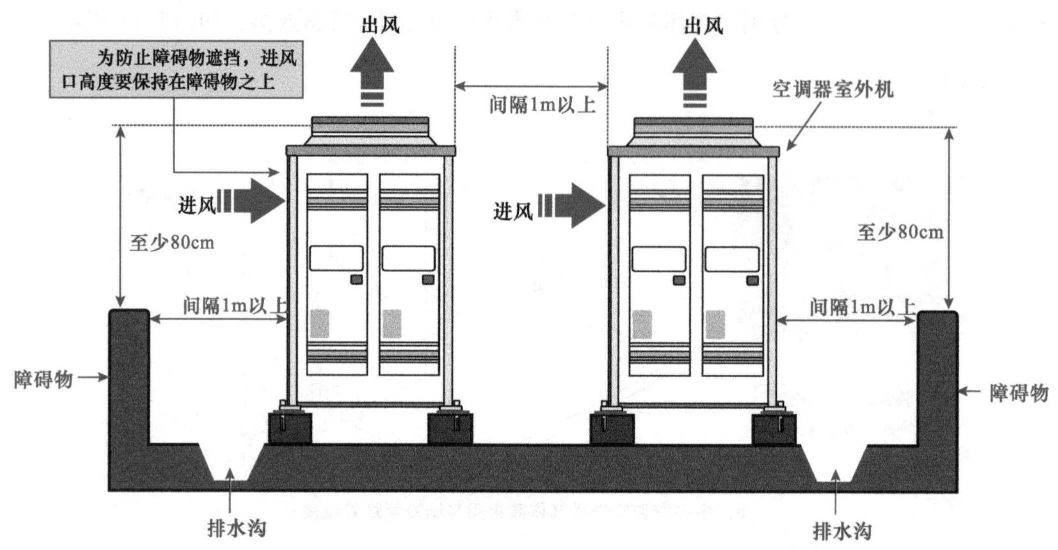

图 5-12 风冷式中央空调室外机进、送风口位置的要求

如图 5-13 所示，若受环境所限，室外机周围有障碍物且室外机很难按照设计要求达到规定高度时，为防止室外热空气串气，影响散热效果，可在室外机散热出风罩上加装导风罩以利于散热。

如果需要安装多台室外机组，除考虑通风和维修空间外，每台室外机组之间也要保留一定的间隙，以确保机组能够良好工作。

如图 5-14 所示，多台室外机组单排安装时，应确保室外机组与障碍物之间的间隔距离在 1m 以上，每台室外机组之间的间隙要保持在 20～50cm。

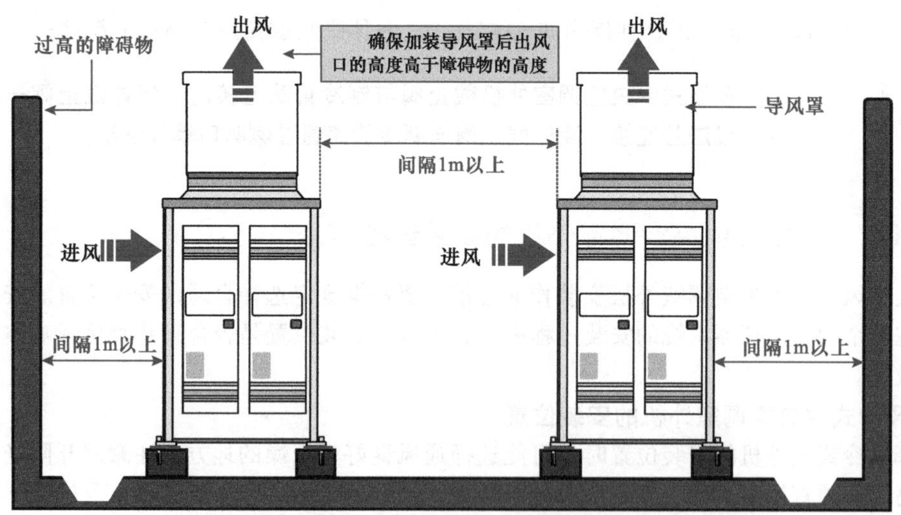

图 5-13 风冷式中央空调室外机加装导风罩要求

如图 5-15 所示，多台机组多排安装时，除确保靠近障碍物的室外机组与障碍物间隔距离在 1m 以上外，相邻两排机组的间隔也要在 1m 以上，单排中室外机组之间的安装间隔要保持 20～50cm。

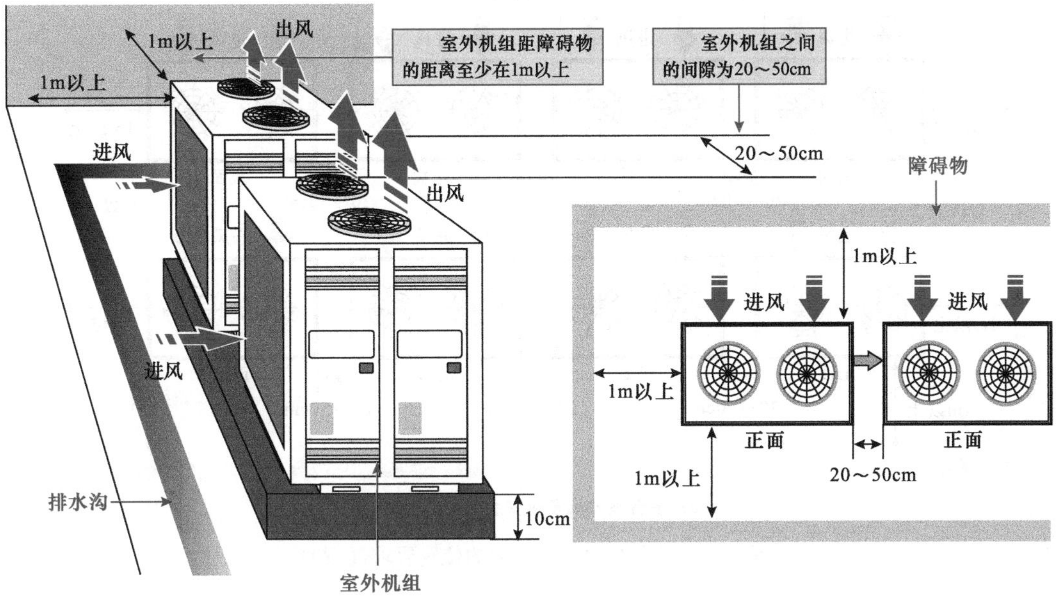

图 5-14　多台室外机组单排安装的位置要求

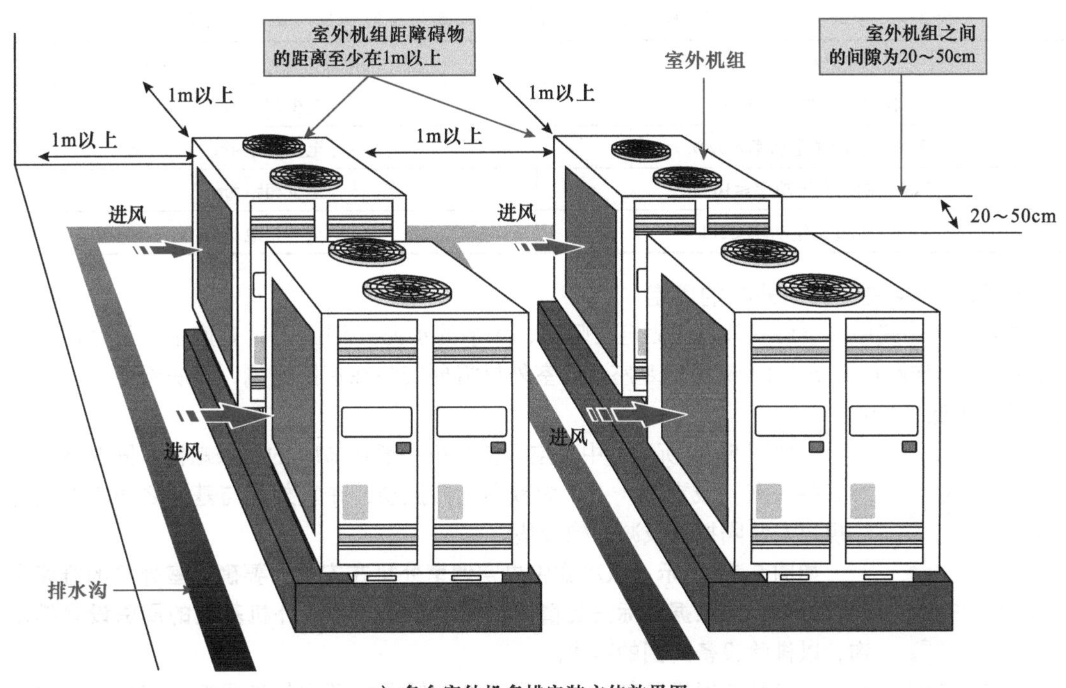

a）多台室外机多排安装立体效果图

图 5-15　室外机组多排安装的位置要求

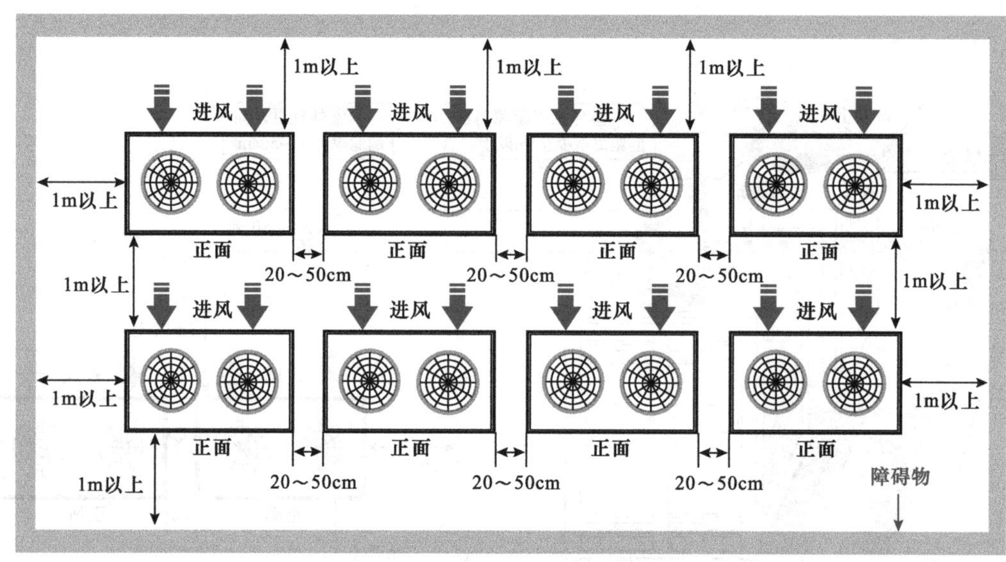

b）多台室外机多排安装平面效果图

图 5-15　室外机组多排安装的位置要求（续）

考虑到中央空调室外机噪声的影响，中央空调室外机的排风口不得朝向相邻方的门窗，其安装位置距相邻门窗的距离随中央空调室外机制冷额定功率的不同而不同。具体见表 5-1。

表 5-1　中央空调室外机排风口距相邻方门窗的距离与室外机制冷额定功率的关系

中央空调室外机制冷额定功率	室外机排风口距相邻方门窗的距离
制冷额定功率≤2kW	至少相距 3m
2kW＜制冷额定功率≤5kW	至少相距 4m
5kW＜制冷额定功率≤10kW	至少相距 5m
10kW＜制冷额定功率≤30kW	至少相距 6m

2. 风冷式中央空调室外机的固定

通常，风冷式中央空调室外机应固定在坚实、水平的水泥（混凝土）基座上。最好用水泥（混凝土）制作距地面至少 10cm 厚的基座。若室外机需要安装在道路两侧，其底部距离地面的高度至少不低于 1m。

如图 5-16 所示，中央空调室外机一般用 ϕ10 的膨胀螺栓紧固在室外机安装基座（或支架）上，为减小机器振动，在室外机与基座之间应按设计规定安装隔振器或减振橡胶垫。

如图 5-17 所示，风冷式中央空调室外机在安装时要确保室外机的维修空间，另外，应根据实际安装情况和环境限制，在室外机基座的周围设置排水沟，以排除设备周围的积水。

另外，室外机底座除安装减振橡胶垫外，如果有特殊需要，还需加装压缩机消声罩，以降低室外机噪声。同时，要确认在室外机的排风口处不要有任何障碍物。若室外机安装位置位于室内机的上部，其（气管）最大高度差不应超过 21m。

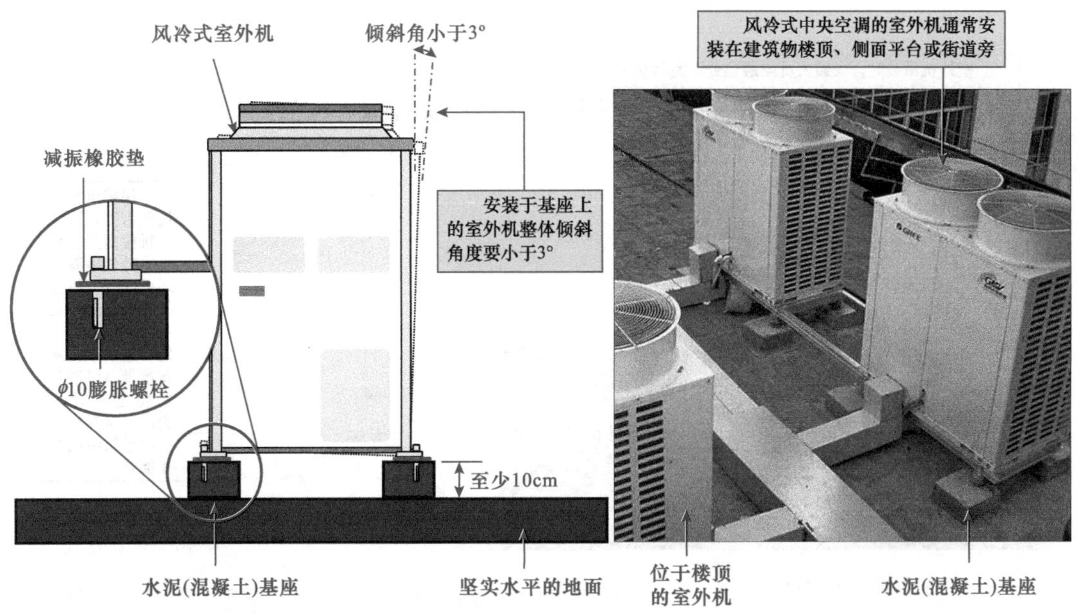

图 5-16　风冷式中央空调室外机底座的安装要求

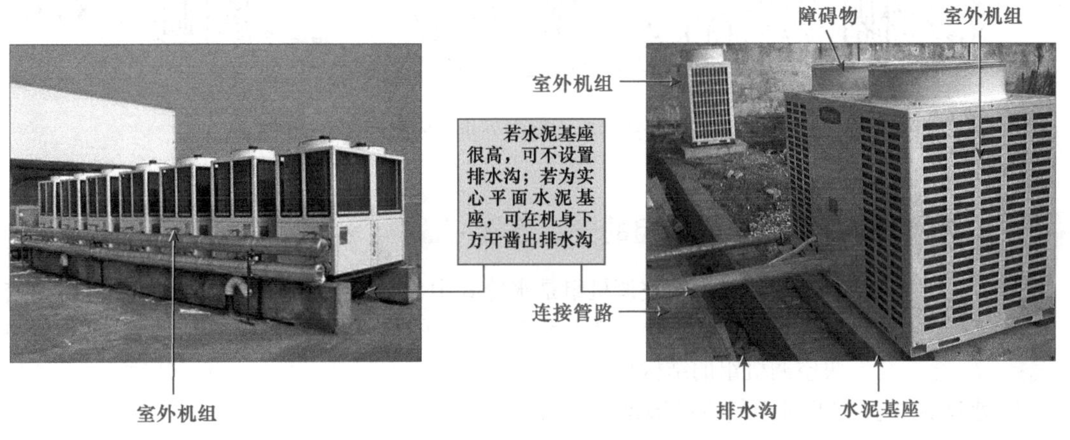

图 5-17　风冷式中央空调室外机底座周围的排水沟

若室外机比室内机高出 1.2m 时，气管要设一只集油弯头，以后每隔 6m 要设一只集油弯头。

若室外机安装位置位于室内机下部，其（液管）最大高度差不应超过 15m，气管在靠近室内机处设置回转环。

空调基座设定完成后，将风冷式室外机吊装到基座上，用膨胀螺栓固定牢固。

图解演示

风冷式中央空调室外机的体积、重量都较大，安装时，一般借助适当吨数的叉车或吊车进行搬运和吊装，如图 5-18 所示。风冷式中央空调的室外机组吊装到位后，将其放置到预先浇注好的水泥基座上，机身四角通过螺栓固定到水泥基座上，然后对螺栓进行水泥浇注，完成室外机的固定。

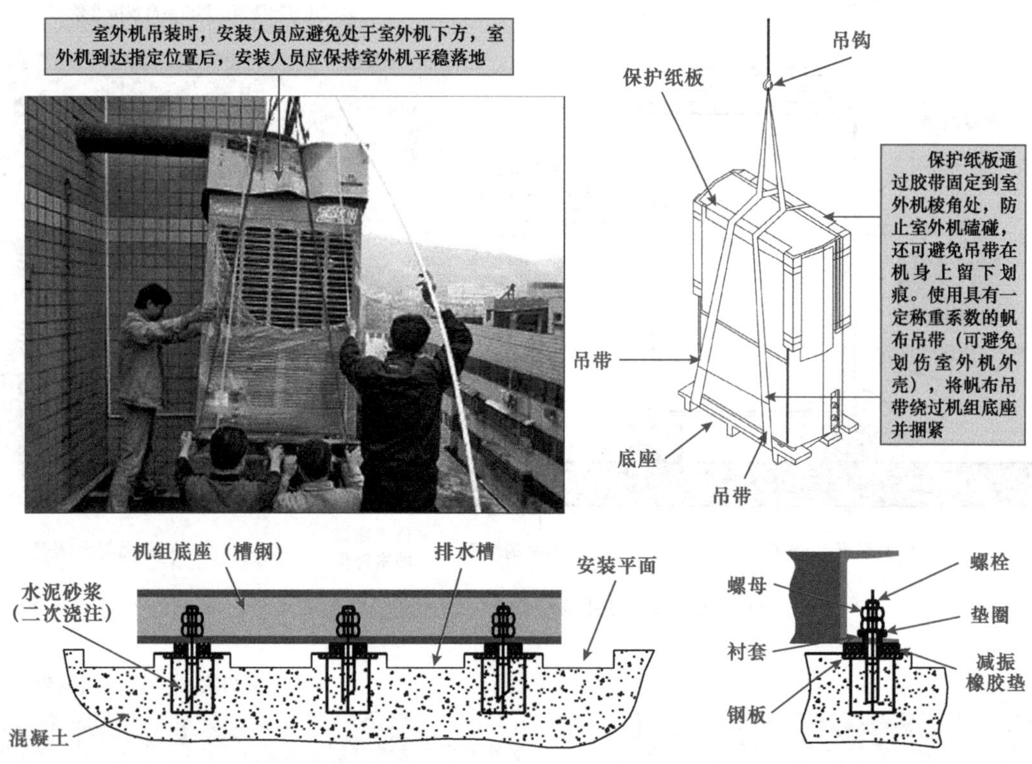

图 5-18　风冷式中央空调室外机的安装固定方法

5.1.3　水冷式中央空调机组的安装连接

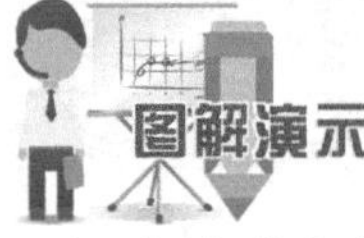

水冷式中央空调机组是水冷式中央空调系统中的核心部分，机组的安装连接也是该类中央空调系统安装中的重要环节。图 5-19 所示为水冷式中央空调机组的结构特点。

1. 水冷式中央空调机组的安装基座

水冷式中央空调机组的安装基座必须是混凝土或钢制结构，且必须能够承受机组及附属设备、制冷剂、水等的运行重量。

图 5-20 所示为水冷式中央空调机组安装基座的相关要求。

2. 水冷式中央空调机组的安装预留空间

如图 5-21 所示，在水冷式中央空调机组周围必须留有足够的空间，以方便起吊安装和后期对机组的维修养护操作。

提示说明

冷水机组安装除了保证安装基座和预留空间等基本要求外，还应注意安装环境的合理，如机组安装应避免接近火源、易燃物，避免受暴晒、雨淋，避免腐蚀性气体或废气影响；安装时应有良好的通风空间且灰尘较少的环境；机组安装应选择室温不超过 40℃的场所；在气候环境湿度较大、温度较高的地方，冷水机组应安装到机房内，不允许室外露天安装、存放。

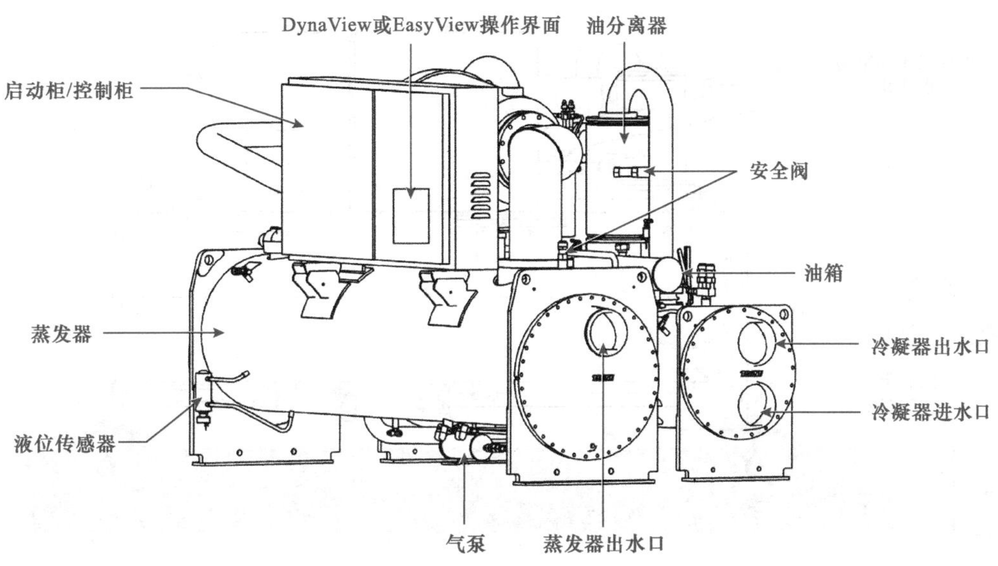

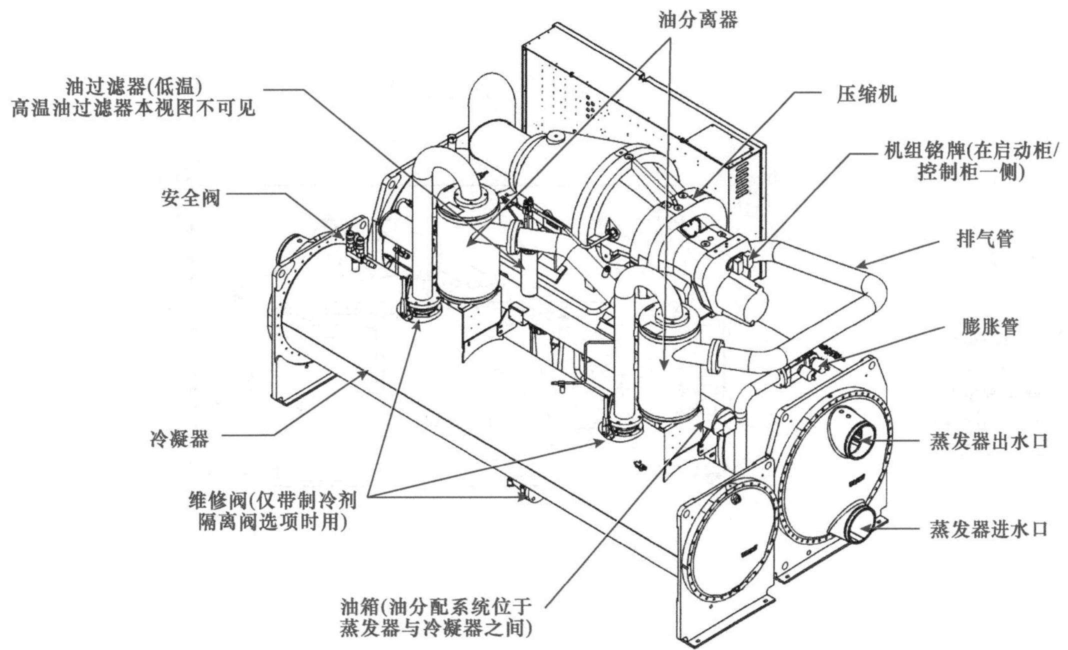

图 5-19　水冷式中央空调机组的结构特点

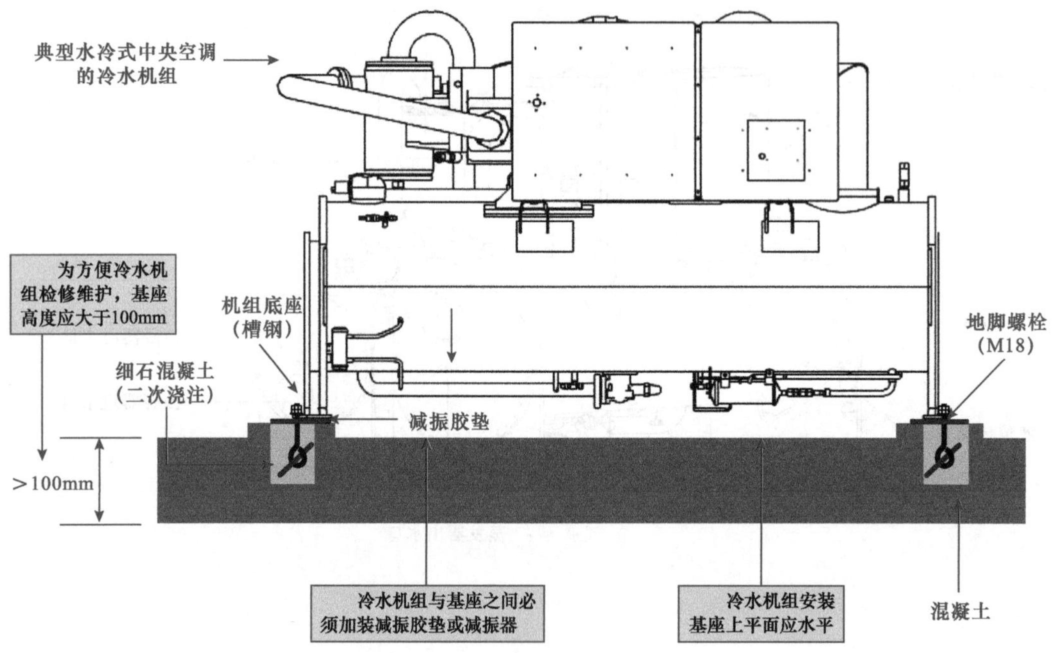

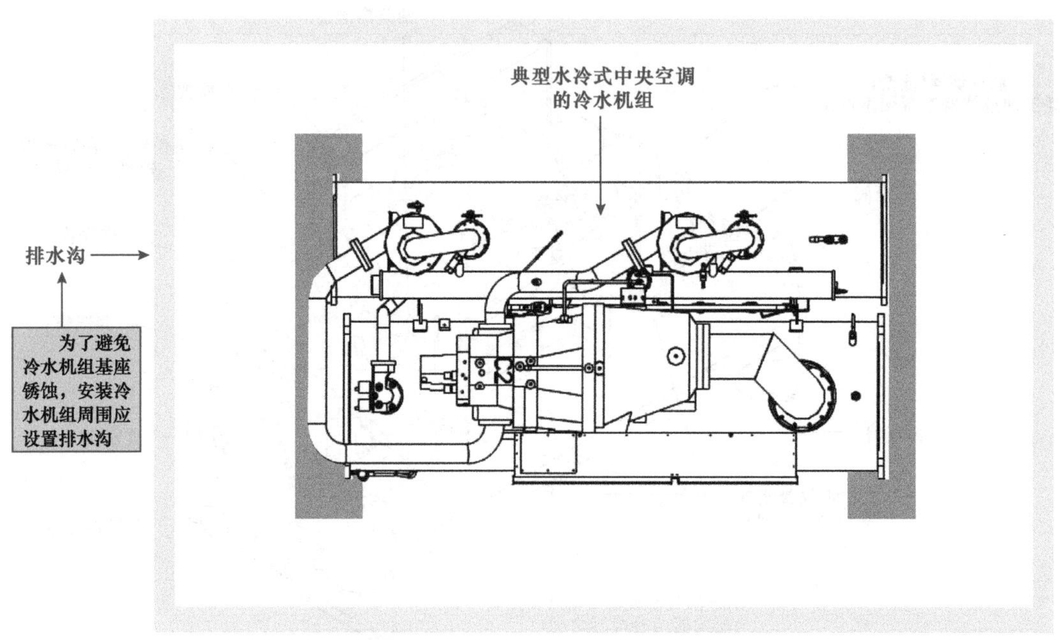

图 5-20　水冷式中央空调机组安装基座的相关要求

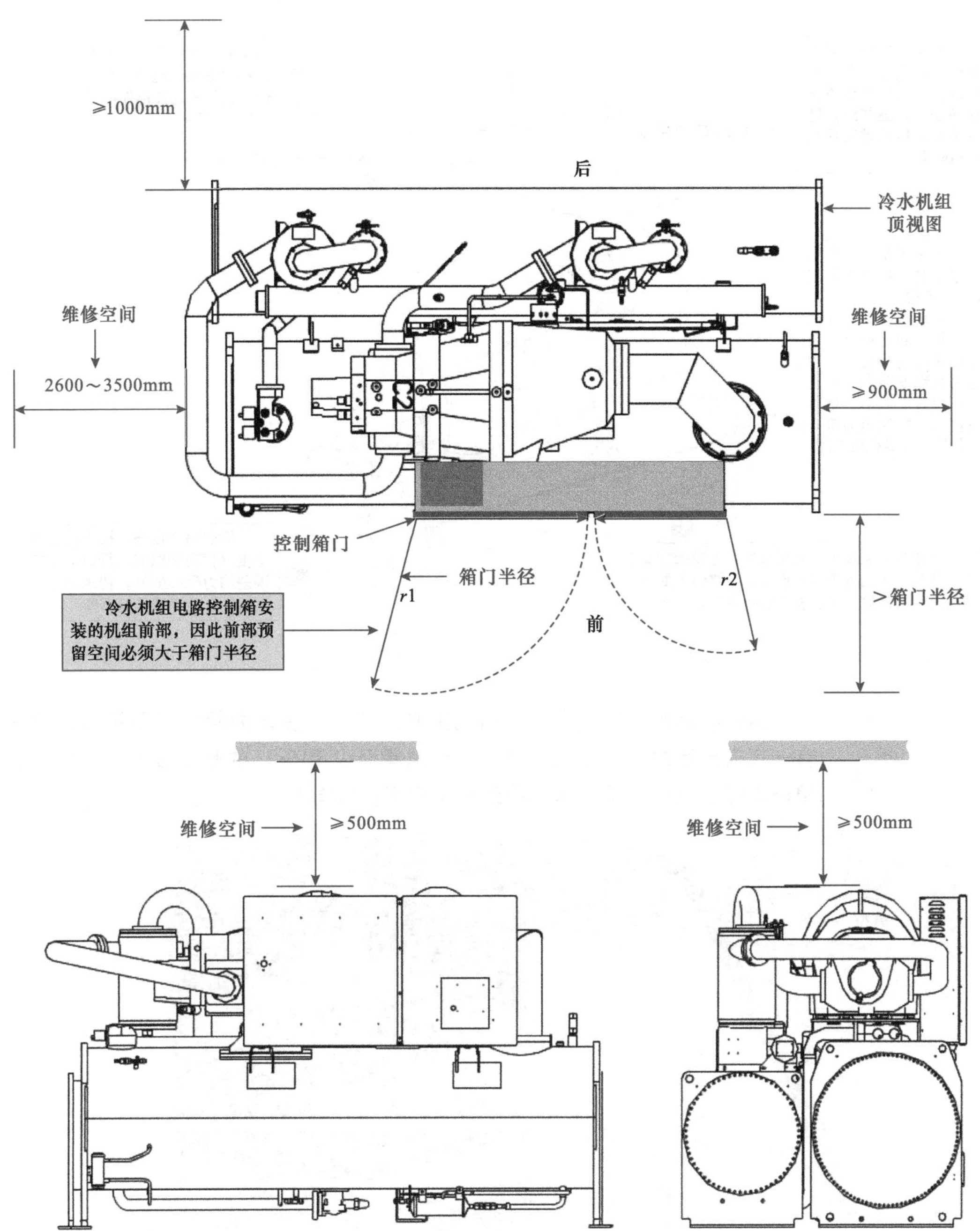

图 5-21　水冷式中央空调机组安装预留空间的相关要求

3. 水冷式中央空调机组的吊装固定

图解演示

如图 5-22 所示，水冷式中央空调机组的体积和重量较大，安装时一般需借助大型起重设备吊装到选定的安装位置上。

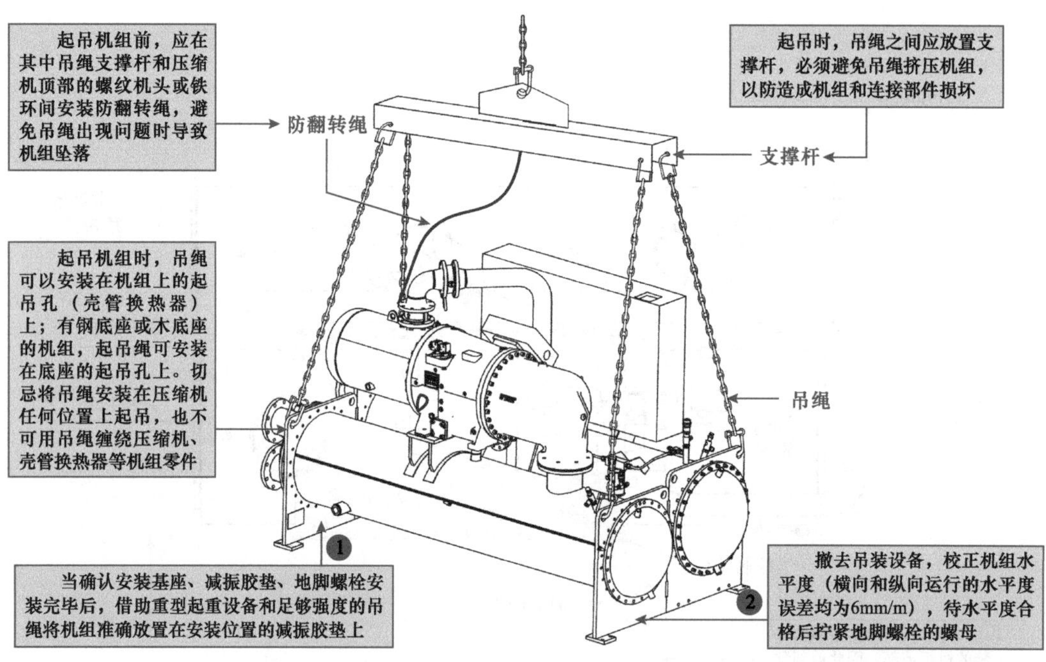

图 5-22　水冷式中央空调机组的吊装固定

运送和起吊水冷式中央空调机组必须使用起重能力超过设备重量，且具有一定安全系数（起重能力超过机组重量至少 10%）的起吊设备，一般不适用铲车移动机组，防止滑落导致设备损坏，如图 5-23 所示。

图 5-23　水冷式中央空调机组的起吊设备

5.2　中央空调室内机的安装连接技能

中央空调室内机安装形式多种多样，一般可根据系统规划设计方案进行设定和安装，表 5-2 所示为常见的几种室内机安装形式及应用特点。

表 5-2　常见的几种室内机安装形式及应用特点

室内机类型	壁挂式	风管式	嵌入式	风管机	风机盘管
管路内部的循环介质	制冷剂	制冷剂	制冷剂	制冷剂	水
应用	多联式中央空调系统			风冷式风循环中央空调系统	风冷式水循环和水冷式中央空调系统

5.2.1　壁挂式室内机的安装连接

1. 壁挂式室内机的安装位置

壁挂式室内机是多联式中央空调系统中常用的末端设备之一，采用专用挂板紧贴墙壁悬挂的形式安装固定。

图 5-24 所示为壁挂式室内机的安装位置要求。

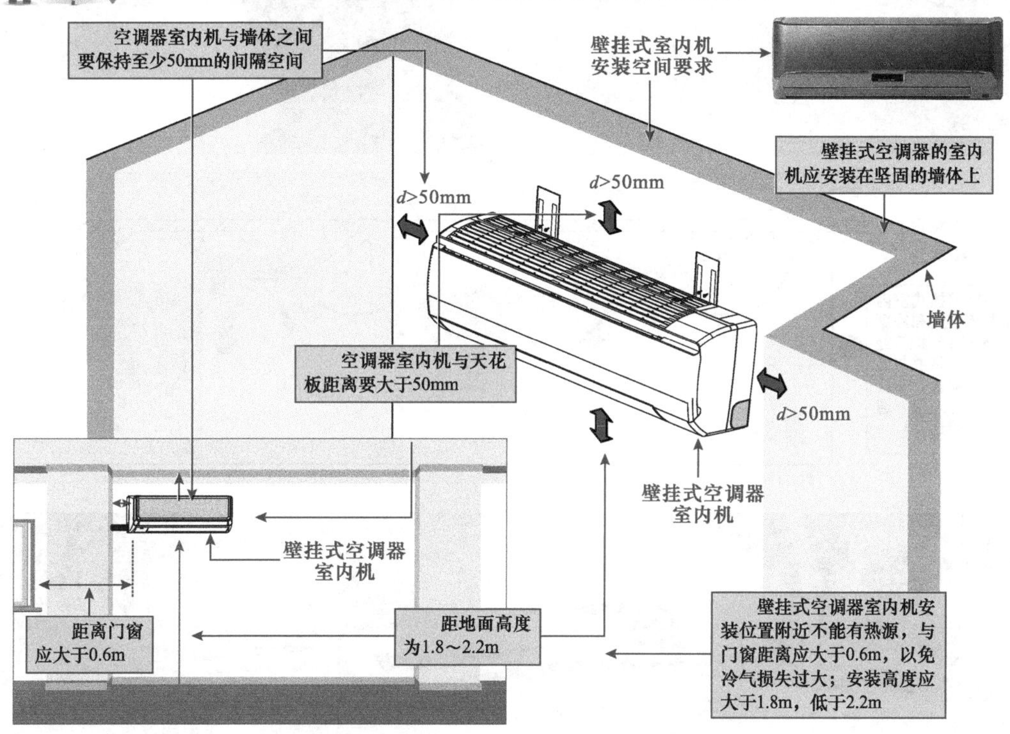

图 5-24　壁挂式室内机的安装位置要求

2. 壁挂式室内机的安装连接方法

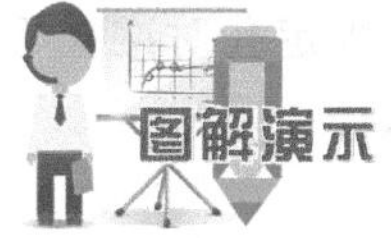

根据规范要求，在室内选定好壁挂式室内机的安装位置，并根据安装要求标识定位挂板的位置，然后固定挂板、连接管路，如图 5-25 所示。

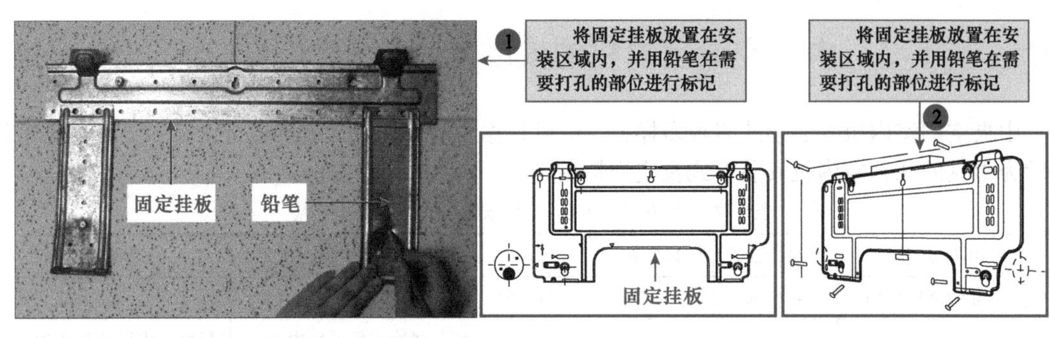

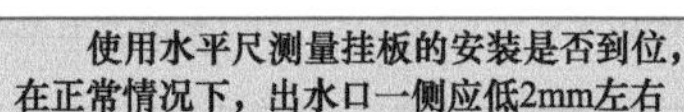

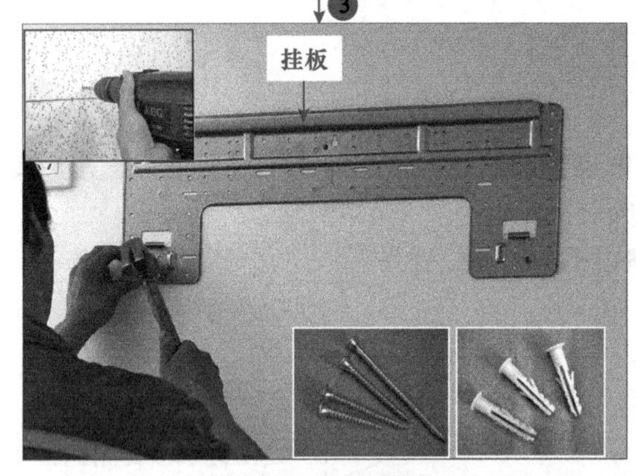

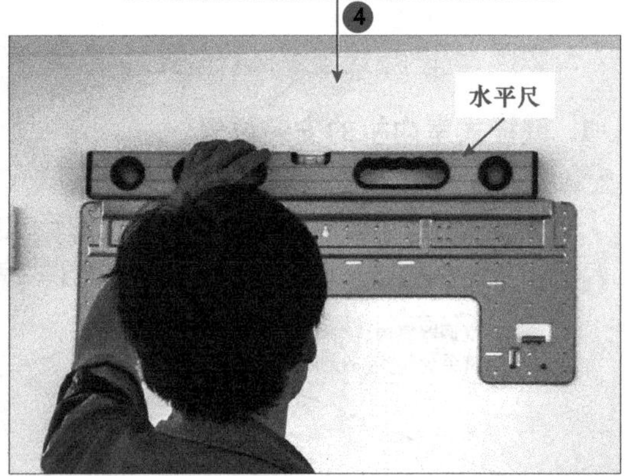

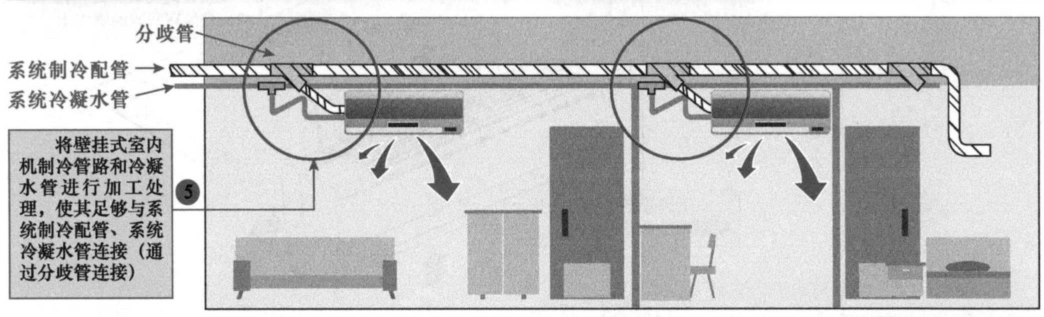

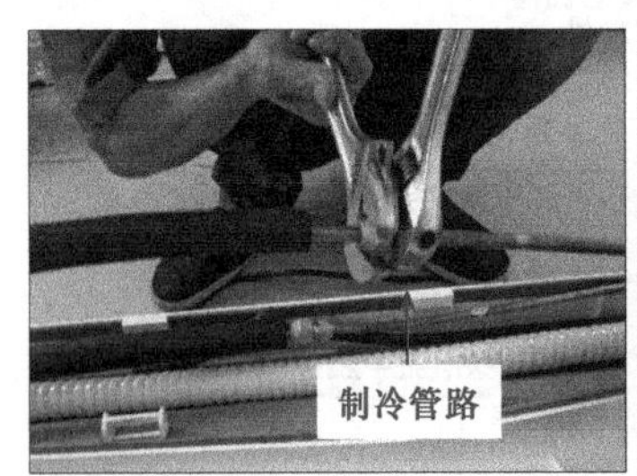

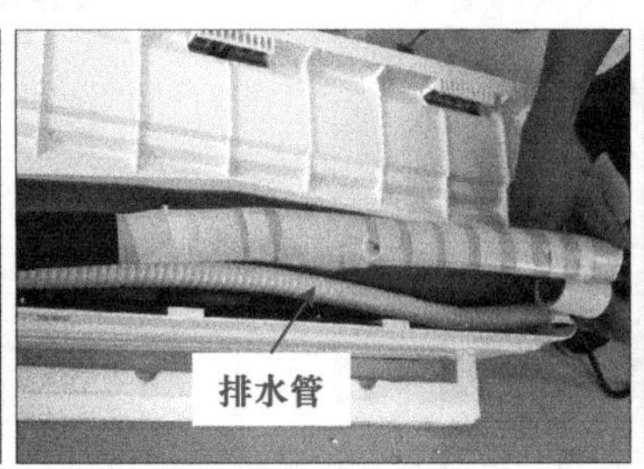

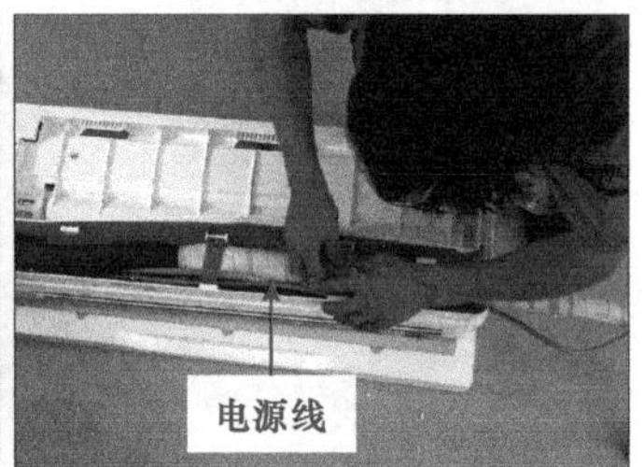

图 5-25　壁挂式室内机的安装连接方法

管路部分连接完成后，将室内机托举到挂板位置，固定孔对准挂板，适当用力按压，完成室内机的安装固定，如图 5-26 所示。

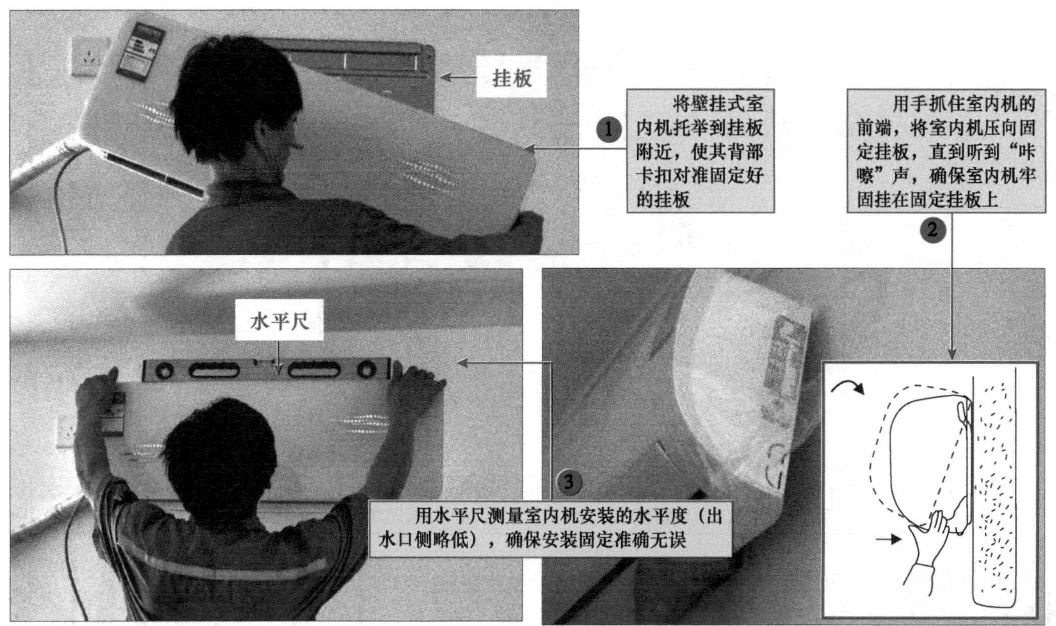

图 5-26　壁挂式室内机的固定

5.2.2　风管式室内机的安装连接

1. 风管式室内机的安装位置

风管式室内机是多联式中央空调系统常见的室内机形式，与壁挂式室内机外形与安装形式不同，但其功能和工作过程基本相同。

图 5-27 所示为风管式室内机的安装位置要求。

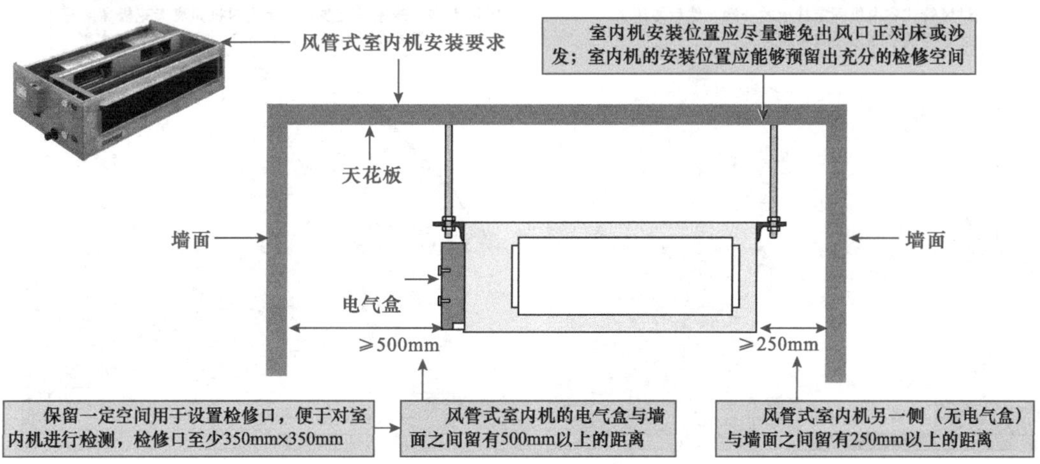

图 5-27　风管式室内机的安装位置

2. 风管式室内机的固定

风管式室内机一般采用吊杆悬吊的形式安装固定。安装时，同样需要先在确定好的安装位置，划线定位、安装吊杆、固定机体等，如图 5-28 所示。

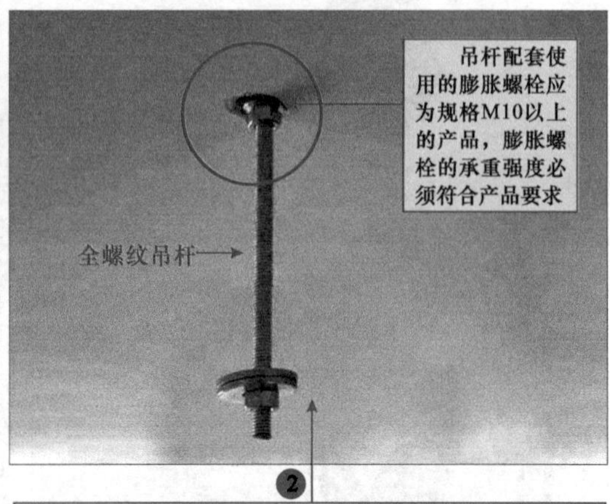

❶ 在确定好的安装位置上进行划线定位，标记悬吊孔对应的钻孔位置，使用电钻在标识处打孔

❷ 安装吊杆。必须使用四根吊杆，吊杆应选择全螺纹国标圆钢，以便调整室内机位置，吊杆的直径（ϕ）应不小于10mm

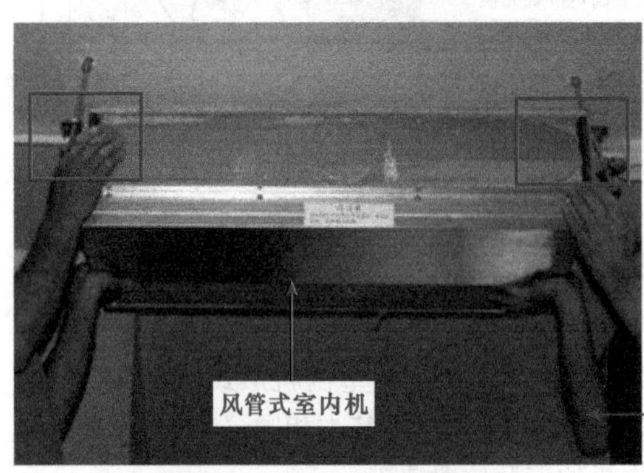

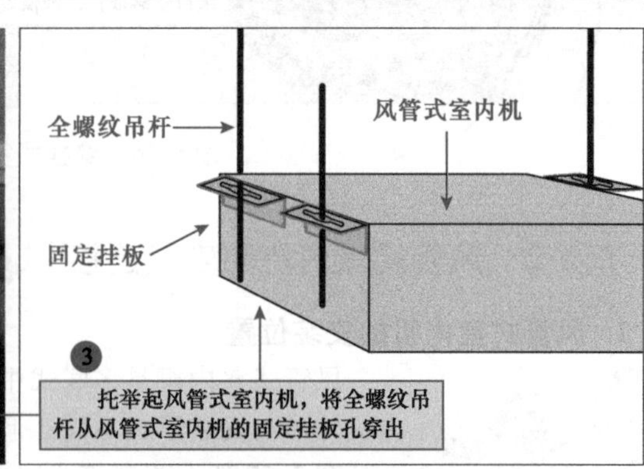

❸ 托举起风管式室内机，将全螺纹吊杆从风管式室内机的固定挂板孔穿出

❹ 将与吊杆配套的垫片、两个螺母拧入穿过风管式室内机固定挂板的一端，然后使用扳手将两个螺母用力紧固

❺ 按照设计要求，逐一将四根吊杆全部紧固完成，紧固过程需要兼顾吊装要求，使室内机距离天花板高度符合要求（距离最短不可小于10mm），且整体保持水平

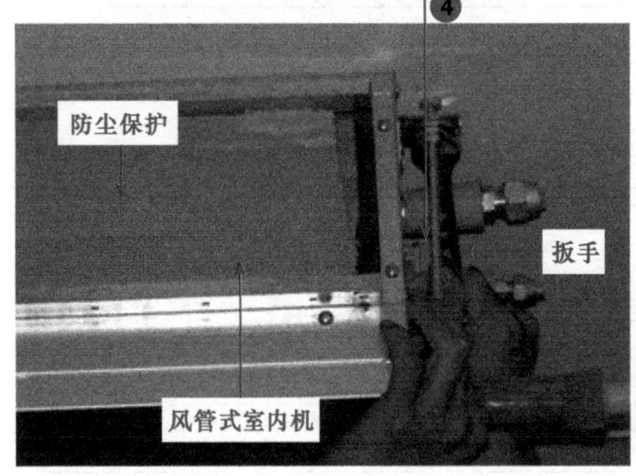

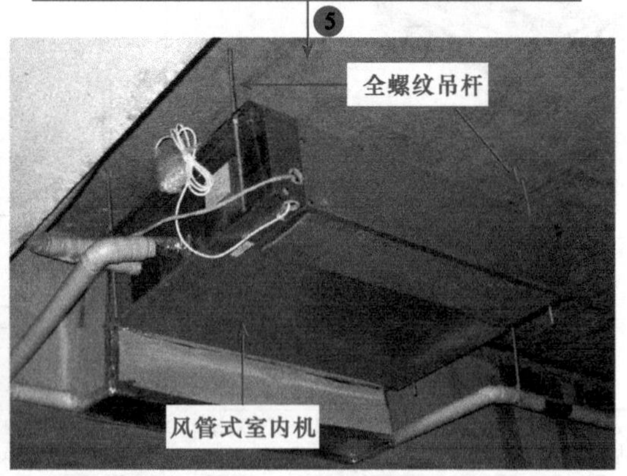

图 5-28　风管式室内机的安装连接方法

风管式室内机安装完成后，也需要借助水平检测仪检测悬吊水平程度，一般要求风管式室内机各个方向的水平度，确保风管式室内机吊装水平（水平度在 ±1°内，或排水管一侧稍低 1 ~ 5mm），如图 5-29 所示。

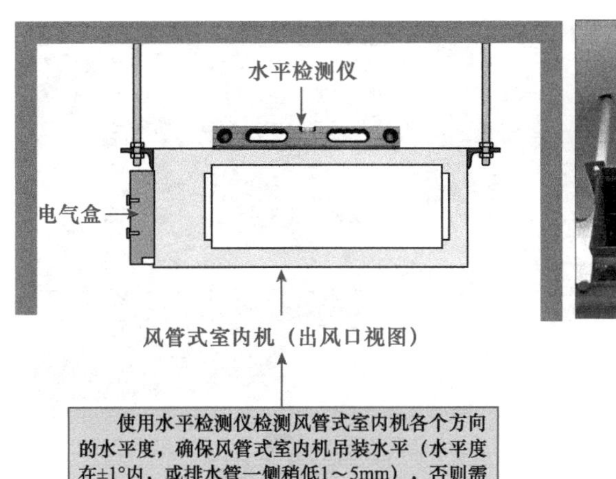

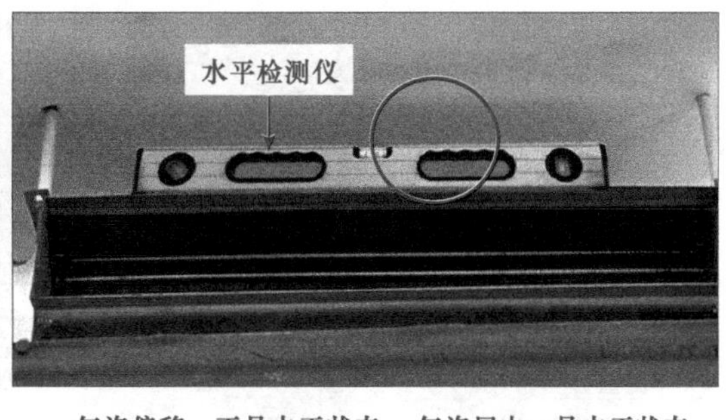

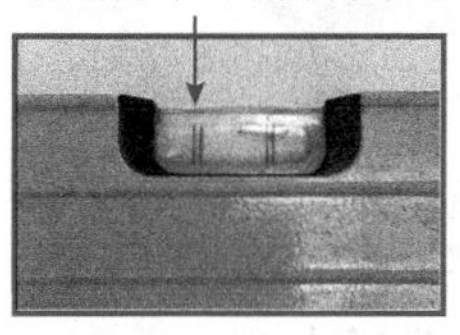

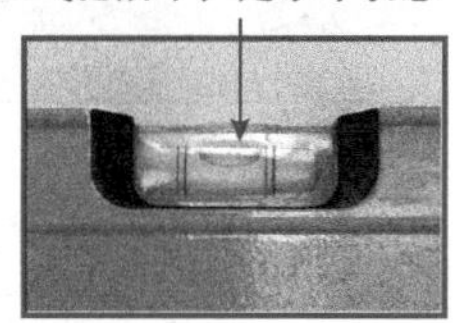

图 5-29　风管式室内机水平度测试

吊杆悬吊是中央空调系统中室内机最常采用的一种安装形式，采用该方法时，要求吊杆、膨胀螺栓必须严格选配符合要求的规格（M10 以上的产品），并严格按照双螺母互锁的方式固定室内机，如图 5-30 所示。

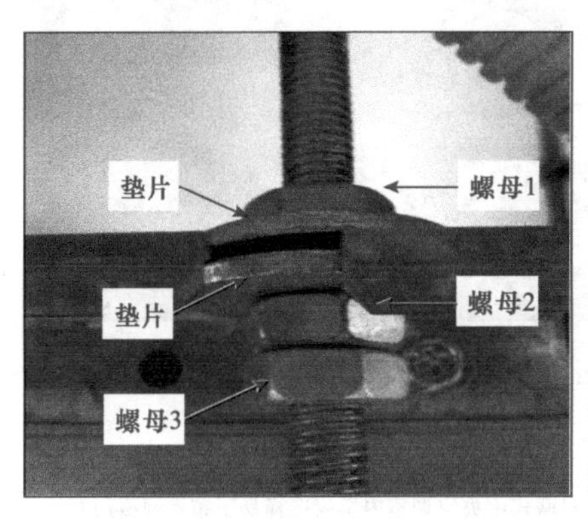

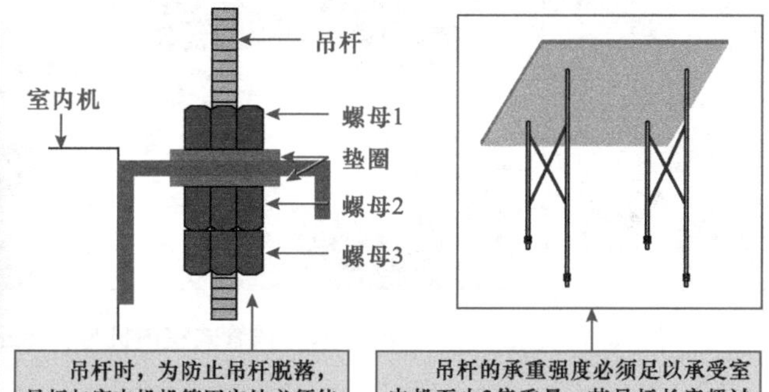

图 5-30　吊装操作装吊杆的基本要求

3. 风管式室内机的连接

风管式室内机与制冷配管之间多采用扩口连接方式。连接时，应首先将配管的液管连接至室内机的液管连接口，配管的气管连接至室内机的气管连接口，如图 5-31 所示。

5.2.3　嵌入式室内机的安装连接

1. 嵌入式室内机的安装位置

嵌入式室内机也是多联式中央空调系统中常采用的一种室内机类型，该类室内机一般也是通过吊杆悬吊于天花板上实现安装固定。

图 5-32 所示为嵌入式室内机的安装位置要求。

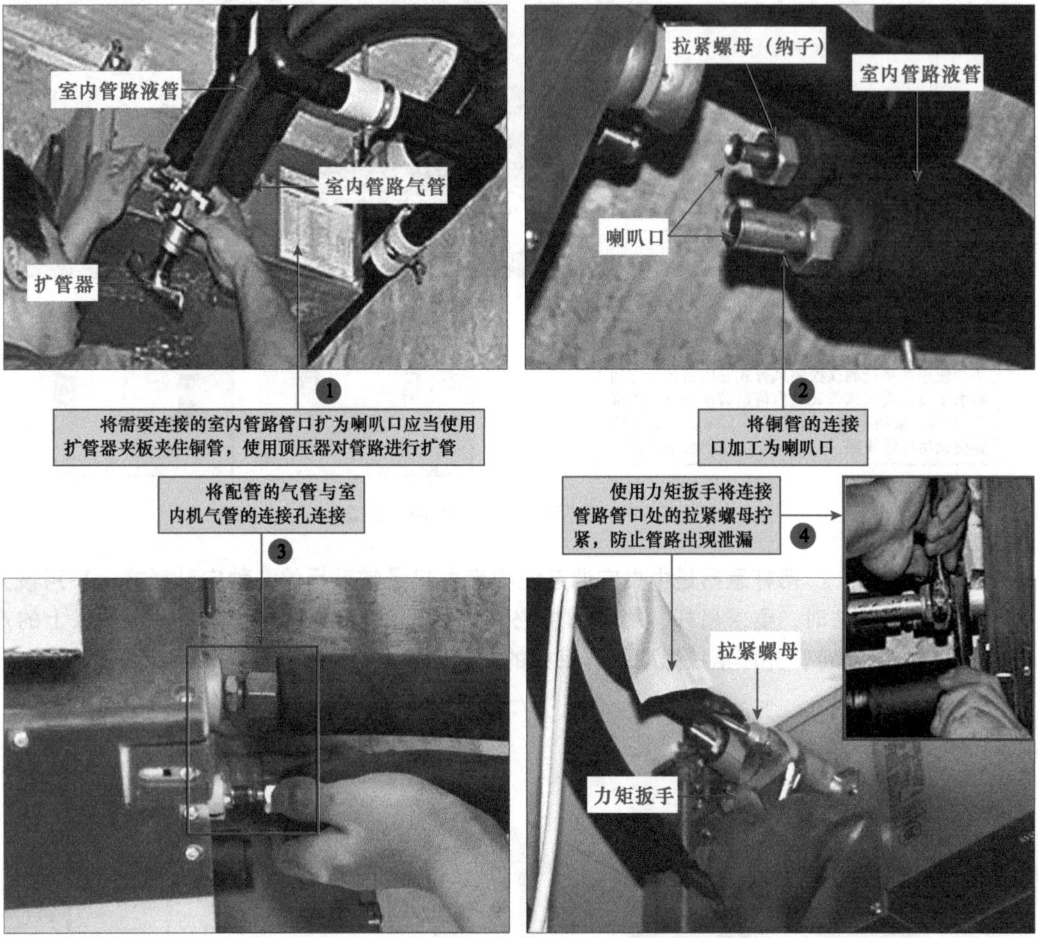

室内管路液管
室内管路气管
扩管器
拉紧螺母（纳子）
室内管路液管
喇叭口
1
将需要连接的室内管路管口扩为喇叭口应当使用扩管器夹板夹住铜管，使用顶压器对管路进行扩管
2
将铜管的连接口加工为喇叭口
将配管的气管与室内机气管的连接孔连接
3
使用力矩扳手将连接管路管口处的拉紧螺母拧紧，防止管路出现泄漏
4
拉紧螺母
力矩扳手

图 5-31　风管式室内机与制冷配管的连接

嵌入式室内机安装要求
多联式中央空调室内机应选择易于布置制冷剂管路和冷凝水管路的位置；室内机安装位置还应考虑室内空间位置和布局，选择空调流通良好的位置
天花板
吊顶
墙面
3300mm≥h≥2500mm
地面
d>1500mm
d>1500mm
d>1500mm
d>1500mm

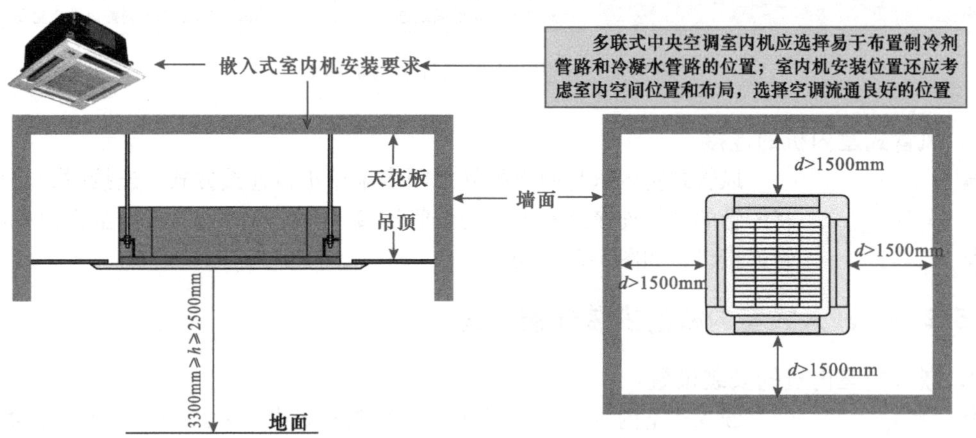

图 5-32　嵌入式室内机的安装位置要求

2. 嵌入式室内机的安装连接

安装嵌入式室内机时，也需要先选定安装位置、划线定位，然后安装吊杆，吊装机体，防尘保护等，即完成安装。图 5-33 所示为嵌入式室内机的安装连接方法。

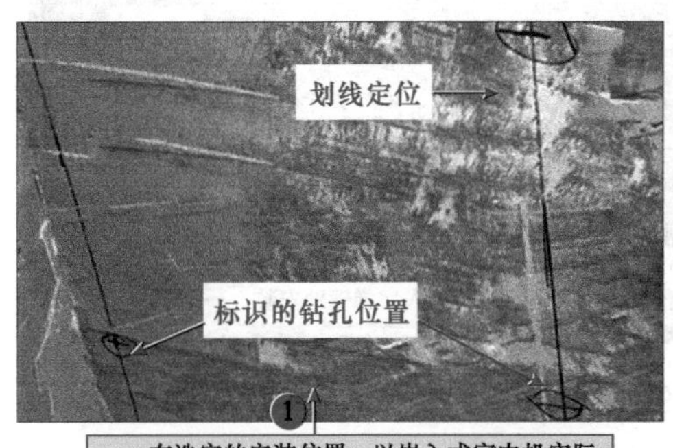

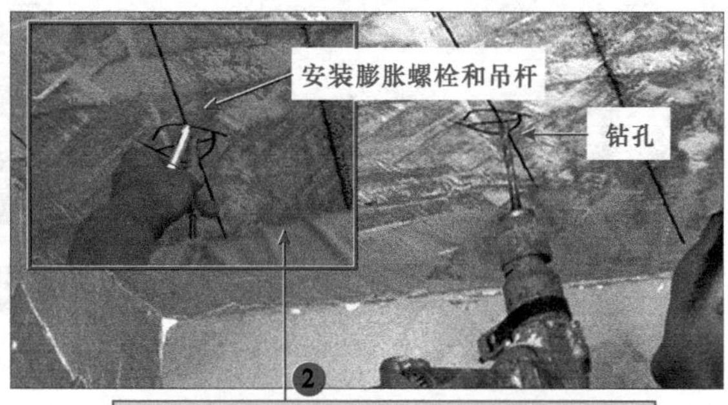

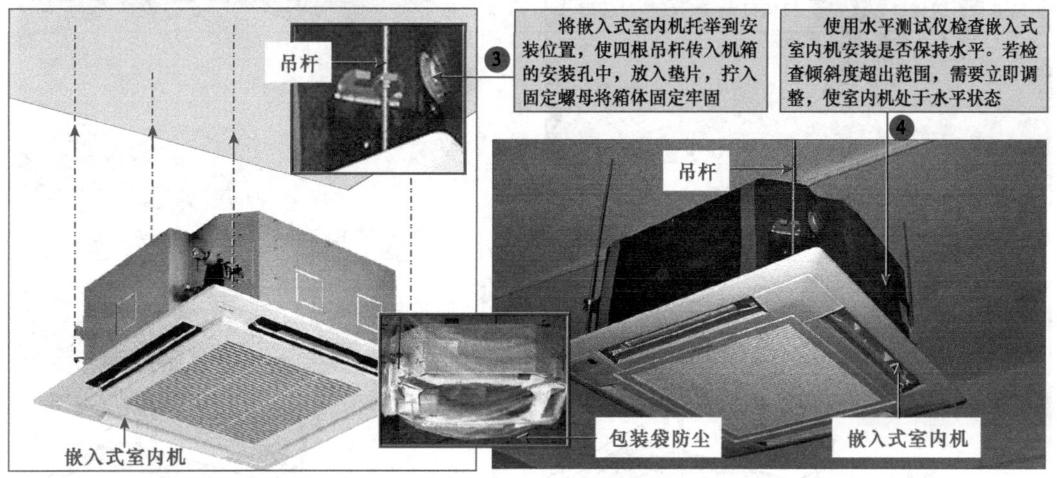

图 5-33　嵌入式室内机的安装连接方法

5.2.4　风管机的安装连接

风管机是风冷式风循环中央空调系统中重要的室内机设备。风管机内有蒸发器和风扇，蒸发器与室外机组制冷管路相连，风管机的两个接口与室内送风口和回风口相连。

安装风管机主要包括风管机机体的安装、风管机与风道的连接两个环节。

1. 风管机机体的安装

风管机通常采用吊装的方式进行安装。当确定风管机的安装位置后，应当在确定的安装位置进行打孔，并将全螺纹吊杆进行固定，然后将吊架固定在全螺纹吊杆上，再将风管机固定在吊架上即可，操作方法如图 5-34 所示。

2. 风管机与风道的连接

风管机与风道的连接主要分为风管机送风口与风道的连接和风管机回风口与风道的连接两道工序。

图 5-35 所示为风管机送风口与风道补偿器及风道的连接方法。

图 5-34　风管机机体的安装方法

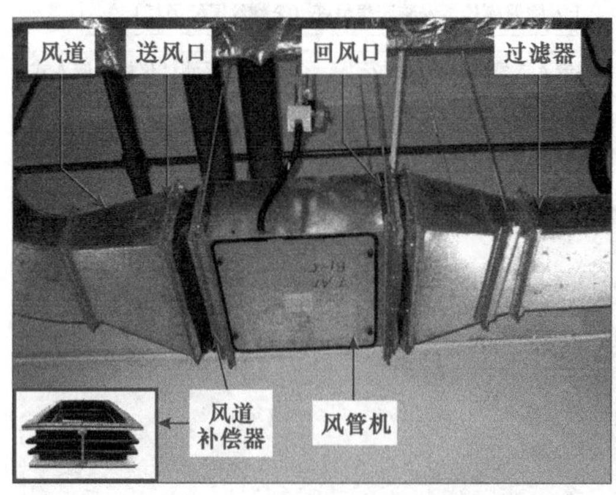

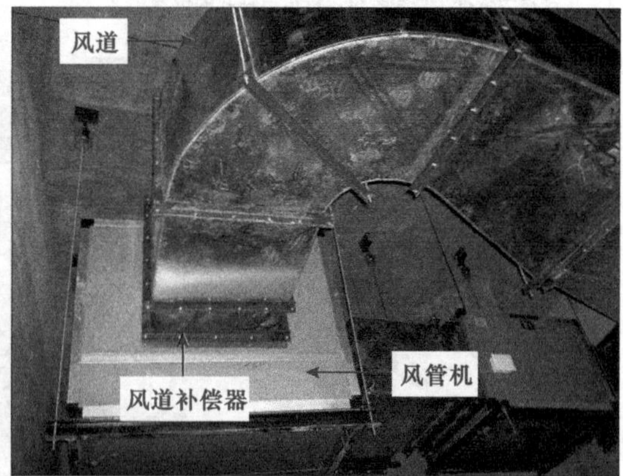

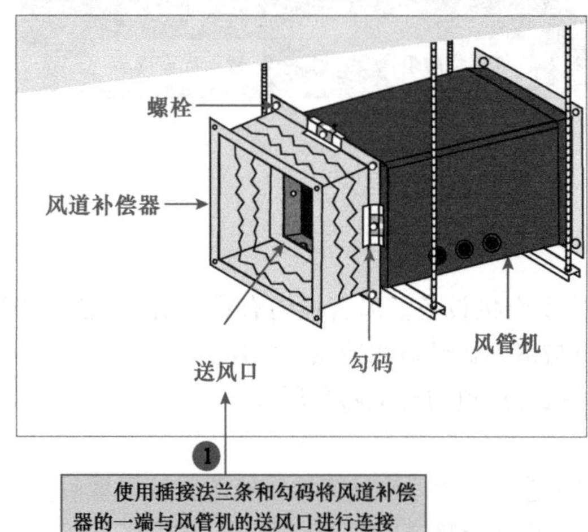

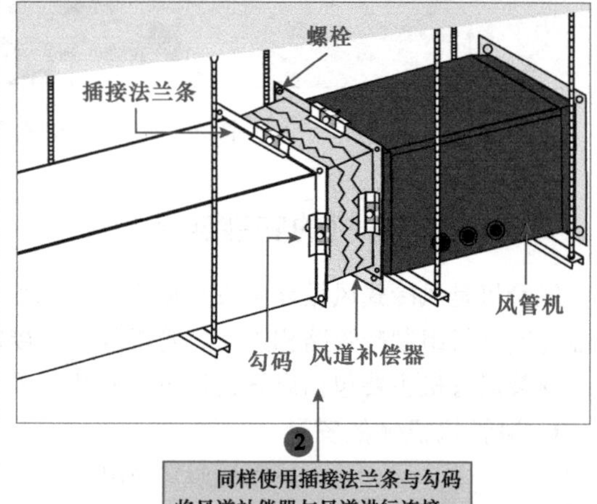

图 5-35　风管机送风口与风道补偿器及风道的连接方法

风管机回风口需要通过过滤器与风道进行连接。通常过滤器的安装方式与风管机的安装方式相同（采用吊装方式）。

图 5-36 所示为风管机回风口与过滤器的连接方法。

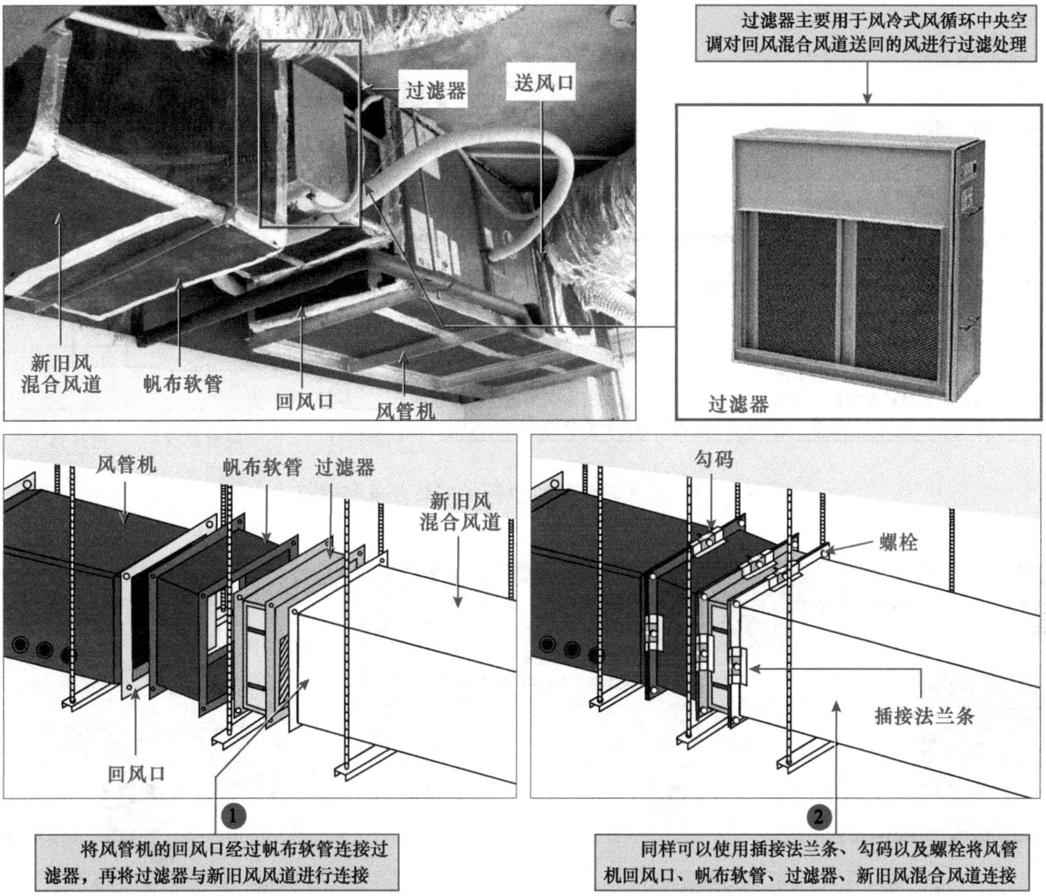

过滤器主要用于风冷式风循环中央空调对回风混合风道送回的风进行过滤处理

过滤器　送风口　新旧风混合风道　帆布软管　回风口　风管机　过滤器

风管机　帆布软管　过滤器　新旧风混合风道　回风口

勾码　螺栓　插接法兰条

① 将风管机的回风口经过帆布软管连接过滤器，再将过滤器与新旧风风道进行连接

② 同样可以使用插接法兰条、勾码以及螺栓将风管机回风口、帆布软管、过滤器、新旧风混合风道连接

图 5-36　风管机回风口与过滤器的连接方法

5.2.5　风机盘管的安装连接

风机盘管是风冷式水循环中央空调系统和水冷式中央空调系统中的室内末端设备。风机盘管根据机型不同可有卧式明装、卧式暗装、立式明装、立式暗装、吸顶式二出风、吸顶式四出风及壁挂式等多种安装方式。

本节以常见的卧式暗装风机盘管为例，图 5-37 所示为其安装要求和规范。

卧式暗装风机盘管的安装一般包括测量定位、安装吊杆、吊装风机盘管、连接水管道等环节。

1. 测量定位

如图 5-38 所示，测量定位是指在风机盘管安装前，在选定安装的位置上，根据待安装风机盘管的尺寸划出一条直线，该直线为下一环节安装吊杆做好定位。

2. 安装吊杆

如图 5-39 所示，风机盘管采用独立的吊杆安装。安装吊杆需要先在划定好的位置钻孔打眼、安装膨胀螺栓，然后固定吊杆。

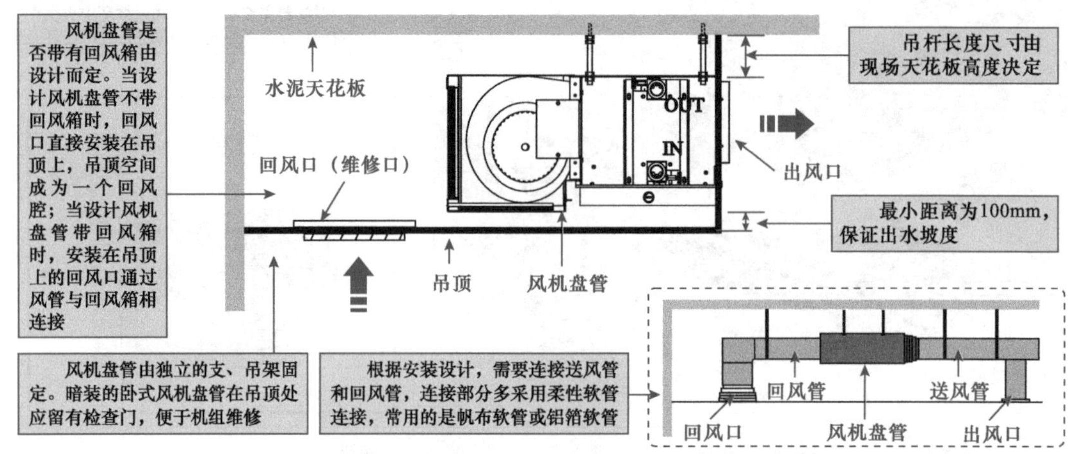

图 5-37　卧式暗装风机盘管的安装要求和规范

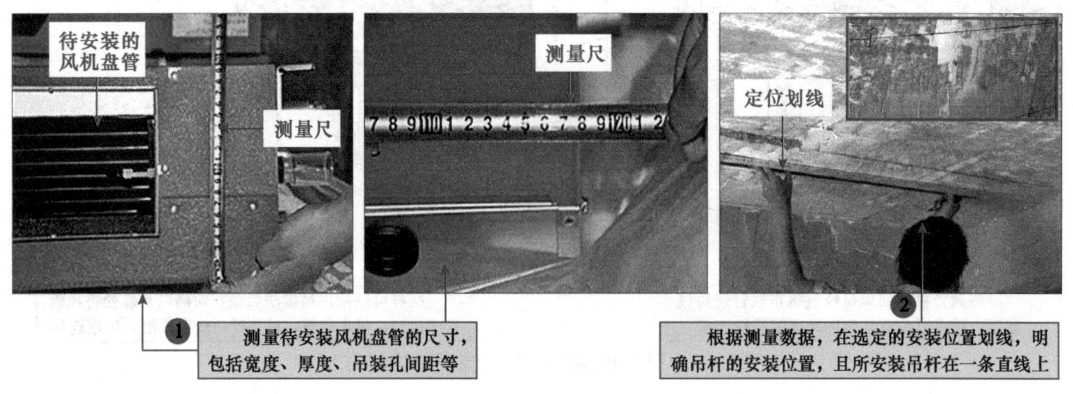

图 5-38　卧式暗装风机盘管安装前的测量定位

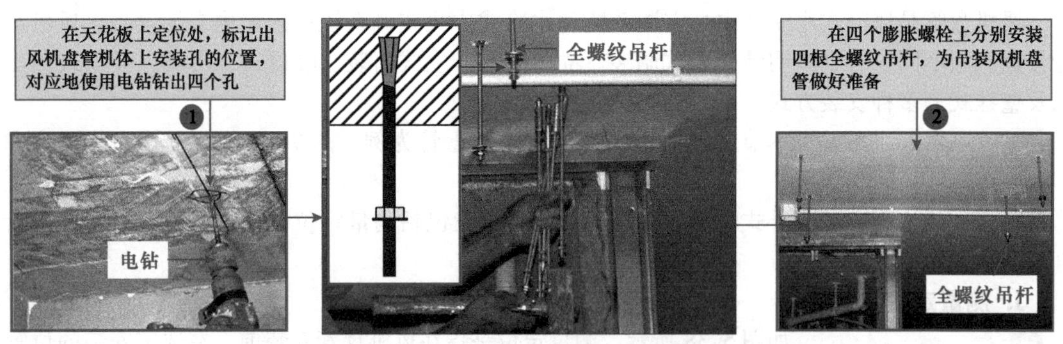

图 5-39　卧式暗装风机盘管安装吊杆的固定

3. 吊装风机盘管

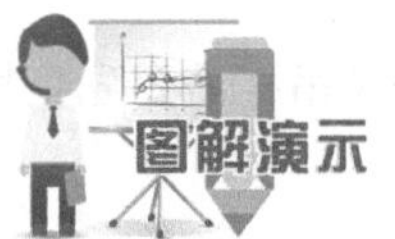

如图 5-40 所示，将风机盘管箱体托举到待安装位置，使其四个安装孔对准四根全螺纹吊杆，将吊杆穿入安装孔中，分别使用固定螺母、垫片将风机盘管箱体悬吊在四根吊杆上，安装必须牢固可靠。

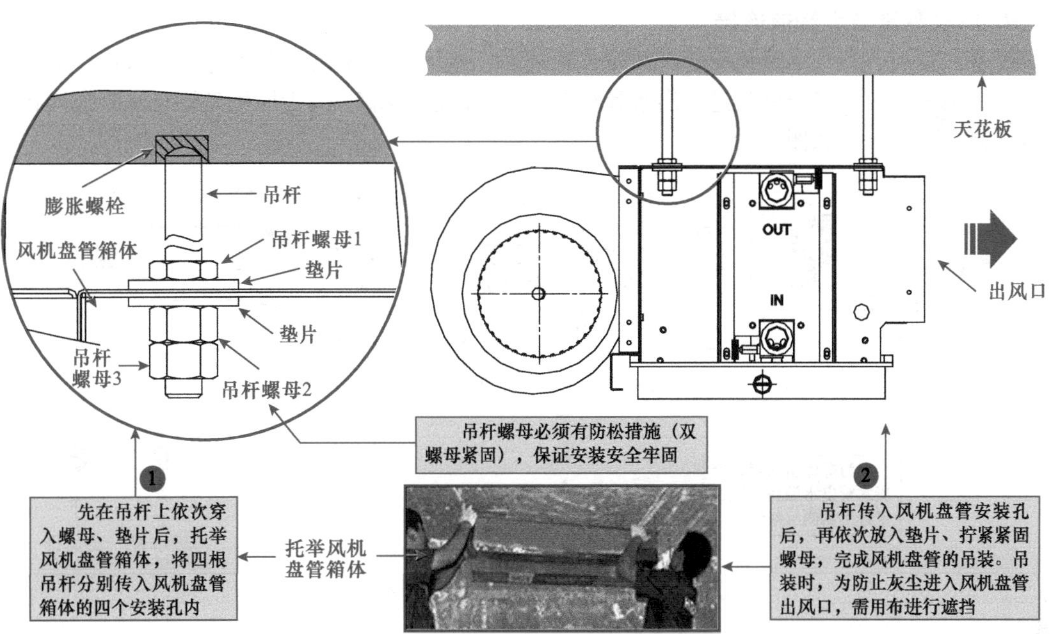

图 5-40　风机盘管的吊装方法

相关资料

如图 5-41 所示，风机盘管吊装的高度（吊杆的长度）根据安装空间和设计需要决定，也可将风机盘管紧贴天花板安装。

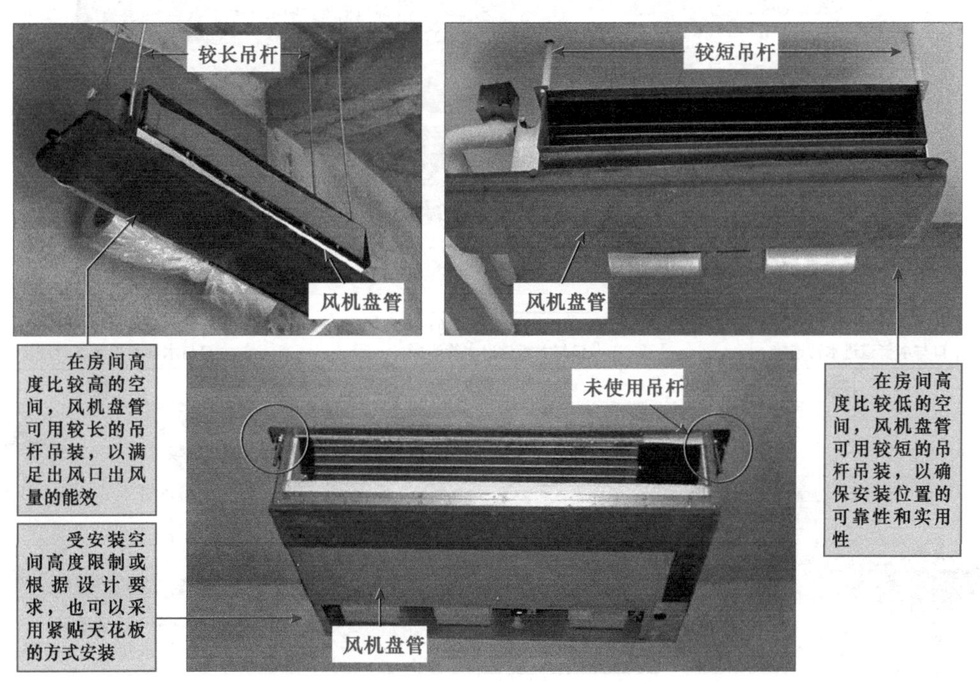

图 5-41　风机盘管的吊装高度

4. 风机盘管与水管道连接

图解演示

风机盘管箱体安装到位后，接下来需将风机盘管进、出水口、冷凝水口分别与进、出水管和冷凝水管连接。图5-42为风机盘管与水管道连接示意图。

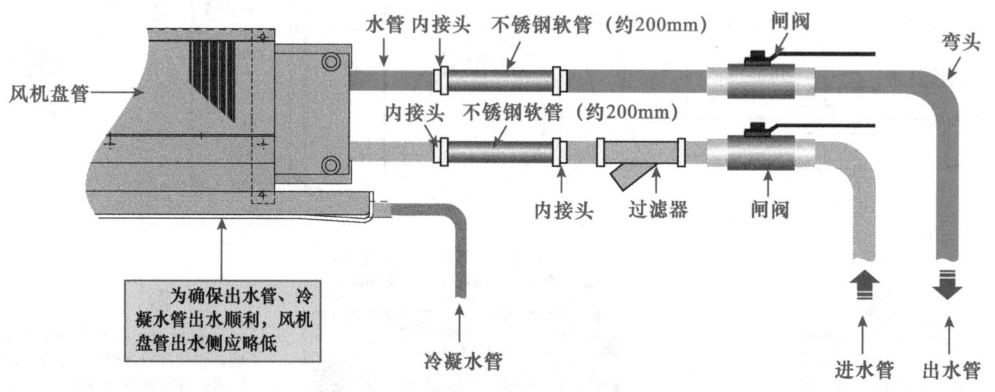

图5-42　风机盘管与水管道连接示意图

如图5-43所示，根据风机盘管与水管道的连接关系，将风机盘管与水管道及相关的管道部件进行连接，拧紧接头，确保连接正确、牢固可靠。

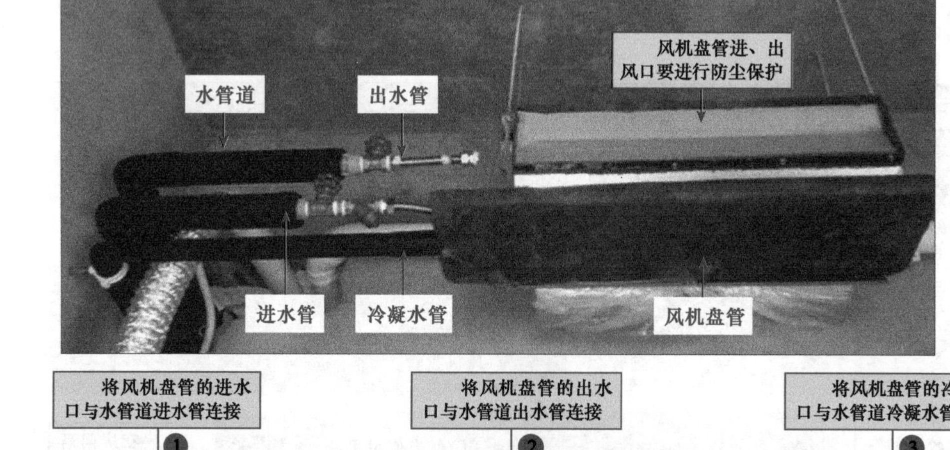

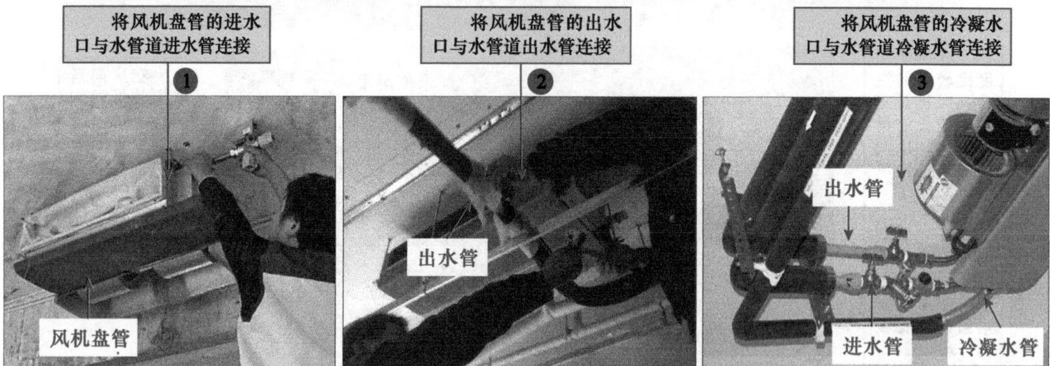

图5-43　风机盘管与水管道的连接方法

为防止风机盘管连接水管处结露，应对风机盘管的连接水管进行绝热处理。风机盘管管路安装完成后还需进行电气线路的连接。通水前，应将进、出水管先通水清洗。图5-44为几种不同安装环境下风机盘管的安装完成效果图。

图5-44　不同安装环境下风机盘管的安装完成效果图

5.2.6　冷凝水管的安装

冷凝水管是多联式中央空调室内机排水的重要通道。安装冷凝水管应遵循1/100坡度、合理管径和就近排水三大基本原则进行。

1. 冷凝水管的安装坡度

如图5-45所示，为避免冷凝水管路形成气袋，管道要尽量短，且保持1/100下垂坡度；若无法满足下垂坡度，可选择大一号配管，利用管径做坡度。

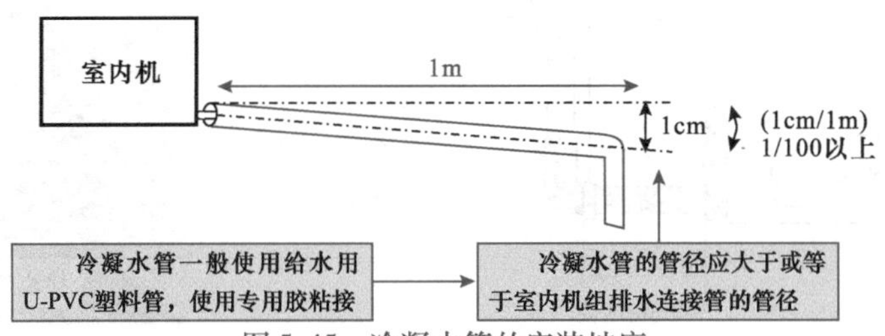

图5-45　冷凝水管的安装坡度

目前，冷凝水管一般采用给水用U－PVC塑料管材（抗压强度不小于9kgf/cm²），采用专用胶粘接。若设计中对管材有明确要求，应按照设计要求管材施工，但应注意不允许使用PVC线管、铝塑复合管作为冷凝管。

多联式中央空调室内机冷凝水管的常见规格有ϕ32（壁厚2mm）、ϕ40（壁厚2mm）、ϕ50（壁厚2.52mm），冷凝水管之间的连接一般采用专用胶粘接。

2. 冷凝水管的固定

如图5-46所示，冷凝水管固定时需要根据要求设置支撑，防止水管弯曲产生气袋，且必须与室内其他水管路分开安装。

3. 冷凝水管的连接方式

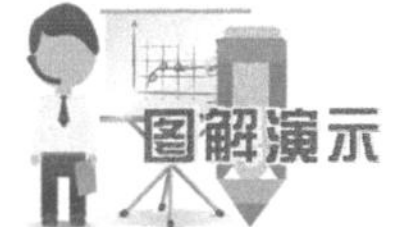

冷凝水管与室内机连接主要有自然排水连接和提水泵排水连接两种方式，如图5-47所示。

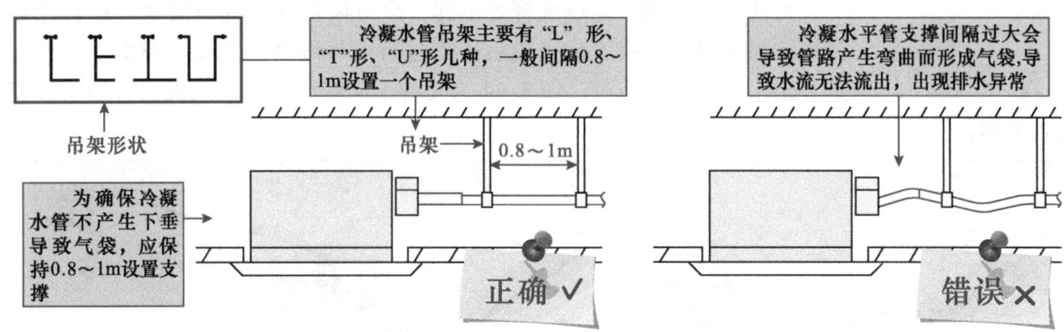

图 5-46　冷凝水管的固定

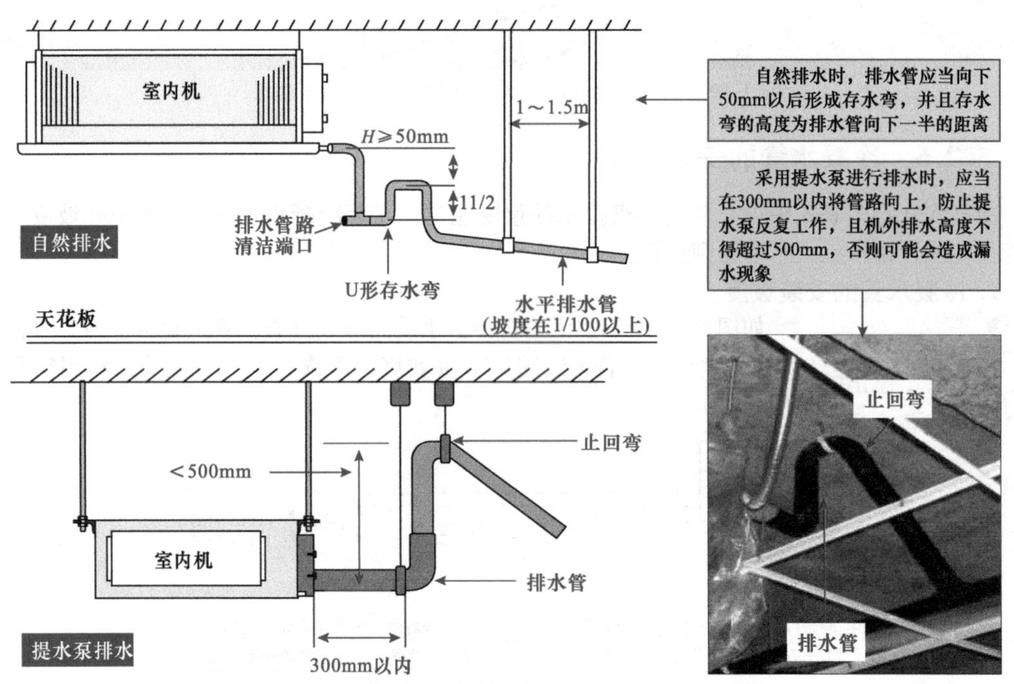

图 5-47　冷凝水管的连接方式

相关资料　**采用自然排水方式时，可以在存水弯管处设置塞子，也可在存水弯上端的管路设置塞子，便于对管路的维护和清理，如图 5-48 所示。**

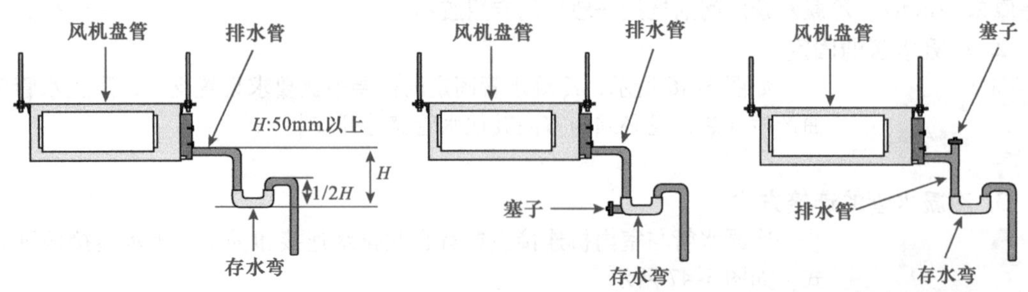

图 5-48　自然排水方式中塞子的设置

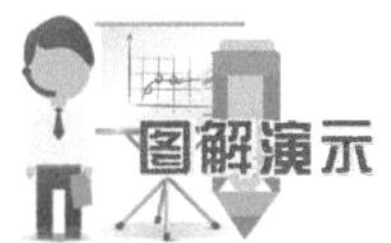

如图 5-49 所示，将冷凝水管与室内机的排水管口连接时，必须用卡子固定，不可用胶粘方法，且连接在冷凝水管上的连接软管不能当作弯头使用，即不能弯曲，必须弯曲时，应加装水管弯头后再连接排水软管。

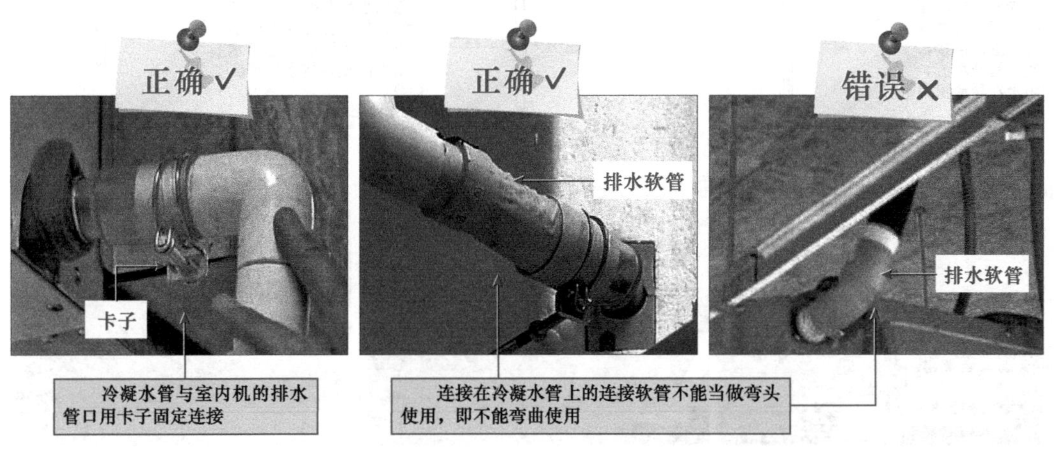

图 5-49　冷凝水管与室内机排水口的连接

4. 冷凝水管的集中排水汇流方式

如图 5-50 所示，当多台室内机组集中排水时，将每台室内机排水管与排水干管连接，由排水干管统一排水。

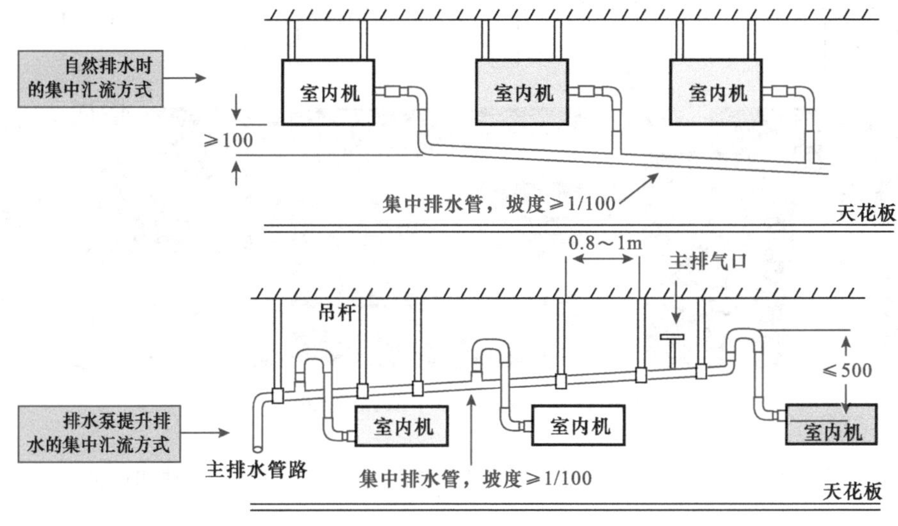

图 5-50　冷凝水管的集中排水汇流方式

室内机排水口与冷凝水管连接后，最终接入排水干管中。图 5-51 所示为室内机组冷凝水管与主干管横向连接、竖向连接时的基本方法和要求。

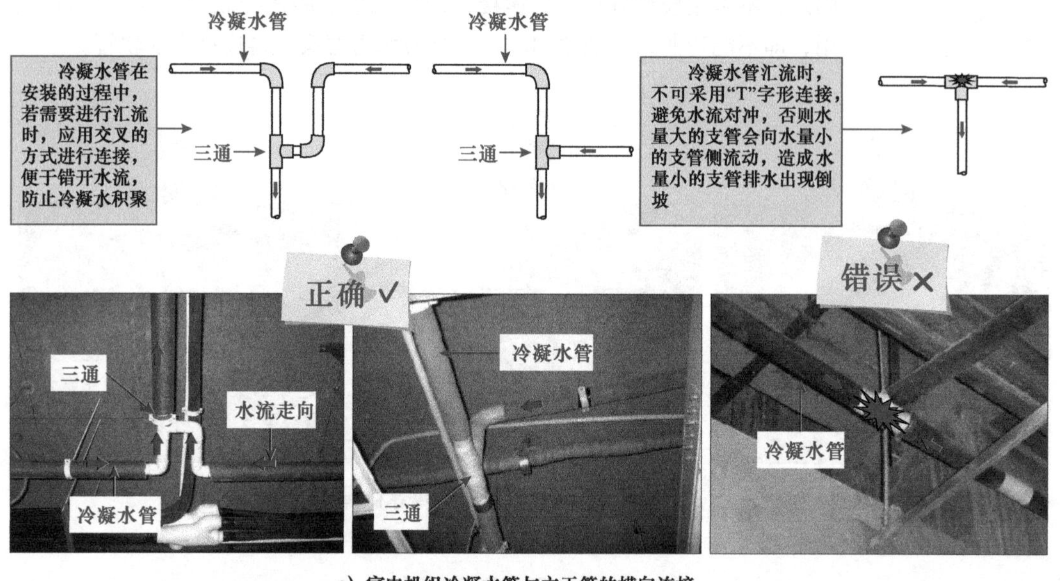

a）室内机组冷凝水管与主干管的横向连接

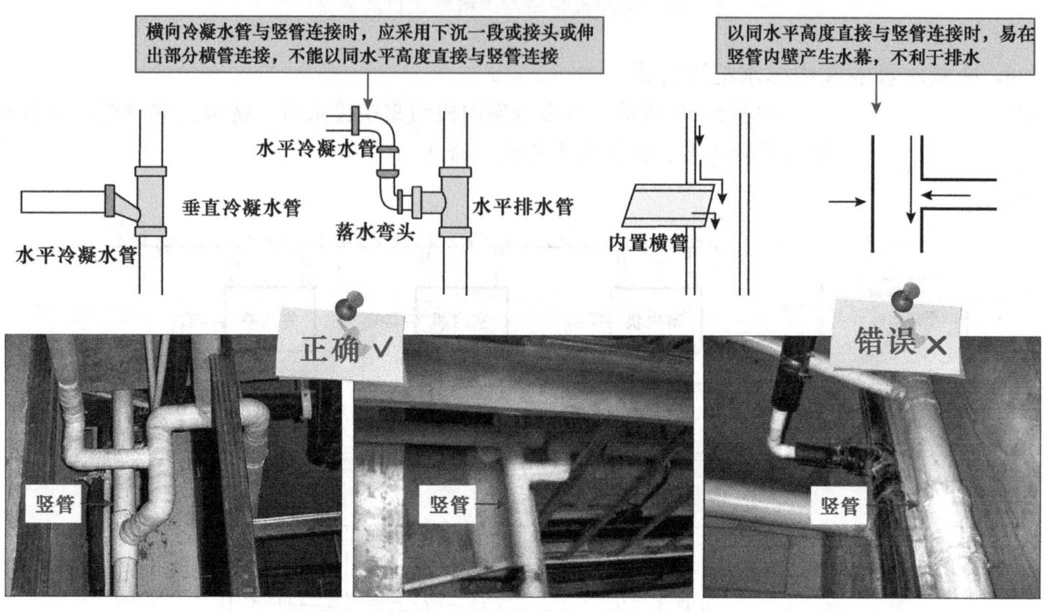

b）室内机组冷凝水管与主干管的竖向连接

图 5-51　室内机组冷凝水管与主干管横向、竖向连接时的基本方法和要求

当冷凝水管长度超过 3m 时，应当在排水管上加装排气孔，防止排水管中压力过大，冷凝水无法流出。排气管上端应当安装弯道，防止有脏污进入管路，导致排水管堵塞，如图 5-52 所示。

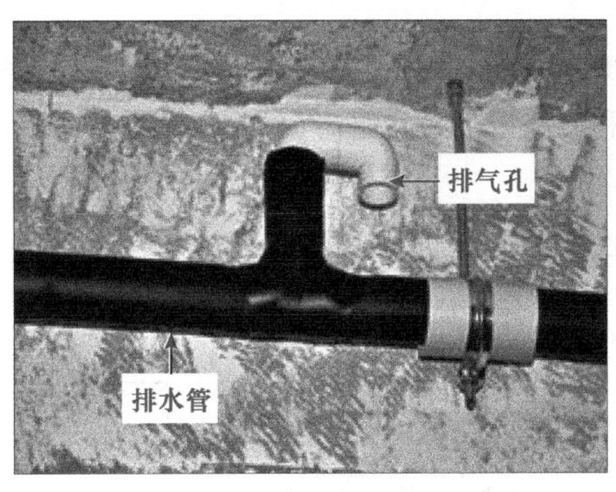

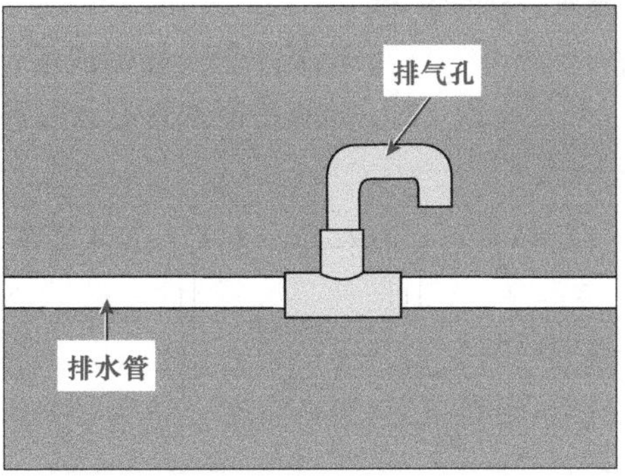

图 5-52　冷凝水管中排气孔的设置及要求

5.2.7　冷凝水管的保温处理

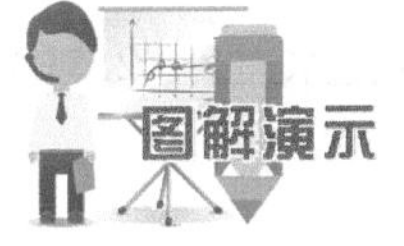

冷凝水管安装固定前，需要穿好保温管（一般采用厚度大于 10mm 的闭孔发泡橡塑保温材料），对冷凝水管进行保温处理，如图 5-53 所示。

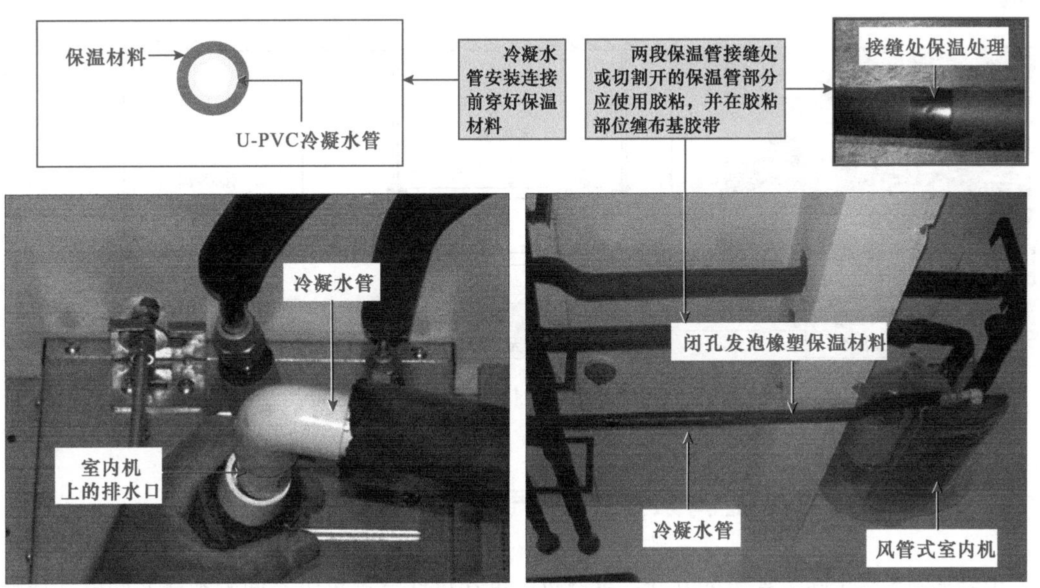

图 5-53　冷凝水管的保温处理

冷凝水管一般采用整管保温，且应在安装前穿好保温管。穿保温管时一般在冷凝水管两端留出 100mm 的距离，以方便连接弯头等管件时胶粘连接。

若因长度或材料规格问题无法整管保温时，两段保温管接缝处或切割开的保温管部分应使用胶粘，并在胶粘部位缠布基胶带，胶带宽度应不小于 50mm，防止脱胶。

5.2.8　冷凝水管的排水测试

冷凝水管安装连接完成后还需要进行排水测试，检查冷凝水管道是否有漏水、渗水现象，检查排水是否通畅和坡度是否正确等。

1. 漏水、渗水测试

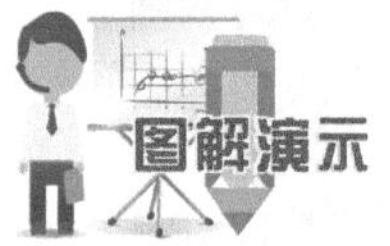

冷凝水管安装完成后，堵住排水口向冷凝水管内注满水，保持24小时，检查冷凝水管有无漏水和渗水情况，如图5-54所示。

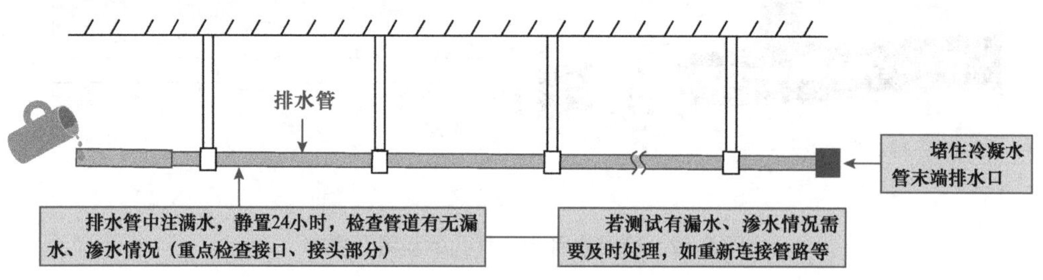

图5-54　冷凝水管的漏水、渗水测试

2. 排水通畅和坡度测试

室内机系统安装完成后，从室内机注水口向接水盘注水（2～2.5L），检查排水是否通畅，如图5-55所示。

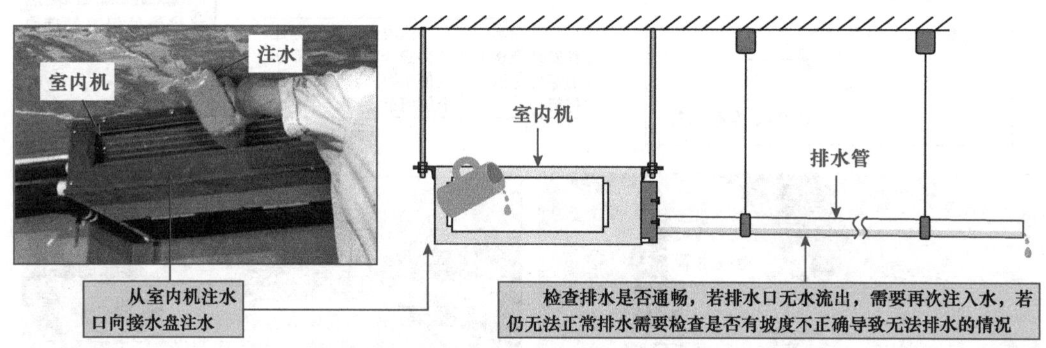

图5-55　冷凝水管的排水通畅和坡度测试

5.3　中央空调系统的电气连接

中央空调系统中除了管路部分外，室内机、室外机或空调机组之间必须建立起电气连接，实现室内、室外机协调工作。

不同类型中央空调系统的电气连接方式和方法不同，下面重点以多联式中央空调系统的电气连接为例。

5.3.1　中央空调系统的供电连接

1. 室外机的供电连接

多联式中央空调系统中，每台室外机必须独立供电，且每台室外机电源必须设置专用漏电断路器和电源线路，如图5-56所示；室外机电源容量必须足够，且系统的接地不可连接到气管、水管或避雷针的接地装置上，

必须可靠接地。

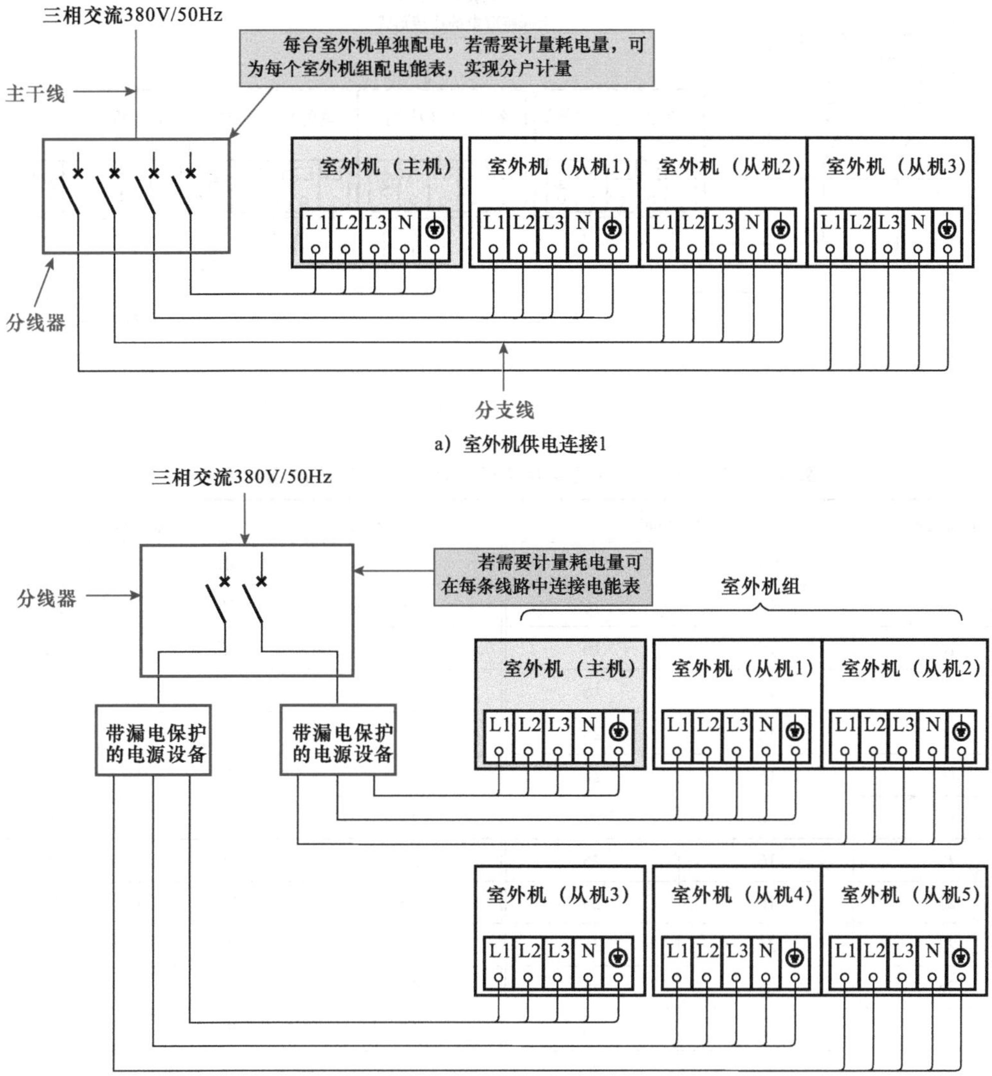

三相交流380V/50Hz

每台室外机单独配电，若需要计量耗电量，可为每个室外机组配电能表，实现分户计量

主干线

室外机（主机） 室外机（从机1） 室外机（从机2） 室外机（从机3）

L1 L2 L3 N

分线器

分支线

a）室外机供电连接1

三相交流380V/50Hz

分线器

若需要计量耗电量可在每条线路中连接电能表

室外机组

室外机（主机） 室外机（从机1） 室外机（从机2）

带漏电保护的电源设备

带漏电保护的电源设备

室外机（从机3） 室外机（从机4） 室外机（从机5）

L1 L2 L3 N

b）室外机供电连接2

图 5-56 多联式中央空调室外机的供电连接

室外机供电连接中，不允许室外机从其他室外机上间接取电的连接形式，如图 5-57 所示。

多联式中央空调室外机供电连接时，必须按要求选择符合供电规格的电源线缆，结合图 5-56 可知，室外机电源线缆包括主干线和分支线，其线径规格根据室外机的容量进行合理选配，具体的选配方法见表 5-3。

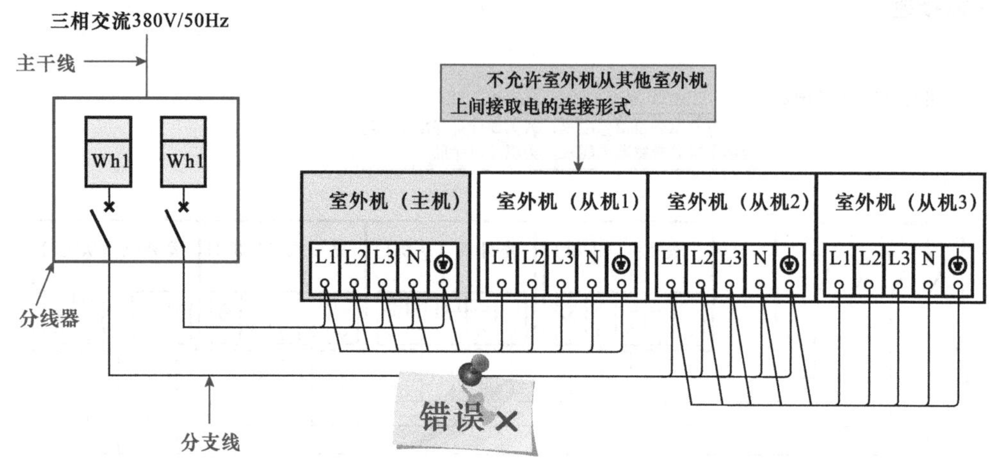

图 5-57　多联式中央空调室外机供电连接的错误形式

表 5-3　室外机电源线缆包括主干线和分支线线径的选配方法

室外机总容量/hp	线径/mm^2		室外机总容量/hp	线径/mm^2	
	线长 20m 以下	线长 50m 以下		线长 20m 以下	线长 50m 以下
8	10	16	38	35	50
10	10	16	40	35	50
12	10	16	42	50	70
14	16	25	44	50	70
16	16	25	46	50	70
18	16	25	48	50	70
20	16	25	50	70	95
22	16	25	52	70	95
24	25	35	54	70	95
26	25	35	56	70	95
28	25	35	58	70	95
30	35	50	60	95	120
32	35	50	62	95	120
34	35	50	64	95	120
36	35	50	66	95	120

注：表中数据为电源个别供给时（不适用电源设备），表中线缆的线径及长度表示电压下降幅度在 2% 以内的情况，若电源线缆长度超过表中数值时，应根据实际应用选定线缆线径。

例如，3 台室外机容量分别为 8hp、10hp、10hp，总容量为 28hp，若主干线长度在 50m 以下，则根据表 5-3，主干线应选择线径为 35mm^2的绝缘铜芯线缆。

当室外机台数小于 5 时，分支线的线径与主干线的线径相同；当室外机台数大于 5 时，控制开关一般分为两个，此时分支线根据当前控制开关所接室外机总容量选择线径。例如，6 台室外机系统，每 3 台由一个控制开关控制，若 3 台室外机总容量为 8hp + 8hp + 10hp = 26 hp，且分支线长度在 20m 以下时，根据表 5-3，该路分支线的线径应为 25mm^2。图 5-58 所示为供电线

缆的正确与错误选配。

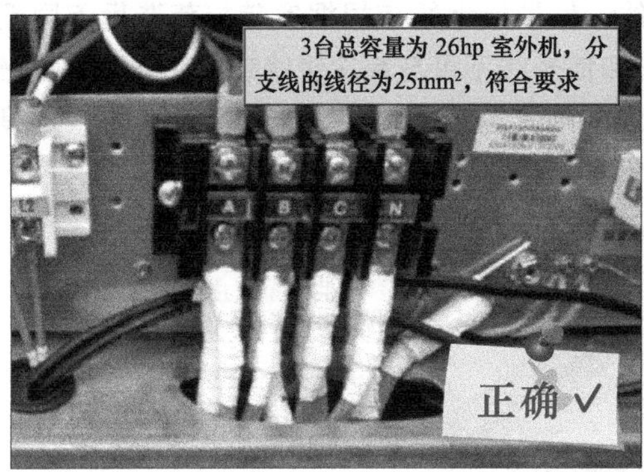

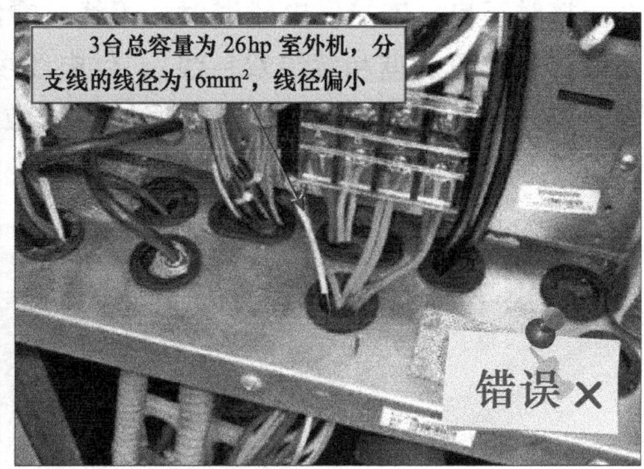

图5-58　供电线缆的正确与错误选配

2. 室内机的供电连接

图解演示

多联式中央空调系统中，同一个系统中的所有室内机必须使用同一电源，即多台室内机连接同一套漏电保护断路器和电源线路，如图5-59所示。

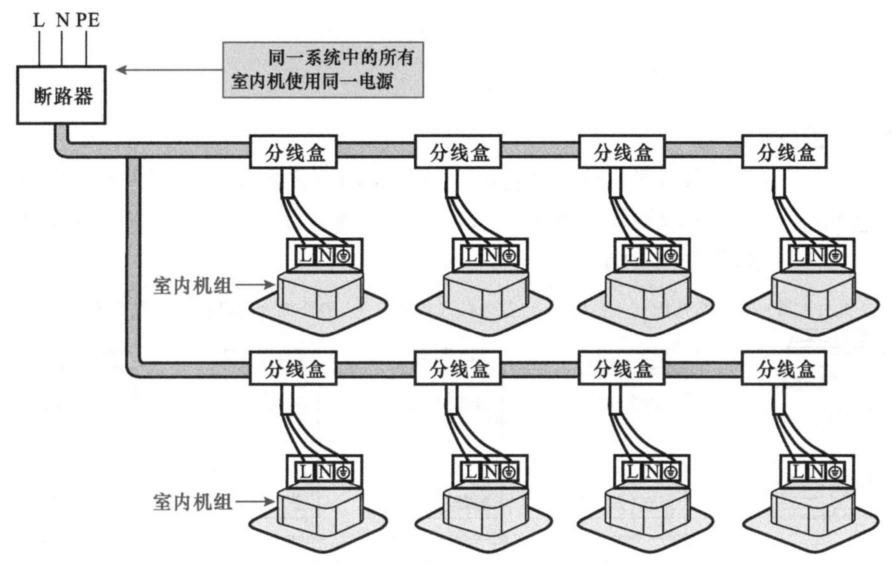

图5-59　室内机的供电连接

多联式中央空调的室内机配有电子节流部件，若同一系统的室内机没有采用相同的电源，当某台室内机断电，电子膨胀阀仍处于有开度的状态，其他室内机运转时，制冷剂也会流入断电的室内机蒸发器，从而引起这台室内机蒸发器结冰，严重的还会导致压缩机损坏。

另外，多联式中央空调室内、外电源电压允许波动范围为额定电压的±10%，三相电源相间电源偏压应小于3%；电源容量必须足够；接地系统必须牢固可靠，不可将地线连接到气管、水管或避雷针上；室内机电源不允许从室外机电源引入。

在供电连接施工操作时，还应注意所选用供电线缆的安全载流量应大于机组最大工作电流；

电源线在连接时不可采用铰接方式；供电线缆接入接线端子时，应采用压线端子，如图 5-60 所示，防止接触不良。连接供电线缆时，相线、零线、保护接地线应根据安装规范选用不同颜色的导线（一般为红、蓝和黄绿双色线）；供电线缆和信号线不可与制冷管路绑扎在一起，且必须分开单独穿线管保护；若电源线与信号线平行敷设，则其垂直间距应大于 50mm（或根据具体型号布线要求确定间距）。

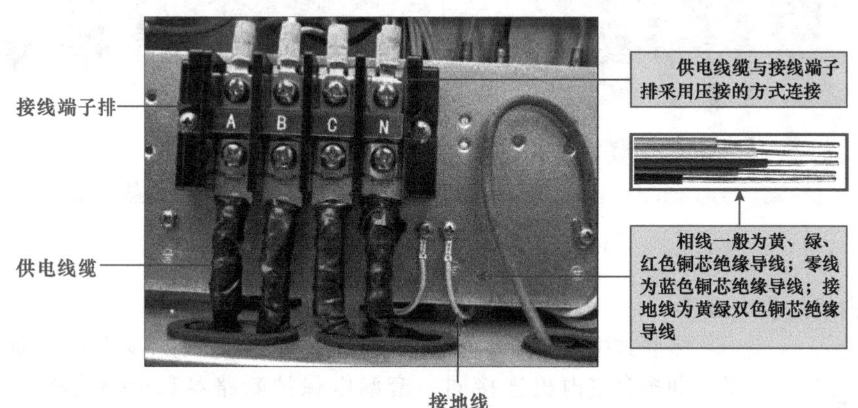

图 5-60　供电线缆的压接方式

5.3.2　中央空调系统的通信连接

1. 室外机的通信连接

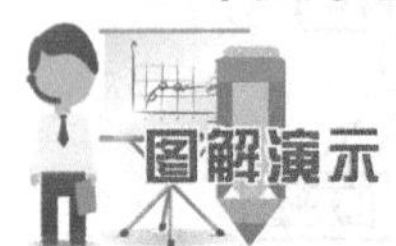

当由多台室外机构成室外机组时，需要将多台室外机进行通信连接，用以构成室外机组电气系统关联，由多台室外机统一协作实现电气功能，如图 5-61 所示。

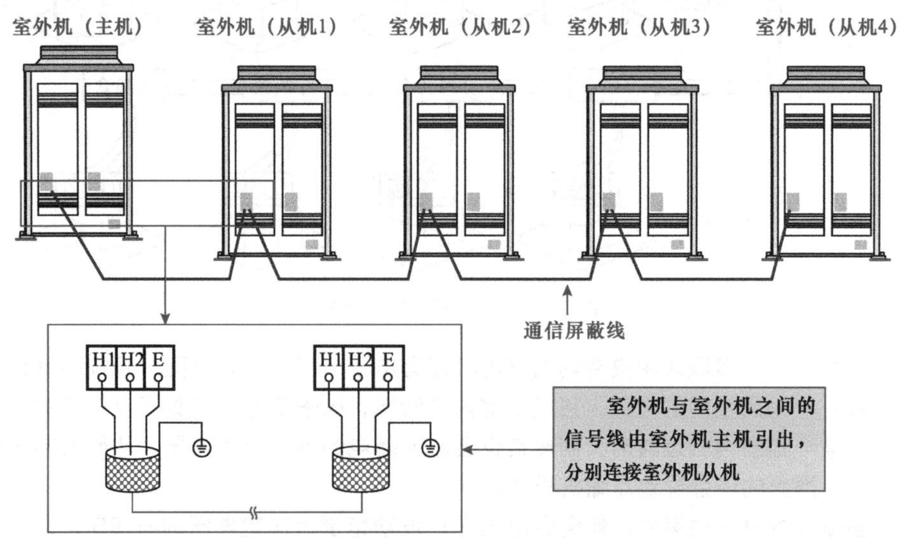

a）室外机组内的通信连接

图 5-61　多台室外机之间的通信连接

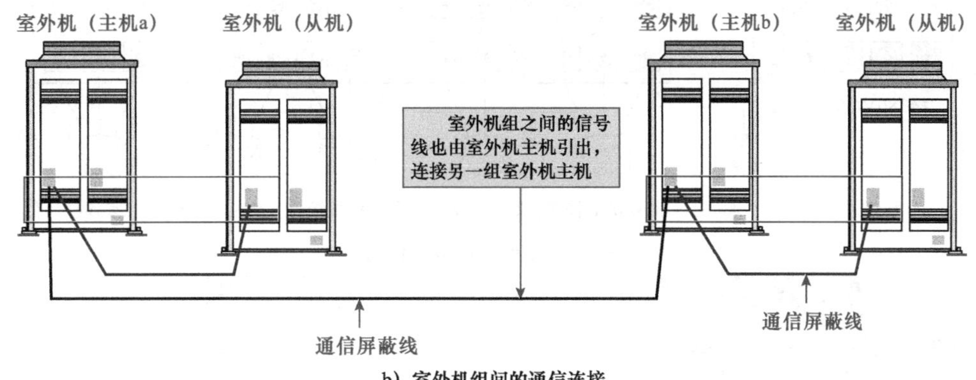

b）室外机组间的通信连接

图5-61　多台室外机之间的通信连接（续）

在多联式中央空调电气系统中，通信用的信号线必须采用屏蔽线（0.75～1.5mm²），其中，室内、室外机通信一般用2芯屏蔽线或3芯屏蔽线，线控线一般用4芯屏蔽线，如图5-62所示。

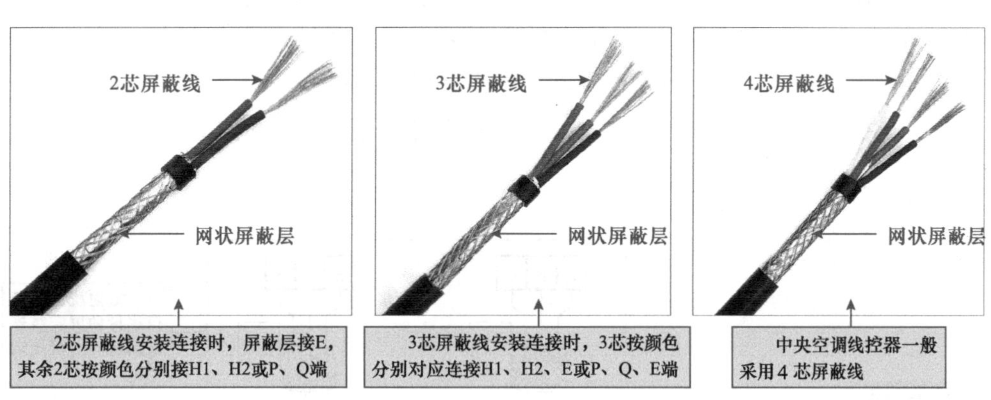

图5-62　通信用的信号线类型和连接方法

通信屏蔽线的屏蔽层应在室外机侧单端接地（当信号线传输距离比较远的时候，由于两端的接地电阻不同或PEN线有电流，可能会导致两个接地点电位不同，此时如果两端接地，屏蔽层就有电流形成，反而对信号形成干扰，因此这种情况下一般采取一点接地，另一端悬空的办法，能避免此种干扰形成），如图5-63所示。需要特别注意的是，通信有极性，连接时必须按照端子台上标识的一一对应连接，不可接反，且室内、室外机信号线只能从室外主机上引出连接。信号线与电源线中间不能驳接。

2. 室内机的通信连接

图5-64所示为多台室内机之间的通信连接。室内机通信线路一般可连接不超过16个分支，且不能连接成闭环形式。室内机通信线路一般也采用屏蔽线连接，极性不可接反。

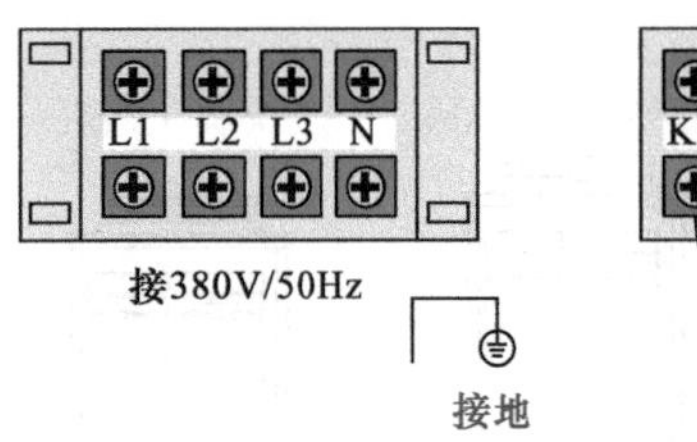

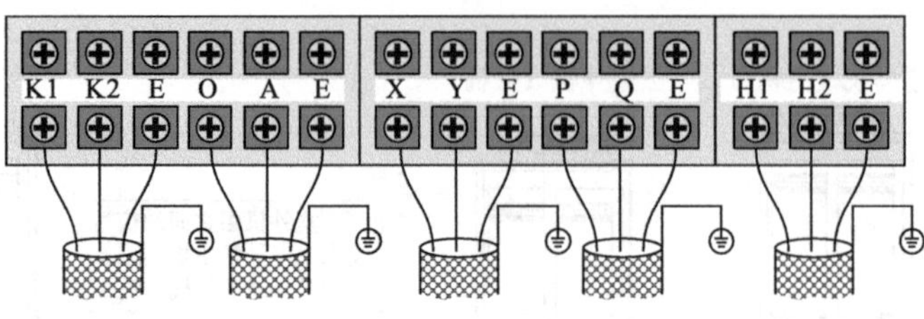

a）典型室外机上的接线端子

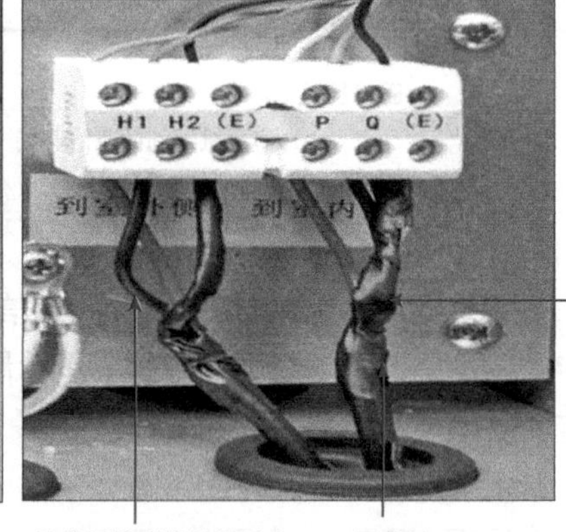

b）通信屏蔽线屏蔽层的接地和线芯的压接

图 5-63 典型室外机接线端子功能和通信屏蔽线屏蔽层的接地

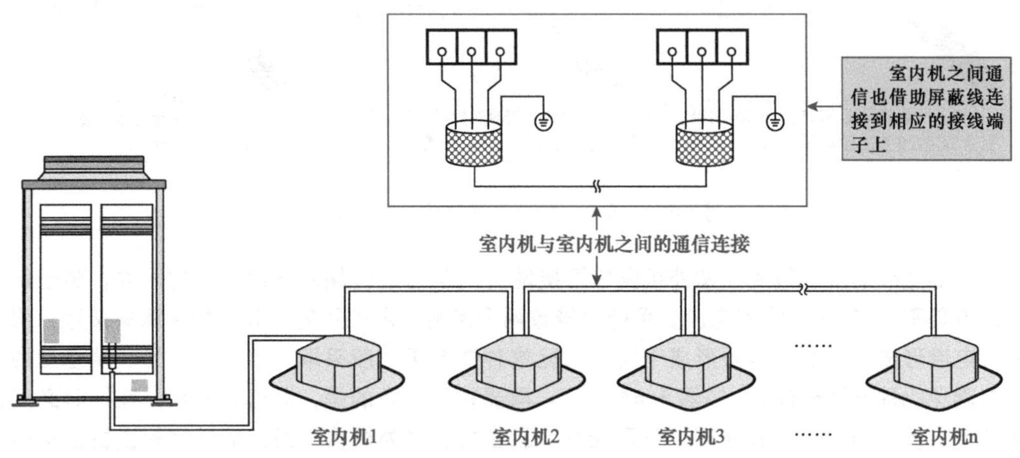

图 5-64 多台室内机之间的通信连接

3. 室外机与室内机的通信连接

图 5-65 所示为典型多联式中央空调室外机与室内机之间的通信连接。室外机与室内机之间信号的传送通过通信线缆实现。

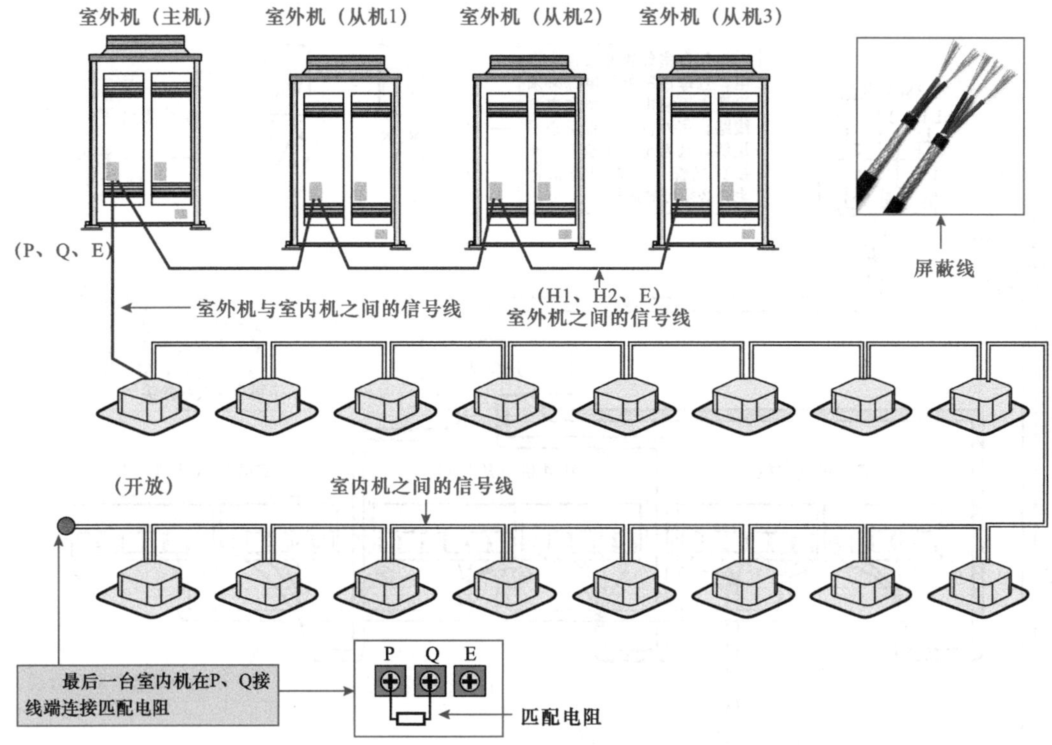

图 5-65　典型多联式中央空调室外机与室内机之间的通信连接

图 5-66 所示为典型多联式中央空调室内、室外机的电源供电和通信线路的连接关系图，不同规模、品牌和型号的中央空调，电气连接的具体要求和规范也不完全相同，在实际电气系统施工前，必须仔细阅读和掌握现场待施工机型电气系统连接的相关要求和规范。

5.3.3　室内、室外机的系统设定

中央空调室内、室外机供电和通信线缆连接后，还需要分别对室内、室外机进行相应的系统设定，即根据室内、室外机的连接和控制关系，通过设定电路板上的拨码开关实现中央空调电气系统的协调工作。图 5-67 所示为典型多联式中央空调（美的多联式中央空调）室内、室外机主电路板上的拨码开关。

下面以典型多联式中央空调（美的多联式中央空调）为例，介绍拨码方法，在实际操作中，必须根据相应机型的拨码说明进行。

1. 室外机拨码设置

典型多联式中央空调室外机拨码主要包括室外机主/从模块设定（室外机号设定）、室外机系统号拨码设置以及室外机终端电阻设置等。

典型多联式中央空调（美的）的室外机主/从模块设定 4 位拨码开关，位于室外机主电路板上，其拨码方法如图 5-68 所示。

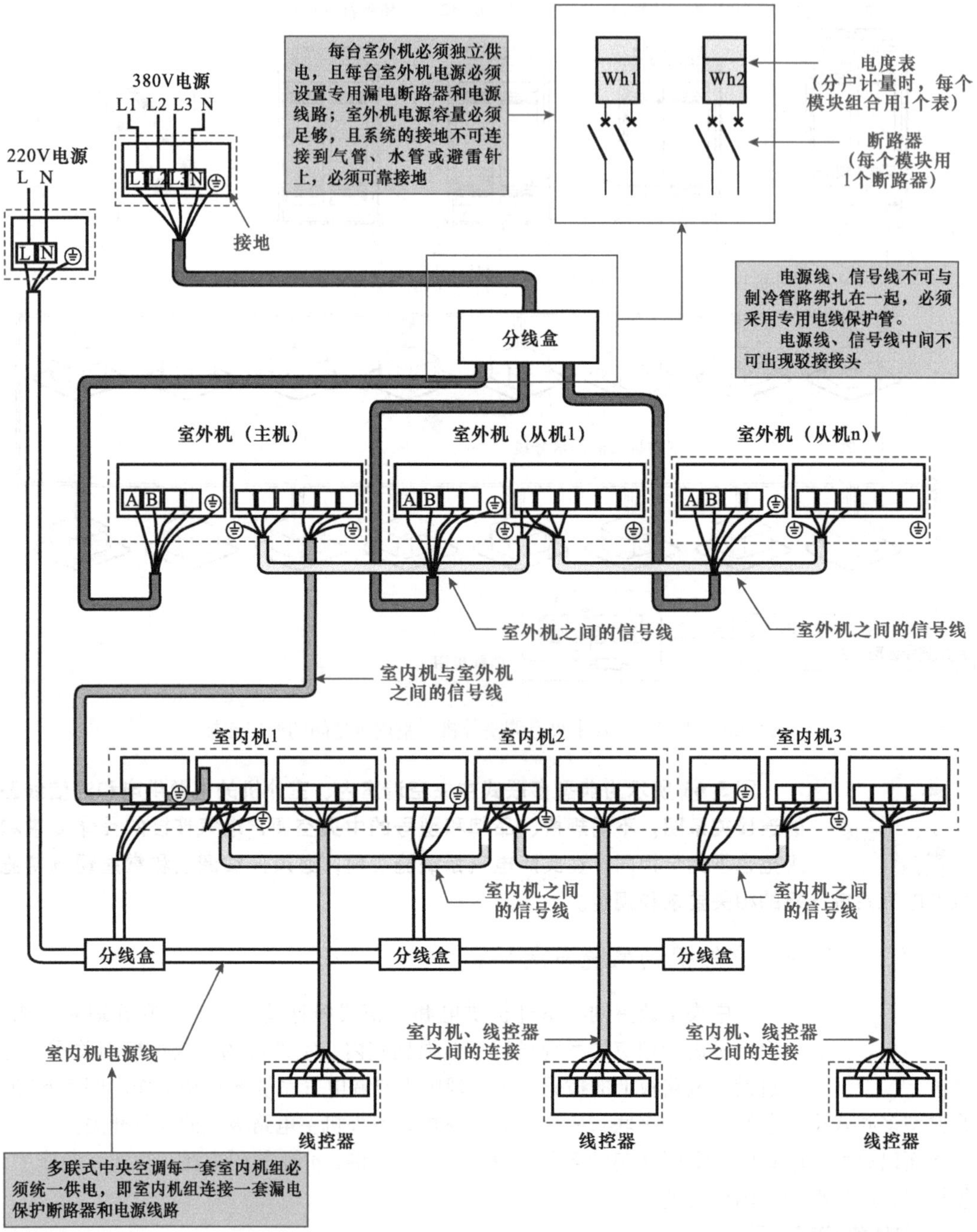

380V电源
L1 L2 L3 N
接地
220V电源
L N

每台室外机必须独立供电，且每台室外机电源必须设置专用漏电断路器和电源线路；室外机电源容量必须足够，且系统的接地不可连接到气管、水管或避雷针上，必须可靠接地

Wh1 Wh2
电度表（分户计量时，每个模块组合用1个表）
断路器（每个模块用1个断路器）

分线盒

电源线、信号线不可与制冷管路绑扎在一起，必须采用专用电线保护管。
电源线、信号线中间不可出现驳接接头

室外机（主机）　室外机（从机1）　室外机（从机n）
室外机之间的信号线　室外机之间的信号线
室内机与室外机之间的信号线
室内机1　室内机2　室内机3
室内机之间的信号线　室内机之间的信号线
分线盒　分线盒　分线盒
室内机电源线
室内机、线控器之间的连接　室内机、线控器之间的连接
线控器　线控器　线控器

多联式中央空调每一套室内机组必须统一供电，即室内机组连接一套漏电保护断路器和电源线路

图 5-66　典型多联式中央空调室内、室外机的电源供电和通信线路的连接关系图

典型多联式中央空调（美的）的室外机系统号拨码设置有两种格式（RSW1 和 DSW8 格式），其拨码方法如图 5-69 所示。

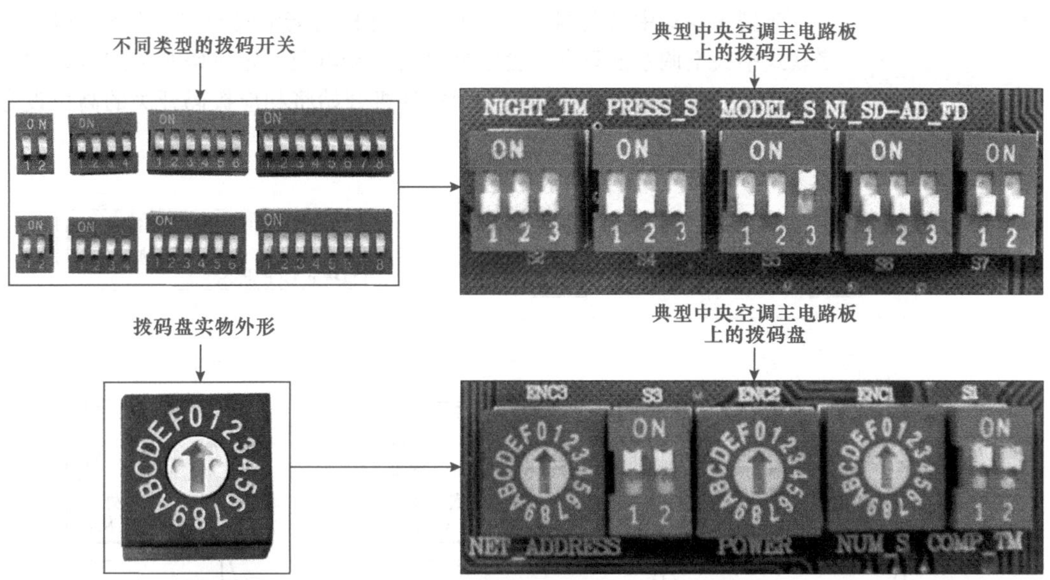

图 5-67 典型多联式中央空调（美的多联式中央空调）室内、室外机主电路板上的拨码开关

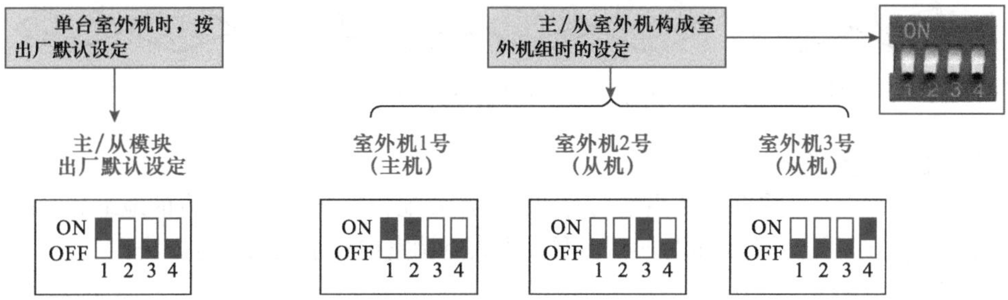

单台室外机时，按出厂默认设定

主/从模块出厂默认设定

主/从室外机构成室外机组时的设定

室外机1号（主机）

室外机2号（从机）

室外机3号（从机）

ON OFF 1 2 3 4

图 5-68 室外机主/从模块设定

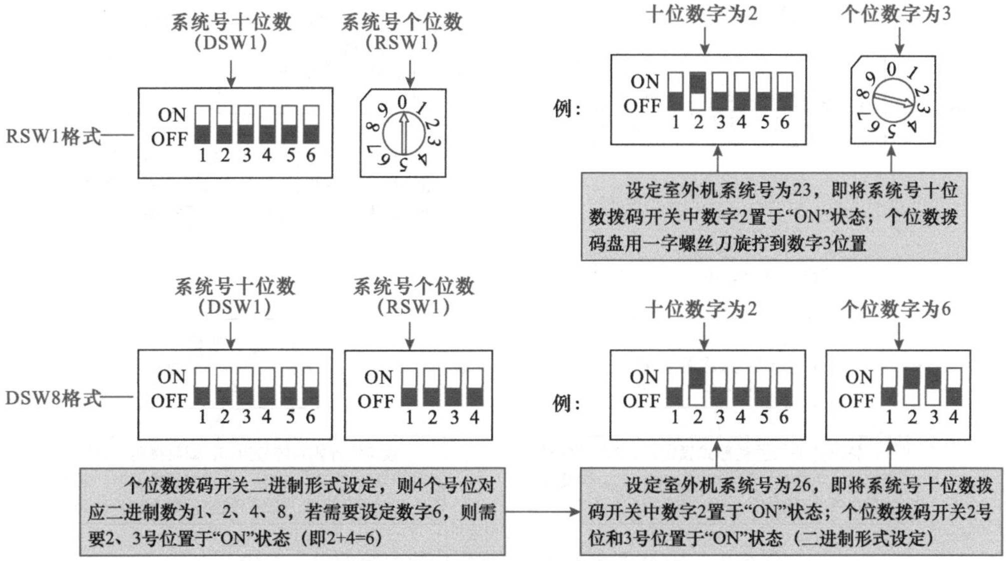

RSW1格式

系统号十位数（DSW1）

系统号个位数（RSW1）

例：

十位数字为2

个位数字为3

设定室外机系统号为23，即将系统号十位数拨码开关中数字2置于“ON”状态；个位数拨码盘用一字螺丝刀旋拧到数字3位置

DSW8格式

系统号十位数（DSW1）

系统号个位数（RSW1）

例：

十位数字为2

个位数字为6

个位数拨码开关二进制形式设定，则4个号位对应二进制数为1、2、4、8，若需要设定数字6，则需要2、3号位置于“ON”状态（即2+4=6）

设定室外机系统号为26，即将系统号十位数拨码开关中数字2置于“ON”状态；个位数拨码开关2号位和3号位置于“ON”状态（二进制形式设定）

图 5-69 典型多联式中央空调（美的）的室外机系统号拨码方法

典型多联式中央空调（美的）的室外机终端电阻设定如图 5-70 所示。多联式中央空调系统只有一台室外机时终端电阻设定拨码开关默认设定即可；若室外机为多台时，从第二台室外机开始将相应拨码开关的高位设定为 OFF 状态。

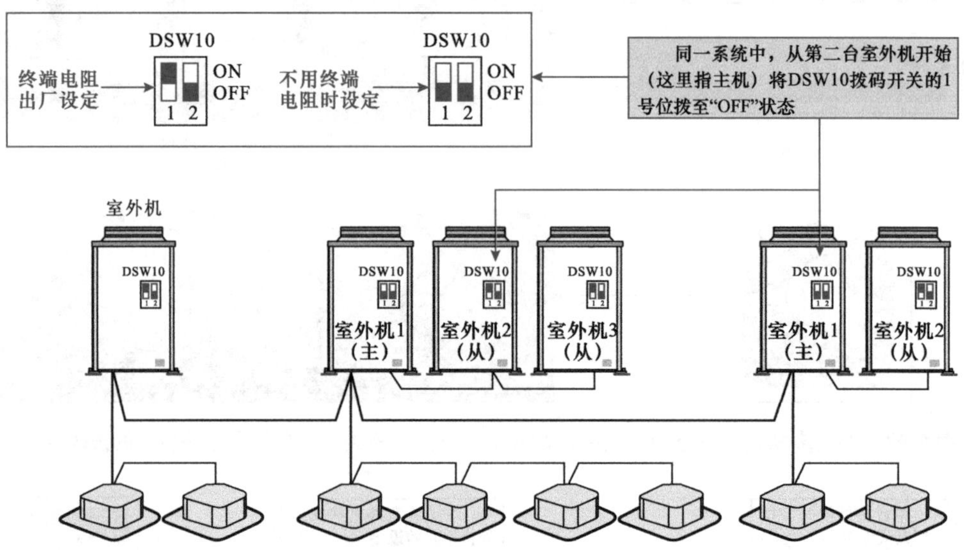

图 5-70 典型多联式中央空调（美的）的室外机终端电阻设定

2. 室内机拨码设置

图解演示

多联式中央空调的室内机需要配合室外机进行相应的地址和系统设定。图 5-71 所示为典型多联式中央空调室内机系统的设定方法。

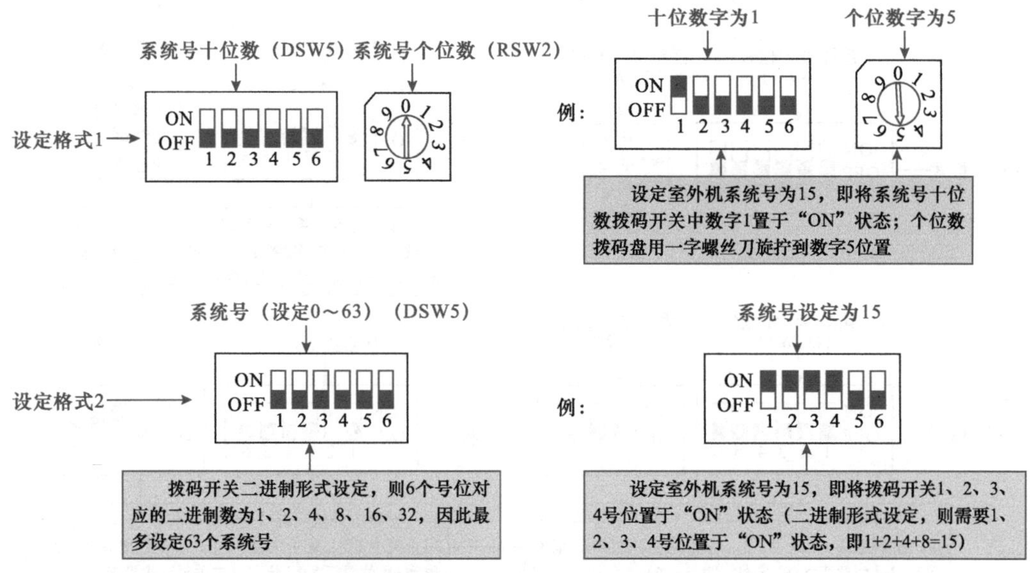

图 5-71 典型多联式中央空调室内机系统的设定方法

图 5-72 所示为典型多联式中央空调室内机地址的设定方法。

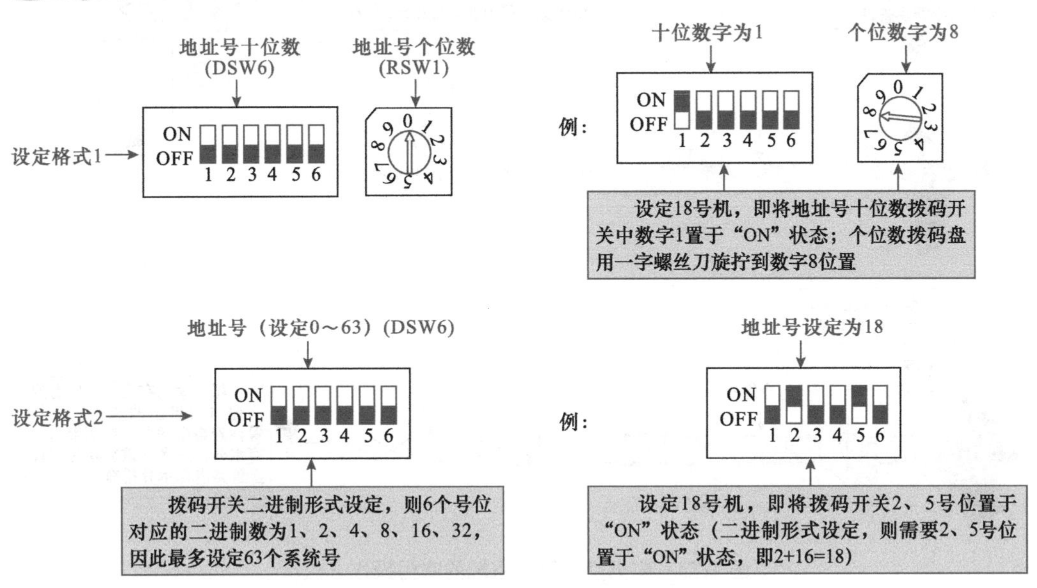

图 5-72　典型多联式中央空调室内机地址的设定方法

5.4　中央空调系统的调试

不同类型的中央空调系统，因其结构和工作原理不同，具体的调试方法、步骤和细节也不同，具体应按照相应调试要求和规范进行。下面以多联式中央空调为例，简单介绍该类中央空调系统的调试方法。

5.4.1　中央空调制冷系统的吹污

中央空调制冷系统敷设完成，在连接机组前，必须进行系统的吹污操作，即利用一定压力的氮气吹扫制冷管路，将管路中的灰尘、杂物（如钎焊时可能出现的氧化膜等）、水分等吹出。

图解演示

图 5-73 所示为中央空调制冷系统的吹污操作方法。将氮气钢瓶连接待吹污管路管口，拿一块干净布堵住制冷管路另一端管口，将氮气钢瓶输出压力调至 6.0kgf/cm^2（1kgf/cm^2 = 0.0980065MPa。）左右，待因管内压力无法堵住管口时，松开布，高速氮气将带出管路中的灰尘、杂物、水分等，每段管路需要反复吹污三次。

中央空调制冷系统吹污操作分段进行，对每一个管口依次进行吹扫，吹扫一个管口时，应堵住其他管口。中央空调制冷系统一般的吹扫顺序如图 5-74所示。

值得注意的是，中央空调制冷系统吹污操作完成后，若不能立刻连接管路保压或抽真空操作，则必须将管口封好，避免灰尘、杂物、水分再次进入管路。

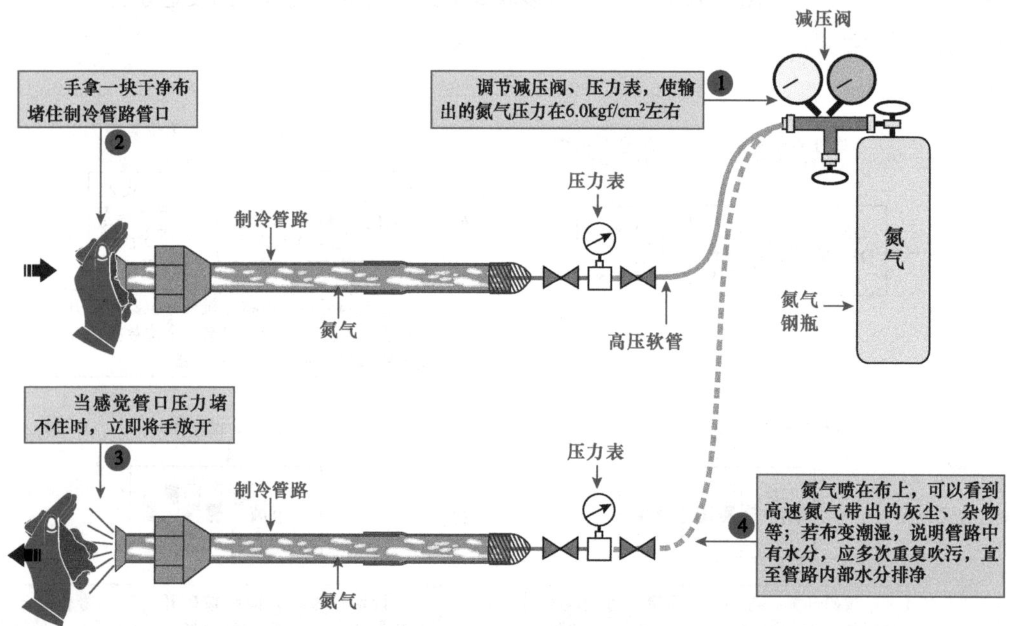

图 5-73　中央空调制冷系统的吹污操作方法

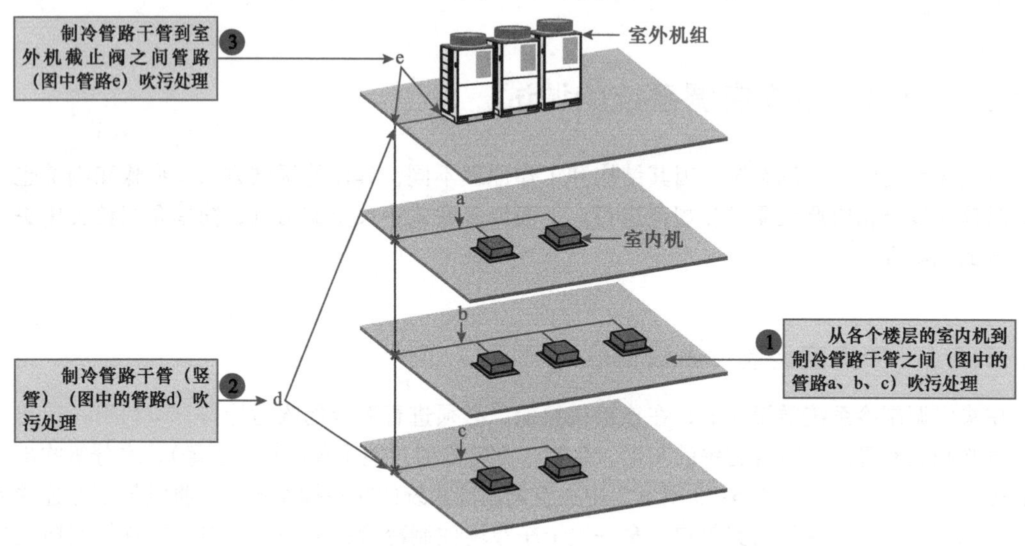

图 5-74　中央空调制冷系统一般的吹扫顺序

5.4.2　中央空调制冷系统的检漏

中央空调制冷系统连接完成后，充注制冷剂前需要充氮检漏，用以确认制冷管路中是否存在泄漏。

图 5-75 所示为中央空调制冷系统检漏时的设备连接和检漏方法。先将室外机的气体截止阀和液体截止阀关闭，保证室外机系统处于封闭状态，再将氮气钢瓶连接至室外机气体截止阀和液体截止阀的检测接口上。调整

氮气压力，同时对系统液管和气管加压，开始保压检漏，并根据压力变化判断管路有无泄漏。

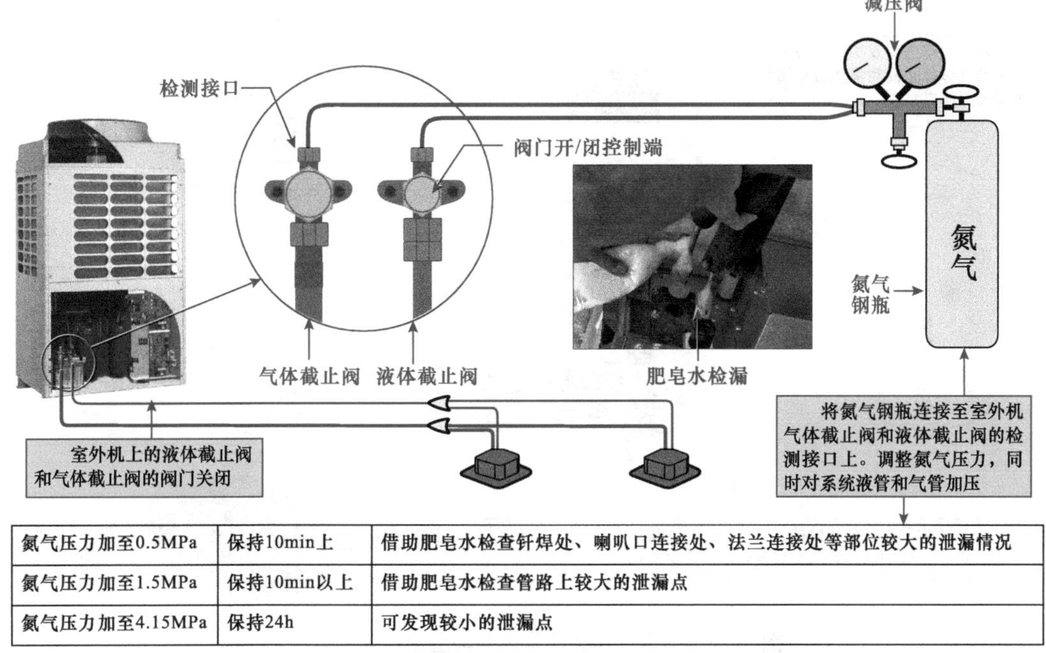

氮气压力加至0.5MPa	保持10min上	借助肥皂水检查钎焊处、喇叭口连接处、法兰连接处等部位较大的泄漏情况
氮气压力加至1.5MPa	保持10min以上	借助肥皂水检查管路上较大的泄漏点
氮气压力加至4.15MPa	保持24h	可发现较小的泄漏点

图 5-75　中央空调制冷系统检漏时的设备连接和检漏方法

保压维持 24h，观察压力变化，若压力下降，则应借助肥皂水、检漏仪查处漏点并予以修补。需要注意的是，氮气的压力随环境温度而变化，每 ±1℃会有 0.01MPa 的变化，因此加压时的温度和测试完成后的温度需要做好记录，以便对比温度变化进行修正。

修正公式：实际值 = 测试完成后压力 +（加压时温度 − 测试完后温度）×0.01MPa。

根据修正后的实际值与加压值比较，若压力下降说明管路有漏点。可将氮气压力放至 0.3MPa（3kgf/cm^2）后，加注相应制冷剂，待压力上升至 0.5MPa 时，用与制冷剂相适应的检漏仪检测。

检漏试压前，应先用真空泵将制冷管路中的空气抽除，避免直接试压将制冷管路中的空气压入室内机。

检漏试压时，应将室外机上的液体截止阀和气体截止阀关闭，防止试压时氮气进入室外机系统；加压的压力应缓慢上升。

检漏时，重点检查部位：室内机与室外机组连接口、管路中各焊接部位、制冷管路放置或运输时可能产生的损伤、装修工人误操作导致的管路损伤等。

检漏试压结束后，应将氮气压力降低至 0.5MPa（约 5kgf/cm^2）以下，避免长时间高压可能导致的焊接部位发生渗漏。

5.4.3　中央空调制冷系统的真空干燥

为去除中央空调制冷管路中的空气和水分，确保管路干燥无杂质，充注制冷剂前需要对制冷管路进行真空干燥。

如图 5-76 所示，用高压软管将双头压力表一端连接在室外机的气体截止阀和液体截止阀的检测接口上；另一根高压软管连接双头压力表和真空泵，启动真空泵开始抽真空（约 2h），待压力降至 −0.1MPa 时，关闭压力

表阀门，关闭真空泵电源，并保持1h，根据压力表压力值变化判断管路是否有空气或泄漏。

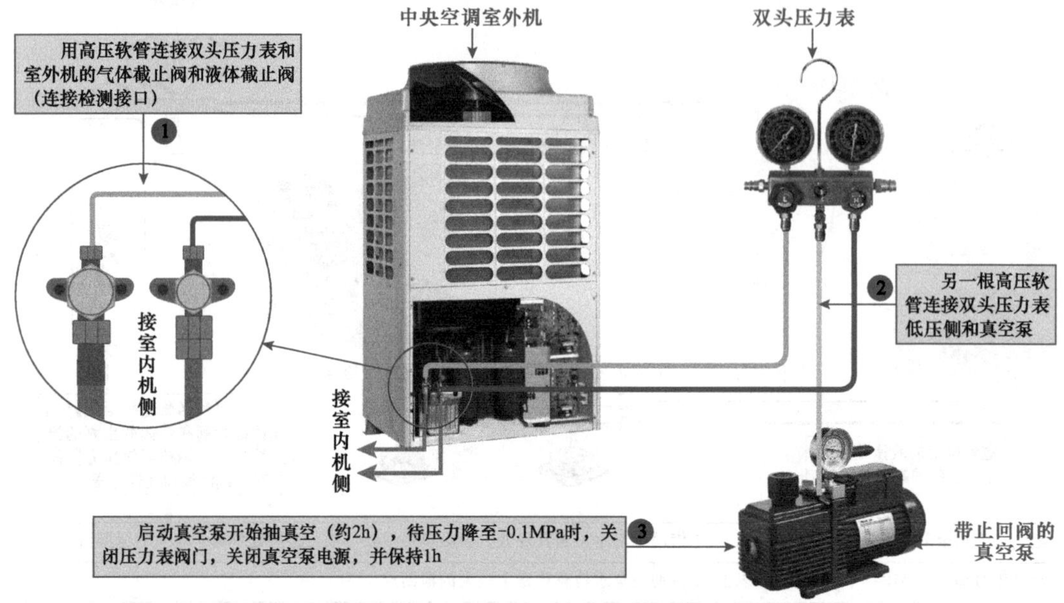

图5-76　中央空调制冷系统的真空干燥操作方法

若抽真空操作一直无法降至－0.1MPa，则说明管路中可能存在泄漏或水分，需要检查管路并排除泄漏或水分存在的情况（充氮吹污，再次抽真空2h，再次保真空，直到水分排净）。

若抽真空操作完成，保真空1h后，压力表压力值无上升，则说明制冷管路合格。

多联式中央空调的室外机不抽真空，因此在真空干燥时，必须确保室外机组的气体截止阀和液体截止阀处于关闭状态，避免空气或水分进入室外机管路。

另外，抽真空操作时，若制冷系统采用R410A制冷剂，应使用专用真空泵（带止回阀）；抽真空完成后，应先关闭双头压力表阀门，再关闭真空泵电源。

5.4.4　中央空调系统的制冷剂充注

中央空调系统制冷剂的充注操作应在确认制冷剂管路施工、电气线路施工、系统吹污、充氮检漏和抽真空操作完成后进行。

由于多联式中央空调系统中，室外机出厂时管路中已经严格按照要求充注定量的制冷剂，因此，系统安装完成后制冷剂充注主要针对制冷管路和室内机部分的追加制冷剂。

如图5-77所示，根据制冷剂管路（液管）的实际安装长度计算制冷剂追加量，连接制冷剂钢瓶、双头压力表、室外机的气体、液体截止阀检测接口。在不开机状态下，从室外机气体、液体截止阀同时充注制冷剂。

追加制冷剂前，中央空调系统中液管的管径、长度应严格计算，确保追加制冷剂量精确无误。

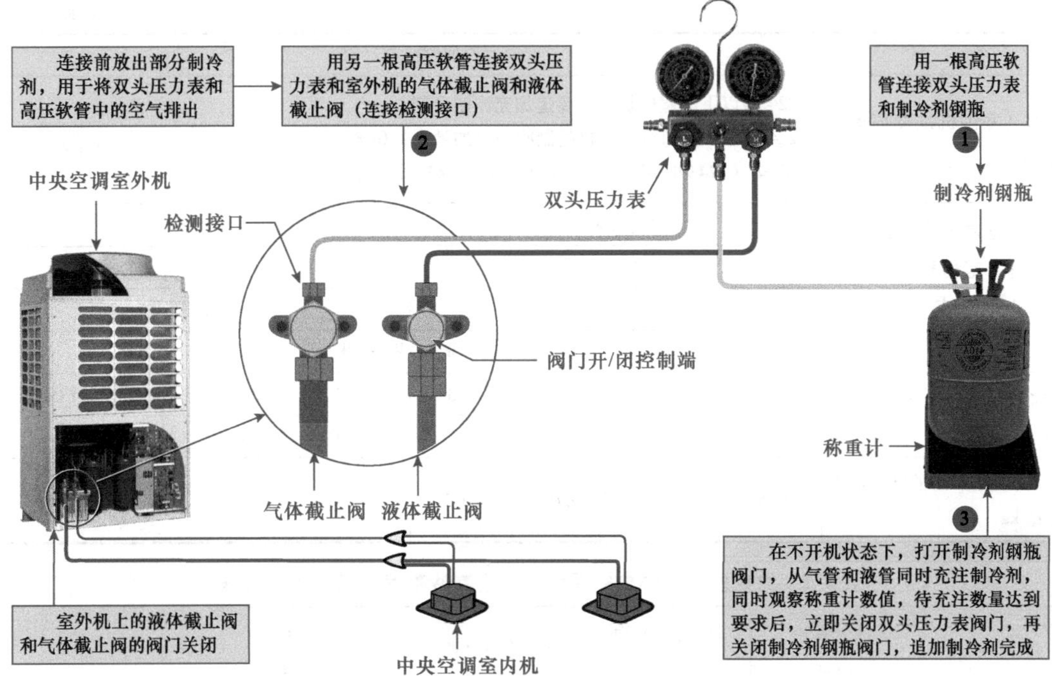

图 5-77　中央空调系统制冷剂充注的操作方法

追加制冷剂时，追加制冷剂的量称重必须满足一定的精度（误差在 ±10g 左右），不可过多或过少追加制冷剂，否则将影响整个系统的制冷效果。

若采用 R410A 型制冷剂，必须以液态状态充注。追加制冷剂时，检查制冷剂钢瓶是否有虹吸装置。有虹吸装置的制冷剂钢瓶应采用正立方式充注；无虹吸装置的制冷剂钢瓶必须采用倒立方式充注。

另外，制冷剂追加量必须做好记录（一般机器配件中会有相应的记录表格），并粘贴在室外机电控箱面板上，以便后期维护、检修参考。

不同品牌、型号的多联式中央空调系统，制冷剂追加量的计算方法也不同，具体应根据实际安装机型对制冷剂追加量的规定和要求而定。表 5-4、表 5-5 所示分别为美的多联式中央空调典型机型和约克多联式中央空调典型机型制冷剂追加量的计算方法。

表 5-4　美的多联式中央空调典型机型制冷剂追加量的计算方法

项　　目	追加制冷剂计算			
	液管管径/mm	制冷管路总长/m	1m 制冷管路制冷剂追加量/kg	追加充注量/kg
W_1（液管制冷剂追加充注量）	ϕ6.35	L	0.024	$L\times 0.024$
	ϕ9.52	L	0.056	$L\times 0.056$
	ϕ12.70	L	0.11	$L\times 0.11$
	ϕ15.88	L	0.17	$L\times 0.17$
	ϕ19.05	L	0.26	$L\times 0.26$
	ϕ22.23	L	0.36	$L\times 0.36$

（续）

<table>
<tr><th>项 目</th><th colspan="7">追加制冷剂计算</th></tr>
<tr><td>W_2（室内机制冷剂追加充注量）</td><td colspan="7">224 型以下的室内机不需要追加充注制冷剂。
224 和 280 型每台室内机的制冷剂追加量为 1.0kg。
W_2 =（224 和 280 型室内机的总台数）×1.0kg/台</td></tr>
<tr><td rowspan="3">W_3［室内机总容量/室外机容量（室内机比率）制冷剂追加充注量］</td><td colspan="4">小于 100%</td><td colspan="3">0.0kg</td></tr>
<tr><td colspan="4">100%～115%</td><td colspan="3">0.5kg</td></tr>
<tr><td colspan="4">116%～130%</td><td colspan="3">1.0 kg</td></tr>
<tr><td>$W_{总}$/kg</td><td colspan="7">$W = W_1 + W_2 + W_3$</td></tr>
<tr><td rowspan="2">最大制冷剂追加充注量 $W_{大}$（$W_{总}$应小于 $W_{大}$）/kg</td><td>252/280</td><td>335</td><td>400</td><td>450</td><td>532</td><td>560～680</td><td>730～1350</td></tr>
<tr><td>28.0</td><td>33.0</td><td colspan="2">38.5</td><td>42.0</td><td>46.0</td><td>52.0</td></tr>
<tr><td>室外机出厂时的制冷剂充注量/kg</td><td>6.5</td><td>9.9</td><td>9.0</td><td>10.5</td><td colspan="3">—</td></tr>
</table>

表 5-5 约克多联式中央空调典型机型制冷剂追加量的计算方法

<table>
<tr><th>制冷剂类型</th><th>液管管径/mm</th><th>1m 追加制冷剂的量/kg</th><th>液管等效总长</th><th>各管追加的制冷剂量/kg</th><th>追加制冷剂的总量</th></tr>
<tr><td rowspan="6">R22</td><td>φ6.35</td><td>0.03</td><td>L_1</td><td>$0.03 \times L_1$</td><td rowspan="6">$W_{总} = 0.03 \times L_1 + 0.06 \times L_2 + 0.12 \times L_3 + 0.19 \times L_4 + 0.27 \times L_5 + 0.36 \times L_6 - \alpha$
（α 为修正值）</td></tr>
<tr><td>φ9.52</td><td>0.06</td><td>L_2</td><td>$0.06 \times L_2$</td></tr>
<tr><td>φ12.70</td><td>0.12</td><td>L_3</td><td>$0.12 \times L_3$</td></tr>
<tr><td>φ15.88</td><td>0.19</td><td>L_4</td><td>$0.19 \times L_4$</td></tr>
<tr><td>φ19.05</td><td>0.27</td><td>L_5</td><td>$0.27 \times L_5$</td></tr>
<tr><td>φ22.23</td><td>0.36</td><td>L_6</td><td>$0.36 \times L_6$</td></tr>
</table>

注：修正值 α（YDOH80/100）=1.2kg、α（YDOH120/140/160）=1.9kg，若计算出的制冷剂追加量为负数时，则无须追加制冷剂。

<table>
<tr><td rowspan="6">R410</td><td>φ6.35</td><td>0.02</td><td>L_1</td><td>$0.02 \times L_1$</td><td rowspan="6">$W_{总} = 0.02 \times L_1 + 0.06 \times L_2 + 0.125 \times L_3 + 0.18 \times L_4 + 0.27 \times L_5 + 0.35 \times L_6 - \alpha$
（α 为修正值）</td></tr>
<tr><td>φ9.52</td><td>0.06</td><td>L_2</td><td>$0.06 \times L_2$</td></tr>
<tr><td>φ12.70</td><td>0.125</td><td>L_3</td><td>$0.125 \times L_3$</td></tr>
<tr><td>φ15.88</td><td>0.18</td><td>L_4</td><td>$0.18 \times L_4$</td></tr>
<tr><td>φ19.05</td><td>0.27</td><td>L_5</td><td>$0.27 \times L_5$</td></tr>
<tr><td>φ22.23</td><td>0.35</td><td>L_6</td><td>$0.35 \times L_6$</td></tr>
</table>

注：修正值 α（YDOH80/100）=0.6kg、α（YDOH120/140/160）=1.25kg、α（YDOH180/200）=1.2kg、α（YDOH220/240/260）=1.85kg、α（YDOH280/300/320）=2.5kg、α（YDOH340/360）=2.45kg。

相关资料

制冷剂追加充注完成后，应根据机器的自动诊断功能，执行制冷剂判定运行步骤来判断制冷剂充注量，如图 5-78 所示（美的多联式中央空调典型机型）。若运行结果显示制冷剂充注不足、过量或异常时，应找出原因，并进行相应处理，然后再次执行制冷剂判定运行，直到制冷剂追加量合格。

安装好除主机未修盖和电气控制盒之外的其他钣金件

室内机、室外机上电（上电12h加热压缩机油）

室外机主板七段数码显示：FGCH

检查七段数码显示内容，然后按PSW1，室外机风扇和压缩机启动

七段数码显示：ch02

制冷剂充注量判断运行持续30～40min，根据显示结果，对照表格了解制冷剂的具体充注情况和不同情况可采用的解决办法

室外机七段数码管显示内容	显示代码含义	说明
End	制冷剂适量	制冷剂追加量合适，DWS5-4 OFF，可开机试运转
chHi	制冷剂过量	根据制冷剂液管长度中心计算制冷剂追加量，用制冷剂回收装置回收制冷剂，然后充注重新计算后的追加充注制冷剂数量
chLo	制冷剂不足	检查追加制冷剂是否已经完全充入；根据实际制冷液管的长度重新计算的数值，重新追加制冷剂
ch	异常终止	可能产生异常终止的原因： ●上电充注量判断运转前未将DSW5-4置于ON ●室内机未准备完毕便开始充注量判断运转 ●室外机环境温度超过范围或室内机连接数量超过要求最大数量 ●运行室内机总容量比较小 ●DSW4-4（压缩机强制停止）未设置为OFF

图5-78　典型多联式中央空调的制冷剂判定运行（美的典型机型）

中央空调常见故障的检修分析

6.1 多联式中央空调常见故障的检修分析

6.1.1 多联式中央空调制冷或制热异常的检修分析

1. 多联式中央空调制冷或制热异常的故障表现

图解演示

如图6-1所示，多联式中央空调制冷或制热异常的主要表现为中央空调不制冷或不制热、制冷或制热效果差等。

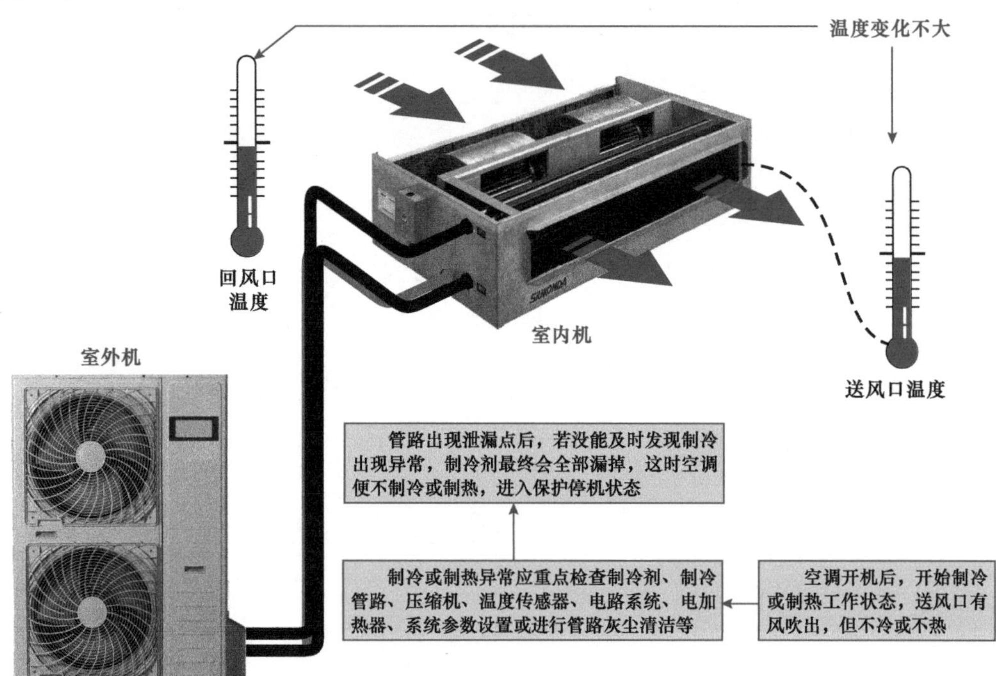

图6-1　多联式中央空调制冷或制热异常的故障表现

2. 多联式中央空调制冷或制热异常的故障判别

多联式中央空调系统通电后，开机正常，当设定温度后，空调压缩机开始运转，运行一段时间后，室内温度无变化。经检查后，空调送风口的温度与室内环境温度差别不大。由此，可以判断空调不制冷或不制热。

3. 多联式中央空调制冷或制热异常的故障检修流程

造成多联式中央空调出现“不制冷或不制热、制冷或制热效果差”故障通常是由于管路中的制冷剂不足、制冷管路堵塞、室内环境温度传感器损坏、控制电路出现异常所引起的，需要结合具体的故障表现，对怀疑的部件逐一检测和排查。

（1）多联式中央空调不制热或制冷的故障检修流程

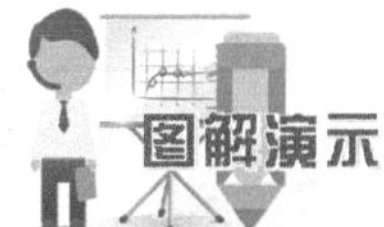

图6-2所示为多联式中央空调不制冷或不制热故障的检修流程。多联式中央空调利用室内机接收室内环境温度传感器送入的温度信号，判断室内温度是否达到制冷要求，并向室外机传输控制信号，由室外机的控制电

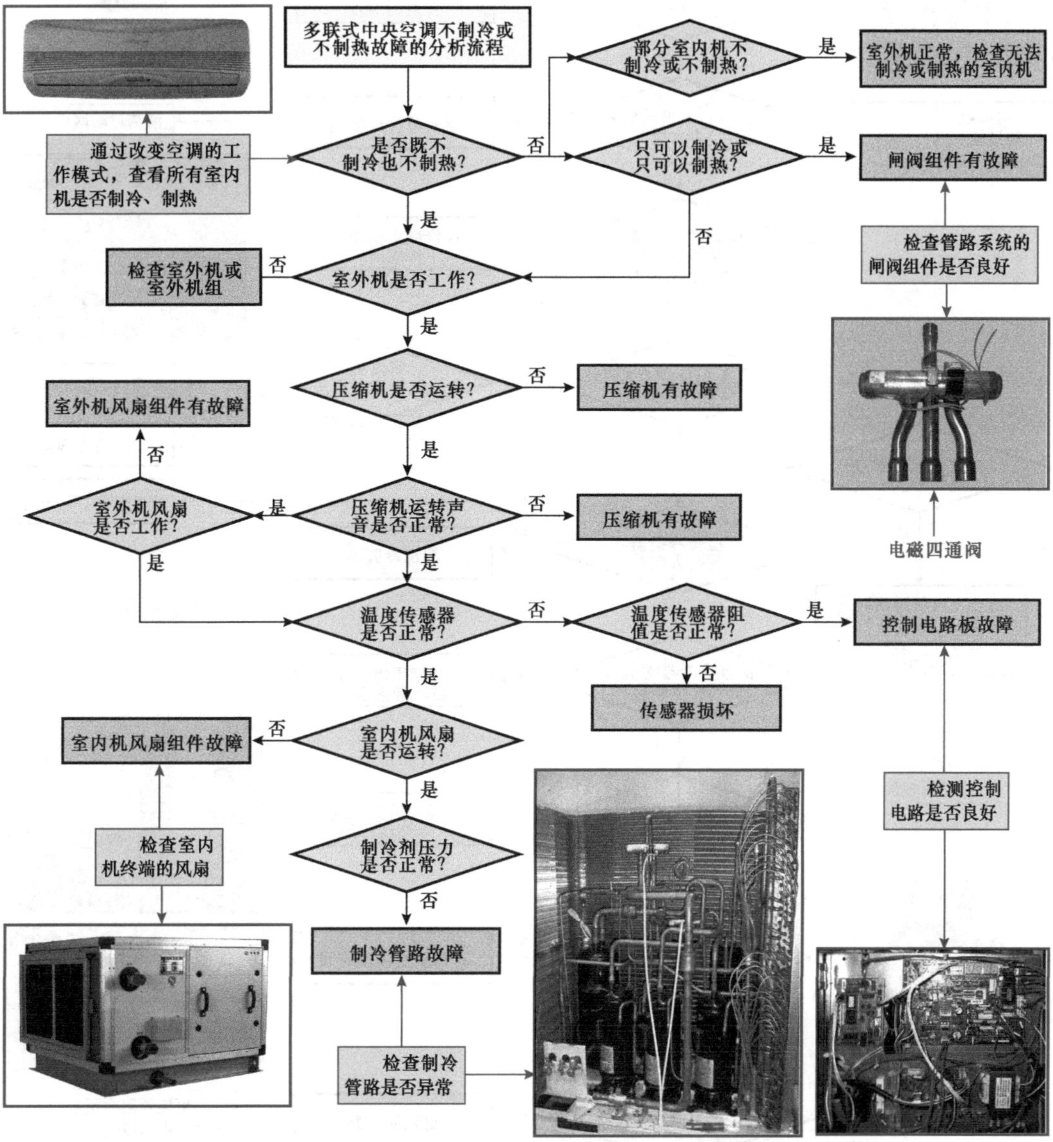

多联式中央空调不制冷或不制热故障的分析流程
通过改变空调的工作模式，查看所有室内机是否制冷、制热
是否既不制冷也不制热？
否
部分室内机不制冷或不制热？
是
室外机正常，检查无法制冷或制热的室内机
只可以制冷或只可以制热？
是
闸阀组件有故障
否
检查管路系统的闸阀组件是否良好
电磁四通阀
是
室外机是否工作？
否
检查室外机或室外机组
是
压缩机是否运转？
否
压缩机有故障
是
压缩机运转声音是否正常？
否
压缩机有故障
是
室外机风扇是否工作？
否
室外机风扇组件有故障
是
温度传感器是否正常？
否
温度传感器阻值是否正常？
是
控制电路板故障
否
传感器损坏
检测控制电路是否良好
是
室内机风扇是否运转？
否
室内机风扇组件故障
检查室内机终端的风扇
是
制冷剂压力是否正常？
否
制冷管路故障
检查制冷管路是否异常

图6-2 多联式中央空调不制冷或不制热故障的检修流程

路控制四通阀换向，同时驱动变频电路工作，进而使压缩机运转，制冷剂循环流动，达到制冷或制热的目的。因此若多联式中央空调出现不制冷或不制热故障时应重点检查四通阀和室内温度传感器。

（2）多联式中央空调制热或制冷效果差的故障检修流程

图 6-3 所示为多联式中央空调制冷或制热效果差的故障检修流程。多联式中央空调系统可启动运行，但制冷/制热温度达不到设定要求。应重点检查其室内外机组的风机、制冷循环系统等是否正常。

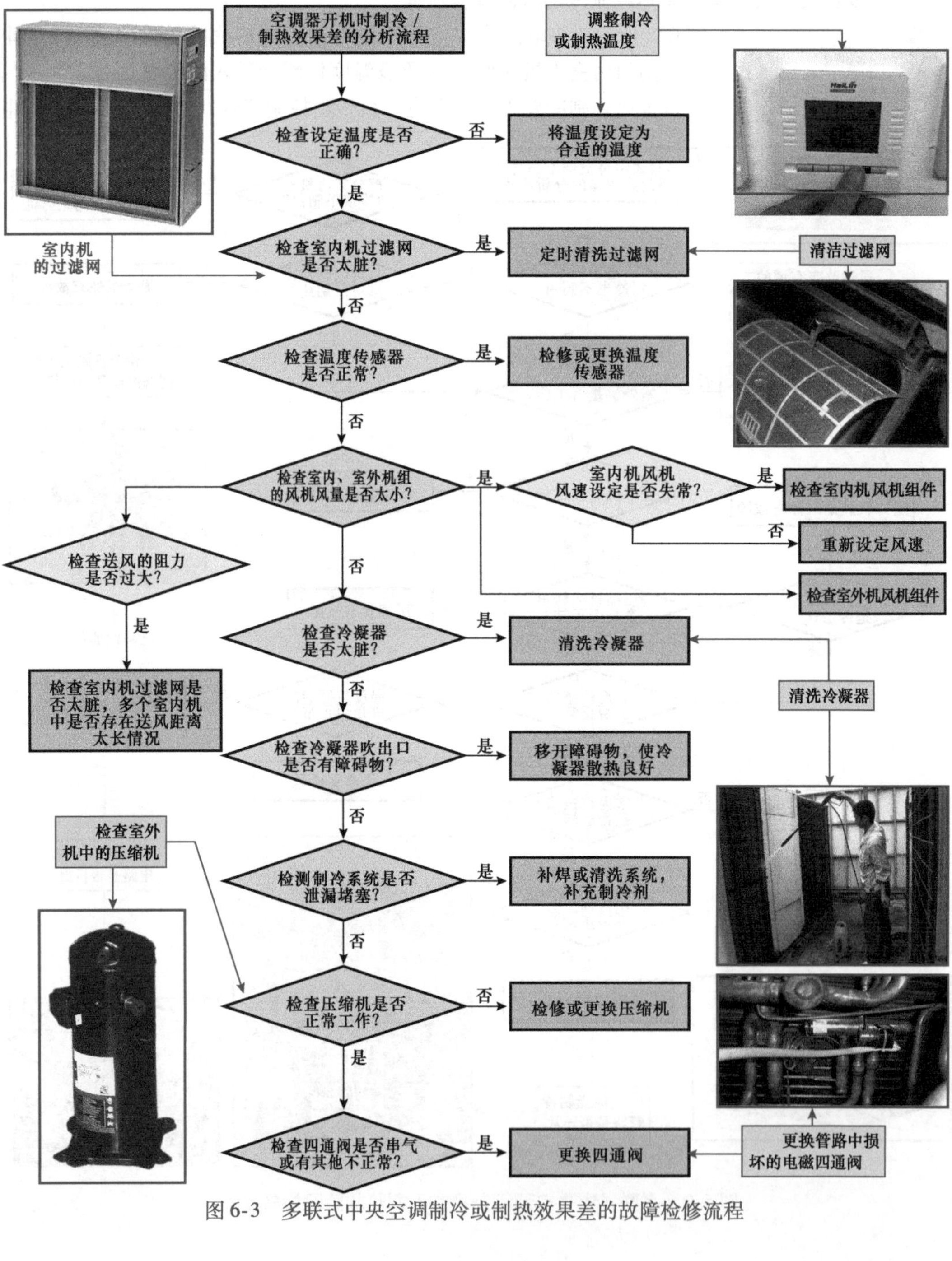

空调器开机时制冷/制热效果差的分析流程

检查设定温度是否正确？ —否→ 将温度设定为合适的温度（调整制冷或制热温度）

是 ↓

检查室内机过滤网是否太脏？ —是→ 定时清洗过滤网（清洁过滤网；室内机的过滤网）

否 ↓

检查温度传感器是否正常？ —是→ 检修或更换温度传感器

否 ↓

检查室内、室外机组的风机风量是否太小？ —是→ 室内机风机风速设定是否失常？ —是→ 检查室内机风机组件；—否→ 重新设定风速；→ 检查室外机风机组件

检查送风的阻力是否过大？ —是→ 检查室内机过滤网是否太脏，多个室内机中是否存在送风距离太长情况

否 ↓

检查冷凝器是否太脏？ —是→ 清洗冷凝器（清洗冷凝器）

否 ↓

检查冷凝器吹出口是否有障碍物？ —是→ 移开障碍物，使冷凝器散热良好

否 ↓

检测制冷系统是否泄漏堵塞？ —是→ 补焊或清洗系统，补充制冷剂

否 ↓

检查压缩机是否正常工作？ —否→ 检修或更换压缩机（检查室外机中的压缩机）

是 ↓

检查四通阀是否串气或有其他不正常？ —是→ 更换四通阀（更换管路中损坏的电磁四通阀）

图 6-3 多联式中央空调制冷或制热效果差的故障检修流程

6.1.2　多联式中央空调不开机或开机保护故障的检修分析

1. 多联式中央空调不开机或开机保护故障的故障表现

图解演示

如图 6-4 所示，多联式中央空调不开机或开机保护的故障特点主要表现为开机跳闸，室外机不启动，开机显示故障代码提示高压保护、低压保护、压缩机电流保护、变频模块保护等。

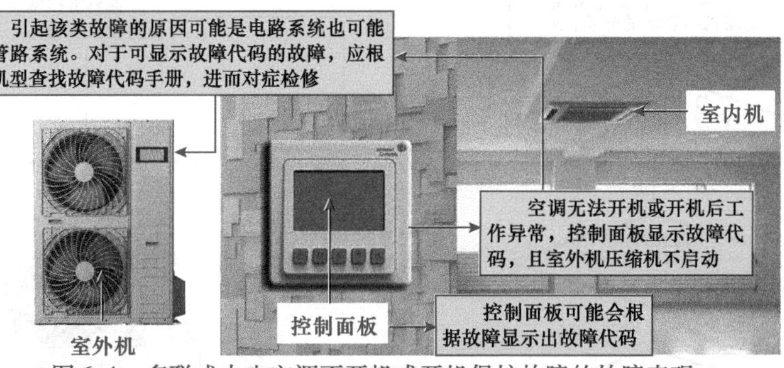

图 6-4　多联式中央空调不开机或开机保护故障的故障表现

2. 多联式中央空调不开机或开机保护的故障检修流程

（1）多联式中央空调开机跳闸的故障检修流程

图解演示

如图 6-5 所示，开机跳闸的故障是指中央空调系统通电后正常，但开机启动时，烧保险丝、空气开关跳脱的现象。出现此种故障，可能是由电路系统中存在短路或漏电引起的。重点检查空调系统的控制线路、压缩机、压缩机启动电容等。

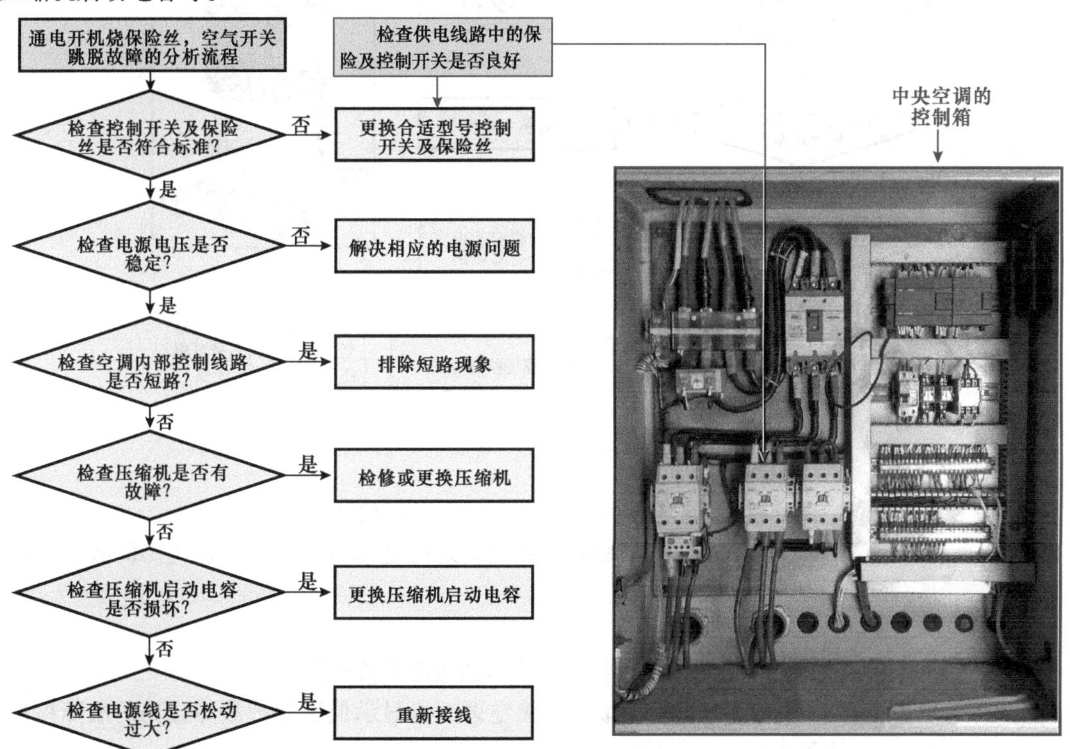

图 6-5　多联式中央空调开机跳闸的故障检修流程

（2）多联式中央空调室内机可启动、室外机不启动的故障检修流程

图解演示

如图6-6所示，多联式中央空调系统开机后，室内机运转，但室外机中压缩机不启动，该现象主要是由室内、室外机通信不良、室外机压缩机启动部件或压缩机本身不良引起的，主要应检查室内、室外机连接线、压缩机启动部件以及压缩机。

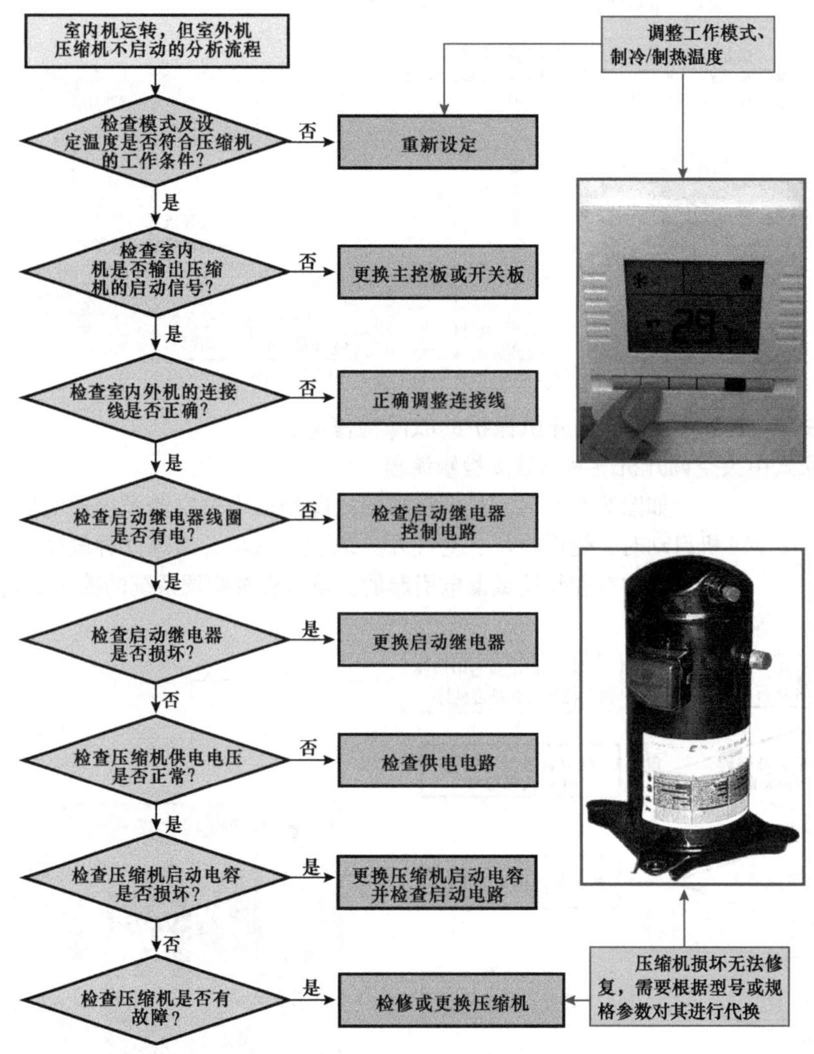

图6-6　多联式中央空调室内机可启动、室外机不启动的故障检修流程

（3）多联式中央空调开机显示高压保护故障代码的故障检修流程

图解演示

图6-7所示为多联式中央空调开机显示高压保护故障代码的故障检修流程。

（4）多联式中央空调开机显示低压保护故障代码的故障检修流程

图解演示

图6-8所示为多联式中央空调开机显示低压保护故障代码的故障检修流程。

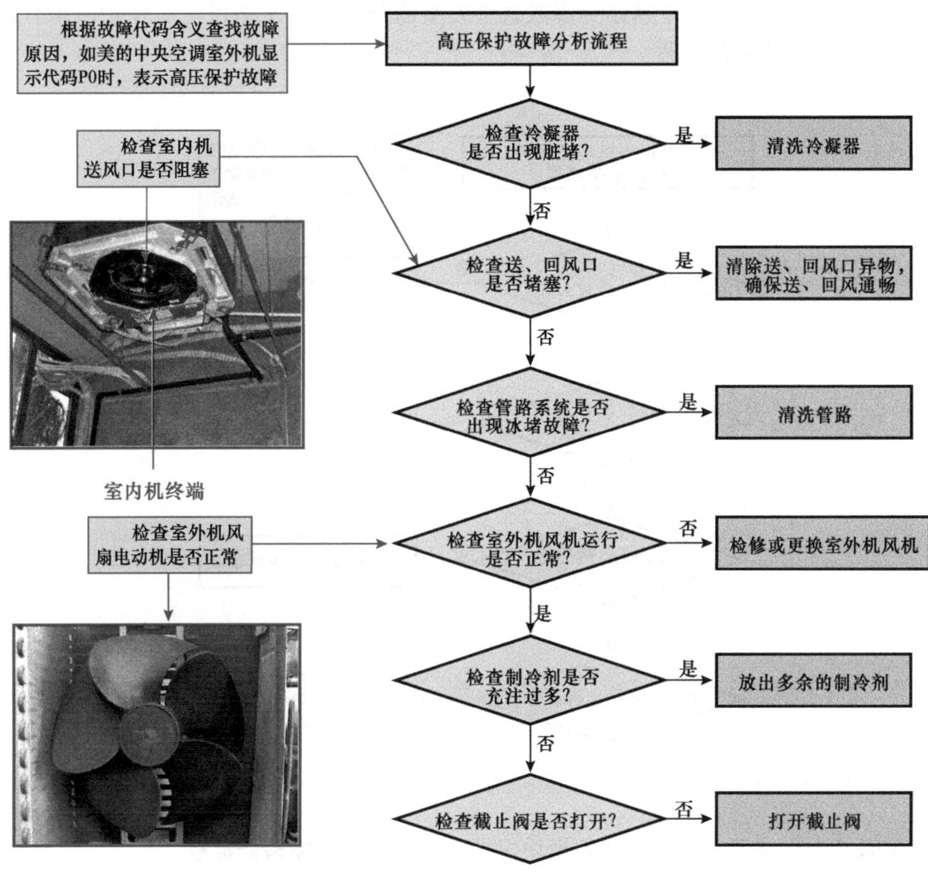

图 6-7　多联式中央空调开机显示高压保护故障代码的故障检修流程

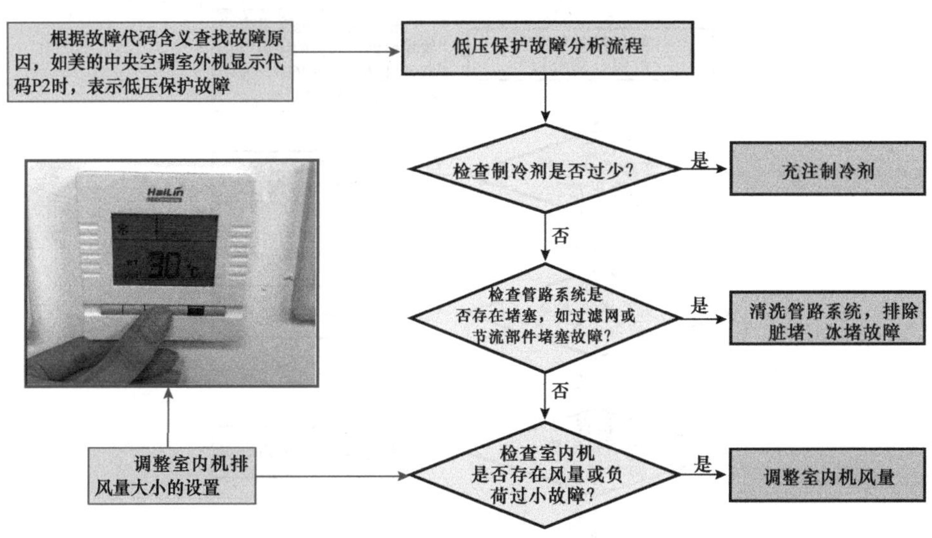

图 6-8　多联式中央空调开机显示低压保护故障代码的故障检修流程

（5）多联式中央空调开机显示压缩机电流保护故障代码的故障检修流程

图6-9所示为多联式中央空调开机显示压缩机电流保护故障代码的故障检修流程。

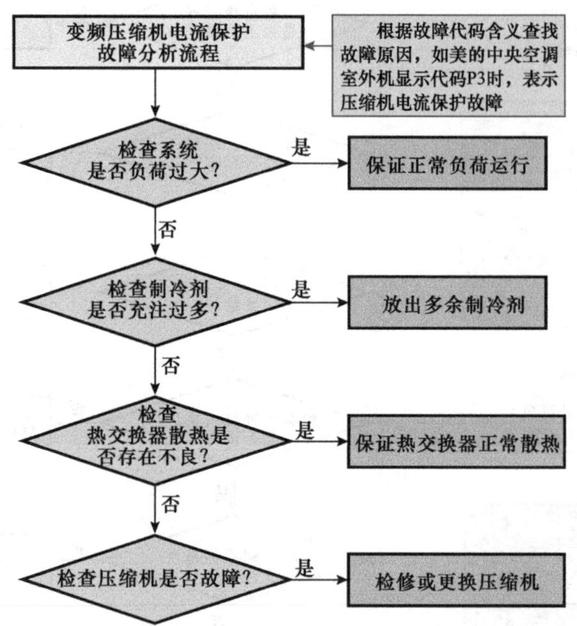

图6-9　多联式中央空调开机显示压缩机电流保护故障代码的故障检修流程

（6）多联式中央空调开机显示变频模块保护故障代码的故障检修流程

图6-10所示为多联式中央空调开机显示变频模块保护故障代码的故障检修流程。

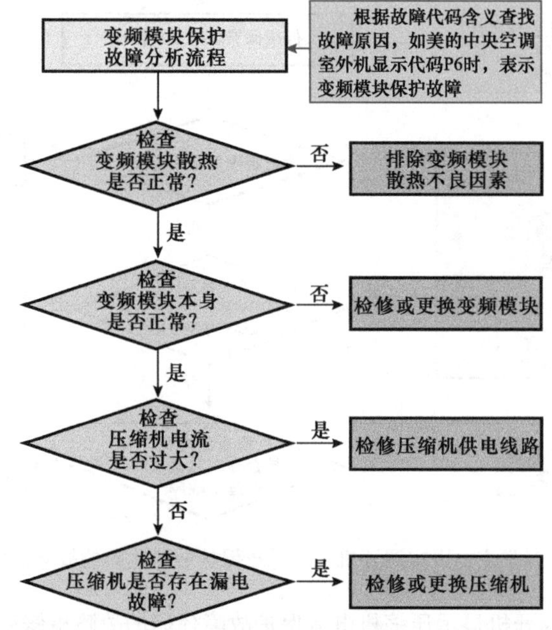

图6-10　多联式中央空调开机显示变频模块保护故障代码的故障检修流程

6.1.3　多联式中央空调压缩机工作异常的检修分析

1. 多联式中央空调压缩机工作异常的故障表现

图解演示

如图6-11所示，多联式中央空调压缩机工作异常的主要表现为压缩机不运转、压缩机启停频繁等，从而引起不制冷（或不制热）或制冷（热）效果差的故障。出现该类故障通常是由制冷系统或控制电路工作异常所引起的，也有很小的可能是由压缩机出现机械不良的故障引起的。

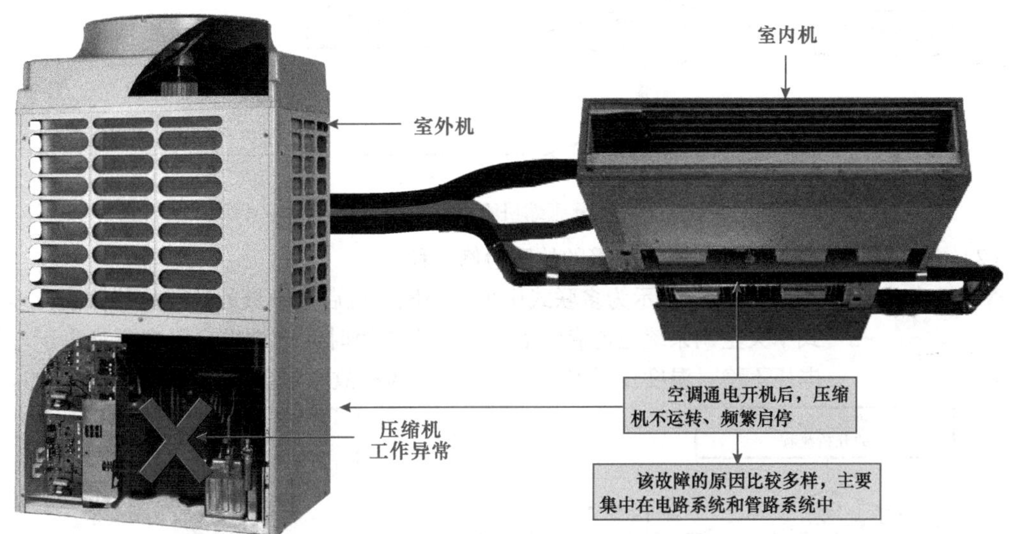

图6-11　多联式中央空调压缩机工作异常的故障表现

2. 多联式中央空调压缩机工作异常的故障检修流程

（1）多联式中央空调压缩机不运转的故障检修流程

图解演示

如图6-12所示，多联式中央空调室外机中一般采用变频压缩机启动。该类压缩机一般由专门的变频电路或变频模块进行驱动控制，压缩机不运转时应重点对压缩机相关电路进行检查。

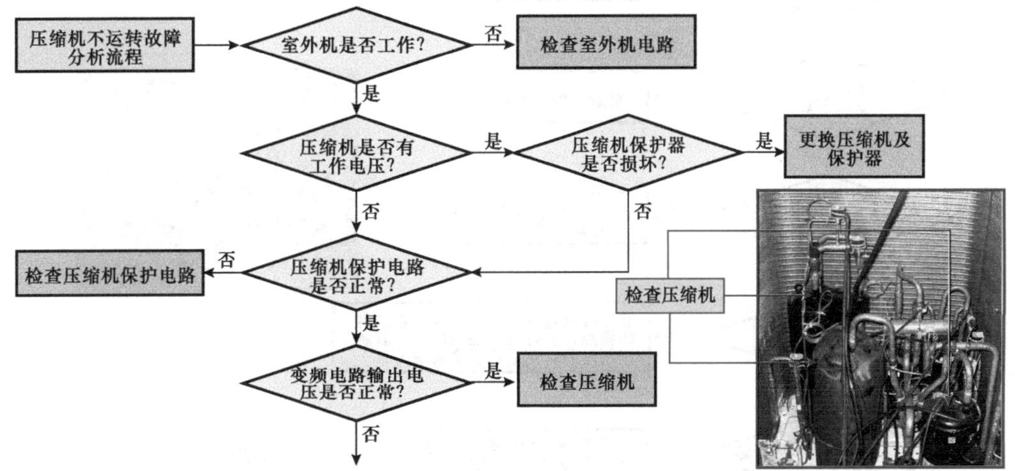

图6-12　多联式中央空调压缩机不运转的故障检修流程

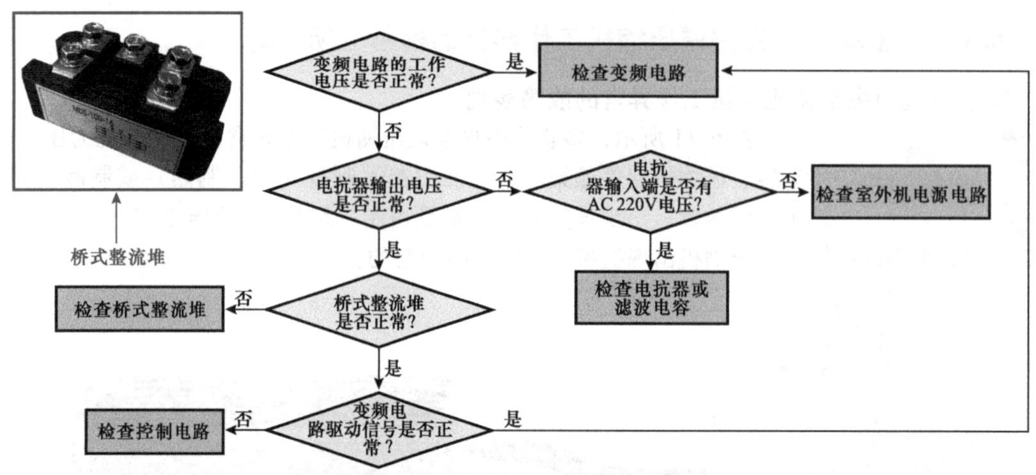

图 6-12　多联式中央空调压缩机不运转的故障检修流程（续）

（2）多联式中央空调压缩机启停频繁的故障检修流程

图解演示

图 6-13 所示为多联式中央空调压缩机启停频繁的故障检修流程。多联式中央空调系统通电启动后，压缩机在短时间内频繁启停主要是由于电源电压不稳、温度传感器不良、室内外风机故障或系统存在堵塞等引起的。

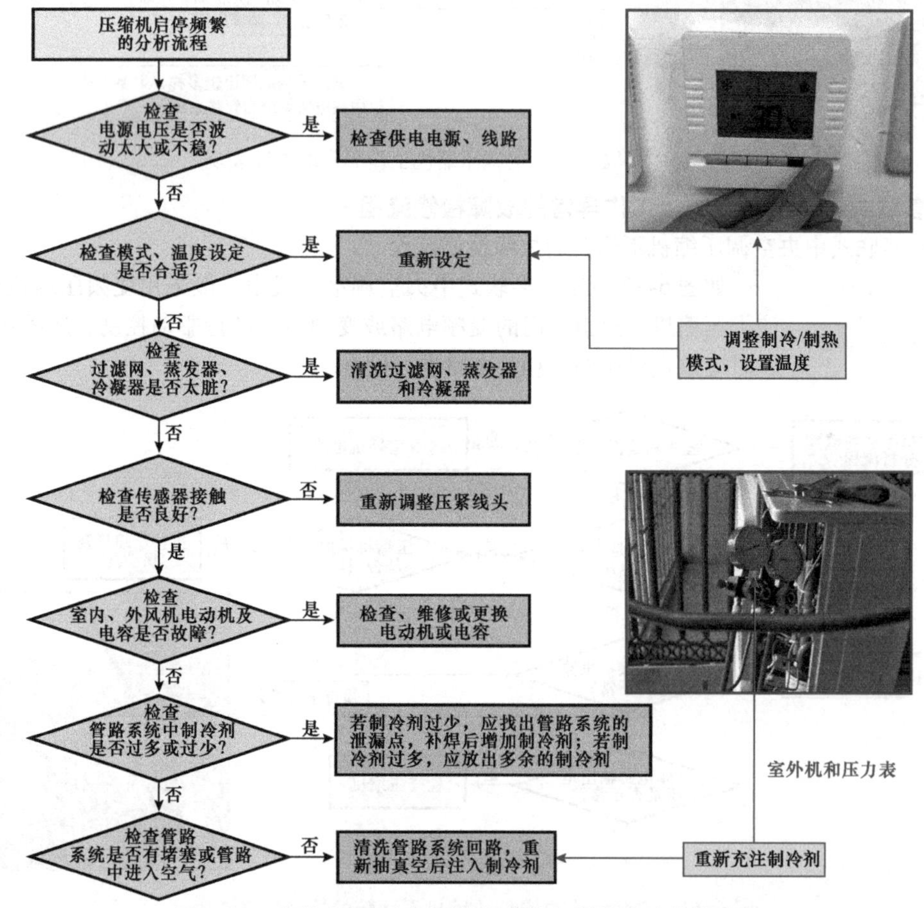

图 6-13　多联式中央空调压缩机启停频繁的故障检修流程

6.1.4　多联式中央空调室外机组不工作的检修分析

1. 多联式中央空调室外机组不工作的故障表现

图解演示

如图6-14所示，多联式中央空调室外机组不工作，通常会在室外主机及辅机的显示故障代码进行提示，该故障可能是由室外机通信故障、室外机相序错误故障、室外机地址错误等引起的，可根据空调器机型查找故障代码，进而对症检修。

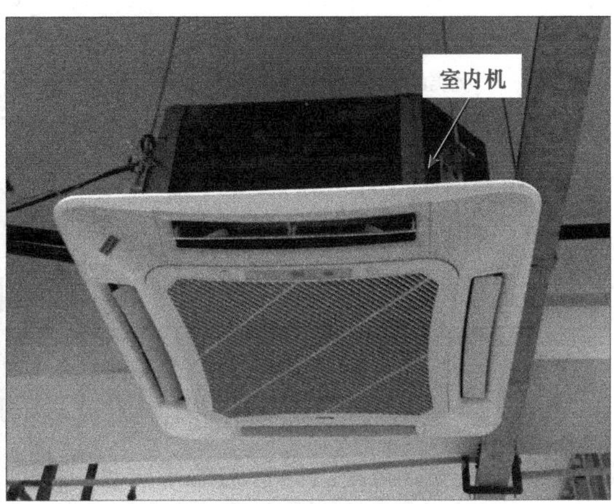

图6-14　多联式中央空调室外机组不工作的故障表现

2. 多联式中央空调室外机组不工作的故障检修流程

如图6-15所示，引起多联式中央空调室外机组不工作的原因很多，如室外机通信故障、室外机相序错误或室外机地址错误等，应根据故障表现仔细判别故障原因，然后顺着信号流程逐级排查，完成故障检测。

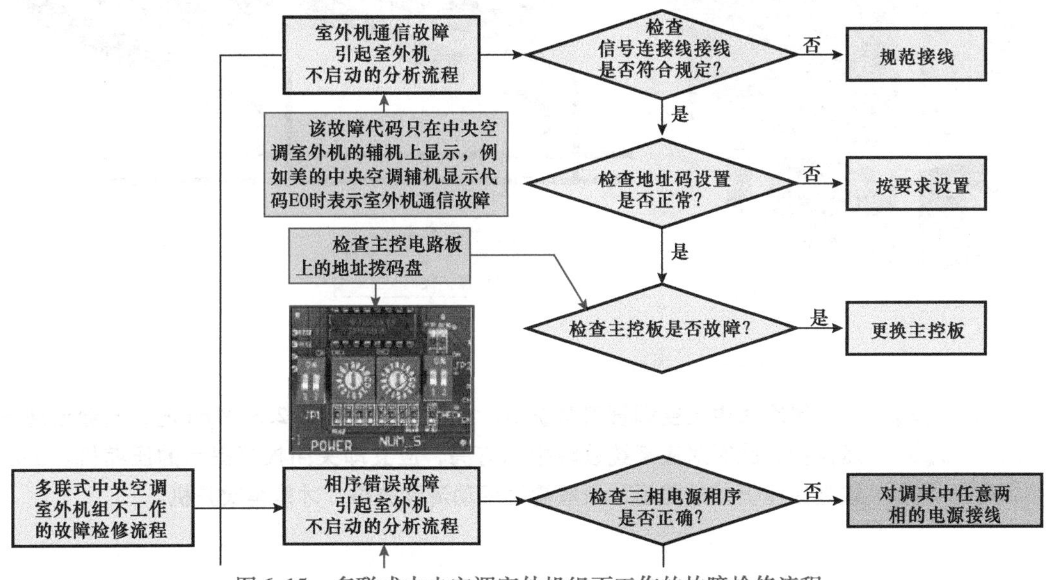

图6-15　多联式中央空调室外机组不工作的故障检修流程

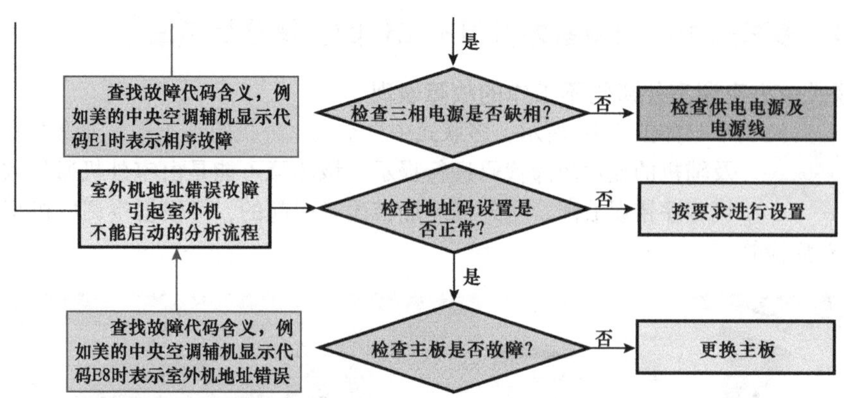

图6-15 多联式中央空调室外机组不工作的故障检修流程（续）

6.2 风冷式中央空调常见故障的检修分析

6.2.1 风冷式中央空调高压保护故障的检修分析

1. 风冷式中央空调高压保护的故障表现

图解演示

如图6-16所示，风冷式中央空调高压保护故障表现为中央空调系统不启动，压缩机不动作，空调机组显示高压保护故障代码。

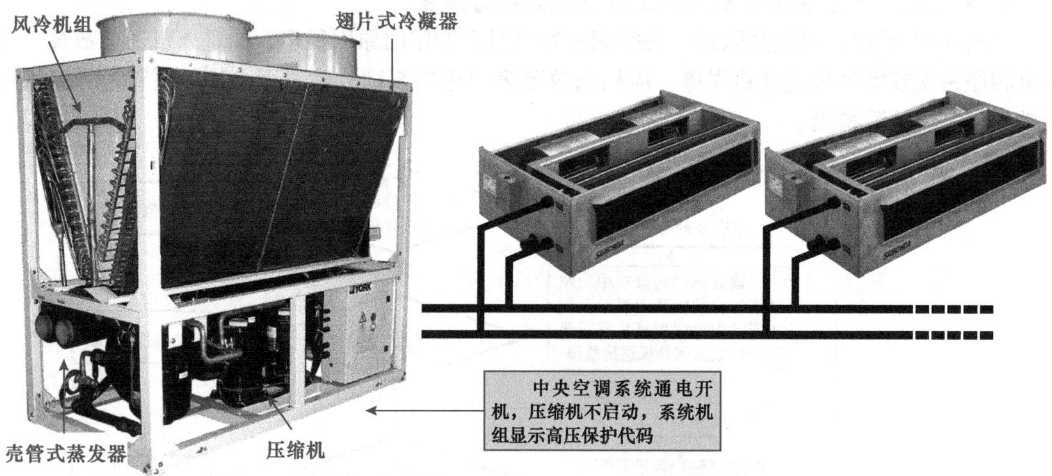

图6-16 风冷式中央空调高压保护的故障表现

风冷式中央空调管路系统中，当系统高压超过2.35MPa时，则会出现高压保护，此时对应系统故障指示灯亮，应立即关闭报警提示的压缩机。出现该类高压保护故障后，一般需要手动清除故障，才能再次开机。

2. 风冷式中央空调高压保护的故障检修流程

图解演示

图 6-17 所示为风冷式中央空调高压保护的故障检修流程。

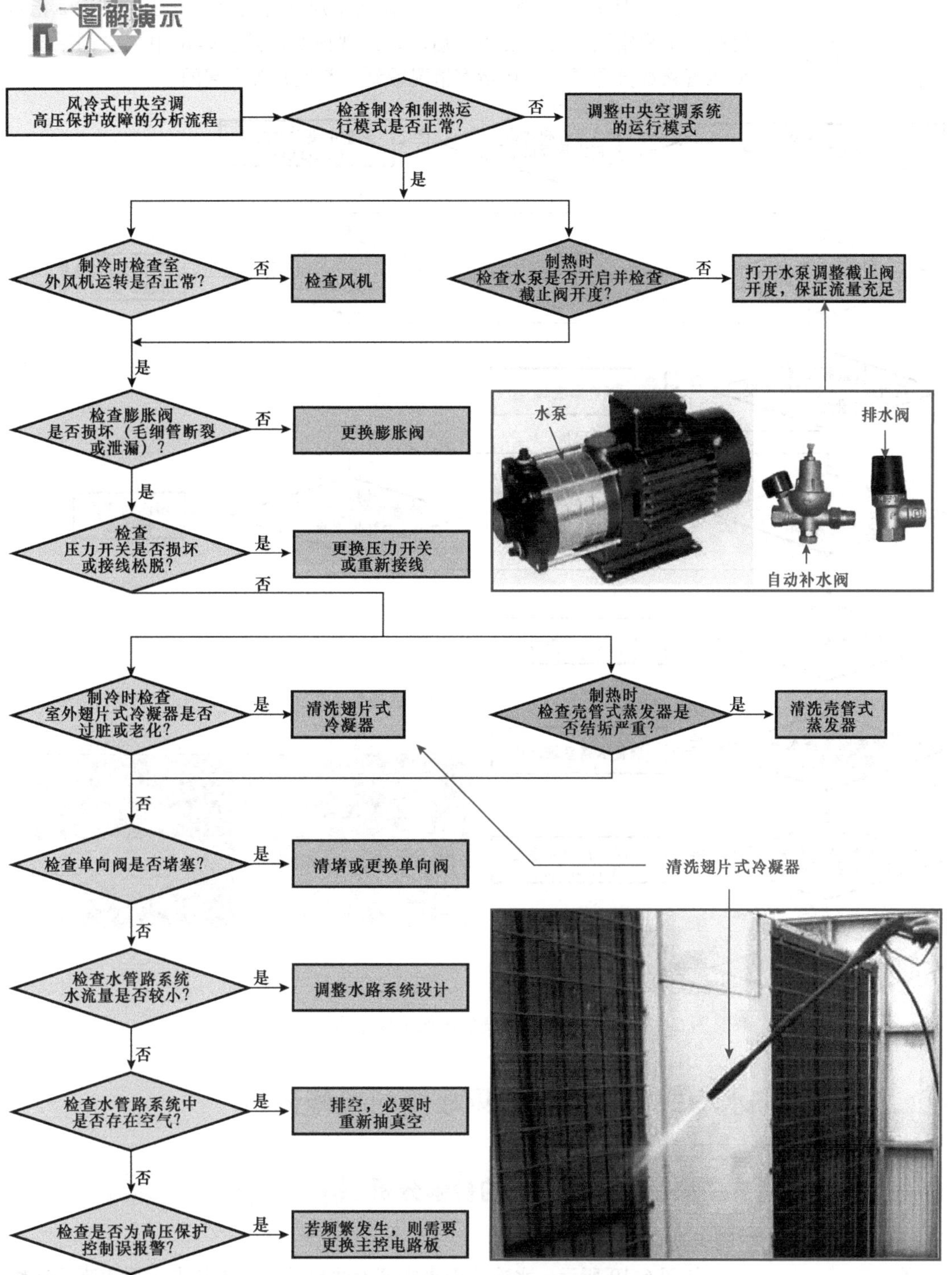

图 6-17　风冷式中央空调高压保护的故障检修流程

6.2.2 风冷式中央空调低压保护故障的检修分析

如图 6-18 所示，风冷式中央空调按下启动开关后，低压保护故障指示灯亮，中央空调系统无法正常启动，出现该类故障多是由中央空调系统中低压管路部分异常、存在堵塞情况或制冷剂泄漏等引起的。

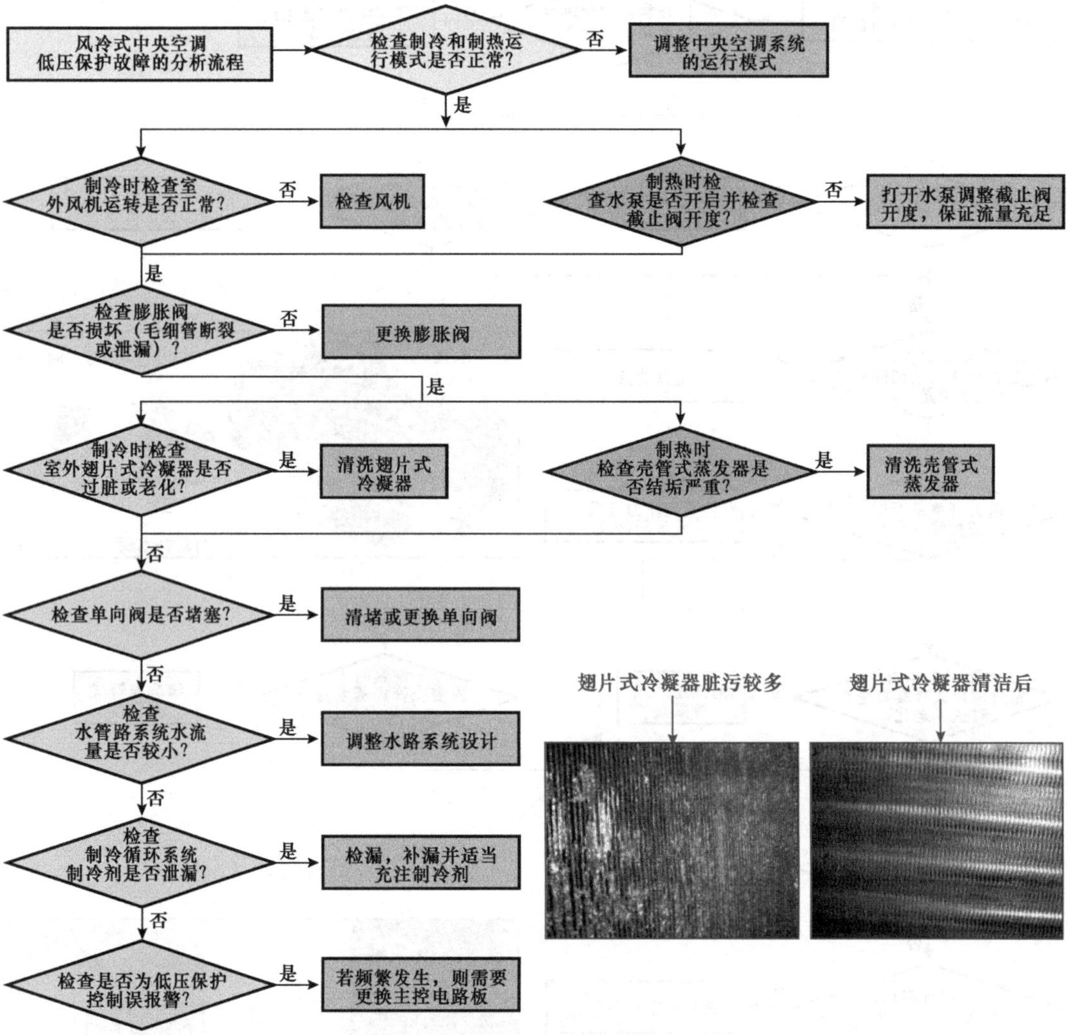

风冷式中央空调低压保护故障的分析流程

检查制冷和制热运行模式是否正常？ 否 → 调整中央空调系统的运行模式

是

制冷时检查室外风机运转是否正常？ 否 → 检查风机

制热时检查水泵是否开启并检查截止阀开度？ 否 → 打开水泵调整截止阀开度，保证流量充足

是

检查膨胀阀是否损坏（毛细管断裂或泄漏）？ 否 → 更换膨胀阀

是

制冷时检查室外翅片式冷凝器是否过脏或老化？ 是 → 清洗翅片式冷凝器

制热时检查壳管式蒸发器是否结垢严重？ 是 → 清洗壳管式蒸发器

否

检查单向阀是否堵塞？ 是 → 清堵或更换单向阀

否

检查水管路系统水流量是否较小？ 是 → 调整水路系统设计

否

检查制冷循环系统制冷剂是否泄漏？ 是 → 检漏，补漏并适当充注制冷剂

否

检查是否为低压保护控制误报警？ 是 → 若频繁发生，则需要更换主控电路板

翅片式冷凝器脏污较多

翅片式冷凝器清洁后

图 6-18　风冷式中央空调低压保护故障的检修分析

6.3 水冷式中央空调常见故障的检修分析

6.3.1 水冷式中央空调无法启动的检修分析

1. 水冷式中央空调无法启动的故障表现

如图 6-19 所示，水冷式中央空调无法启动的故障特点主要表现为压缩机不启动，开机出现过载保护、高压保护、低压保护、缺相保护等，造成水冷式中央空调出现该类故障现象通常是由其管路部件和电路系统异常所

引起的。

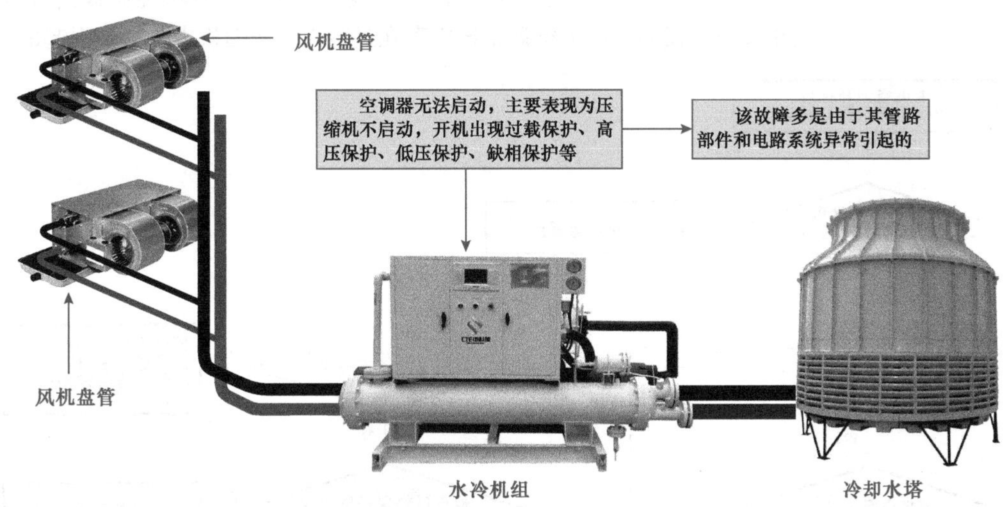

图 6-19　水冷式中央空调无法启动的故障表现

2. 水冷式中央空调无法启动的故障检修流程

水冷式中央空调无法启动的故障主要可从缺相保护、电源供电异常、过载保护、高压保护和低压保护五个方面进行故障排查。

如图 6-20 所示，水冷式中央空调按下启动开关后，缺相保护指示灯亮，中央空调系统无法正常启动，出现该类故障多是由中央空调电路系统中三相线接线错误或缺相等引起的。

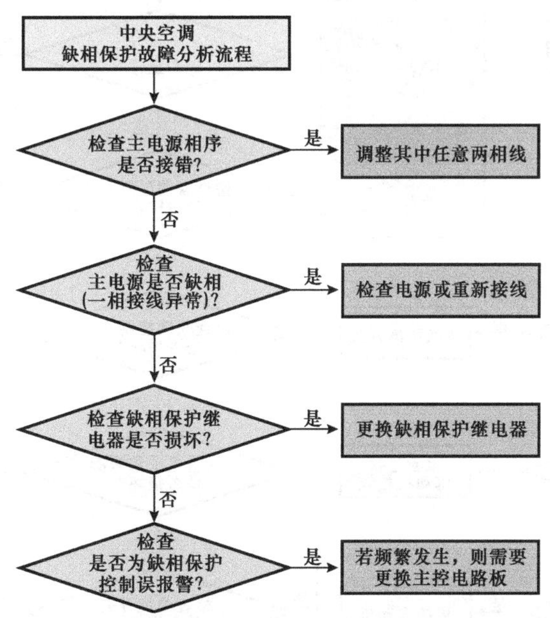

图 6-20　水冷式中央空调缺相保护导致无法启动的故障检修流程

如图 6-21 所示，水冷式中央空调接通电源后，按下启动开关，压缩机不启动，出现该故障主要是由电源供电线路异常、压缩机控制线路继电器及相关部件损坏、中央空调系统中存在过载以及压缩机本身故障引起的。

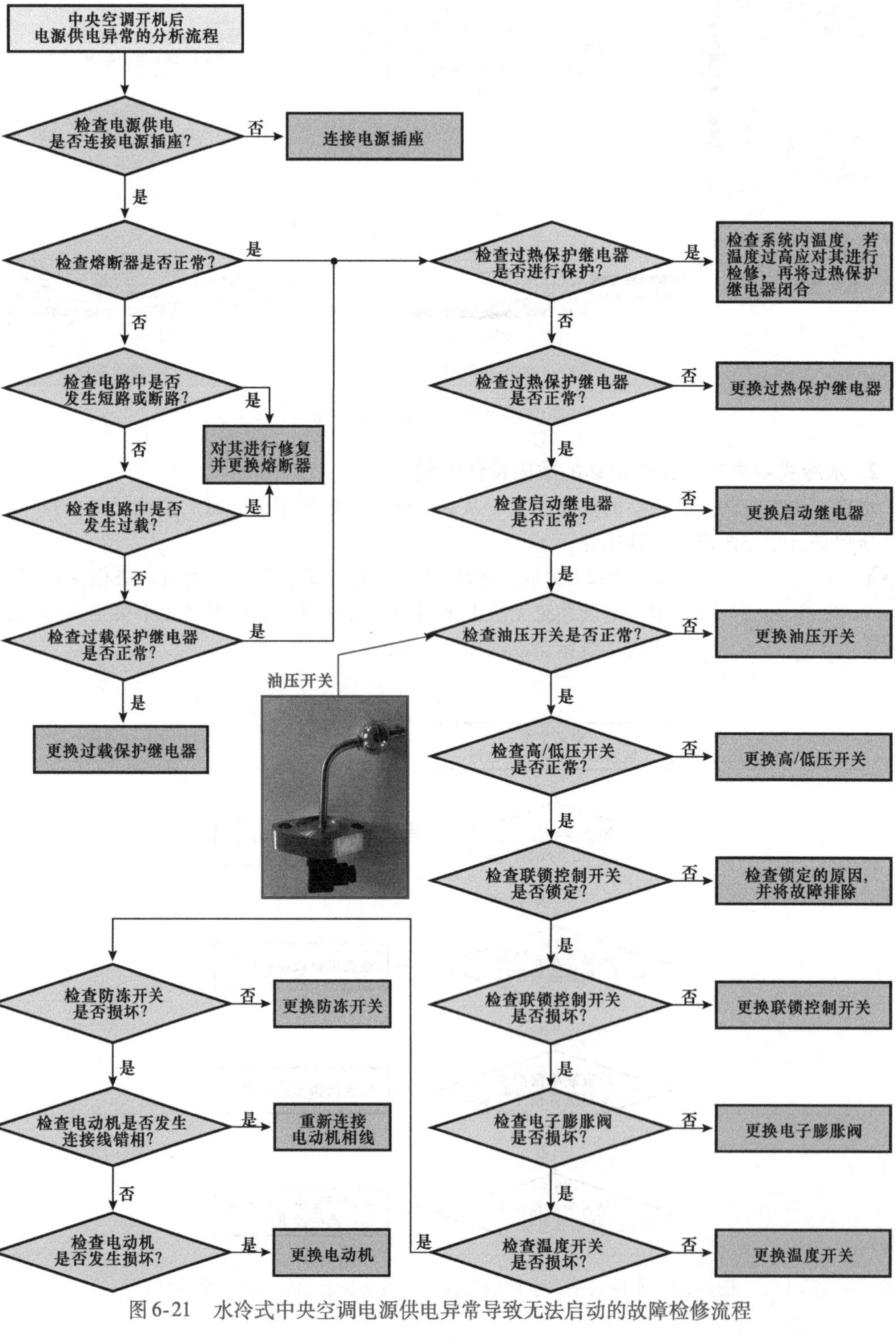

中央空调开机后电源供电异常的分析流程

检查电源供电是否连接电源插座？
否 → 连接电源插座
是 ↓
检查熔断器是否正常？
是 → 检查过热保护继电器是否进行保护？
否 ↓
检查电路中是否发生短路或断路？
是 → 对其进行修复并更换熔断器
否 ↓
检查电路中是否发生过载？
是 → 对其进行修复并更换熔断器
否 ↓
检查过载保护继电器是否正常？
是 → 检查过热保护继电器是否进行保护？
是 ↓
更换过载保护继电器

检查过热保护继电器是否进行保护？
是 → 检查系统内温度，若温度过高应对其进行检修，再将过热保护继电器闭合
否 ↓
检查过热保护继电器是否正常？
否 → 更换过热保护继电器
是 ↓
检查启动继电器是否正常？
否 → 更换启动继电器
是 ↓
检查油压开关是否正常？（油压开关）
否 → 更换油压开关
是 ↓
检查高/低压开关是否正常？
否 → 更换高/低压开关
是 ↓
检查联锁控制开关是否锁定？
否 → 检查锁定的原因，并将故障排除
是 ↓
检查联锁控制开关是否损坏？
否 → 更换联锁控制开关
是 ↓
检查电子膨胀阀是否损坏？
否 → 更换电子膨胀阀
是 ↓
检查温度开关是否损坏？
否 → 更换温度开关
是 → 检查防冻开关是否损坏？

检查防冻开关是否损坏？
否 → 更换防冻开关
是 ↓
检查电动机是否发生连接线错相？
是 → 重新连接电动机相线
否 ↓
检查电动机是否发生损坏？
是 → 更换电动机

图 6-21　水冷式中央空调电源供电异常导致无法启动的故障检修流程

图解演示

如图6-22所示，水冷式中央空调按下启动开关后，过载保护继电器跳闸，中央空调系统无法启动，出现该类故障主要是由于整个中央空调系统中的负载可能存在短路、断路或超载现象，如电路中电源接地线短路、压缩机卡缸引起负载过重、供电线路接线错误或线路设计中的电器部件参数不符合系统等。

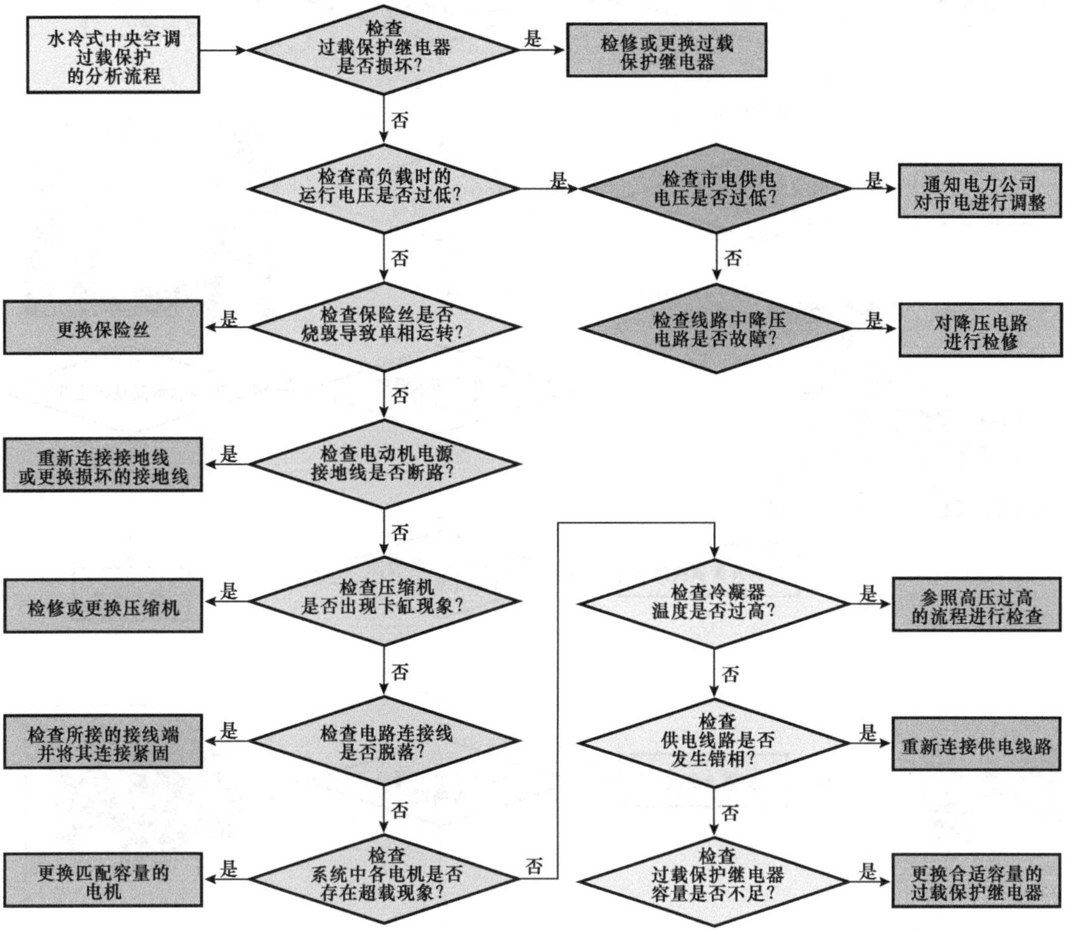

水冷式中央空调过载保护的分析流程
- 检查过载保护继电器是否损坏？ 是 → 检修或更换过载保护继电器；否 ↓
- 检查高负载时的运行电压是否过低？ 是 → 检查市电供电电压是否过低？ 是 → 通知电力公司对市电进行调整；否 → 检查线路中降压电路是否故障？ 是 → 对降压电路进行检修
- 否 ↓ 检查保险丝是否烧毁导致单相运转？ 是 → 更换保险丝；否 ↓
- 检查电动机电源接地线是否断路？ 是 → 重新连接接地线或更换损坏的接地线；否 ↓
- 检查压缩机是否出现卡缸现象？ 是 → 检修或更换压缩机；否 ↓
- 检查电路连接线是否脱落？ 是 → 检查所接的接线端并将其连接紧固；否 ↓
- 检查系统中各电机是否存在超载现象？ 是 → 更换匹配容量的电机；否 ↓
- 检查冷凝器温度是否过高？ 是 → 参照高压过高的流程进行检查；否 ↓
- 检查供电线路是否发生错相？ 是 → 重新连接供电线路；否 ↓
- 检查过载保护继电器容量是否不足？ 是 → 更换合适容量的过载保护继电器

图6-22　水冷式中央空调过载保护导致无法启动的故障检修流程

如图6-23所示，水冷式中央空调按下启动开关后，高压保护指示灯亮，中央空调系统无法正常启动，出现该类故障多是由中央空调系统中高压管路部分异常或存在堵塞情况引起的。

如图6-24所示，水冷式中央空调按下启动开关后，低压保护指示灯亮，中央空调系统无法正常启动，出现该类故障多是由中央空调系统中压力传感器异常、水温设置异常、水流量异常、系统阀件阻塞、制冷剂泄漏等原因引起的。

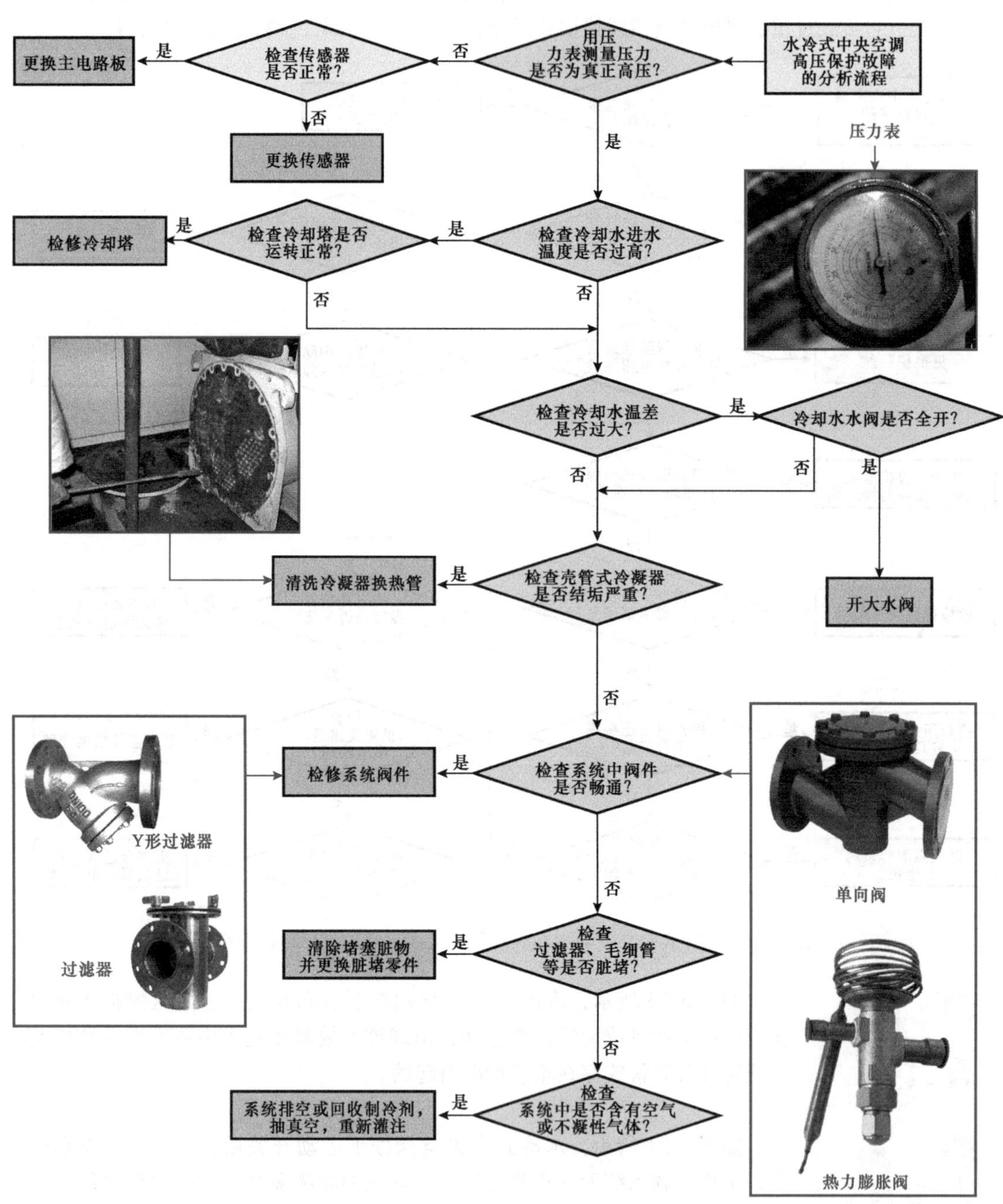

图 6-23　水冷式中央空调高压保护导致无法启动的故障检修流程

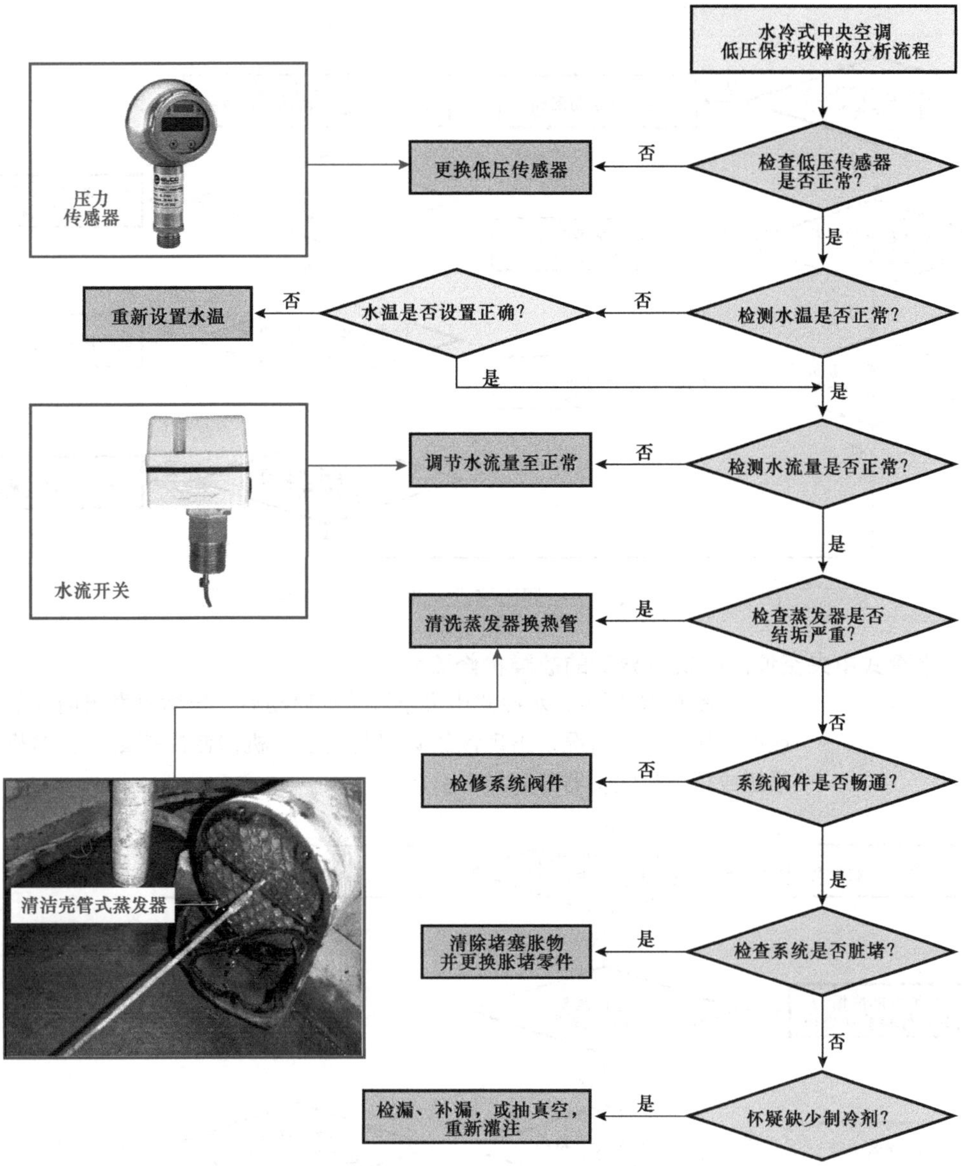

水冷式中央空调
低压保护故障的分析流程

检查低压传感器是否正常？ —否→ 更换低压传感器

压力传感器

是

检测水温是否正常？ —否→ 水温是否设置正确？ —否→ 重新设置水温

是

是

检测水流量是否正常？ —否→ 调节水流量至正常

水流开关

是

检查蒸发器是否结垢严重？ —是→ 清洗蒸发器换热管

否

系统阀件是否畅通？ —否→ 检修系统阀件

清洁壳管式蒸发器

是

检查系统是否脏堵？ —是→ 清除堵塞胀物并更换胀堵零件

否

怀疑缺少制冷剂？ —是→ 检漏、补漏，或抽真空，重新灌注

图 6-24　水冷式中央空调低压保护导致无法启动的故障检修流程

6.3.2　水冷式中央空调压缩机工作异常的检修分析

水冷式中央空调压缩机工作异常的故障特点主要表现为压缩机无法停机、压缩机有异响、压缩机频繁启停等，该类故障都是与压缩机有关，引起故障的原因主要也在压缩机本身及与其关联的部件上。

1. 水冷式中央空调压缩机无法停机的故障检修流程

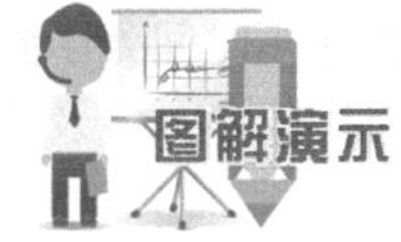

如图 6-25 所示，水冷式中央空调系统运行中，压缩机无法正常停机，出现该故障主要是由控制线路和压缩机本身异常引起的。

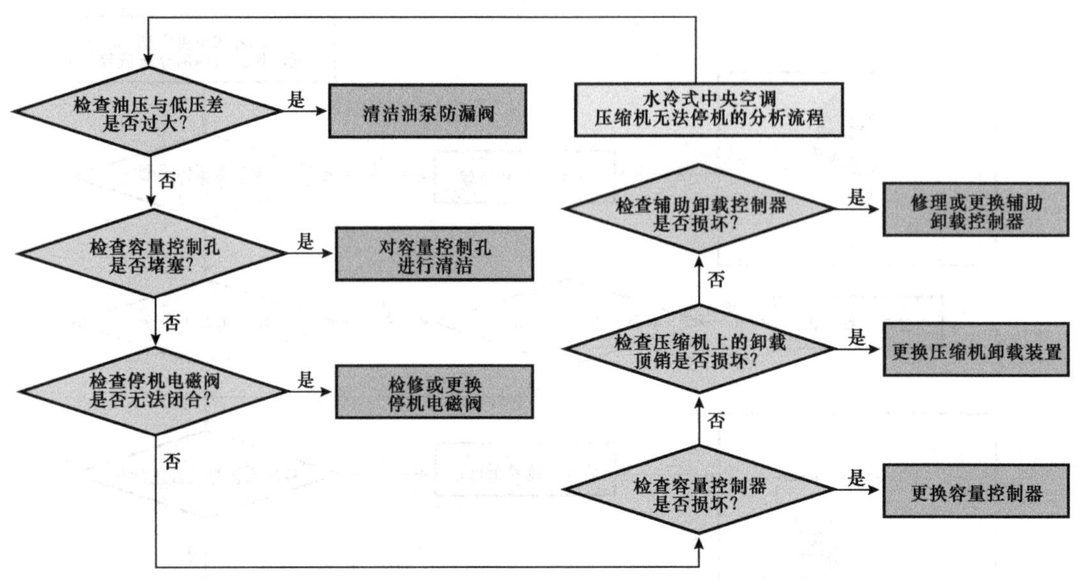

图 6-25　水冷式中央空调压缩机无法停机的故障检修流程

2. 水冷式中央空调压缩机有异响的故障检修流程

如图 6-26 所示，水冷式中央空调系统启动后，压缩机发出明显的杂音或有明显的震动情况，出现该故障多是由压缩机内制冷剂量、压缩机避震系统或压缩机联轴器部分异常引起的。

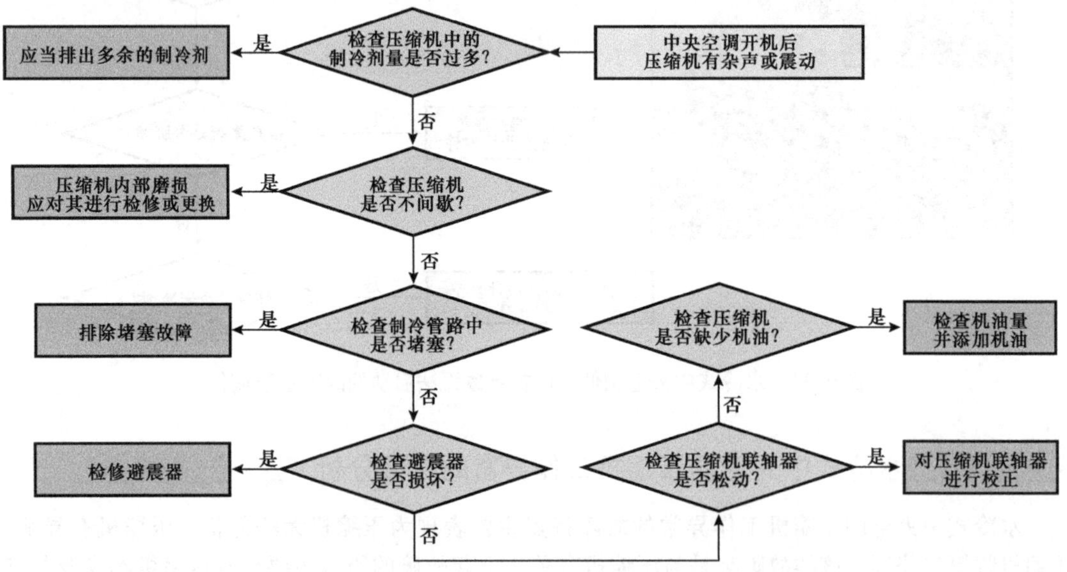

图 6-26　水冷式中央空调压缩机有异响的故障检修流程

3. 水冷式中央空调压缩机频繁启停的故障检修流程

如图 6-27 所示，水冷式中央空调系统启动后，压缩机在短时间处于频繁启动和停止的状态，无法正常运行，引起该故障的原因比较多，涉及中央空调系统的部分也较广泛，应顺着信号流程进行逐步排查。

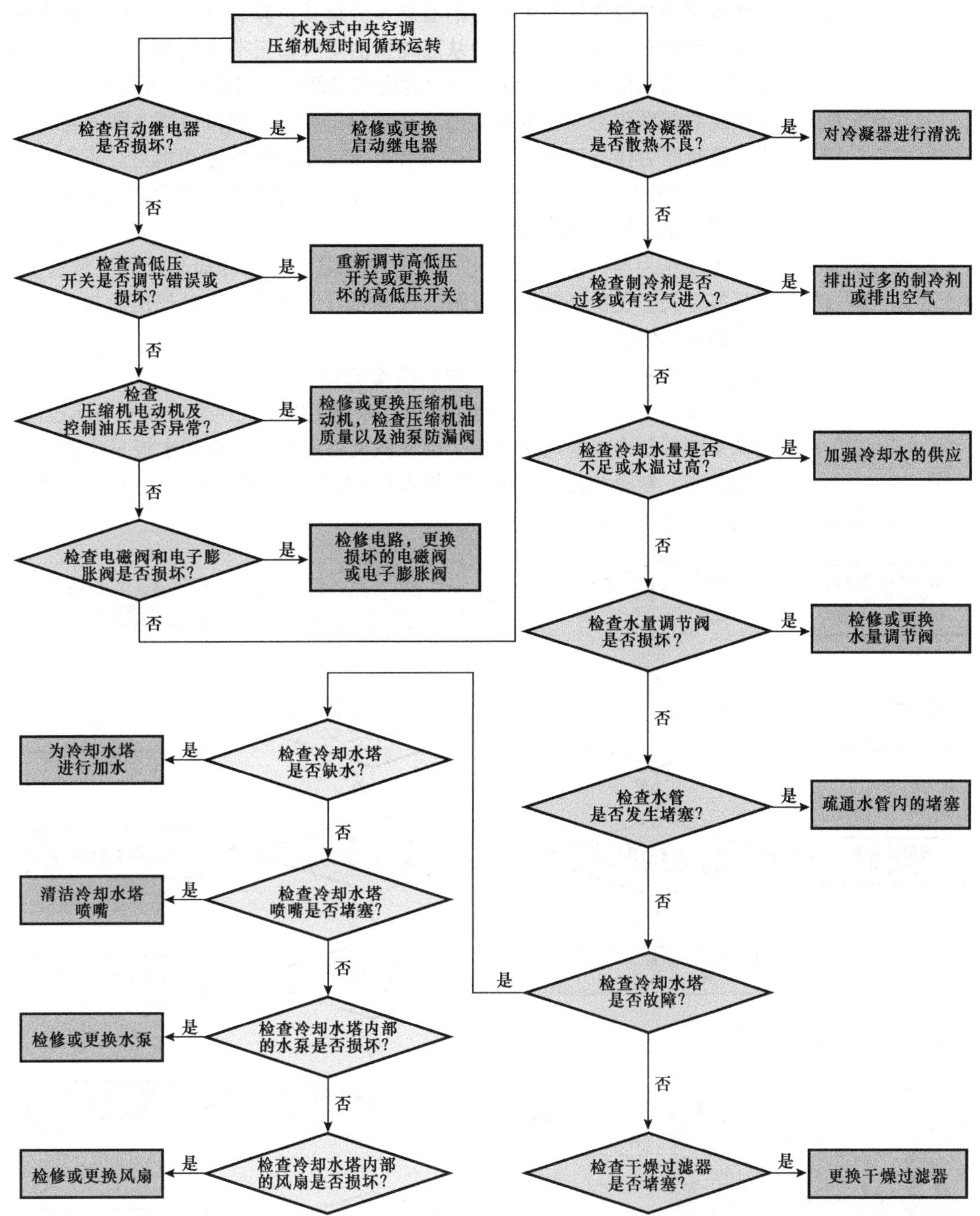

图 6-27　水冷式中央空调压缩机频繁启停的故障检修流程

6.3.3　水冷式中央空调制冷或制热效果差的检修分析

水冷式中央空调制冷或制热效果差的故障特点主要表现为制冷时温度偏高、制热时温度偏低等，在空调机组上表现为压缩机进、排气口的压力过高或过低等，其多与管路系统及制冷剂的状态有关。

水冷式中央空调系统中压力的概念十分重要，其制冷系统在运行时可分高、低压两部分。其中高压段为从压缩机的排气口至节流阀前，该段也称为蒸发压力；低压段为节流阀至压缩机的进气口部分，该段也称为冷凝压力。

为方便起见，制冷系统的蒸发压力与冷凝压力都在压缩机的吸、排气口检测。即通常称为压缩机的吸、排气压力。冷凝压力接近于蒸发压力，两者之差就是管路的流动阻力。压力损失一般限制在0.018MPa以下。检测制冷系统的吸、排气压力的目的，是要得到制冷系统的蒸发温度与冷凝温度，以此获得制冷系统的运行状况。

制冷系统运行时，其排气压力与冷凝温度相对应，而冷凝温度与其冷却介质的流量温度、制冷剂流入量、冷负荷量等有关。在检查制冷系统时，应在排气管处装一只排气压力表，检测排气压力，作为故障分析的重要依据。

1. 水冷式中央空调管路系统排气压力过高的故障检修流程

图解演示

水冷式中央空调系统运行中，管路系统上的排气压力表显示高压过高，空调系统的制冷或制热效果差，出现该类故障多是由冷却水流量小或冷却水温度高、制冷剂充注过多、冷负荷大等故障引起的。图6-28所示为水冷式中央空调管路系统排气压力过高的故障检修流程。

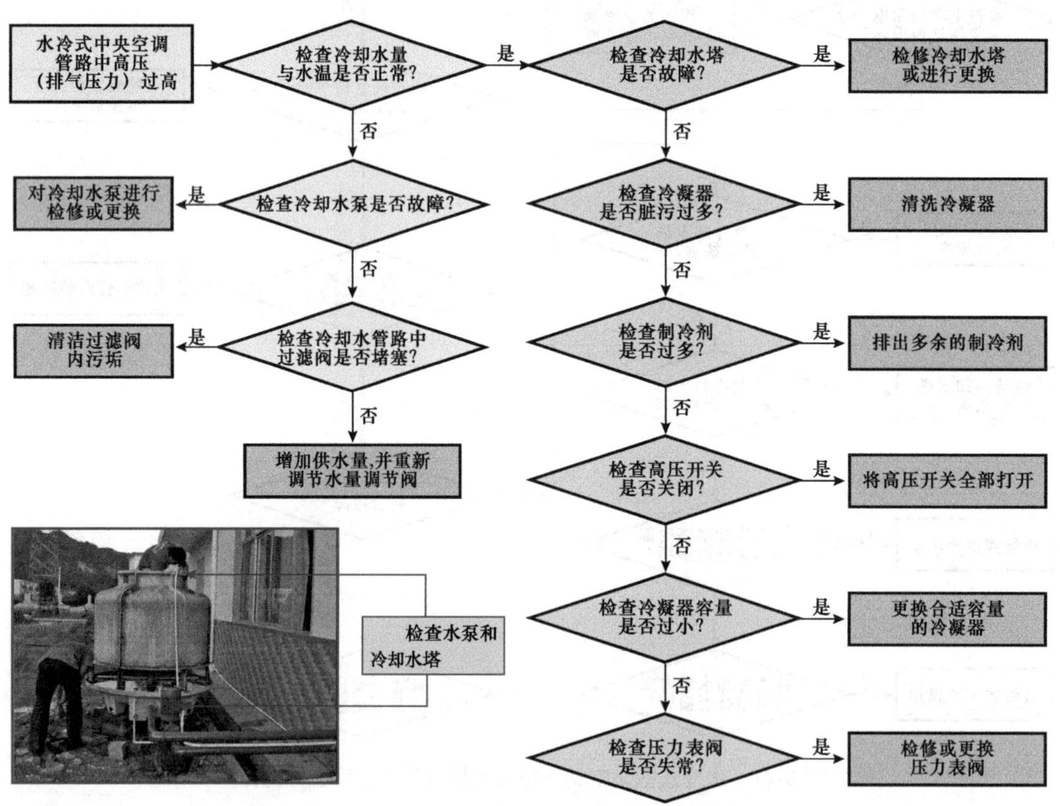

图6-28　水冷式中央空调管路系统排气压力过高的故障检修流程

2. 水冷式中央空调管路系统排气压力过低的故障检修流程

图6-29所示为水冷式中央空调管路系统排气压力过低的故障检修流程。水冷式中央空调系统运行中，管路系统上的排气压力表显示高压过低，

空调系统的制冷、制热效果差，出现该类故障主要是由冷凝器温度异常、制冷剂量不足、低压开关未打开、过滤器及膨胀阀不通畅或开度小、压缩机效率低等引起的。

检查冷凝器温度是否异常？ —是→ 检查冷却水是否过多或温度过低？ —是→ 放出多余的冷却水，调节冷却水的温度

水冷式中央空调管路中高压（排气压力）过低

否 ↓ 检查低压开关是否关闭？ —是→ 将低压开关全部打开

否 ↓ 检查制冷剂是否不足？ —是→ 充注制冷剂

否 ↓ 检查过滤器或电子膨胀阀是否存在不通畅或开度小？ —是→ 检修或更换过滤器及电子膨胀阀

否 ↓ 检查压缩机是否故障？ —是→ 检修或更换压缩机

否 ↓ 检查冷凝器容量是否过大？ —是→ 更换合适容量的冷凝器

否 → 检查压力表是否失常？ —是→ 检修或更换压力表

过滤器

电子膨胀阀

检查压力表是否正常

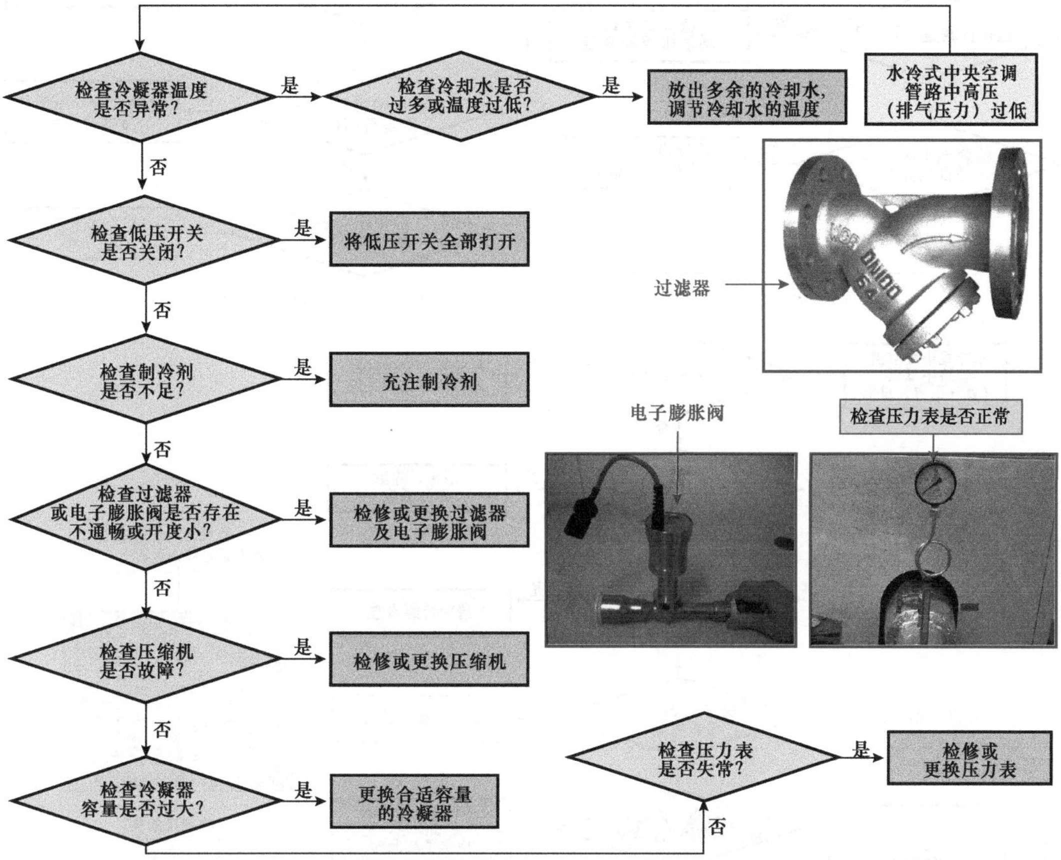

图 6-29　水冷式中央空调管路系统排气压力过低的故障检修流程

水冷式中央空调管路系统高压过低会引起系统的制冷流量下降、冷凝负荷小，使冷凝温度下降。另外，吸气压力与排气压力有密切的关系。在一般情况下，吸气压力升高，排气压力也相应上升；吸气压力下降，排气压力也相应下降。

3. 水冷式中央空调管路系统吸气压力过高的故障检修流程

图 6-30 所示为水冷式中央空调管路系统吸气压力过高的故障检修流程。水冷式中央空调系统运行中，管路系统上的吸气压力表显示低压过高，空调系统的制冷、制热效果差，出现该类故障主要是由制冷剂不足、冷负荷量小、电子膨胀阀开度小、压缩机效率低等引起的。

4. 水冷式中央空调管路系统吸气压力过低的故障检修流程

图 6-31 所示为水冷式中央空调管路系统吸气压力过低的故障检修流程。水冷式中央空调系统运行中，管路系统上的吸气压力表显示低压过低，空调系统的制冷、制热效果差，出现该类故障主要是由制冷剂过多、制冷负荷大、电子膨胀阀开度大、压缩机效率低等引起的。

水冷式中央空调管路中低压（吸气压力）过高
检查负载是否过大?
是
减少负载或增加机组的容量
否
检查电子膨胀阀是否故障?
是
检修电子膨胀阀或更换电子膨胀阀
否
检查压缩机是否故障?
是
检修压缩机或更换压缩机
否
检查压缩机与水冷机组是否匹配?
否
更换合适的压缩机与水冷机组
是
检查压力表是否失常?
是
检修或更换压力表

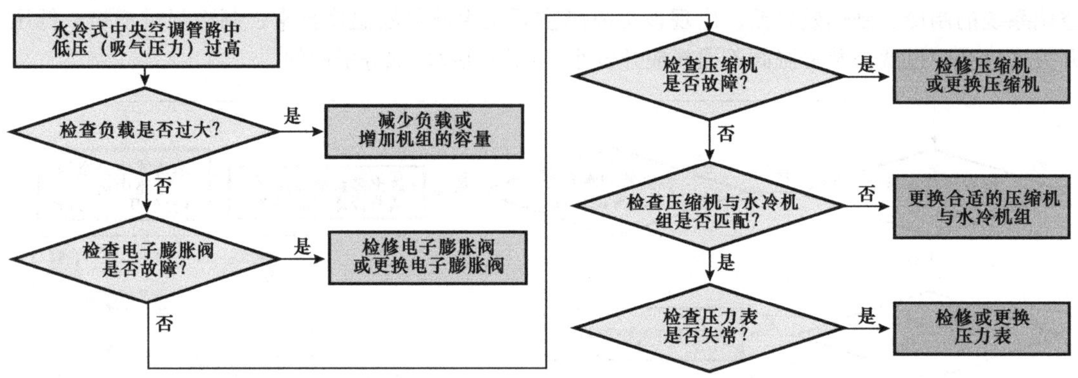

图 6-30　水冷式中央空调管路系统吸气压力过高的故障检修流程

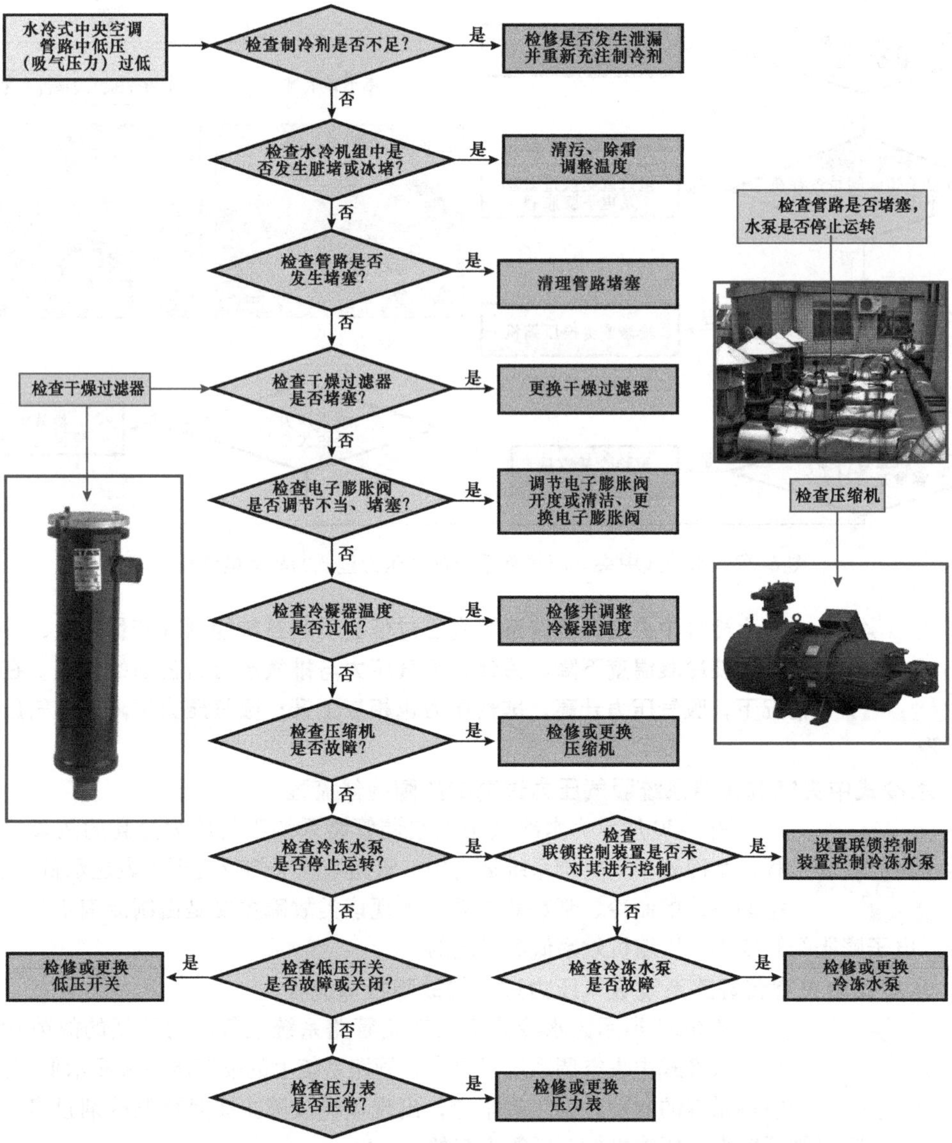

水冷式中央空调管路中低压（吸气压力）过低
检查制冷剂是否不足?
是
检修是否发生泄漏并重新充注制冷剂
否
检查水冷机组中是否发生脏堵或冰堵?
是
清污、除霜调整温度
否
检查管路是否发生堵塞?
是
清理管路堵塞
否
检查干燥过滤器
检查干燥过滤器是否堵塞?
是
更换干燥过滤器
否
检查电子膨胀阀是否调节不当、堵塞?
是
调节电子膨胀阀开度或清洁、更换电子膨胀阀
否
检查冷凝器温度是否过低?
是
检修并调整冷凝器温度
否
检查压缩机是否故障?
是
检修或更换压缩机
否
检查冷冻水泵是否停止运转?
是
检查联锁控制装置是否未对其进行控制
是
设置联锁控制装置控制冷冻水泵
否
检查冷冻水泵是否故障
是
检修或更换冷冻水泵
否
检查低压开关是否故障或关闭?
是
检修或更换低压开关
否
检查压力表是否正常?
是
检修或更换压力表
检查管路是否堵塞，水泵是否停止运转
检查压缩机

图 6-31　水冷式中央空调管路系统吸气压力过低的故障检修流程

中央空调管路系统的特点与检修流程

7.1 中央空调管路系统的特点

7.1.1 多联式中央空调管路系统的特点

中央空调的管路系统是指整个系统中除电路部分外的管路及管路上所连接的各种部件的总和，也是中央空调工作时制冷剂和供冷（或供热）循环介质（水、风）流动的“通道”。

图7-1所示为典型多联式中央空调的管路系统。该系统主要是由室内机的蒸发器、室外机的冷凝器、压缩机、电磁四通阀、干燥过滤器、毛细管、单向阀及电子膨胀阀等部分构成。这些部件通过制冷剂铜管连接并构成循环管路。

如图7-2所示，多联式中央空调的管路系统大部分集中在室外机中，打开室外机外壳即可看到。

7.1.2 风冷式风循环中央空调管路系统的特点

图7-3所示为典型风冷式风循环中央空调的管路系统。该类中央空调的管路系统包括两大部分，即制冷剂循环系统和风道的传输及分配系统。

1. 制冷剂循环系统

如图7-4所示，风冷式风循环中央空调中的制冷剂循环系统由室内机的蒸发器和室外机的冷凝器、压缩机及相关的闸阀组件构成。

2. 风道传输及分配系统

如图7-5所示，风道传输及分配系统是将制冷剂循环系统产生的冷量或热量送入室内，实现制冷或制热输出的部分。该系统中除了基本的风道外，还包括一些处理部件，如静压箱、风量调节阀、送风口或回风口等。

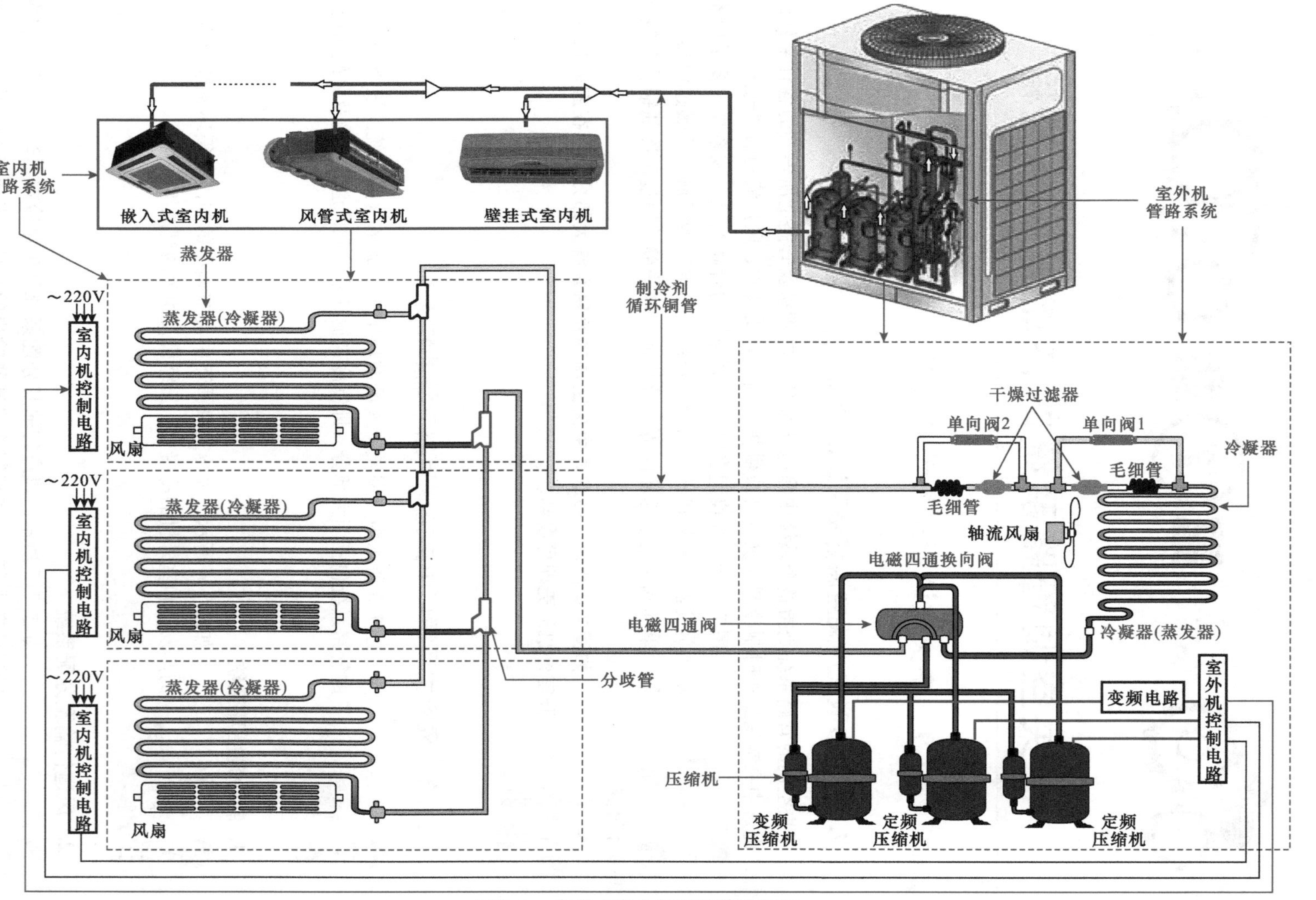

图7-1 多联式中央空调的管路系统

图 7-2　典型多联式中央空调室外机中的管路系统

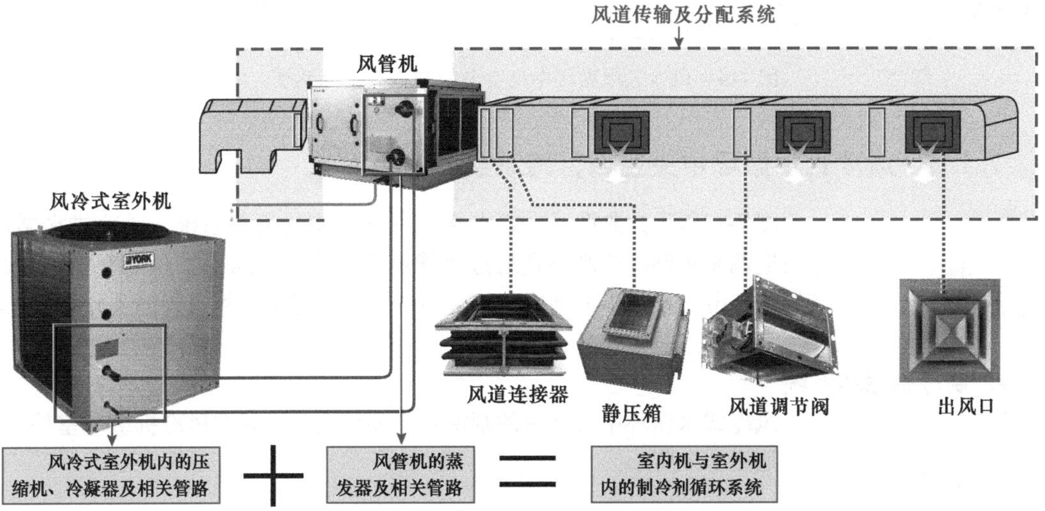

图 7-3　风冷式风循环中央空调的管路系统

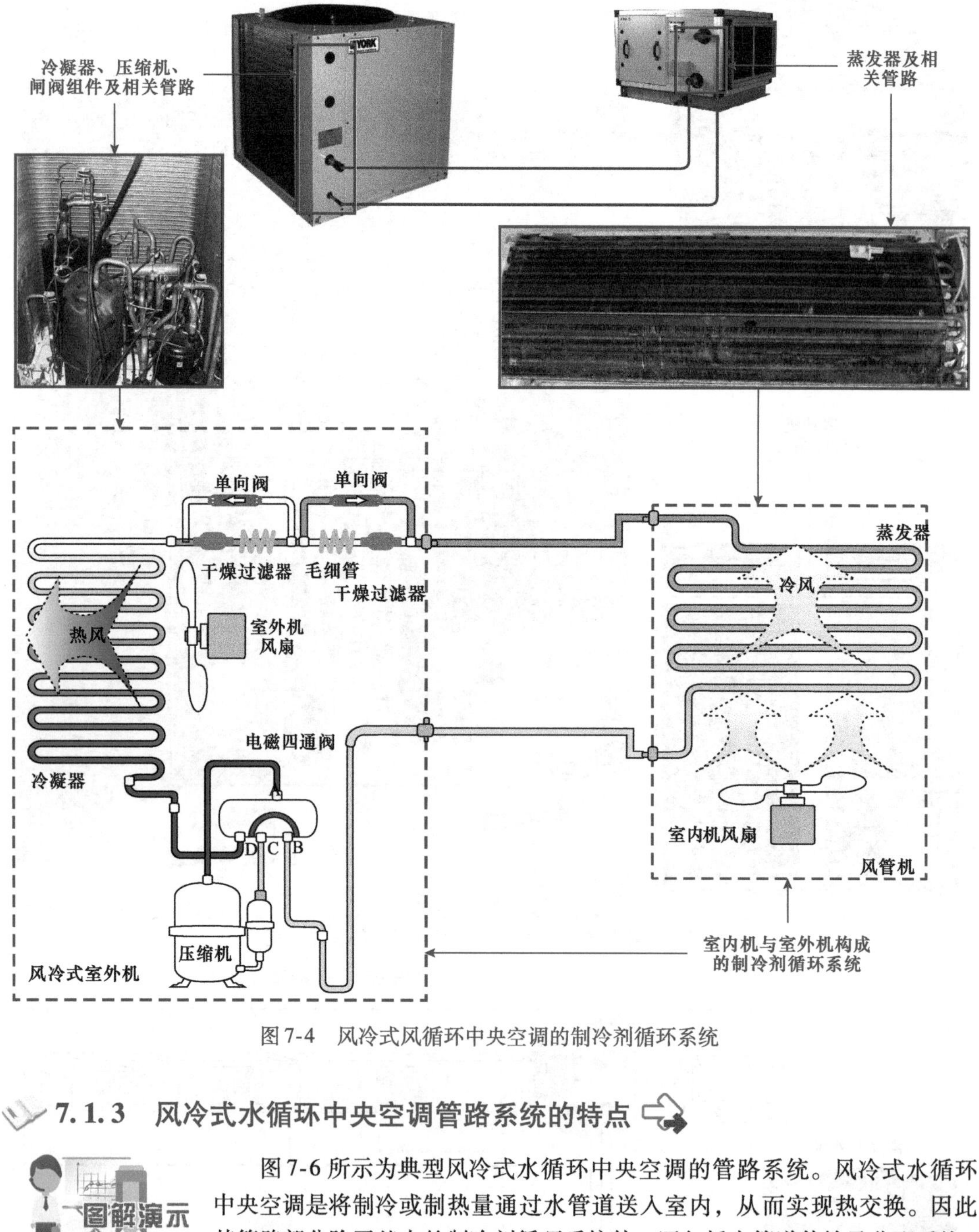

冷凝器、压缩机、闸阀组件及相关管路

蒸发器及相关管路

单向阀
单向阀
干燥过滤器 毛细管
干燥过滤器
热风
室外机风扇
电磁四通阀
冷凝器
D C B
压缩机
风冷式室外机
蒸发器
冷风
室内机风扇
风管机
室内机与室外机构成的制冷剂循环系统

图 7-4　风冷式风循环中央空调的制冷剂循环系统

7.1.3　风冷式水循环中央空调管路系统的特点

图 7-6 所示为典型风冷式水循环中央空调的管路系统。风冷式水循环中央空调是将制冷或制热量通过水管道送入室内，从而实现热交换。因此其管路部分除了基本的制冷剂循环系统外，还包括水管道传输及分配系统。

1. 制冷剂循环系统

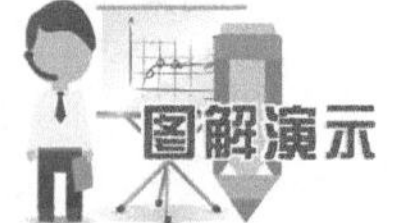

风冷式水循环中央空调的制冷剂循环系统都设置在风冷机组（室外机）中，如图 7-7 所示。

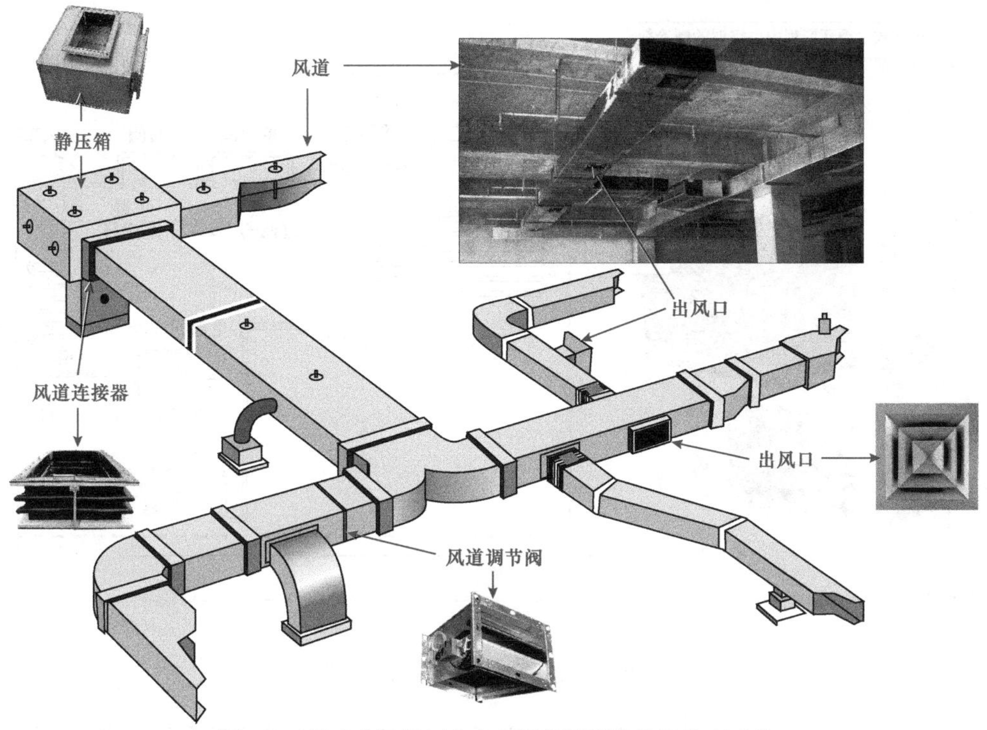

图 7-5　风冷式风循环中央空调的风道传输及分配系统

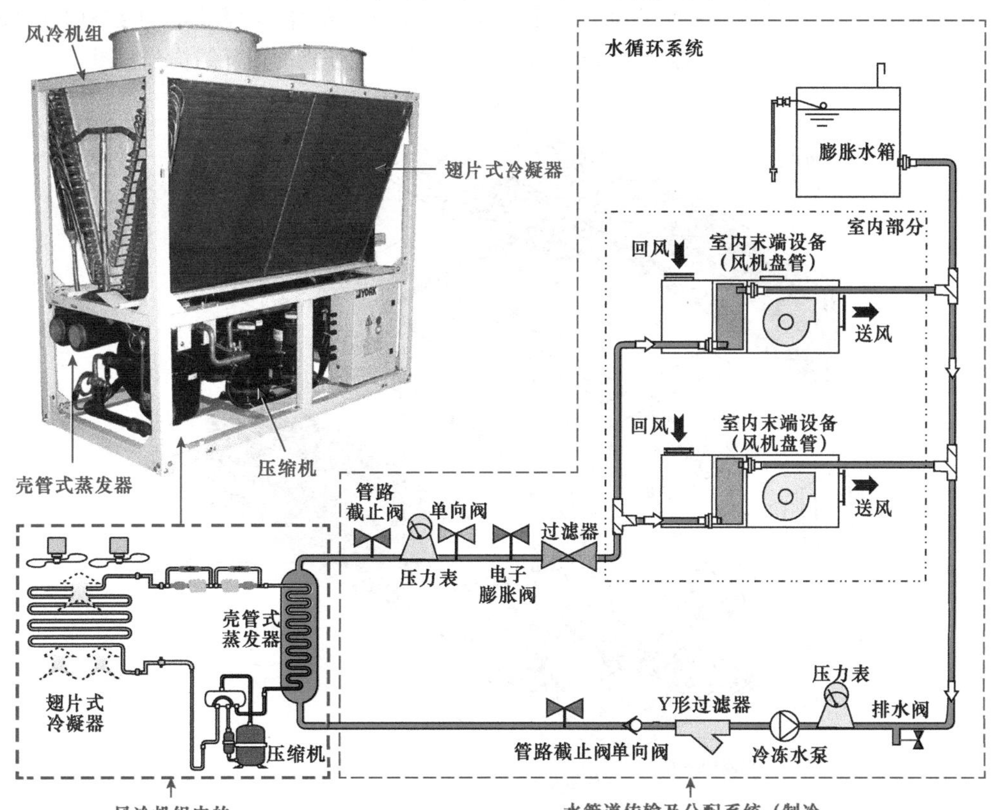

图 7-6　风冷式水循环中央空调的管路系统

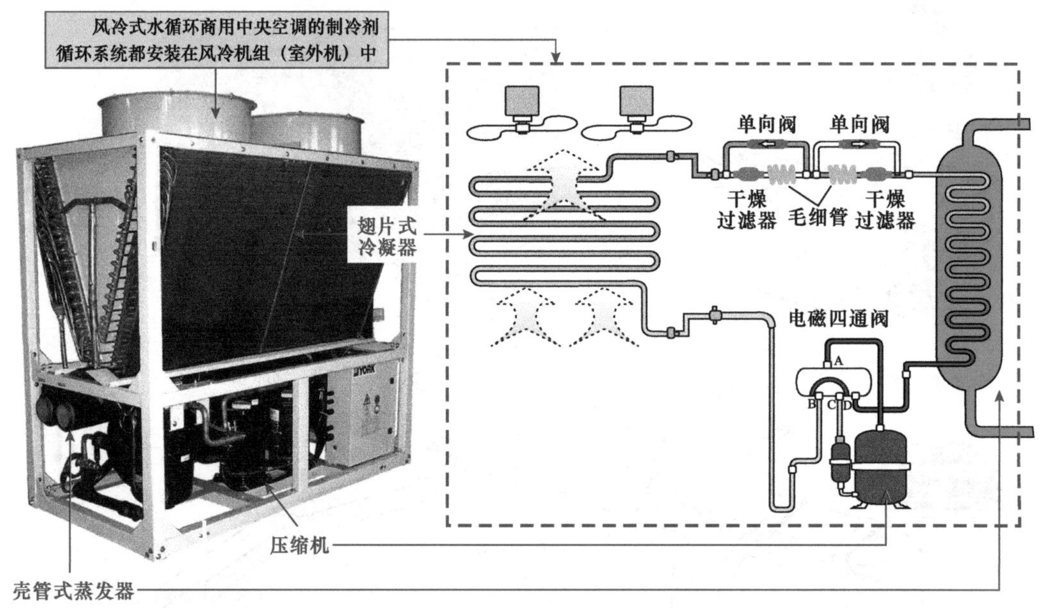

图 7-7　风冷式水循环中央空调的制冷剂循环系统

可以看到，该类中央空调的制冷剂循环系统全部在风冷式室外机中完成。风冷式室外机（风冷机组）中设有蒸发器、冷凝器、压缩机和闸阀组件等完整的循环系统。图 7-8 为风冷式室外机的内部结构分解图。

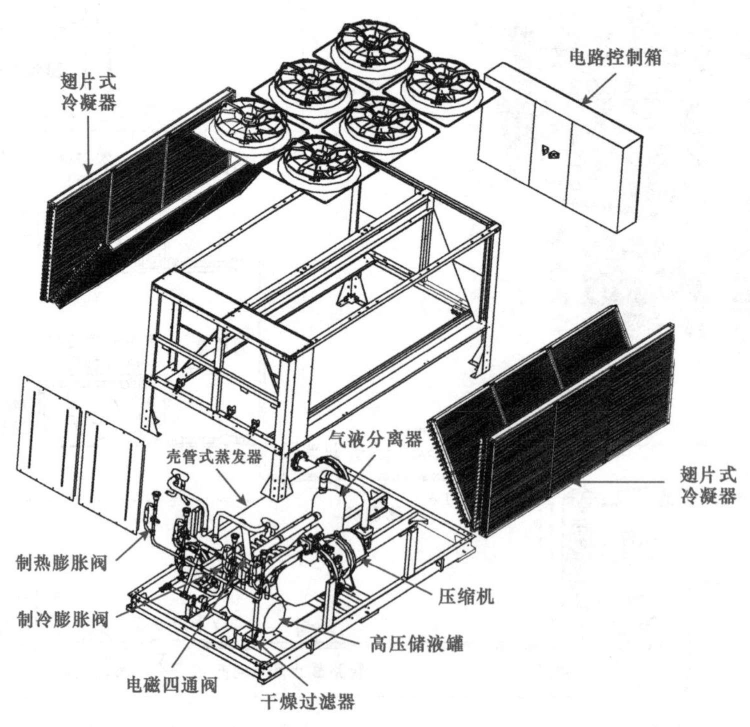

图 7-8　风冷式室外机的内部结构分解图

风冷式水循环中央空调的制冷剂循环系统中，冷凝器一般采用翅片式，蒸发器采用壳管式，压缩机则多为涡旋式和螺杆式。

2. 水管道传输及分配系统

图7-9所示为风冷式水循环中央空调的水管道传输及分配系统。风冷式水循环中央空调制冷剂循环系统产生的冷量或热量通过水管道传输和分配到室内末端设备中。

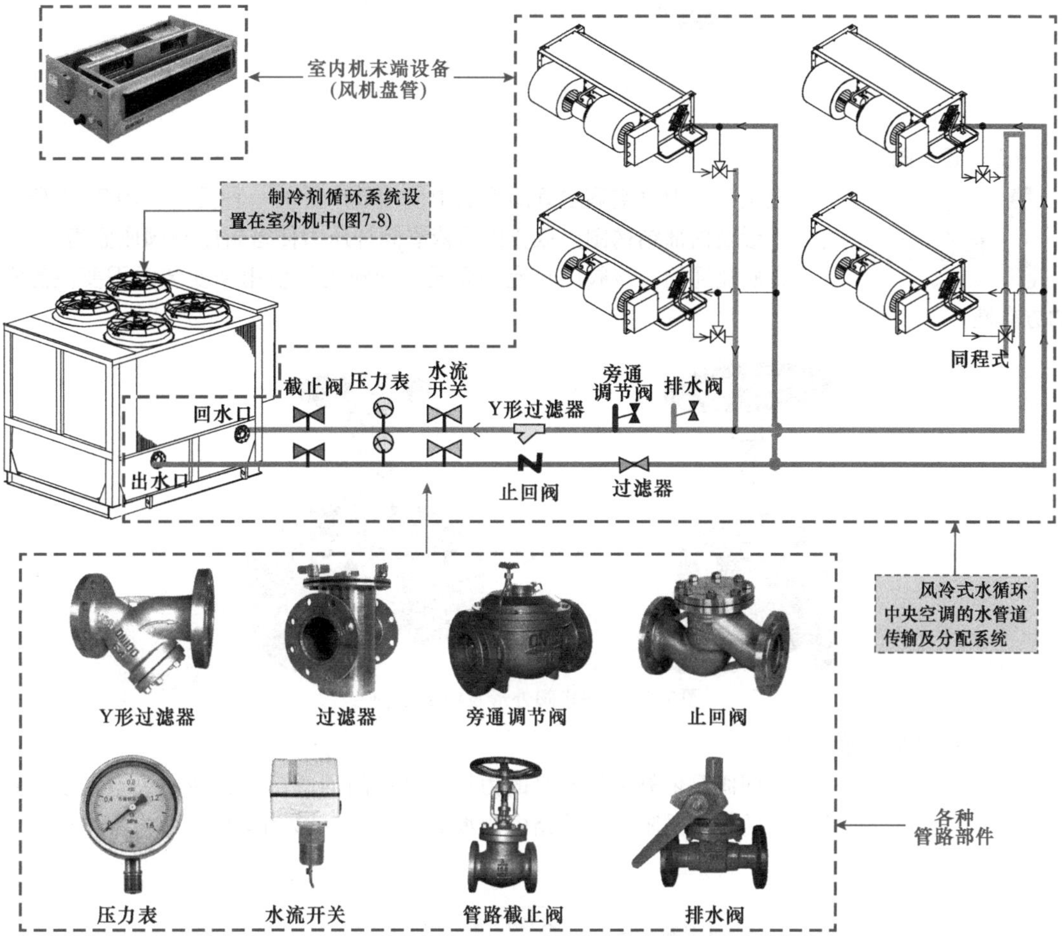

室内机末端设备
(风机盘管)
制冷剂循环系统设置在室外机中(图7-8)
截止阀
压力表
水流开关
Y形过滤器
旁通调节阀
排水阀
回水口
出水口
止回阀
过滤器
同程式
风冷式水循环中央空调的水管道传输及分配系统
Y形过滤器
过滤器
旁通调节阀
止回阀
压力表
水流开关
管路截止阀
排水阀
各种管路部件

图7-9 风冷式水循环中央空调水管道传输及分配系统

该系统将制冷剂循环系统产生的冷量或热量通过循环水送入室内，并由室内机末端设备送出，实现制冷或制热。该系统主要是由水管道中的截止阀、止回阀（单向阀）等和室内机末端设备（风机盘管）构成。

（1）Y形过滤器

Y形过滤器即水管道过滤器，又称为排污器，安装在水管路中，对管路中的水进行过滤，保护主机不进入杂质、异物等，图7-10所示为Y形过滤器实物外形。

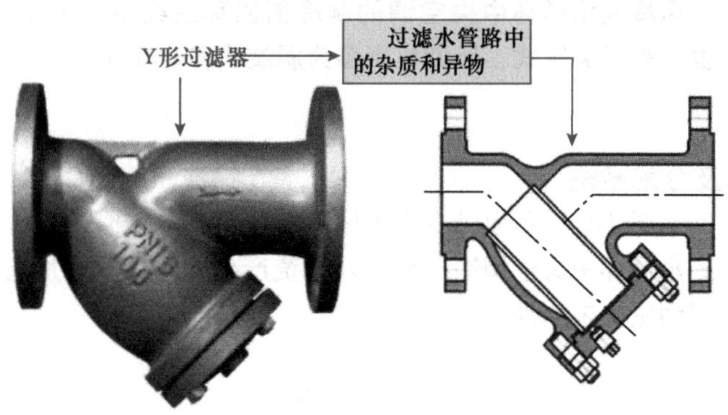

图 7-10　Y 形过滤器实物外形

（2）截止阀

截止阀是中央空调水管路系统中使用最广泛的一种阀门，图 7-11 所示为其外形及内部结构图。截止阀是依靠阀杆压力使密封座与阀座紧密贴合，阻止介质流通的。该阀门只允许介质单向流动，使用和安装时需要注意它的方向性。

图 7-11　截止阀外形及内部结构

（3）止回阀（单向阀）

止回阀是依靠流体本身的力量自动启闭的阀门，其在中央空调水管路系统中的作用是阻止水管路中的水倒流，图 7-12 为其外形及内部结构示意图。

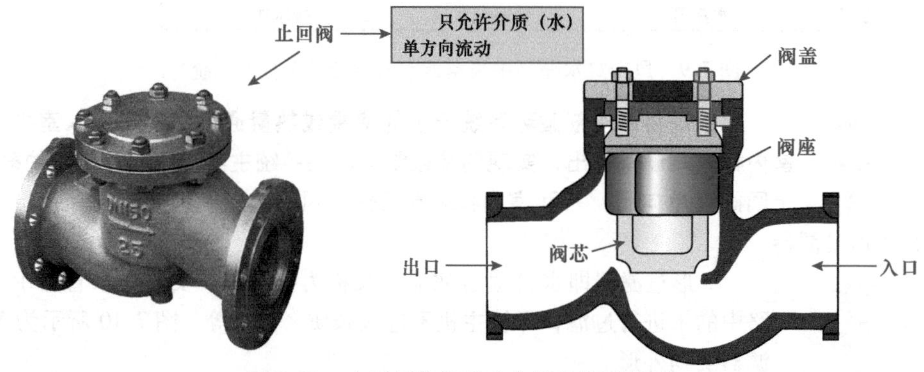

图 7-12　止回阀的外形及内部结构示意图

图 7-13 所示为中央空调中止回阀的工作原理。当水管道中的水由入口流入止回阀时，阀芯被制冷剂冲动，进入阀座，此时水可以顺利地由入口流入、出口流出；当水由出口流入时，阀芯无动作，水无法通过止回阀。

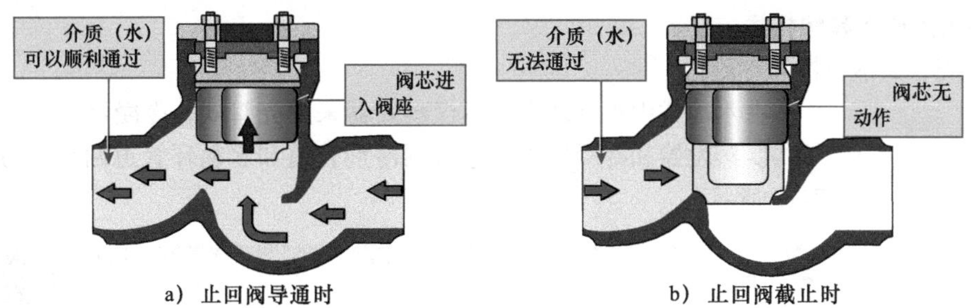

图 7-13　止回阀的工作原理

7.1.4　水冷式中央空调管路系统的特点

水冷式中央空调的管路系统主要包括制冷剂循环和水管路循环两大系统。

1. 制冷剂循环系统

图 7-14 所示为典型水冷式中央空调的制冷剂循环系统。水冷式中央空调的制冷剂循环系统同样由蒸发器、冷凝器、压缩机和闸阀组件构成，这些组件均安装在水冷式中央空调的主机内。

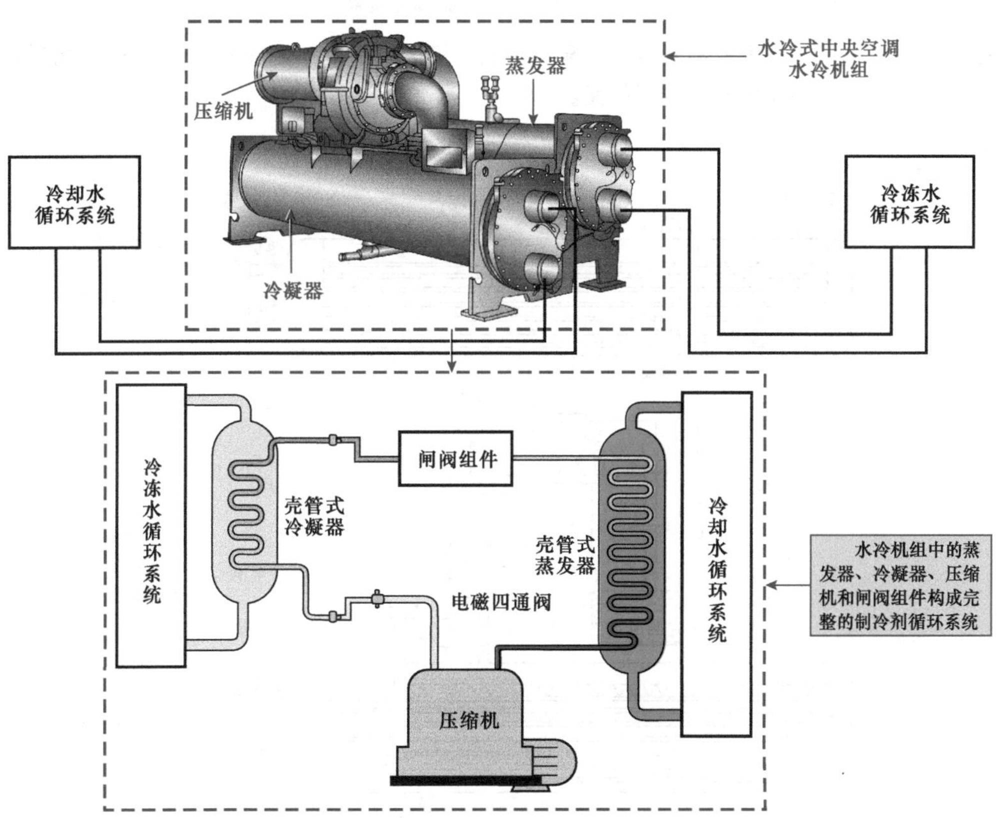

图 7-14　水冷式中央空调中的制冷剂循环系统

在水冷式中央空调制冷剂循环系统中，制冷剂的循环同样是在蒸发器、冷凝器和压缩机等组件中实现的，不同的是蒸发器、冷凝器和压缩机的结构形式不同。一般情况下，水冷式中央空调的蒸发器和冷凝器均采用壳管式，压缩机多为离心式和螺杆式。

(1) 壳管式蒸发器和冷凝器

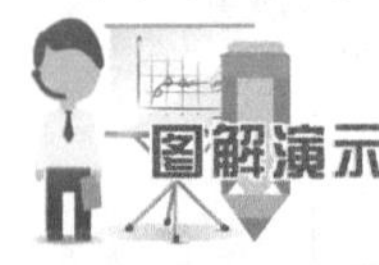

在水冷式中央空调中，不仅蒸发器采用壳管式，冷凝器也采用壳管式结构。蒸发器和冷凝器内均包含制冷剂管道和水循环管道两个部分，如图7-15所示。

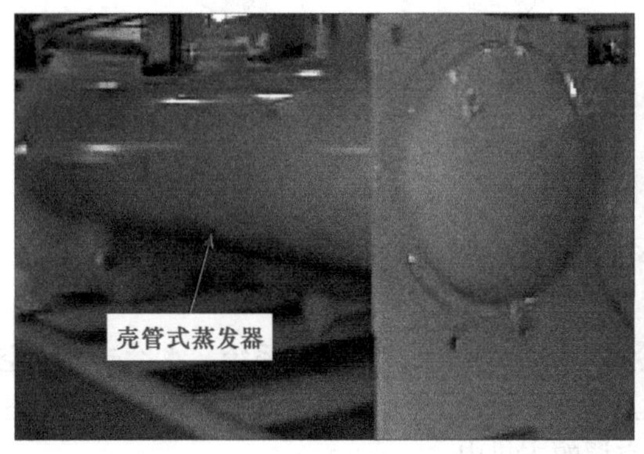

图7-15 壳管式蒸发器和冷凝器

壳管式蒸发器、冷凝器和压缩机构成制冷剂循环系统，图7-16为其连接关系及内部结构剖面图。

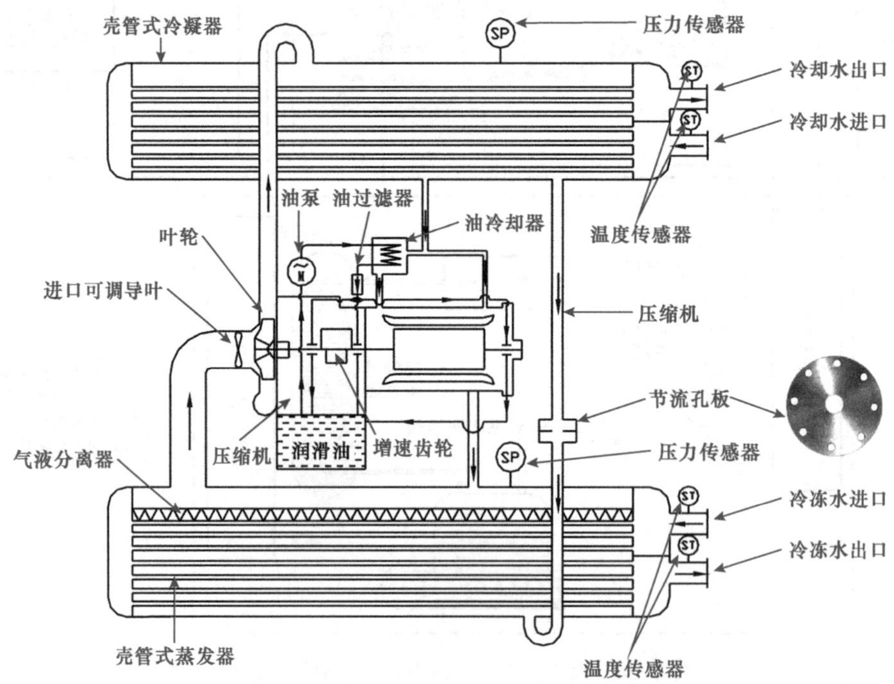

图7-16 壳管式蒸发器、冷凝器和压缩机连接关系及内部结构剖面图

壳管式蒸发器和冷凝器内的制冷剂管道与压缩机、闸阀组件形成制冷剂循环系统；水循环管道与外部水管道构成水管路循环系统。

（2）螺杆式压缩机

水冷式中央空调中，很多冷水机组中采用螺杆式压缩机，该压缩机是一种容积回转式压缩机，图 7-17 所示为其外形及内部结构。

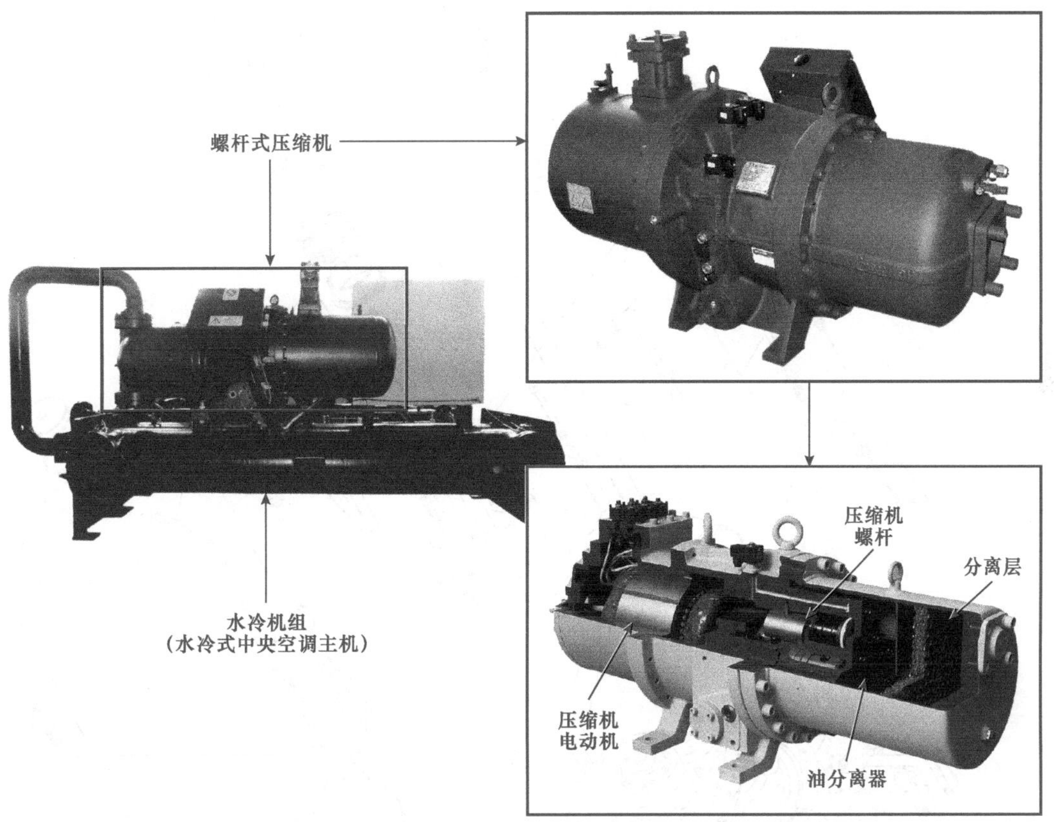

图 7-17　水冷机组中的螺杆式压缩机外形及内部结构

图 7-18 所示为螺杆式压缩机（双螺杆式）的内部结构，它主要是由油分离器和压缩机及电动机组件构成。

（3）离心式压缩机

图解演示

离心式压缩机是利用内部叶片高速旋转，使速度变化，产生压力，它具有单机容量大、承载负载能力高，但其低负载运行时会出现间歇停止等特点，如图 7-19 所示。

离心式压缩机主要通过高速旋转的叶轮和通流面积逐渐增加的扩压器压缩气体，即通过压缩机内的叶轮对气体做功，利用离心升压作用和降速扩压作用，将机械能转换为气体的压力。

（4）闸阀组件

在水冷式中央空调的制冷剂循环系统中，除了上述最基本的三大部件外，大多还设有热力膨胀阀和干燥过滤器等闸阀组件。

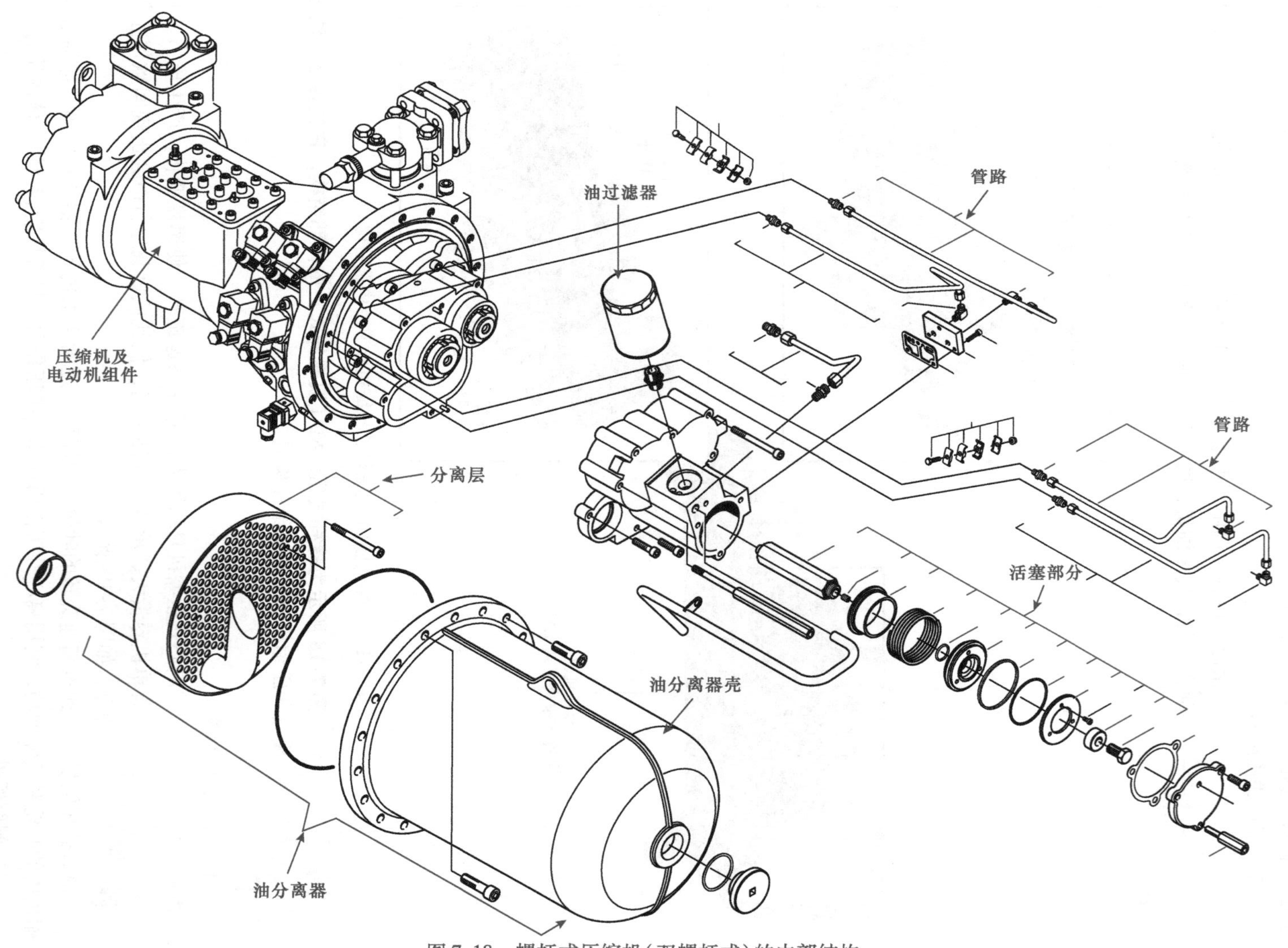

图 7-18　螺杆式压缩机（双螺杆式）的内部结构

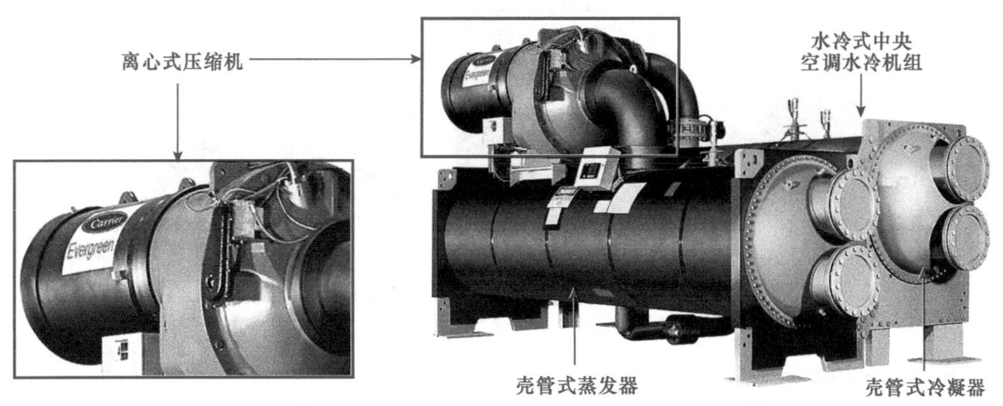

图 7-19　水冷式中央空调器中的压缩机

图解演示

热力膨胀阀是用来进行节流的元件，可以调节制冷剂的输入量使其与普通蒸发器的负荷相匹配，便于蒸发器将输入的制冷剂进行完全的蒸发。热力膨胀阀的外形与膨胀阀类似，在其阀体上连接一条毛细管和感温包，阀体内部由入口、滤网、阀芯、平衡管、膜片、毛细管以及感温包等构成，如图 7-20 所示。

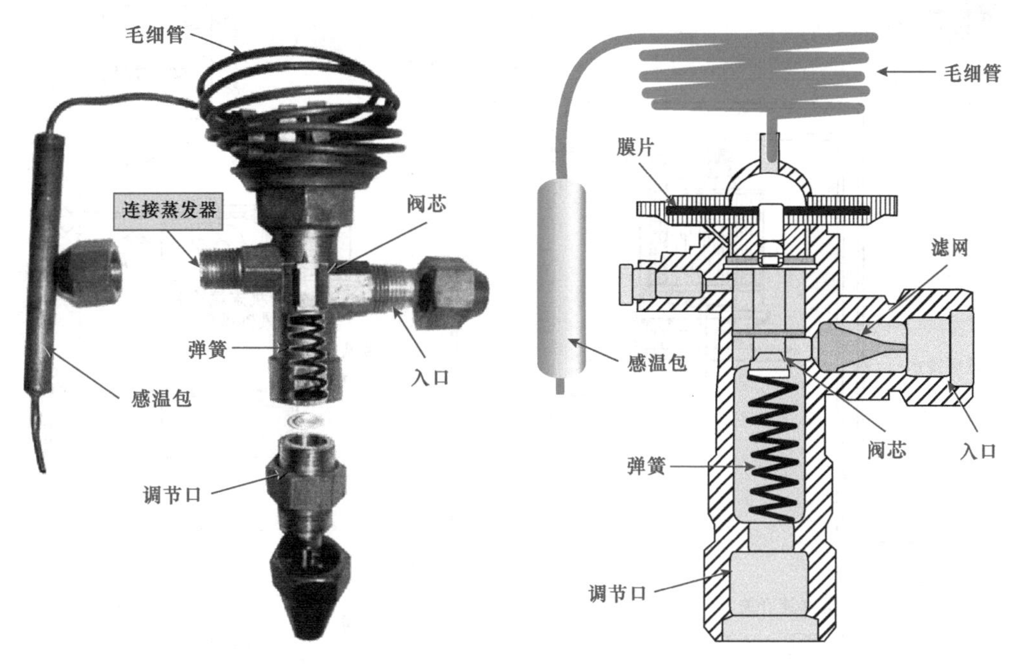

图 7-20　水冷式中央空调热力膨胀阀的内部结构

图解演示

水冷式中央空调中干燥过滤器的功能结构与多联式中央空调器中的干燥过滤器相同，一般安装于冷凝器与毛细管之间，主要是用于吸收制冷剂中的水分。不同的是由于水冷式中央空调器的管路较为粗大，所以管路中的干燥过滤器的体积也相对较大，如图 7-21 所示。

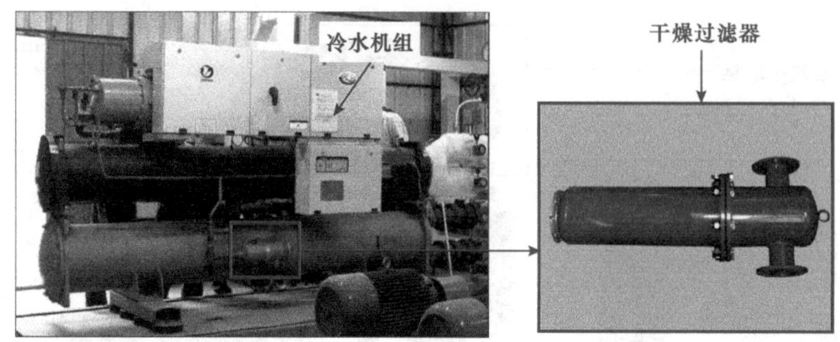

图 7-21　水冷式中央空调中的干燥过滤器

2. 水管路循环系统

图 7-22 所示为典型的水冷式中央空调的水管路循环系统。水冷式中央空调制冷剂循环系统中各种热交换过程都是通过水管路循环系统实现的。该系统主要包括冷却水塔、水管路闸阀组件、水泵、膨胀水箱及室内机末端设备构成，其中室内机末端设备多采用风机盘管。

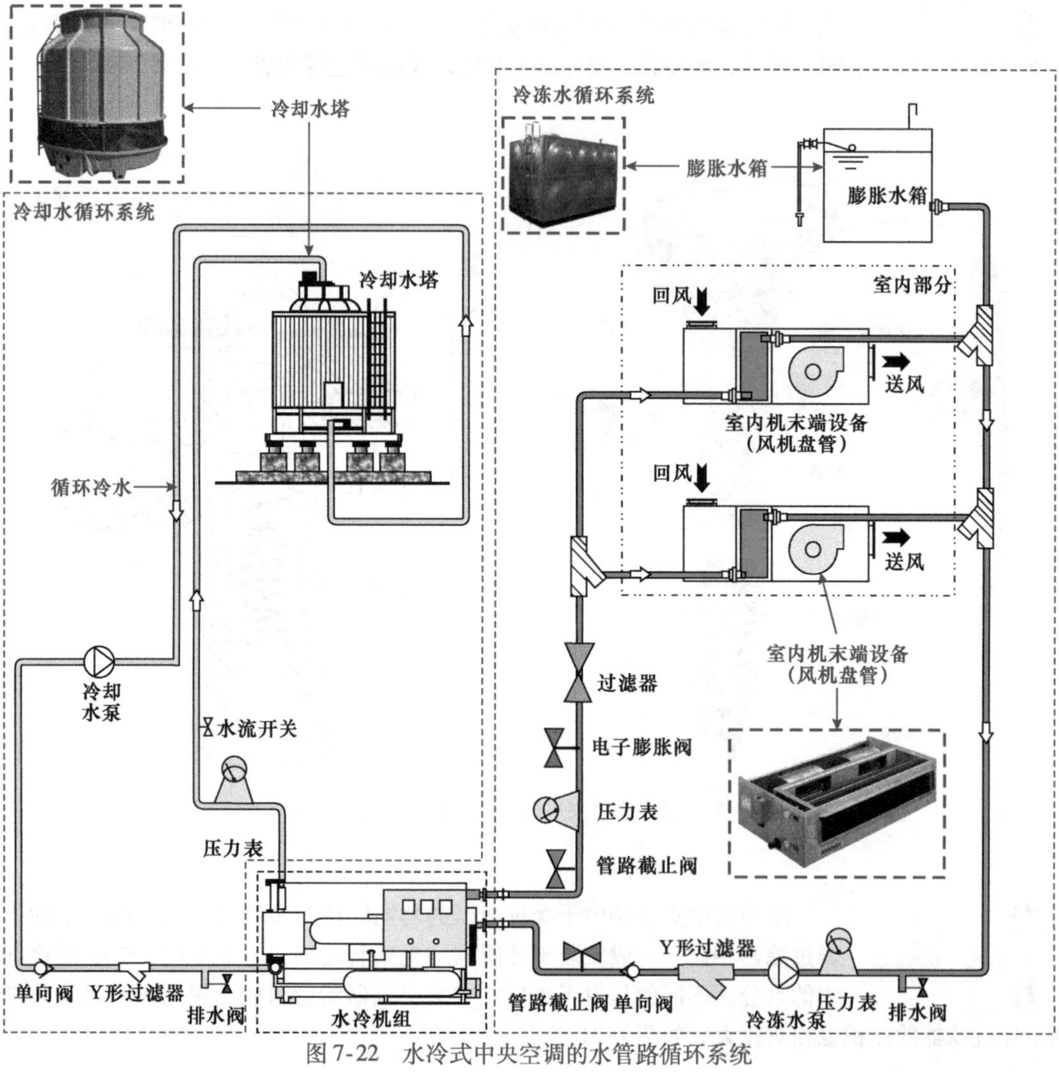

图 7-22　水冷式中央空调的水管路循环系统

（1）水管路闸阀组件

水冷式中央空调水管路闸阀组件较多，其中主要包括压力表、水泵、管路截止阀、Y 形过滤器、过滤器、水流开关、单向阀以及排水阀等，如图 7-23 所示，这些组件分布在整个水管循环系统中，起到检测压力、节流、控制水流向或流量等功能。

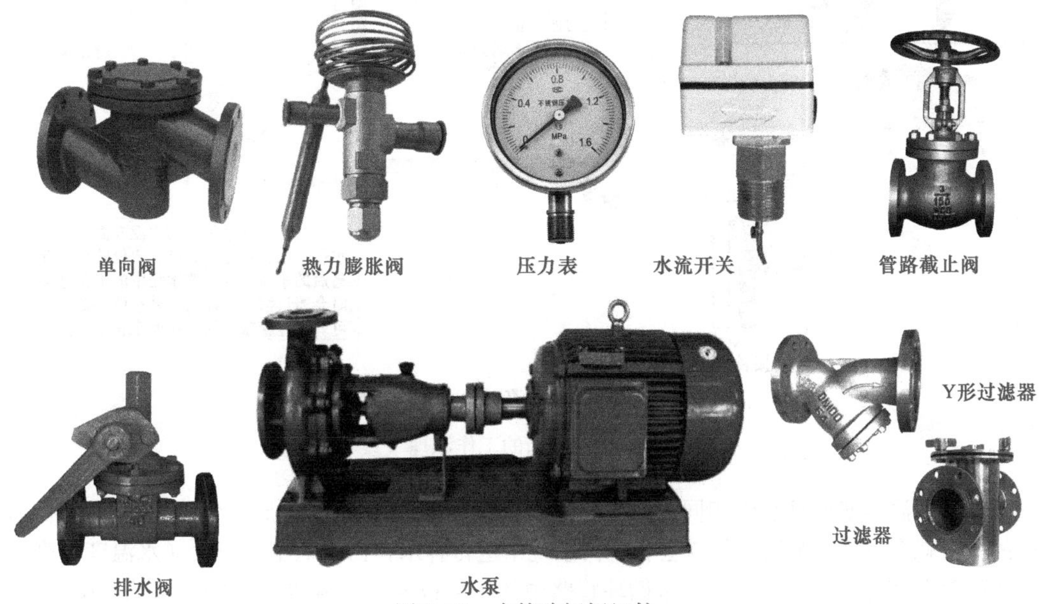

图 7-23　水管路闸阀组件

（2）膨胀水箱

膨胀水箱在水冷式中央空调中主要用于平衡水循环管路中的水量及压力。如图 7-24 所示，膨胀水箱通常设置在水循环系统中的最高点，通常连接在水泵吸水口附近的回水管上，用来收纳和补偿系统中循环水的涨缩量。

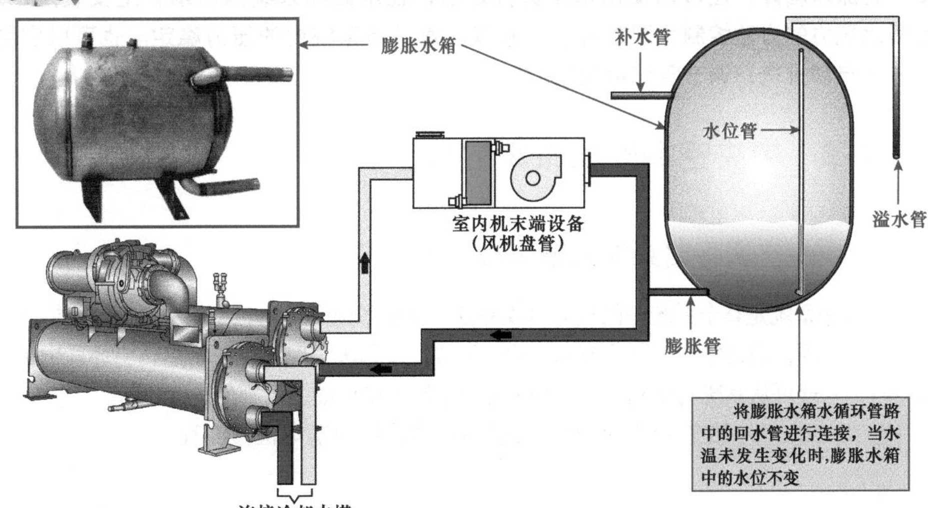

a) 水循环系统中水温无变化时，膨胀水箱的工作原理

图 7-24　膨胀水箱的工作原理

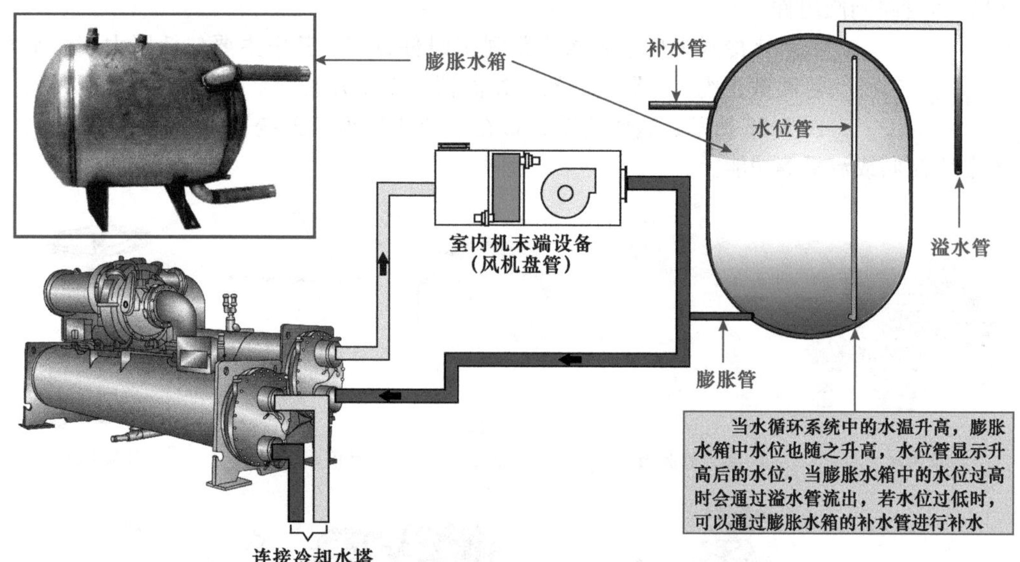

b) 水循环系统中水温升高时，膨胀水箱的工作原理

图 7-24　膨胀水箱的工作原理（续）

当循环水温不变而且水压相同时，膨胀水箱中的水量呈定值；当循环水系统中缺水时，管路中的压力就会下降，膨胀水箱就会自动向系统中进行补水；当系统压力增大（水温度变高时，水的体积随温度升高而增大）时，水循环管路中的水可以通过膨胀管进入膨胀水箱，循环管路中的水压马上可以得到释放。这样可以使管路中压力始终保持平衡。

如果水循环系统中没有安装膨胀水箱时，可能会由于水温度的变化，导致水的体积与压力同时发生变化，当水的温度上升，体积与压力也会随之上升，当压力过大时会导致水循环系统中的管路发生破裂。

除安装膨胀水箱外，还可以使用水泵进行定压，在水循环系统的回水管上安装定压水泵，采用测定回水压力的方法控制水泵的开启，来保证水循环系统内的压力稳定。也可以安装自动排气阀，进行自动排气，调节管路中的压力。

7.2　中央空调管路系统的检修流程

7.2.1　中央空调管路系统的基本检修流程

中央空调管路系统是整个系统中的重要组成部分，管路系统中任何一个部件不良都可能引起中央空调功能失常的故障，最终体现为制冷或制热功能失常，或无法实现制冷或制热。当怀疑中央空调管路系统故障时，一般可从系统的结构入手，分别针对不同范围内的主要部件进行检修。

图 7-25 所示为中央空调管路系统的基本检修流程。

可以看到，对中央空调管路系统进行检修，重点是根据故障表现，结合系统中主要部件的功能特点，逐一对主要部件进行排查，直到找出故障部件，排除故障。

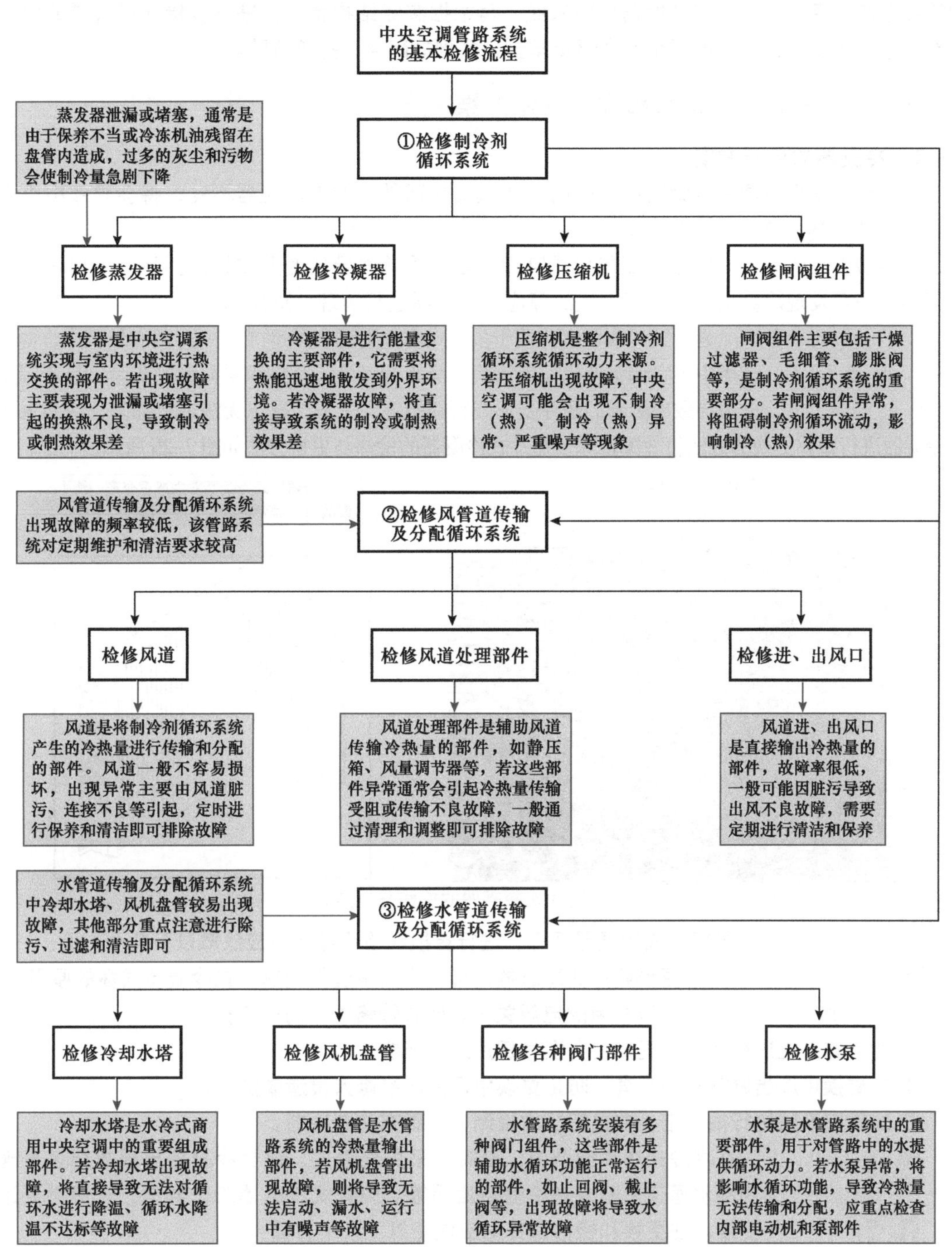

图7-25　中央空调管路系统的基本检修流程

提示说明

不同结构形式的中央空调中，管路系统的组成也有所区别，但不论哪种结构形式都包含最基本的制冷剂循环系统，即蒸发器、冷凝器、压缩机、闸阀组件部分。不同的是，制冷剂循环系统产生冷热量后送入室内的载体不同，有的采用风管道传输及分配系统，有的采用水管道传输及分配系统。在实际检修时，应从主要

的管路系统入手，即先排查制冷剂循环系统，再根据实际结构特点，进一步检修风管道或水管道系统中的主要部件，在不同范围内逐步排查，找到故障点，排除故障。

7.2.2 中央空调管路部件的检修方案

1. 冷凝器的检修方案

冷凝器是中央空调制冷管路系统中的重要热交换部件。如果冷凝器不良，将会导致中央空调制冷（或制热）效果差等故障。

冷凝器不良的原因主要有表面灰尘或脏污过多、受外力导致变形或管路损坏、内部堵塞或泄漏等，一旦发现冷凝器存在类似上述故障应对冷凝器进行清理、更换和检修。

图解演示

翅片式冷凝器多应用于多联式中央空调和风冷式中央空调室外机中，由于这类中央空调室外机长期放置于暴露的室外，容易积累大量的灰尘；且若因受外力导致冷凝器的翅片变形或管路损坏，一般情况下无法进行修复，应当采用对冷凝器进行整体更换的方法将故障排除。翅片式冷凝器的检修与更换方法如图7-26所示。

图7-26 翅片式冷凝器的检修与更换方法

提示说明

若翅片式冷凝器损坏，进行更换和检修操作时应注意以下几个方面：

① 在更换翅片式冷凝器之前，应当检查引起翅片式冷凝器损坏的原因；

② 将空调机组的电源关闭，回收管路中的制冷剂；

③ 对管路系统进行清洁，更换相同型号翅片式冷凝器；

④ 在更换中应当佩戴防护手套，防止更换中翅片对维修人员造成伤害；

⑤ 对管路系统进行抽真空，并进行压力检测，重新充注制冷剂。

相关资料

在水冷式中央空调中，冷凝器采用壳管式，该类冷凝器出现故障多表现为内部水通道堵塞或制冷管路泄漏等。壳管式冷凝器工作异常，一般需要进行更换。在更换和检修操作时应注意以下几个方面：

① 在更换损坏的壳管式冷凝器之前，应当先检查引起壳管式冷凝器损坏的原因；

② 在更换壳管式冷凝器前将空调机组的电源关闭，回收管路中的制冷剂；

③ 先将水循环管路中的截止阀关断，仅放出壳管式冷凝器中的水即可；

④ 先对管路系统进行清洁，再更换相同型号的壳管式冷凝器；

⑤ 对制冷剂管路系统进行抽真空，并进行压力检测，重新充注制冷剂；

⑥ 最后将截止阀打开，对水冷式管路中添加适量的水进行循环。

2. 电磁四通阀的检修方案

对电磁四通阀进行检修时，一般可通过分析其工作状态，初步判断可能损坏的原因，然后再针对各种故障原因进行排查。图7-27所示为电磁四通阀的基本检修方案。

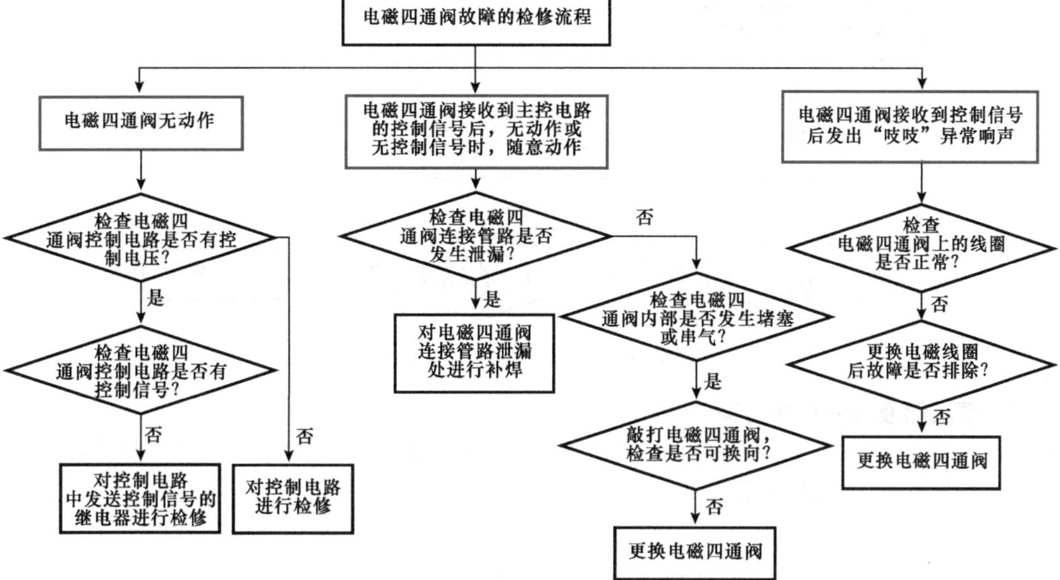

图7-27　电磁四通阀的检修方案

3. 毛细管的检修方案

图7-28所示为毛细管的基本检修方案。毛细管通常会出现泄漏、油堵、脏堵或冰堵的故障。可依据检修方案进行系统排查。

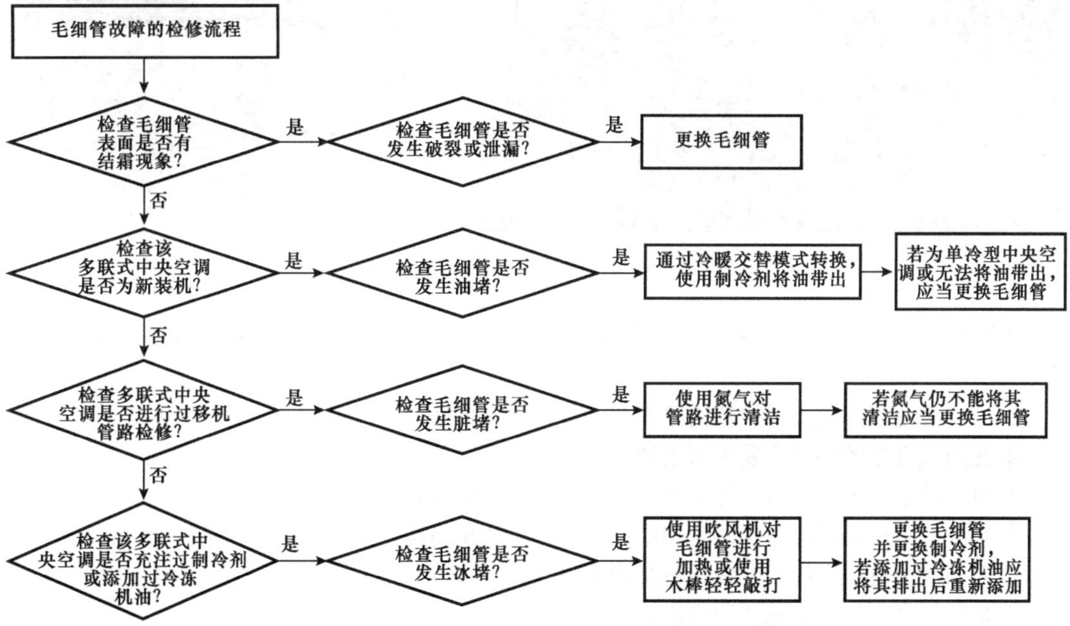

图7-28　毛细管的基本检修方案

4. 干燥过滤器的检修方案

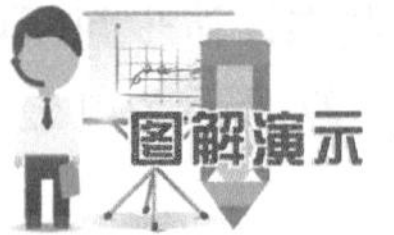

图7-29所示为多联式中央空调器干燥过滤器的检修方案。对干燥过滤器的检查主要通过观察和触摸温度的方法检测其是否出现堵塞故障。

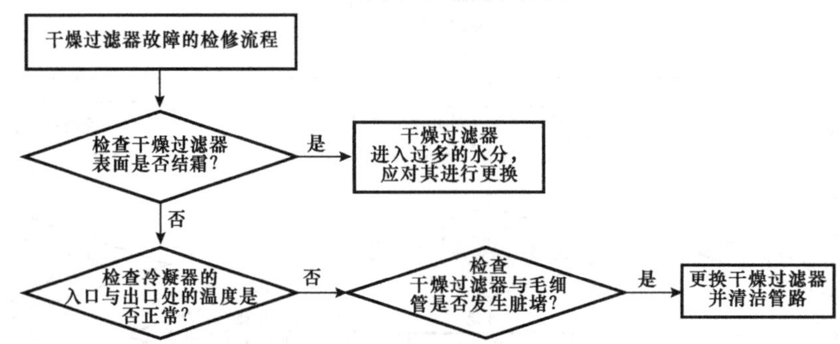

图7-29　干燥过滤器的检修方案

5. 高压储液罐的检修方案

图解演示

在中央空调中高压储液罐用来存储冷凝器中凝结的制冷剂液体，如图7-30所示。

图7-30　中央空调中的高压储液罐

高压储液罐工作异常或损坏后，一般需要直接更换，在进行更换操作时应注意以下几个方面。

① 应当检查高压储液罐损坏的原因，再对其进行检修；

② 在通风良好的环境下妥善回收制冷剂；

③ 对管路系统进行清洁，更换相同型号的高压储液罐；

④ 将新的高压储液罐连接回管路中，在焊接时防止高温损坏；

⑤ 对系统进行压力检测，确保系统的密封性；

⑥ 最后抽真空，重新充注制冷剂。

6. 气液分离器的检修方案

中央空调器中，气液分离器通常与压缩机直接进行连接，主要是用来分离制冷剂蒸气中所携带的冷冻机油。气液分离器工作异常或损坏后，一般需要直接更换，在进行更换检修操作时，应注意以下几个方面：

① 先检查气液分离器损坏的原因，再对其进行检修；

② 在通风良好的环境下对制冷剂进行回收；

③ 需对管路系统进行清洁，再更换相同型号的气液分离器；

④ 将新的气液分离器连接回管路中，在焊接时注意充氮气保护；

⑤ 对系统进行压力检测，确保系统的密封性；

⑥ 当更换气液分离器后，应当重新对管路进行抽真空操作后，再充注制冷剂。

中央空调管路系统的检修技能

8.1 冷却水塔的故障检修

8.1.1 冷却水塔的功能特点

图解演示

在水冷式中央空调中，冷却水塔主要用于对水进行降温，将降温后的水经水管路送到冷凝器中，对冷凝器进行降温。当水与冷凝器进行热交换后，水温升高由冷凝器的出水口流出，经过冷却水泵循环将其再次送入冷却水塔中进行降温，冷却水塔再将降温后的水送入冷凝器，再次进行热交换，从而形成一套完整的冷却水循环系统，如图8-1所示。

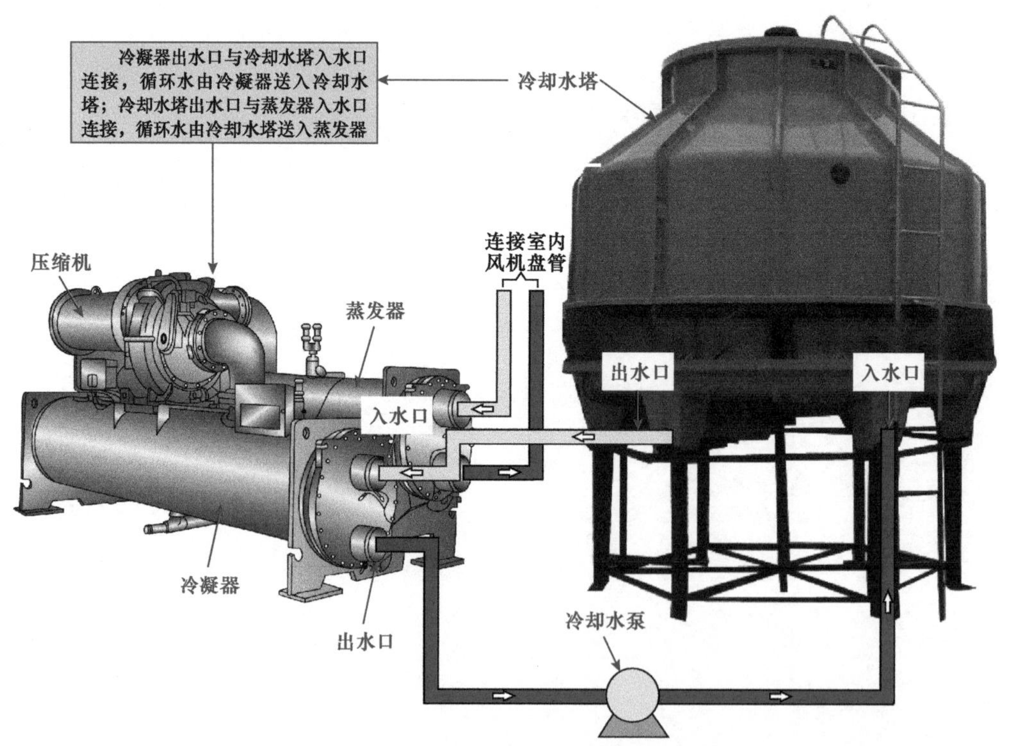

图8-1　冷却水塔在中央空调中的作用

图解演示

图8-2 所示为冷却水塔内部对水进行冷却的工作原理。当干燥的空气经风机抽动后，由进风窗进入冷却水塔内，蒸汽压力大的高温分子向压力低的空气流动，热水由冷却水塔的入水口进入，经布水器后送至各布水管中，并向淋水填料中进行喷淋。当水与空气接触，空气与水直接进行传热形成水蒸气，水蒸气与新进入的空气之间存在压力差，在压力的作用下进行蒸发，从而达到蒸发散热，即可将水中的热量带走，从而达到降温的目的。

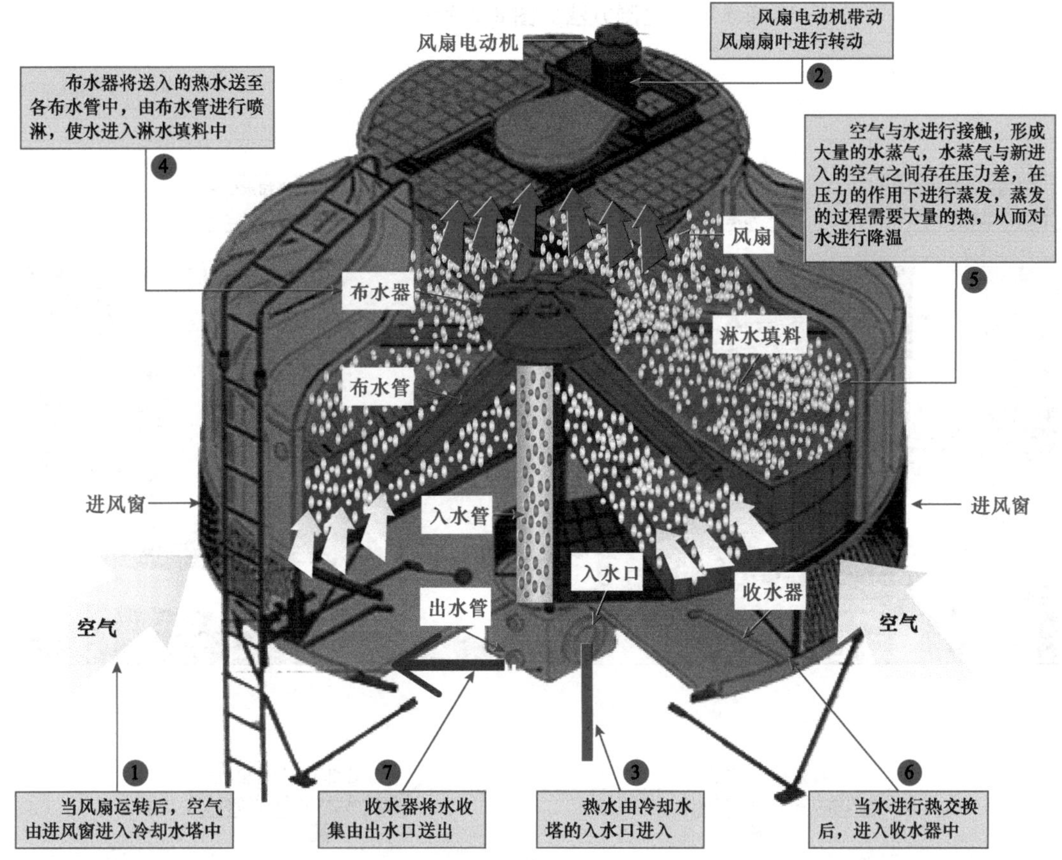

图 8-2　冷却塔的工作原理

进入冷却水塔的空气为低湿度的干燥空气，在水与空气之间存在着明显的水分子浓度差和动能压力差。当冷却水塔中的风机运行时，在塔内静压的作用下，水分子不断地向空气中进行蒸发，形成水蒸气分子，剩余的水分子的平均动能会降低，从而使循环水的温度下降。从该分析可以看出，蒸发降温与空气的温度是否低于或高于循环水的温度无关，只要有空气不断地进入冷却水塔与循环水进行蒸发，即可将水温进行降低。但是，循环水向空气中进行蒸发不是无休止的，当与水接触的空气不饱和时，水分子不断地向空气中进行蒸发，但当空气中的水分子饱和时，水分子就不会再进行蒸发，而是处于一种动平衡的状态。当蒸发的水分子数量与从空气中返回到水中的水分子数量相等时，水温保持不变。因此得知，与水接触的空气越干燥，蒸发就越容易进行，水温就越容易降低。

8.1.2 冷却水塔的检修方法

冷却水塔由内部的风扇电动机对风扇扇叶进行控制，并由风扇吹动空气使冷却水塔中淋水填料中的水与空气进行热交换。冷却水塔出现故障主要表现为无法对循环水进行降温、循环水降温不达标等，该类故障多是由冷却水塔风扇电动机故障引起风扇停转、布水管内部堵塞无法进行均匀的布水、淋水填料老化、冷却水塔过脏等造成的，检修时可重点从以下几个方面逐步排查。

冷却水塔的检测方法如图 8-3 所示。

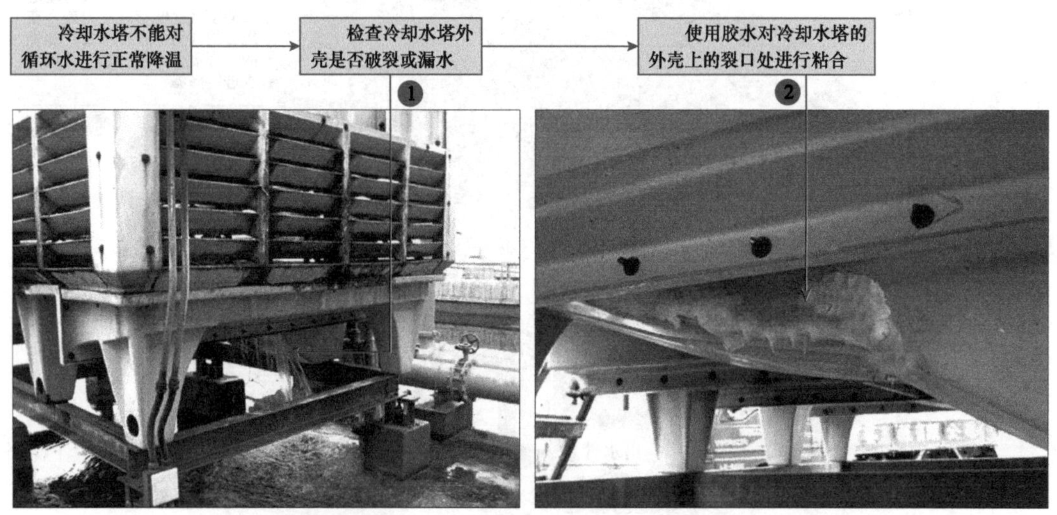

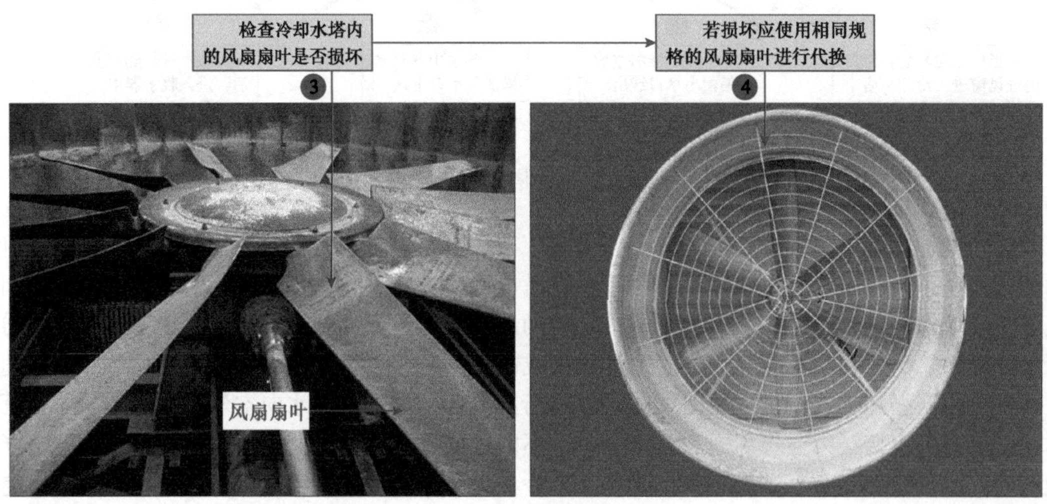

图 8-3 冷却水塔的检修方法

图 8-3　冷却水塔的检修方法（续）

8.2 风机盘管的故障检修

8.2.1 风机盘管的功能特点

风机盘管是中央空调管路系统中重要的室内机末端设备。水在风机盘管内循环后实现热交换，由风机盘管内的风扇组件将水管中的冷量或热量吹入室内。

图8-4为典型风机盘管外形及结构示意图。它是由出水口、进水口、排气阀、凝结水出口、积水盘、接线盒、回风箱、过滤网、风扇组件、电加热器（可选）、盘管、出风口等构成。

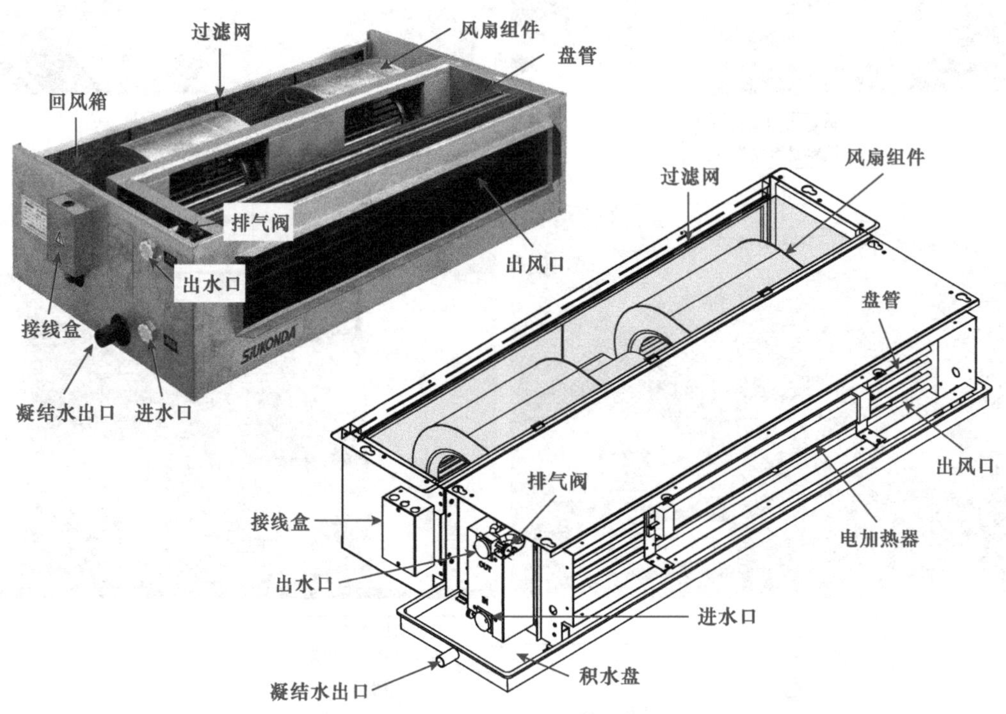

图8-4　典型风机盘管外形及结构示意图

风机盘管中的风扇组件是由电动机座、风扇支架、风扇电动机、风扇叶轮以及蜗壳等组成，如图8-5所示。电动机控制蜗壳中的风扇叶轮进行旋转，从而产生风。

相关资料

图8-6所示为风机盘管的工作原理。当中央空调进系统行制冷时，由入水口将冷水送入风机盘管中，冷水会通过盘管进行循环，此时风扇组件中的电动机接到启动信号带动风扇进行运转，使空气通过进风口进入与盘管中的冷水发生热交换，对空气进行降温，再由风扇将降温后的空气送出，使其对室内进行降温。

当空气与盘管进行热交换时，容易形成冷凝水，冷凝水进入积水盘，由凝结水出口排出。当盘管中的冷水进行热交换后由出水口流出。

同样，当中央空调系统进行制热时，需要由入水口进入热水，使热水与室内空气进行热交换，输出热风，当盘管中的热水进行热交换后由出水口流出。

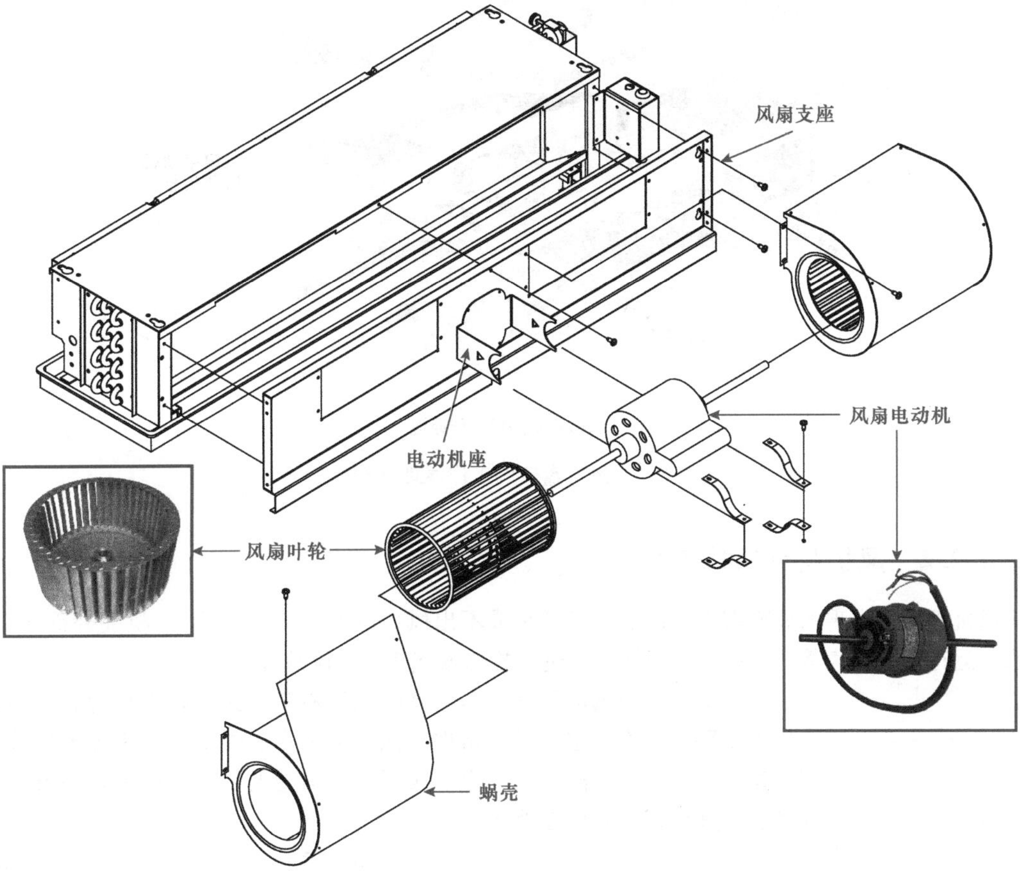

风扇支座
风扇电动机
电动机座
风扇叶轮
蜗壳

图 8-5 典型风机盘管风扇的结构

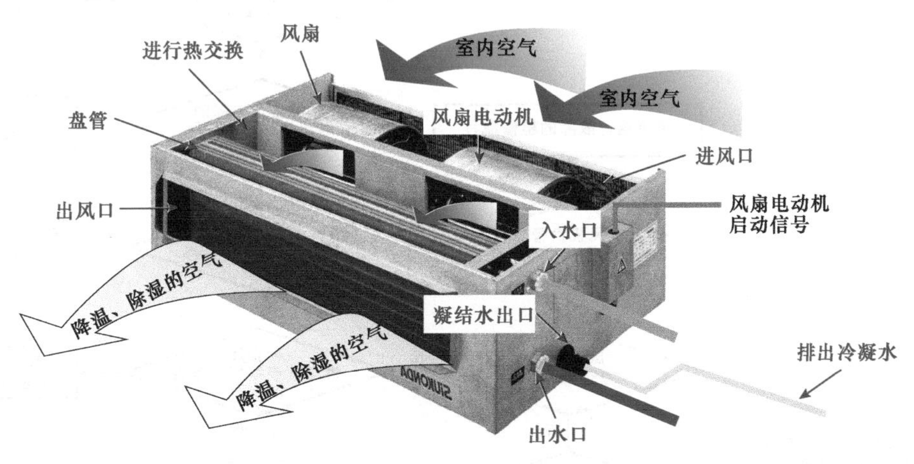

a）风机盘管制冷的工作原理

图 8-6 风机盘管的工作原理

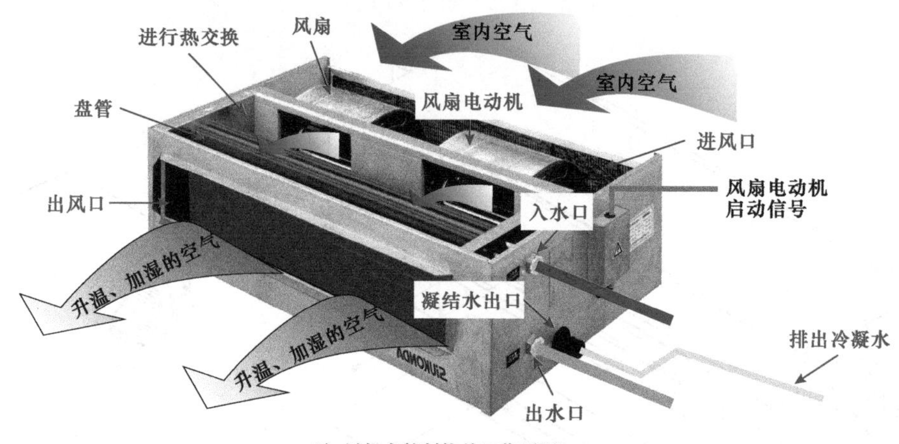

b）风机盘管制热的工作原理

图 8-6　风机盘管的工作原理（续）

8.2.2　风机盘管的检修方法

风机盘管常出现的故障有无法启动、风量小或不出风、风不冷（或不热）、机壳外部结露、漏水、运行中有噪声等，可通过对损坏部位进行检修或代换来排除故障。

图 8-7 所示为风机盘管基本检修流程和检修方法。风机盘管故障多是由供电线路连接不到位、风扇组件不能正常工作、凝结水无法排出导致泄漏、积水盘及管路保温不当发生二次凝水等引起的。对风机盘管进行检修时，重点应针对不同故障表现进行相应的检修处理。

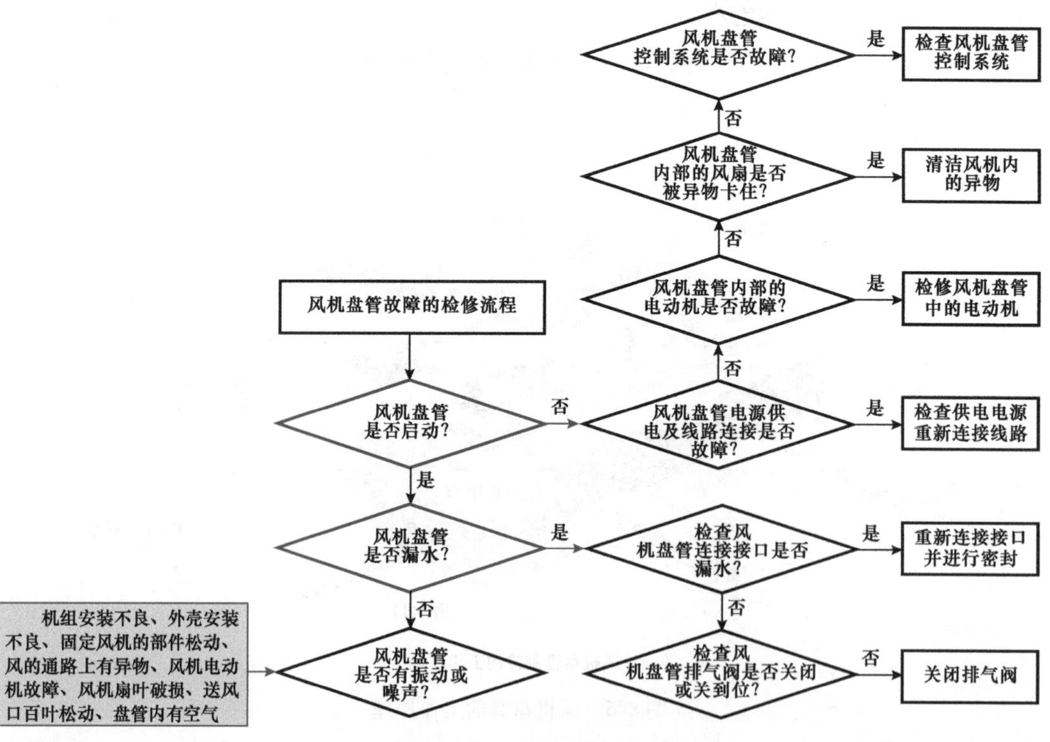

图 8-7　风机盘管的检修流程和检修方法

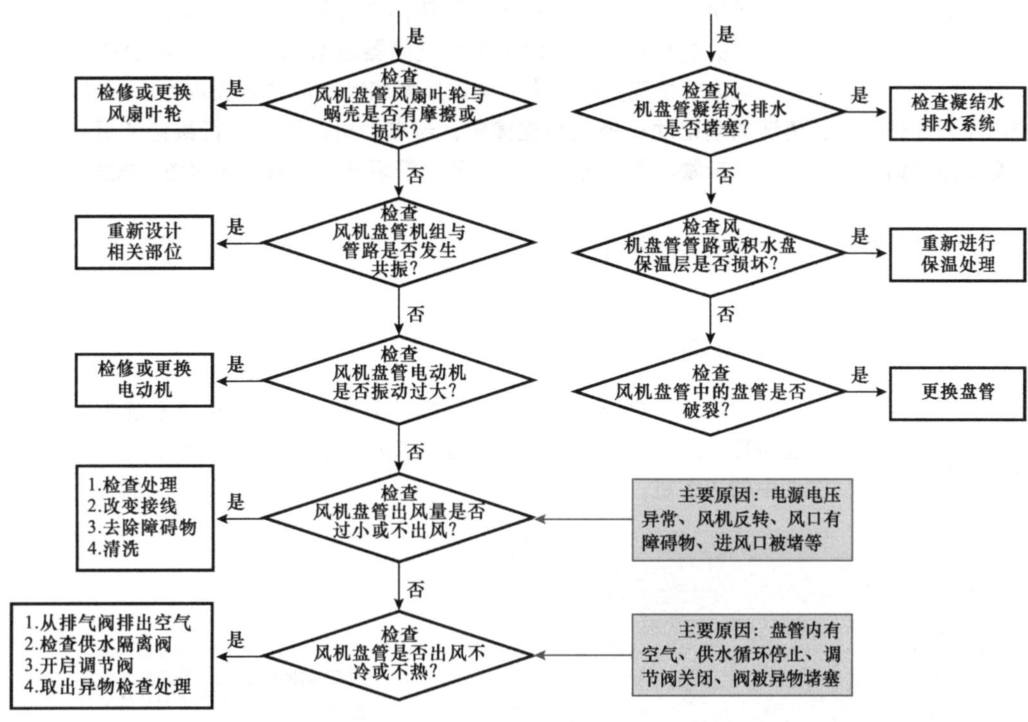

图 8-7　风机盘管的检修流程和检修方法（续）

在对风机盘管进行检修过程中，若经检查发现内部功能部件损坏严重，应对损坏的部件或整个风机盘管进行代换，例如代换风扇电动机等。风机盘管的代换方法如图 8-8 所示。

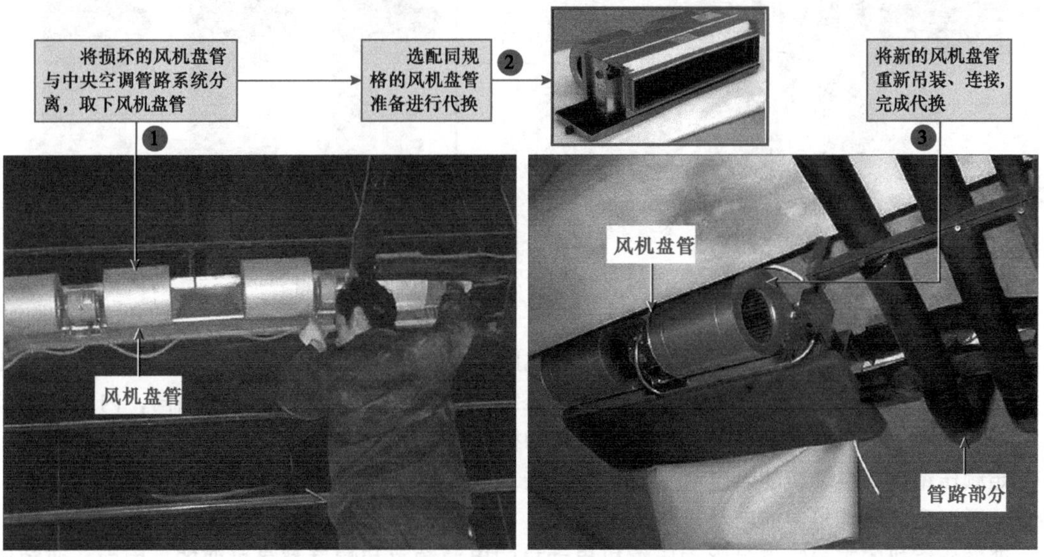

图 8-8　风机盘管的代换方法

相关资料

检修风机盘管时，除了对损坏的部件进行更换外，主要功能部件的清洗也是检修中的重要环节，如清洗空气过滤器表面的灰尘，以减少通过风机盘管的空气阻力、提高换热效率；清洗风扇扇叶，冲洗表面浮尘、刷净叶轮等，以提高风扇工作效率；清洗风扇电动机外壳和支撑座，若电动机故障应进行维修和更换；清洗接水盘和过滤器，清除污泥、杂物、藻类等，防止冷凝水管堵塞，造成冷凝水泄漏故障等。

8.3 压缩机的故障检修

8.3.1 压缩机的功能特点

压缩机是中央空调制冷剂循环的动力源。它驱动管路系统中的制冷剂往复循环，通过热交换达到制冷或制热的目的。图 8-9 所示为多联式中央空调中的压缩机。

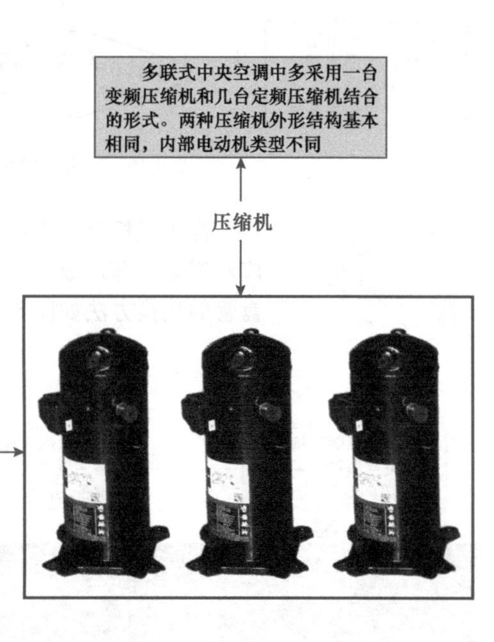

图 8-9　多联式中央空调室外机中的压缩机

该多联式中央空调室外机的压缩机采用了一台变频压缩机与 2 台定频压缩机结合的方式工作。变频压缩机和定频压缩机外形基本相同，内部机械部件也类似，不同的是内部电动机有变频和定频之分。

定频压缩机中电动机的供电电压频率是交流 220V、50Hz，因供电频率固定，电压（220V）固定，所以定频压缩机中的电动机转速固定。

变频压缩机的主要特点是驱动压缩机电动机的电源频率和幅度都是可变的，因而，变频压缩机电动机的转速是变化的，通过对电动机转速的控制可以实现对制冷量的控制，这种方式效率高、能耗低，压缩机电动机的寿命长，因而目前得到广泛的应用。

1. 变频压缩机的特点

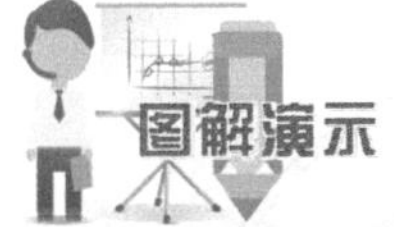

图 8-10 所示为典型变频（涡旋式）压缩机的结构。这种压缩机内部有两个涡旋盘，通过涡旋盘的旋转动作实现对制冷剂气体的压缩。

在变频压缩机（涡旋式变频压缩机）中有两个涡旋盘，分别为定涡旋盘与动涡旋盘

回气管

排气管

动涡旋盘

定涡旋盘

定涡旋盘固定在支架上，动涡旋盘由偏心轴驱动，基于轴心运动

涡旋盘

排气口

吸气口

排气腔

偏心轴

电动机

排气口

涡旋油

吸气口

a）变频(涡旋式)压缩机实物外形　　b）变频(涡旋式)压缩机内部结构

图 8-10　变频（涡旋式）压缩机实物外形及内部结构

压缩机工作时，通过内部电动机带动机械部件工作，实现对内部制冷剂的压缩处理。图 8-11 所示为涡旋式变频压缩机的工作原理。其工作过程主要是由定涡旋盘与动涡旋盘实现的。定涡旋盘作为定轴不动，动涡旋盘在电动机带动下围绕定涡旋盘进行旋转运动，对压缩机吸入的制冷剂气体进行压缩，使气体受到挤压。当动涡旋盘与定涡旋盘相啮合时，内部的空间不断缩小，使制冷剂气体压力不断增大，最后通

过涡旋盘中心的排气管排出。

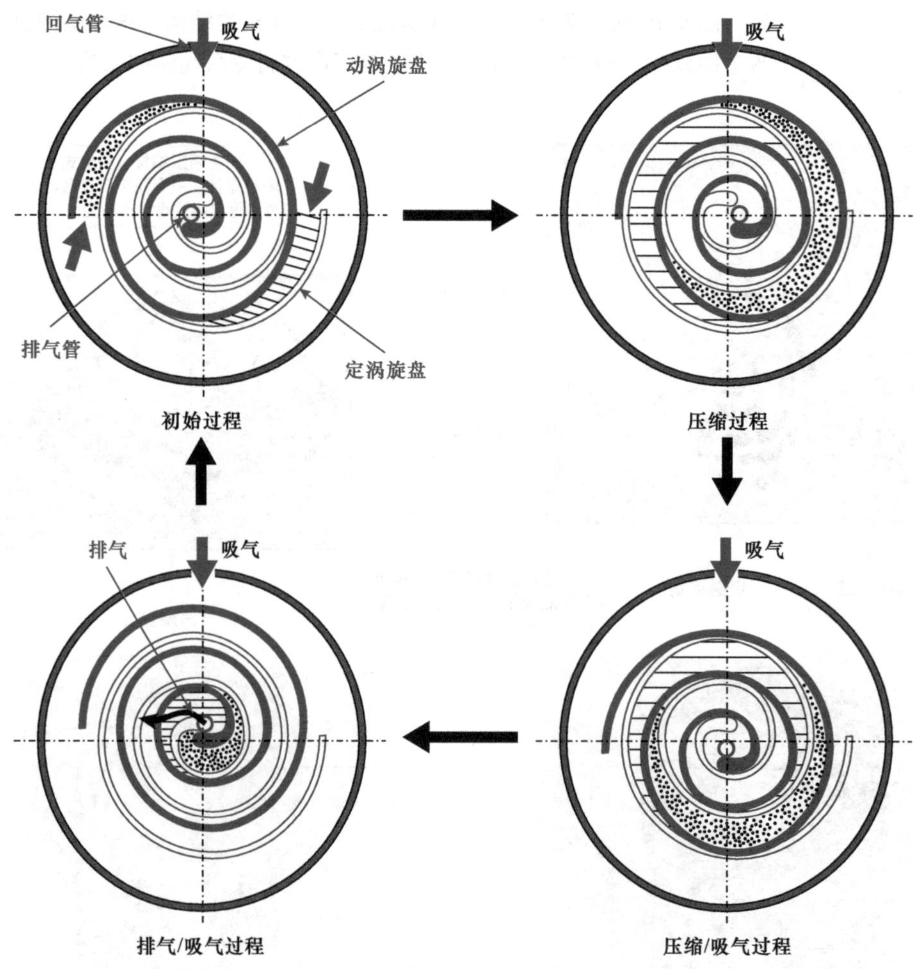

图 8-11　变频压缩机的工作原理图

2. 螺杆式压缩机的特点

图解演示

螺杆式压缩机的工作是依靠啮合运动着的一个阳转子与一个阴转子，并借助于包围这一对转子四周的机壳内壁的空间完成的，其工作过程如图 8-12 所示。当螺杆式压缩机开始工作时，进气口开始吸气，经阳转子、阴转子的啮合运动对气体开始进行压缩，当压缩结束后，将气体由出气口排出。

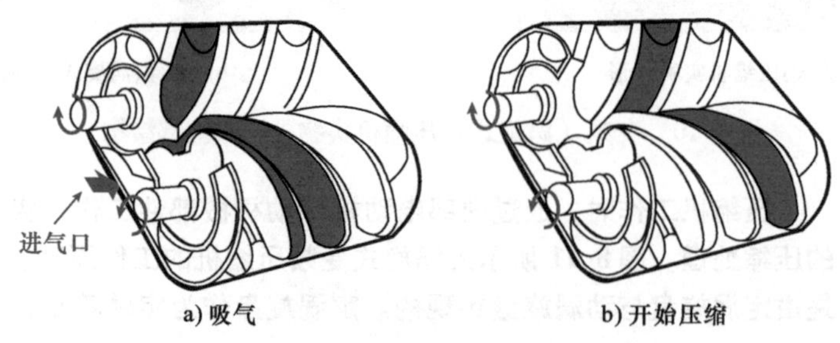

图 8-12　螺杆式压缩机的工作过程

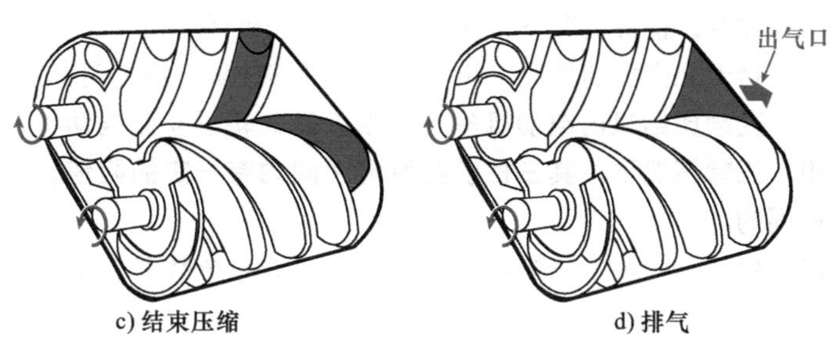

图 8-12 螺杆式压缩机的工作过程（续）

8.3.2 压缩机的故障检修

压缩机是中央空调制冷管路中的核心部件，若压缩机出现故障，将直接导致中央空调出现不制冷（热）、制冷（热）效果差、噪声等现象，严重时可能还会导致中央空调系统无法启动开机的故障。

1. 变频压缩机的检修与代换

检修变频压缩机时，重点是对变频压缩机内部电动机绕组进行检测，判断有无短路或断路故障，一旦发现故障，就需要寻找可替代的变频压缩机进行代换。

（1）变频压缩机的检测方法

图解演示 若变频压缩机出现异常，需要先将变频压缩机接线端子处的护盖拆下，再使用万用表对变频压缩机接线端子间的阻值进行检测，即可判断变频压缩机是否出现故障。将万用表的红黑表笔任意搭接在变频压缩机绕组端，进行检测。变频压缩机的检测方法如图 8-13 所示。

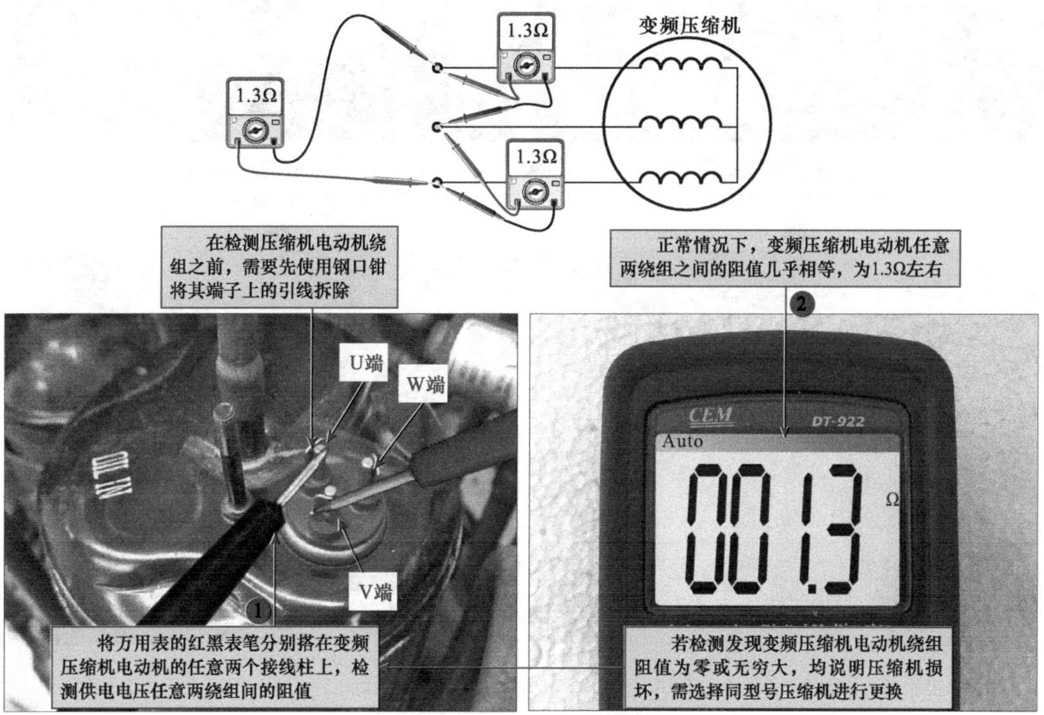

图 8-13 变频压缩机的检测方法

观测万用表显示的数值，正常情况下，变频压缩机电动机任意两绕组之间的阻值几乎相等。若检测时发现有电阻值趋于无穷大的情况，说明绕组有断路故障，需要对其进行更换。

变频压缩机内电动机多为三相永磁式转子交流电动机，其内部为三相绕组，正常情况下，其三相绕组两两之间均有一定的阻值，且三组阻值是完全相同的。

若经过检测确定为变频压缩机本身损坏引起的中央空调系统故障，则需要对损坏的变频压缩机进行更换。

（2）变频压缩机的代换方法

图解演示

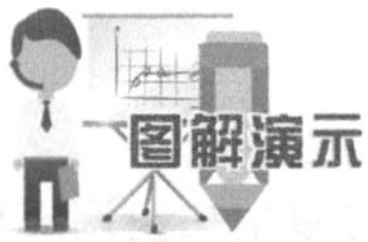

对变频压缩机进行代换包括拆焊、拆卸和替换三个步骤，即先将变频压缩机与管路部分连接部分进行拆焊操作，然后将变频压缩机从中央空调室外机中取下，最后寻找可替换的变频压缩机后进行安装和焊接。变频压缩机的代换方法如图 8-14 所示。

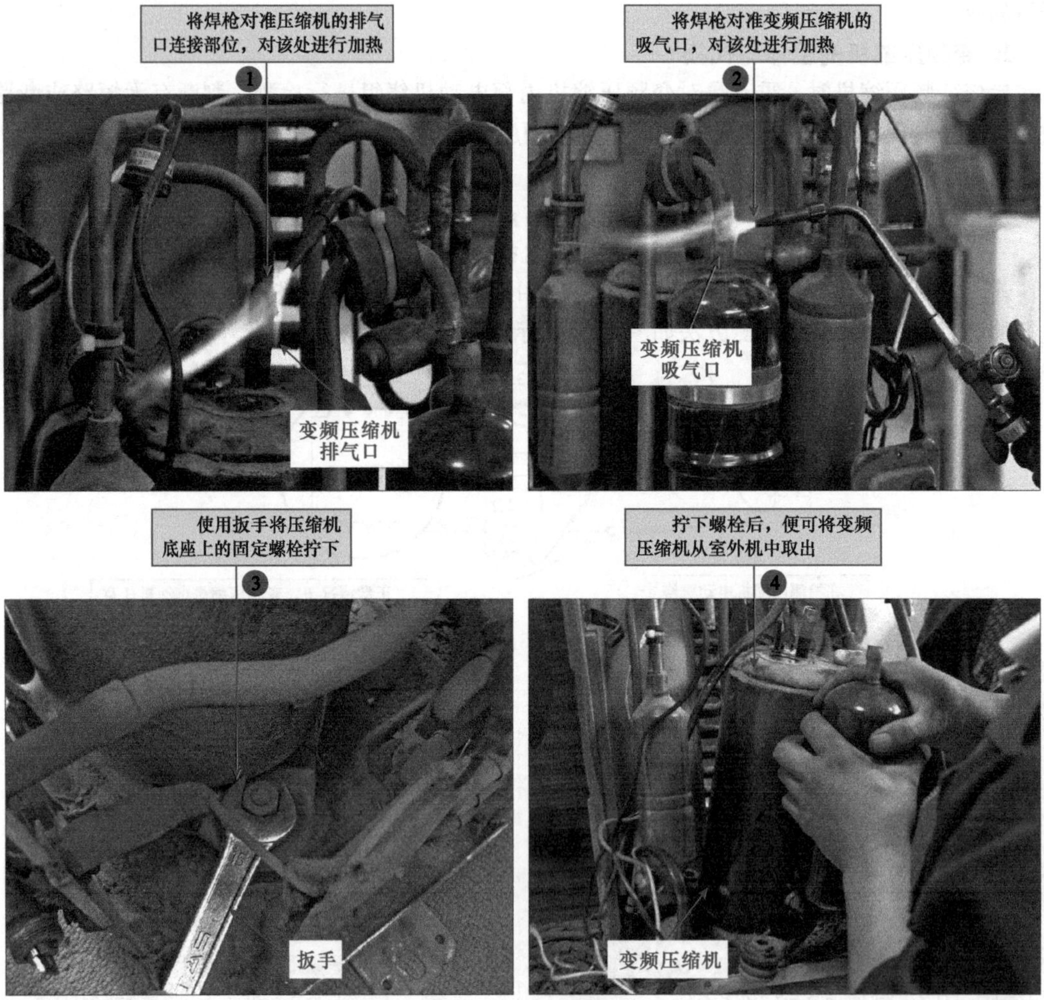

1 将焊枪对准压缩机的排气口连接部位，对该处进行加热

变频压缩机排气口

2 将焊枪对准变频压缩机的吸气口，对该处进行加热

变频压缩机吸气口

3 使用扳手将压缩机底座上的固定螺栓拧下

扳手

4 拧下螺栓后，便可将变频压缩机从室外机中取出

变频压缩机

图 8-14　变频压缩机的代换方法

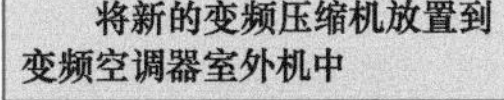

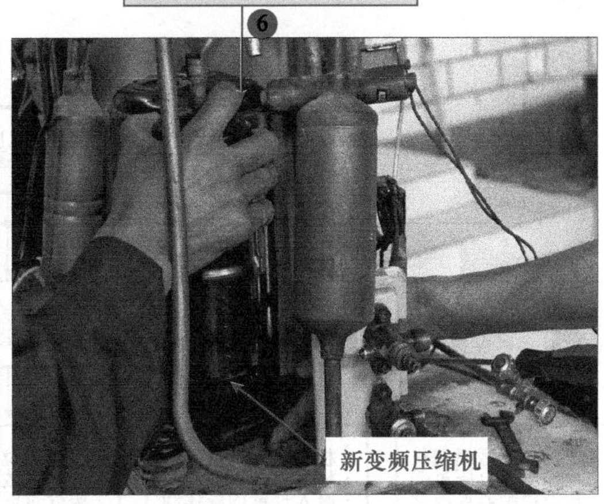

图 8-14　变频压缩机的代换方法（续）

在进行焊接操作时，首先要确保对焊口处均匀加热，绝对不允许使焊枪的火焰对准铜管的某一部位进行长时间加热，否则会使铜管烧坏。

另外，在焊接时，若变频压缩机工艺管口的管壁上有锈蚀现象，需要使用砂布对焊接部位附近 1～2cm 的范围进行打磨，直至焊接部位呈现铜本色，这样有助于与管路连接器很好地焊接，提高焊接质量。

提示说明

对变频压缩机进行检修和代换时应注意：

① 在拆卸损坏的压缩机之前，应当检查制冷系统以及电路系统中导致压缩机损坏的原因，再合理更换相关损坏器件，避免再次损坏的情况发生。

② 必须对损坏压缩机中的制冷剂进行回收，在回收之前应当准备好回收制冷剂所需要的工具，并保证空调主机房的空气流通。

③ 在选择更换的压缩机时，应当尽量选择相同厂家的同型号压缩机进行更换。

④ 将损坏的压缩机取下并更换新压缩机后，应当使用氮气对制冷剂循环管路进行清洁。

⑤ 对系统进行抽真空操作，应执行多次抽真空操作，保证管路系统内部绝对的真空状态，系统压力达到标准数值。

⑥ 压缩机安装好后，应当在关机状态下对其充注制冷剂，当充注量达到 60% 之后，将中央空调器开机，继续充注制冷剂，使其达到额定充注量时停止。

⑦ 拆卸压缩机，打开制冷管路后，代换压缩机后需要同时更换干燥过滤器。

2. 螺杆式压缩机的检修与代换

螺杆式压缩机属于一种大型设备，检修或代换都需要专业的操作技能。一旦确定螺杆式压缩机出现故障时，应当根据规范的检修流程进行操作。

（1）螺杆式压缩机的检测方法

一般来说，检修螺杆式压缩机也可从其故障表现入手，根据故障表现分析可能的故障原因，然后有针对性地进行检修。

图 8-15 所示为螺杆式压缩机的常见故障表现和基本的检修方法。

螺杆式压缩机常见故障及检修

故障表现	故障原因	检修方法
启动负荷大、不能启动或启动后立即停机保护	· 压缩机内磨损烧伤 · 电源供电电压过低 · 压力控制器或温度传感器调节不当 · 压差控制器或继电器断开没复位 · 电动机绕组烧毁或断路 · 交流接触器损坏 · 温度控制器调整不当或异常 · 电路系统异常	· 拆卸压缩机对内检修 · 检修电路系统，按要求供电 · 调整压力控制器或温度传感器 · 按下复位键，使其复位 · 拆卸压缩机检修内部绕组部分 · 检修交流接触器 · 重新调整或更换温度控制器 · 检修电路系统
机组振动过大；有明显噪声	· 机组地脚未紧固 · 机组与管道共振 · 吸入过量的液体制冷剂 · 压缩机内有异物 · 轴承过度磨损或损坏 · 联轴部分松动	· 旋紧地脚螺栓 · 改变管道支撑点，排除共振 · 停机，使液体排出压缩机 · 检修压缩机及吸气过滤网 · 更换轴承 · 紧固螺栓或更换联轴器
压缩机制冷能力或制冷量不足	· 滑阀的位置不合适或其他故障 · 吸气过滤器堵塞 · 压缩机轴承磨损后间隙过大 · 冷却水量不足或水温过高 · 干燥过滤器阻塞 · 节流阀脏堵或冰堵 · 系统内有较多空气 · 制冷剂泄漏过多 · 冷凝器或贮液器的出液阀开启过小 · 高低压系统间泄漏	· 检修滑阀 · 清洗吸气过滤器 · 检修和更换轴承 · 调整水量，开启或检修冷却水塔 · 清洗或更换干燥过滤器滤芯 · 清洗节流阀 · 排放空气 · 检查漏点，补充制冷剂 · 调节出液阀 · 检查回油阀
压缩机结霜严重或机体温度过低	· 热力膨胀阀开启过大 · 热负荷过小 · 热力膨胀阀感温包未扎紧或捆扎位置不正确	· 适当关小阀门 · 减小供液或压缩机减载 · 按要求重新捆扎或更换
压缩机机体温度过高	· 运动部件有不正常摩擦 · 吸气严重过热 · 排气压力过高 · 油温过高 · 机内杂质等造成压缩机烧伤 · 喷油量不足	· 拆卸压缩机对内检修 · 适当调大节流阀 · 检查高压系统及冷却水系统 · 检修水冷油冷却器和喷液油冷却系统 · 停机检查压缩机内部，排出杂质 · 增加喷油量

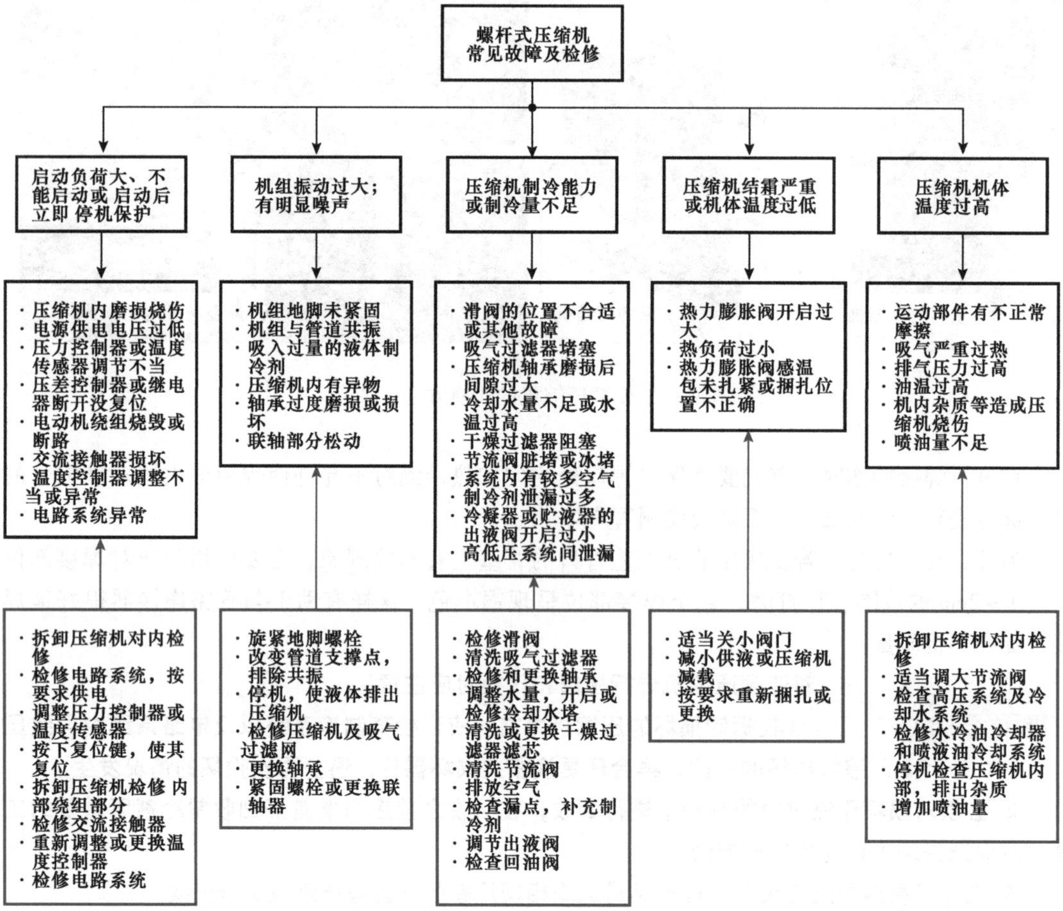

图 8-15　螺杆式压缩机的常见故障表现和基本的检修方法

（2）螺杆式压缩机的代换方法

在检修螺杆式压缩机过程中，整体代换概率较小，一般在压缩机内部件严重损坏，且无法修复时，可根据实际情况对主要部件进行代换，如代换轴承、转子等。

图解演示

螺杆式压缩机内主要部件的代换方法如图 8-16 所示。

拆卸螺杆式压缩机一侧端盖，检查内部轴承、绕组等部分有无损伤

① 绕组 轴承

检查轴承钢珠有无磨损，若磨损严重更换轴承

② 钢珠 轴承

拆卸螺杆式压缩机另一侧端盖及联轴部分，找到阴阳转子进行检查

③ 阴转子 阳转子

拆下阴阳转子检查有无明显损伤，若损伤严重应用同规格转子更换

④ 阴转子 阳转子

图 8-16　螺杆式压缩机内主要部件的代换方法

8.4　闸阀组件的故障检修

8.4.1　电磁四通阀的故障检修

1. 电磁四通阀的功能特点

电磁四通阀是一种用于控制制冷剂流向的器件，一般安装在中央空调室外机的压缩机附近，可以通过改变压缩机送出制冷剂的流向来改变空调系统的制冷和制热状态。

图 8-17 所示为电磁四通阀的外形。可以看到，电磁四通阀是由四通换向阀与电磁导向阀两个部分组成的。它与多个管路进行连接，换向动作受主控电路控制。

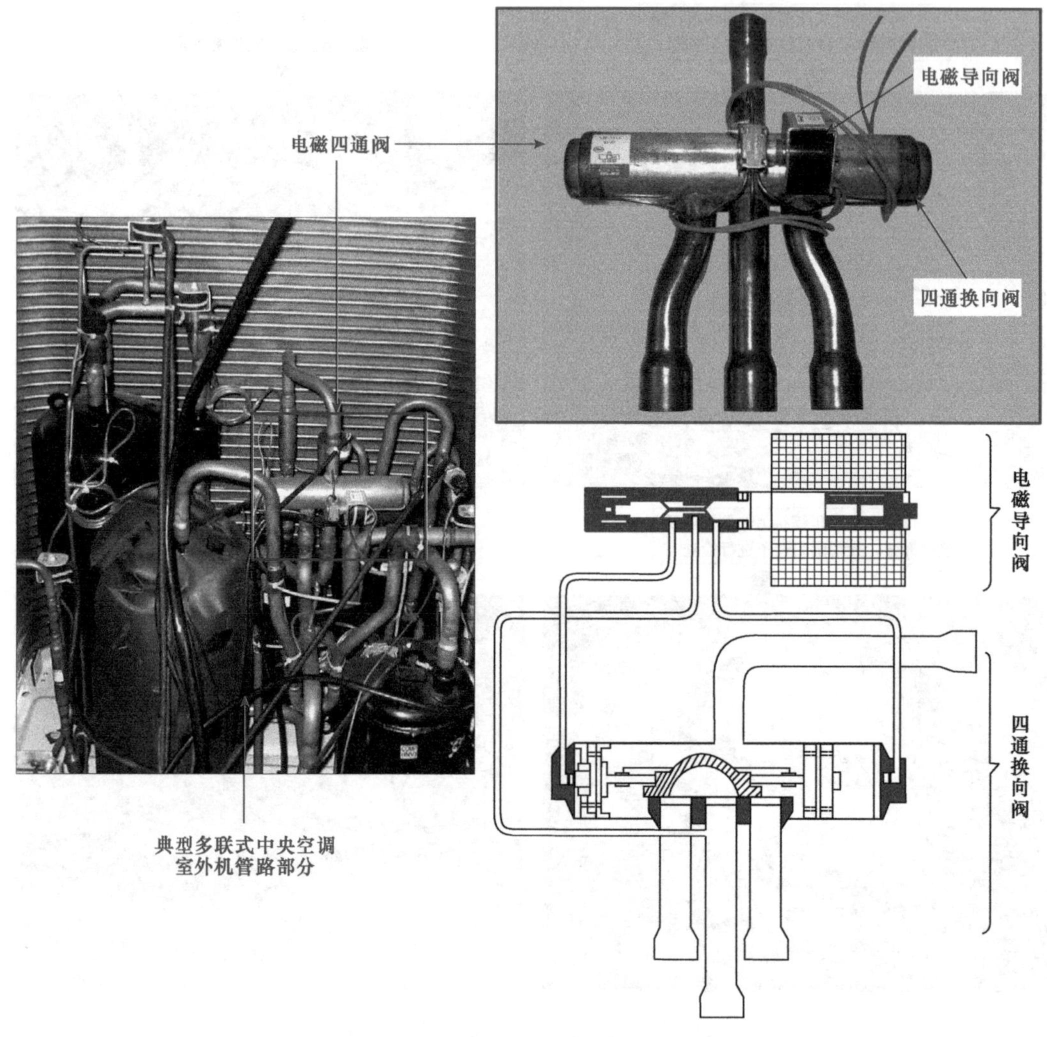

图 8-17　多联式中央空调室外机中的电磁四通阀

电磁四通阀中的电磁导向阀部分是由阀芯、弹簧、衔铁电磁线圈等构成；四通换向阀部分是由滑块、活塞与四根连接管路等构成。四通换向阀上的四根连接管路分别可以连接压缩机排气孔、压缩机吸气孔、蒸发器与冷凝器。电磁导向阀部分是通过三根毛细管与四通换向阀部分进行连接的。

电磁四通阀在工作时，由中央空调主控电路部分进行控制。当电磁四通阀中的电磁导向阀接收到控制信号后，驱动电磁线圈牵引衔铁运动，电磁铁带动阀芯动作，从而改变毛细管导通的位置。而毛细管的导通可以改变管路中的压力，当压力发生改变时，四通换向阀中的活塞带动滑块动作，实现换向工作。

图解演示

图 8-18 所示为电磁四通阀由制冷转换为制热状态的工作原理。当电磁导向阀接收到控制信号，使电磁线圈吸引衔铁动作，衔铁带动阀芯向右移动，导向毛细管 E 堵塞，导向毛细管 F 与 G 导通。由于导向毛细管 E 堵塞，而使区域 H 内充满高压气体；而区域 I 内，通过导向毛细管 F、G 及 C 管与压缩机回气管相通，使之形成低压区，当区域 H 的压强大于区域 I 的压强，滑块被活塞带动，向右移动，使连接管 C

和连接管 D 相通，连接管 A 和连接管 B 相通。

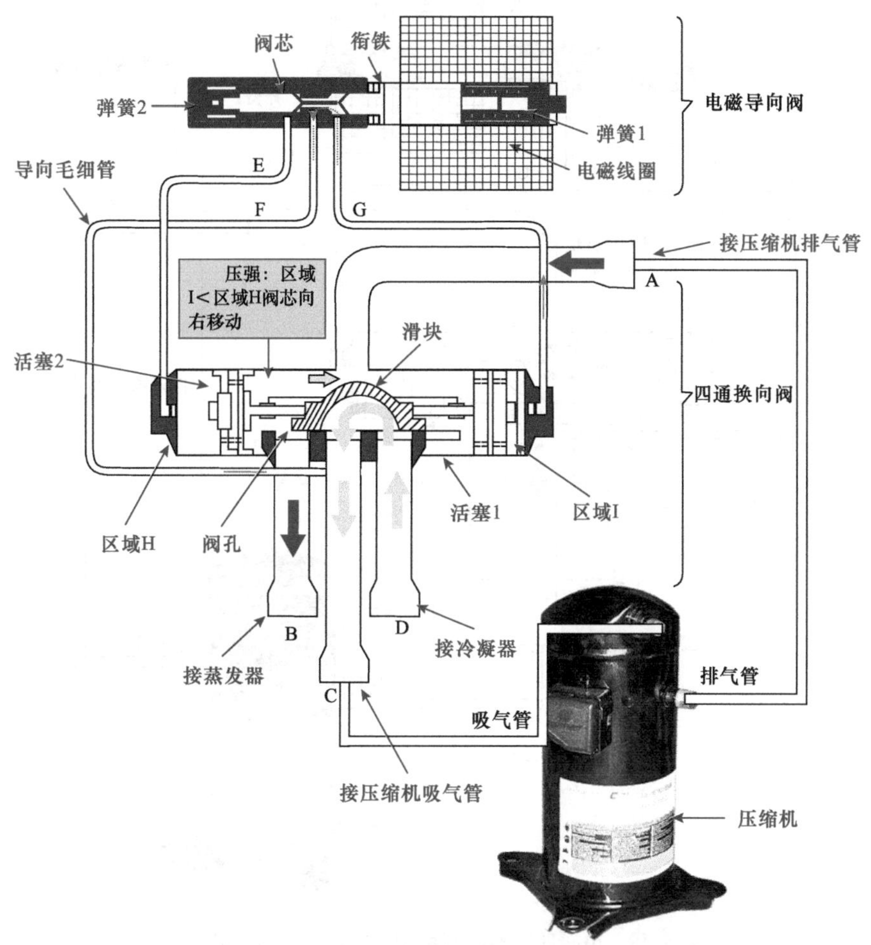

图 8-18　电磁四通换向阀由制冷转换为制热的状态

图 8-19 所示为电磁四通阀由制热转换为制冷状态的工作原理。当电磁导向阀接收到控制信号，使电磁线圈松开衔铁，衔铁带动阀芯向左移动，导向毛细管 G 堵塞，导向毛细管 E 与 F 导通，当区域 I 的压强大于区域 H 的压强，滑块被活塞带动，向左移动，使连接管 B 和连接管 C 相通，连接管 A 和连接管 D 相通。

2. 电磁四通阀的检修方法

电磁四通阀主要用来控制制冷管路中制冷剂的流向，实现制冷、制热时制冷剂的循环。电磁四通阀常出现的故障有线圈断路、短路、无控制信号、控制失灵、内部堵塞、换向阀块不动作、串气以及泄漏等。

（1）电磁四通阀管路泄漏的检修方法

当电磁阀连接管路泄漏时，通常会导致电磁四通阀无动作。通常可以采用电焊进行补焊的方式对连接管路重新进行焊接。电磁四通阀连接管路泄漏的检测方法如图 8-20 所示。

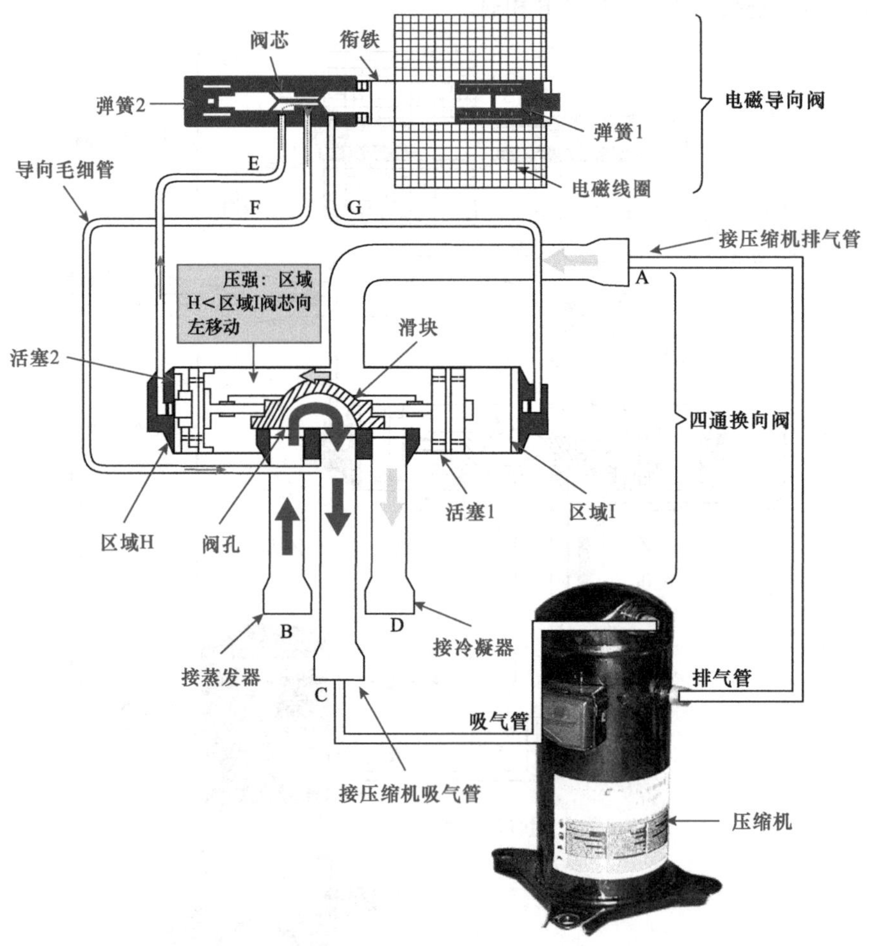

图 8-19　电磁四通换向阀由制热转换为制冷的状态

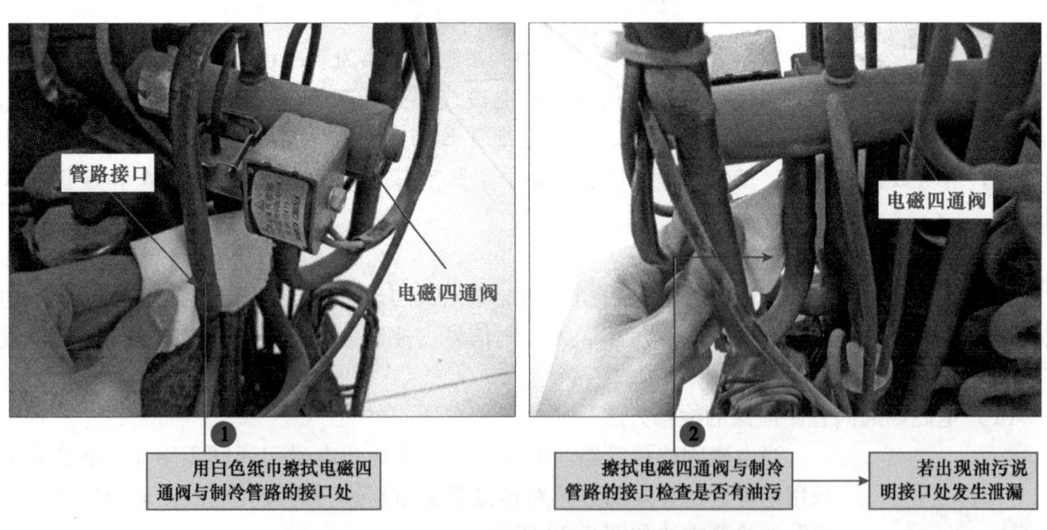

图 8-20　电磁四通阀连接管路泄漏的检测方法

（2）电磁四通阀内部堵塞或串气的检修方法

电磁四通阀内部发生堵塞或串气时，常会导致电磁四通阀在没有接收到自动换向的指令时，自行进行换向动作；或接收到换向指令后，电磁四通阀内部无动作等故障。电磁四通阀内部堵塞或串气的检测与维修方法如图 8-21 所示。

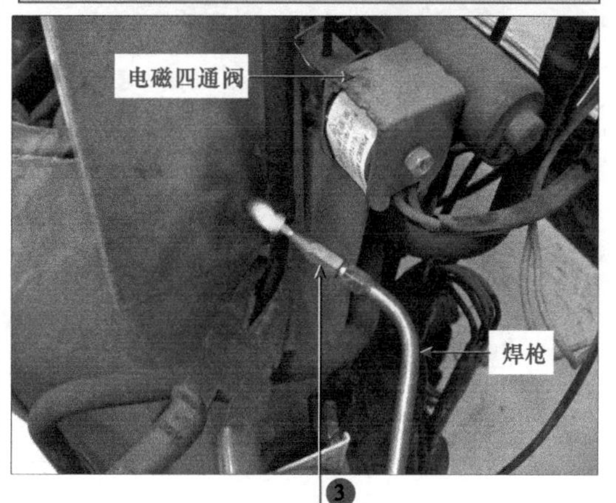

图 8-21 电磁四通阀内部堵塞或串气的检测与维修方法

正常情况下，电磁四通阀连接管路的温度见表 8-1，若当温度完全相同时，说明电磁四通阀内部串气，应当对其进行更换；若当温度与正常温度相差过大时，说明电磁四通阀内部发生堵塞，可以通过敲击的方法将故障排除；若仍不能排除时，可以通过更换电磁四通阀将其故障排除。

（3）电磁四通阀中线圈的检修方法

电磁四通阀内的线圈故障时，会导致电磁四通阀可以正常接收控制信号，但收到控制信号后发出异常的响声。可以通过检测线圈的绕组阻值对其好坏进行判断，若其出现故障时，应当对电磁四通阀或对线圈进行更换。

表 8-1 中央空调器电磁四通阀连接管路的温度

中央空调器的工作情况	接压缩机排气管	接压缩机吸气管	接蒸发器	接冷凝器
制冷状态	热	冷	冷	热
制热状态	热	冷	热	冷

对电磁四通阀进行检测，需要先将其连接插件拔下，再使用万用表对四通阀线圈阻值进行检测，即可判断电磁四通阀是否出现故障。电磁四通阀线圈阻值的检测方法如图 8-22 所示。

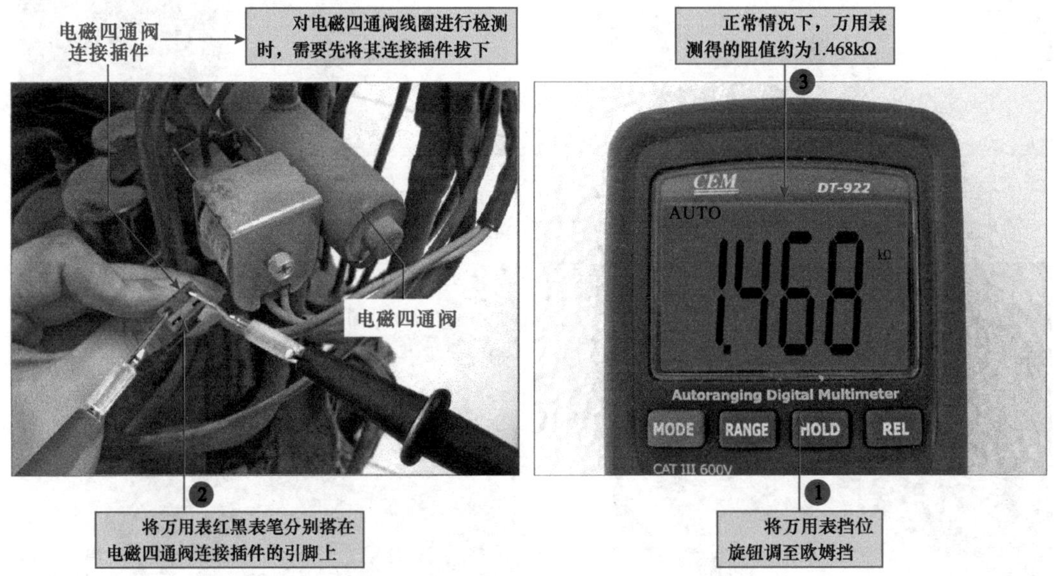

图 8-22 电磁四通阀线圈阻值的检测方法

正常情况下，万用表可测得一定的阻值，约为 1.468kΩ。若阻值差别过大，说明电磁四通阀损坏，需要对其进行更换。

（4）电磁四通阀的代换方法

若经过检测确定为电磁四通阀本身损坏引起的中央空调故障，则需要对损坏的电磁四通阀进行更换。

电磁四通阀通常安装在室外机变频压缩机上方，与多根制冷管路相连。使用气焊设备和钳子对电磁四通阀进行拆焊，然后选用同规格的电磁四通阀进行重新焊接完成代换即可。电磁四通阀的代换方法如图 8-23 所示。

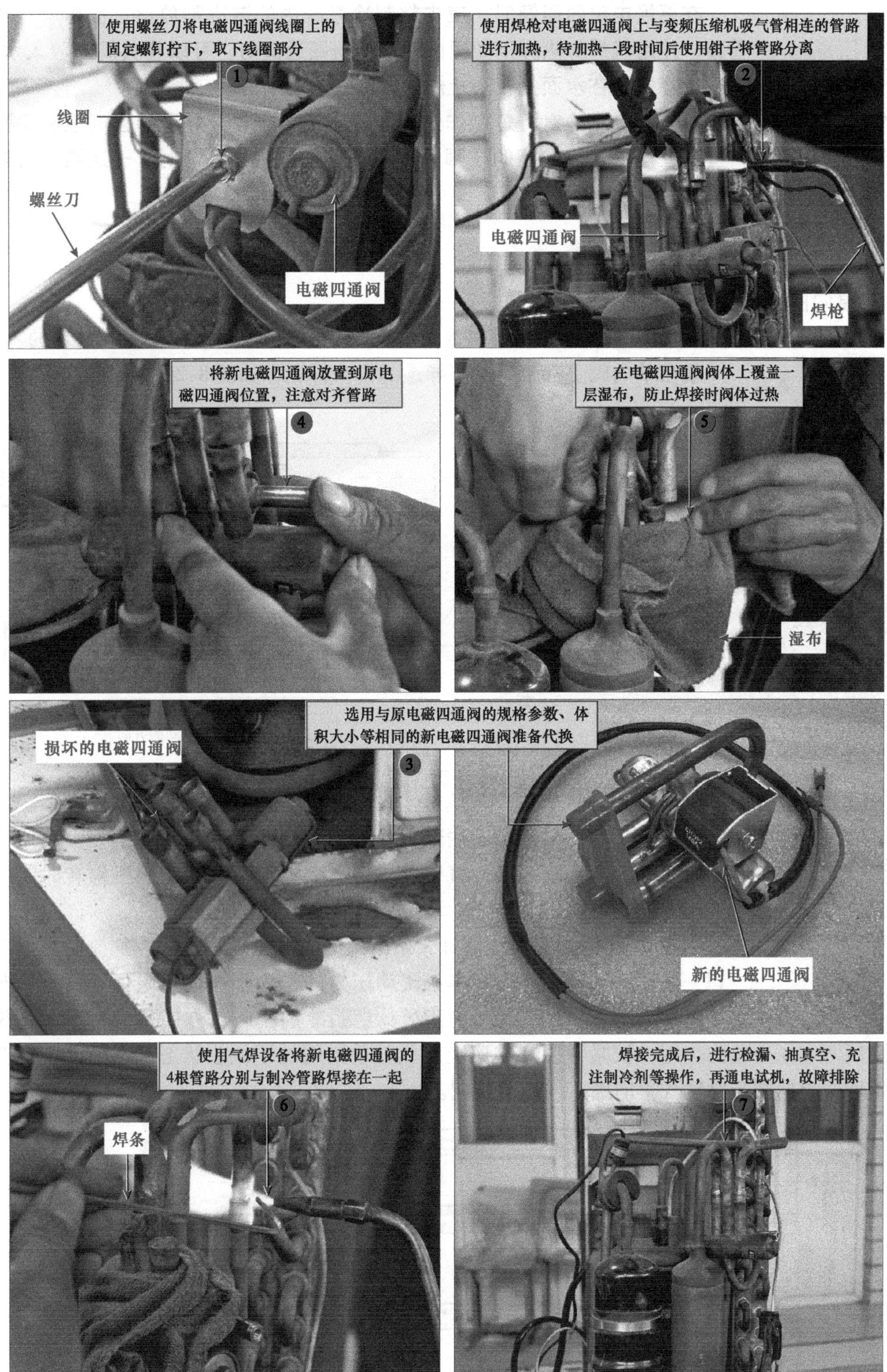

图 8-23　电磁四通阀的代换方法

在更换电磁四通阀时，应先将制冷系统中的制冷剂放出，使用氮气清洁管路，并用气焊加热焊下四通阀。焊接新四通阀时，可以将其阀体放入水中，把焊接管口留在水面上，防止焊接时阀块产生变形。

值得注意的是，为了让读者能够看清楚操作过程和操作细节，在开焊和焊接时没有采取严格的安全保护措施，整个过程由经验丰富的技师完成，学员在检测和练习时，一定要做好防护措施，以免造成其他部件的烧损。

8.4.2 单向阀的故障检修

1. 单向阀的功能特点

单向阀是制冷管路中重要的部件，它具有单向导通反向截止的特性，一般在单向阀上都带有阀门导通的方向标识，如图 8-24 所示。

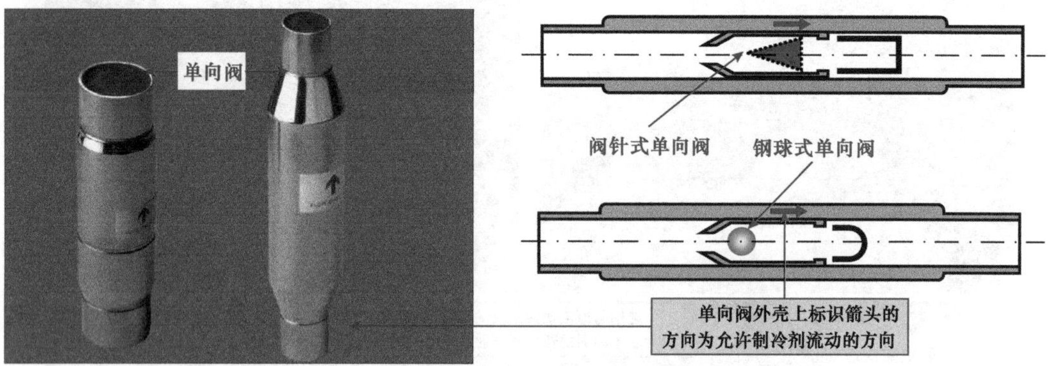

图 8-24 多联式中央空调管路系统中的单向阀

单向阀的主要作用是防止压缩机在停机时内部大量的高温高压蒸汽倒流向蒸发器，使蒸发器升温，从而导致制冷效率降低。在压缩机回气管路中接入单向阀，可使压缩机停转时制冷系统内部高、低压迅速平衡，以便再次启动。

图 8-25 所示为典型阀针式单向阀的工作原理。当制冷剂流向与方向标识一致时，阀针受制冷剂本身流动压力的作用，被推至限位环内，单向阀处于导通状态，允许制冷剂流通；当制冷剂流向与方向标识相反时，阀针受单向阀两端压力差的作用，被紧紧压在阀座上，此时单向阀处于截止状态，不允许制冷剂流通。钢球式单向阀与阀针式单向阀工作原理相同。

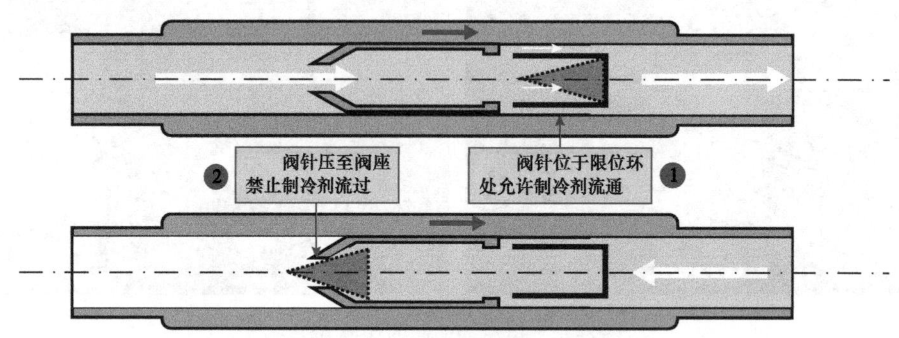

图 8-25 阀针式单向阀的工作原理

2. 单向阀的检修方法

单向阀常见的故障主要为阀体内部堵塞、不动作或阀体连接处发生泄漏等，将会导致多联式中央空调系统制冷制热效果差、无法进行制冷或制热等故障。

（1）单向阀堵塞

单向阀堵塞时，会导致制冷剂无法流通，多联式中央空调无法进行制冷和制热。单向阀发生堵塞多数是由于阀体内部进入脏污的杂质，所以应当对单向阀整体进行更换，并使用氮气对管路进行清洁。

（2）单向阀老化

单向阀老化时，会导致阀体内部的尼龙阀卡在限位环中或卡在阀座中。当尼龙阀卡在阀座中时，制冷剂无法流过，也会导致多联式中央空调无法进行制冷和制热；当尼龙阀卡在限位环中时，单向阀无法限制制冷剂的流量，从而导致制冷或制热效果差。此时应当更换单向阀。更换时的焊接过程中，应当注意避免温度过高导致阀体内部损坏。

（3）单向阀泄漏

单向阀泄漏时，会影响整个多联式中央空调器的制冷或制热效果。单向阀泄漏多位于与管路的接口处，多是由制造或维修时焊接不良造成，当发现后应当及时对泄漏点进行补焊。

8.4.3　毛细管的故障检修

1. 毛细管的功能特点

图解演示

毛细管在中央空调制冷管路中是实现节流、降压的部件，其外形是一段又细又长的铜管，通常盘绕在室外机中，安装在蒸发器与干燥过滤器之间，如图8-26所示。由于多联式中央空调中的管路负载较大，一般需要使用多个毛细管达到节流降压目的。

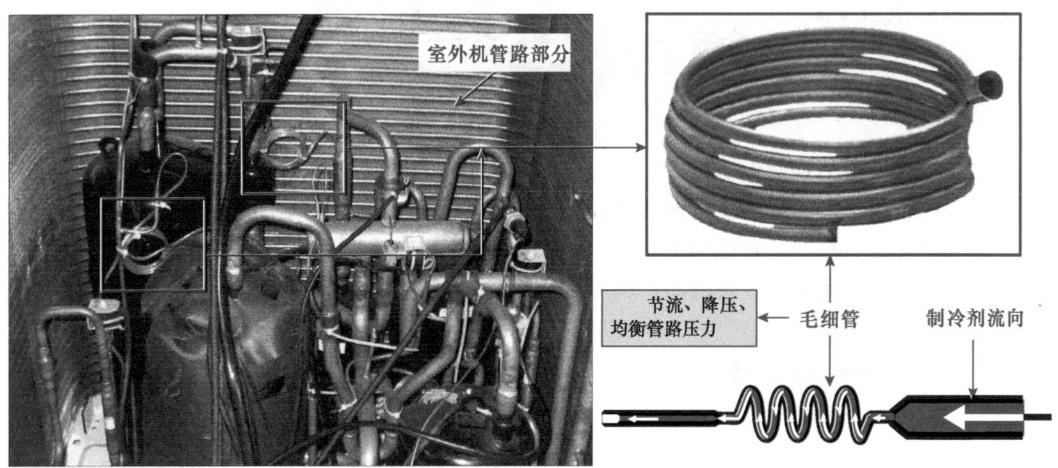

图8-26　多联式中央空调中的毛细管

由于毛细管的外形十分细长，因此当液态制冷剂流入毛细管时，会增强制冷剂在制冷管路中流动的阻力，从而起到降低制冷剂的压力、限制制冷剂流量的作用。

2. 毛细管的检修方法

毛细管是中央空调制冷管路系统中经常发生故障的部件之一。毛细管出现故障后，中央空调可能会出现不制冷（热）、制冷（热）效果差等现象。目前，毛细管故障以脏堵、油堵、冰堵较为常见。

（1）毛细管脏堵的检修方法

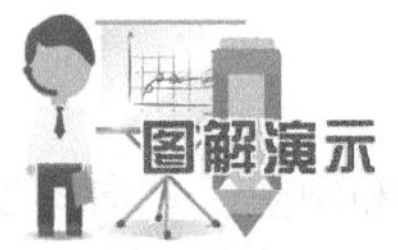

毛细管出现脏堵故障，多是因移机或维修操作过程中，有脏污进入制冷管路引起的。通常采用充氮清洁的方法排除故障，若毛细管堵塞十分严重则需要对其进行更换。毛细管脏堵故障的排除方法如图 8-27 所示。

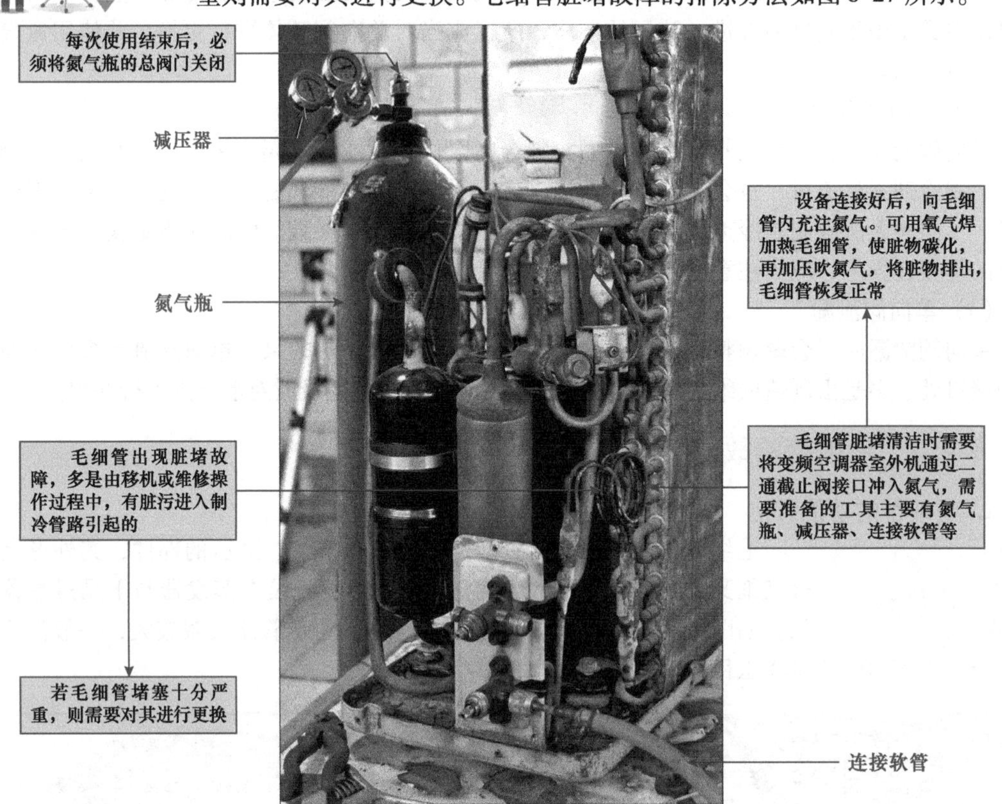

图 8-27　毛细管脏堵故障的排除方法

（2）毛细管油堵的检修方法

毛细管出现油堵故障，多是因变频压缩机中的机油进入制冷管路引起的。一般可利用制冷、制热交替开机启动来使制冷管路中的制冷剂呈正、反两个方向流动。利用制冷剂自身的流向将油堵冲开。毛细管油堵故障的排除方法如图 8-28 所示。

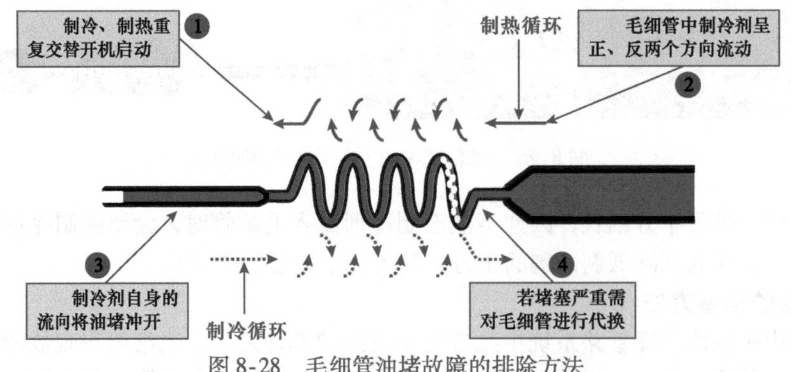

图 8-28　毛细管油堵故障的排除方法

若是在夏天出现油堵故障，可将变频空调器转换成制热状态，并用冰水给室内温度传感器降温的方法，使空调器进行制冷运行。也可在传感器两端并联一个 20kΩ 电阻，使之维持在制热状态。

（3）毛细管冰堵的检修方法

毛细管冰堵多是因充注制冷剂或添加冷冻机油中带有水分造成的，通常采用加热、敲打毛细管的方法排除故障。毛细管冰堵故障的排除方法如图 8-29 所示。

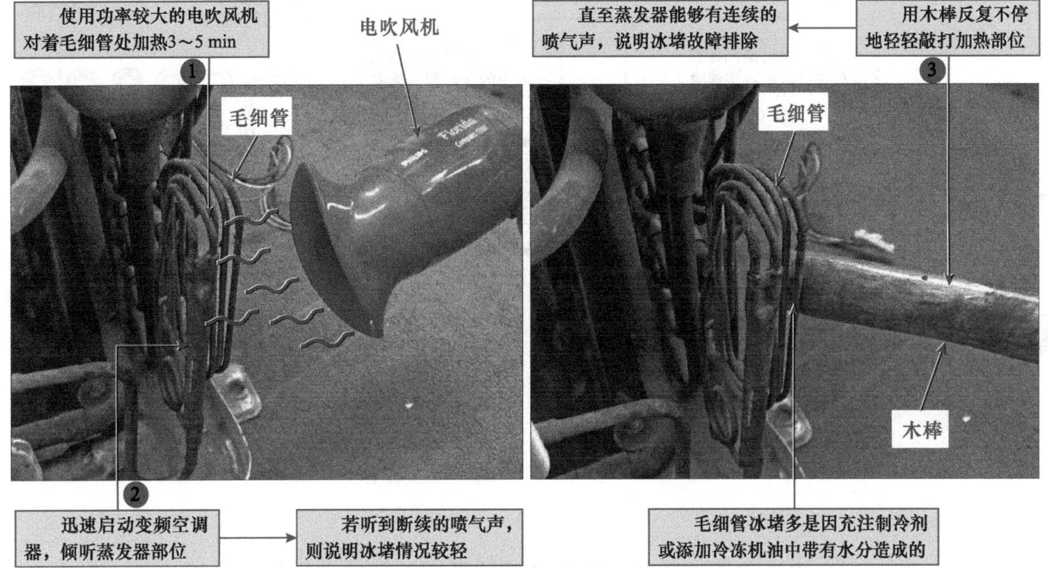

图 8-29 毛细管冰堵故障的排除方法

若是由于充注制冷剂后造成的冰堵故障，则应抽真空，重新充注制冷剂；若是因为添加变频压缩机冷冻机油后造成的冰堵故障，则应先排净冷冻机油后，再重新添加冷冻机油。

若无法通过上述基本操作对毛细管堵塞故障进行排查，或毛细管出现严重泄漏等故障时，需要将毛细管进行更换，一般用气焊设备将其从中央空调制冷管路上焊下，再将同规格毛细管进行焊接即可。

在对毛细管进行更换时，一般需将干燥过滤器一同进行更换，因为在更换毛细管时会使干燥过滤器暴露在空气中，吸收空气中的水分，使其干燥功能下降。

另外值得注意的是，对毛细管的选用比较重要的是，应当选择与原有毛细管的长度和粗细一致，而且流量相同的毛细管进行替换。若选择替换的毛细管不同时，容易导致中央空调出现制冷量不足等后果。

8.4.4 干燥过滤器的故障检修

1. 干燥过滤器的功能特点

干燥过滤器一般安装于冷凝器与毛细管或电子膨胀阀之间，如图 8-30 所示，用于吸收中央空调制冷管路中多余的水分，防止管路产生冰堵，并减少水分对管路系统的腐蚀；还可以对管路中的杂质进行过滤，防止出现

脏堵现象。

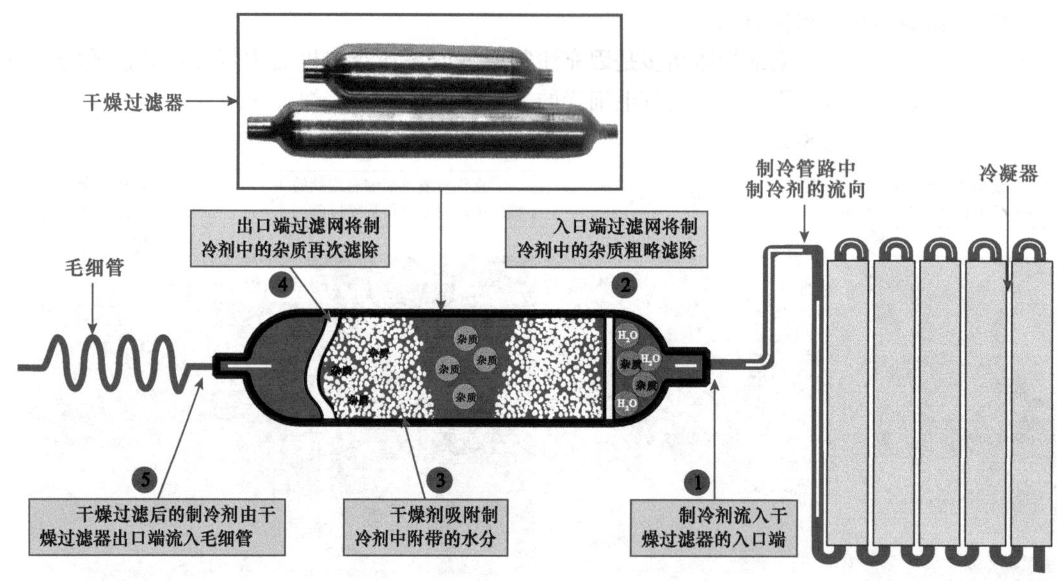

图 8-30　中央空调中的干燥过滤器

中央空调整个制冷或制热系统是在干燥的真空环境中工作的，但难免会有微量的水分及微小的杂质存在。这是在装配过程中，由于装配环境的影响、装配操作不规范或零部件自身清洗不彻底等，使空气或灰尘进入制冷管路中造成的。在空气中含有一定的水分和杂质。根据制冷循环的原理，高温高压的过热蒸汽从压缩机排气口排出，经冷凝器冷却后，要进入毛细管进行节流降压。由于毛细管的内径很小，如果系统中存在水分和杂质就很容易造成堵塞，使制冷剂不能循环。如果这些杂质一旦进入到压缩机，就可能使活塞、气缸及轴承等部件的磨损加剧，影响压缩机的性能和使用寿命。因此需要在冷凝器和毛细管之间安置干燥过滤器。

2. 干燥过滤器的检修方法

干燥过滤器主要用于过滤和吸收制冷管路中多余的水分与脏污，当干燥过滤器故障时，会导致制冷剂循环系统出现脏堵、冰堵等故障。

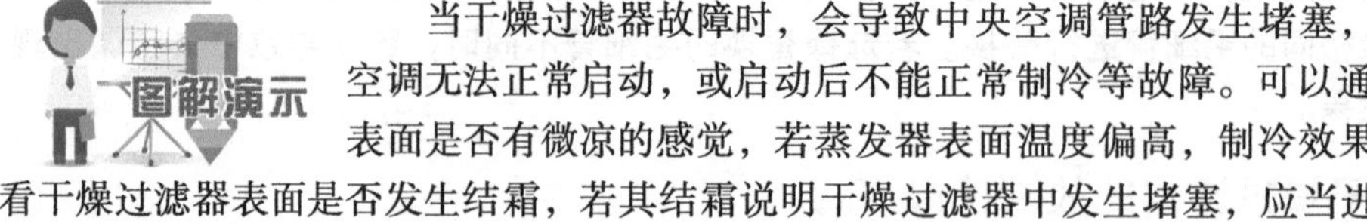

当干燥过滤器故障时，会导致中央空调管路发生堵塞，从而导致中央空调无法正常启动，或启动后不能正常制冷等故障。可以通过触摸蒸发器表面是否有微凉的感觉，若蒸发器表面温度偏高，制冷效果下降，应当查看干燥过滤器表面是否发生结霜，若其结霜说明干燥过滤器中发生堵塞，应当进行更换。干燥过滤器的检测方法如图 8-31 所示。

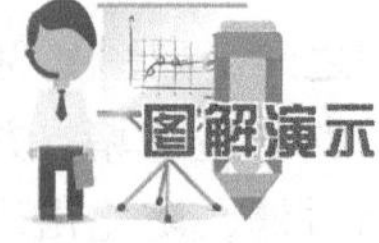

干燥过滤器的更换方法如图 8-32 所示。将损坏的干燥过滤器从制冷管路中拆卸下来后，再将同型号的良好干燥过滤器重新焊接到制冷管路系统中即可。

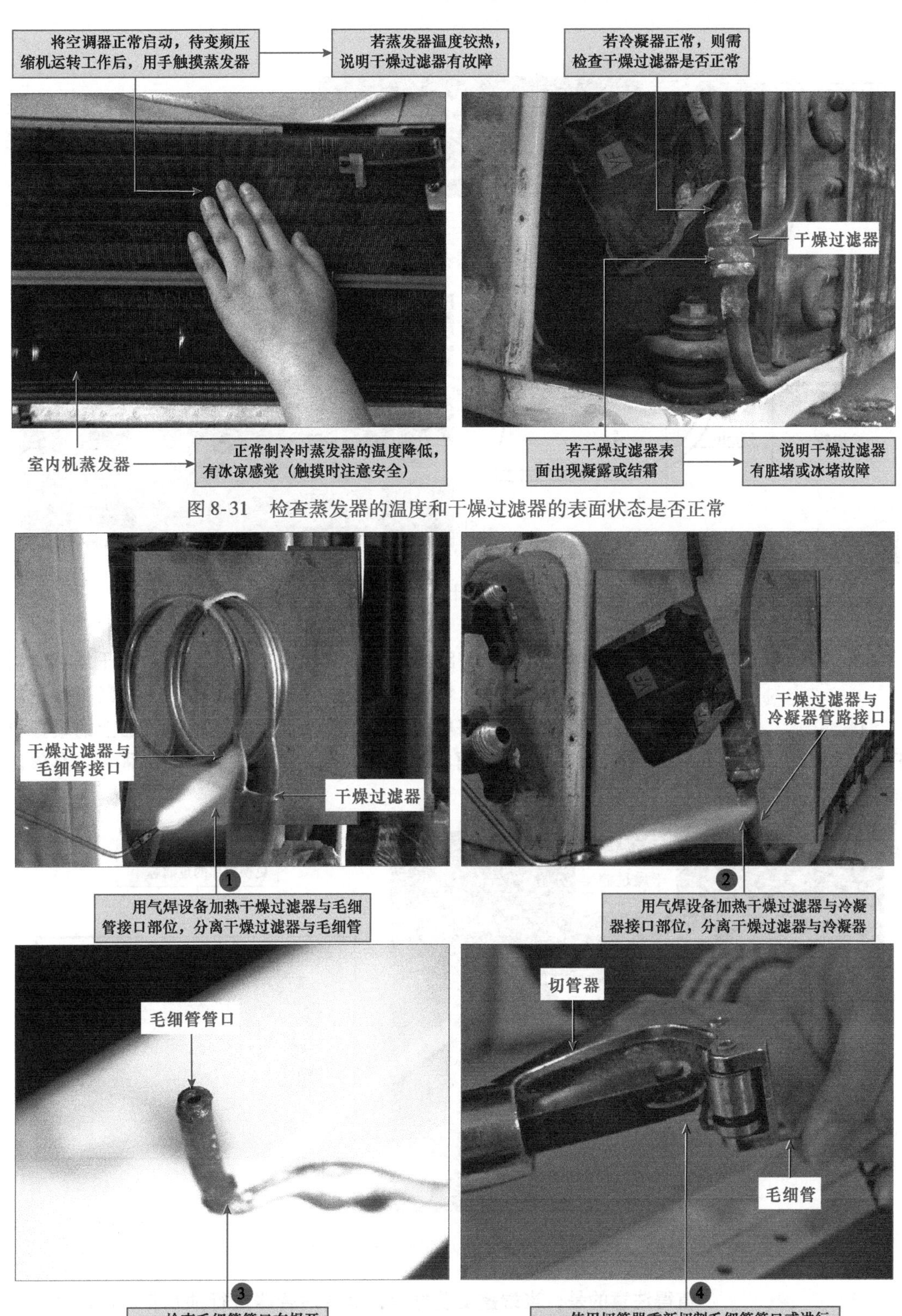

图 8-31　检查蒸发器的温度和干燥过滤器的表面状态是否正常

图 8-32　多联式中央空调中干燥过滤器的更换方法

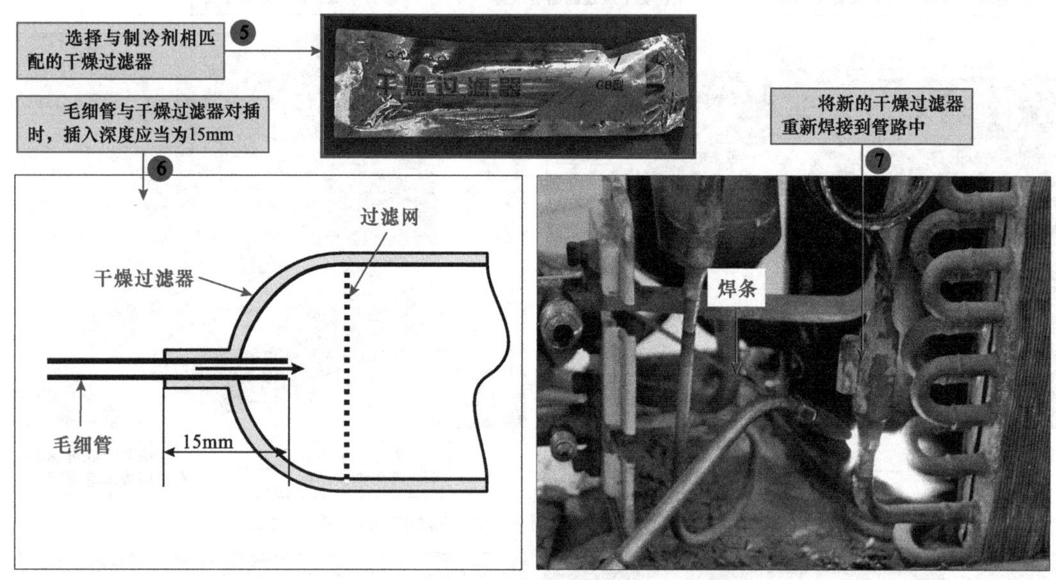

图 8-32　多联式中央空调中干燥过滤器的更换方法（续）

在大型中央空调的制冷管路（如水冷式中央空调）系统中，干燥过滤器的体积较大，若出现损坏，应停机后将管路系统压力卸除后，关断干燥过滤器与蒸发器和冷凝器之间管路中的截止阀，然后再将干燥过滤器上的端盖打开，取出旧的过滤芯后更换新的过滤芯。最后再将干燥过滤器的端盖重新安装上即可。具体操作示意如图 8-33 所示。

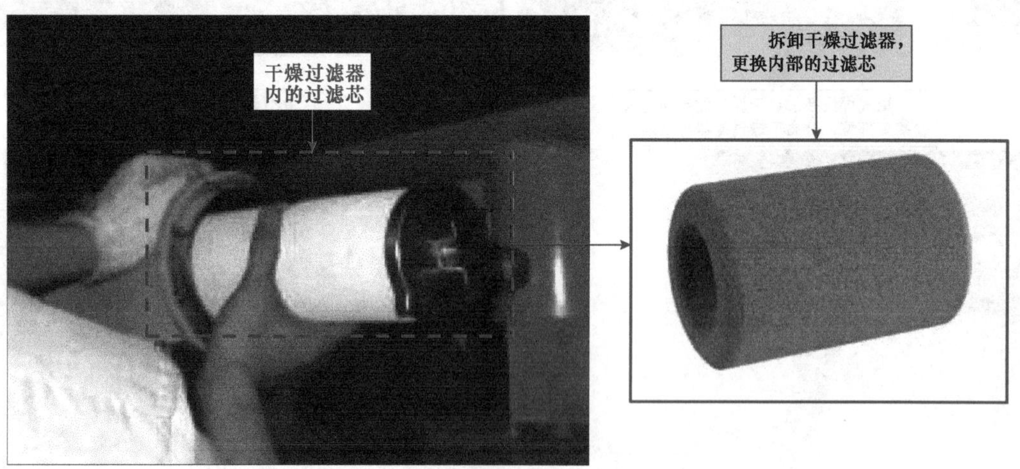

图 8-33　更换干燥过滤器内的过滤芯

提示说明

值得注意的是，当端盖安装好后，需要对管路进行抽真空。然后开启中央空调，向管路系统中补充制冷剂，使其压力符合中央空调的运行压力。

第9章 中央空调电路系统的特点与检修技能

9.1 中央空调电路系统的特点与检修流程

9.1.1 中央空调电路系统的特点

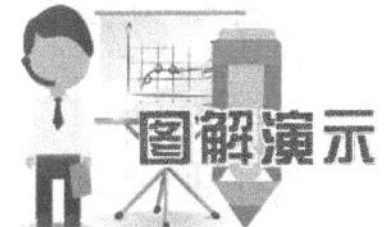

中央空调的电路系统是实现整个系统电气关联和控制的系统。图9-1和图9-2所示分别为典型多联式中央空调的变频电路系统和典型水冷式中央空调的PLC变频电路系统。

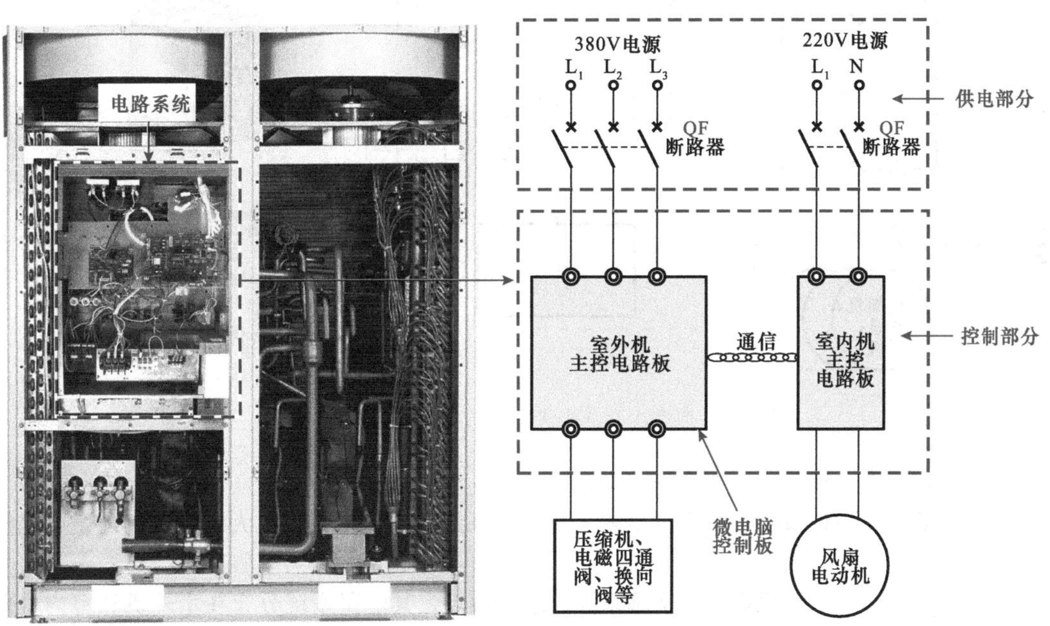

图9-1　典型多联式中央空调的变频电路系统

可以看到，中央空调的电路系统主要分为供电（或驱动）和控制两大部分。其中供电（或驱动）部分主要由断路器构成；控制部分根据控制类型不同主要由交流接触器、室内外机控制电路、变频器控制电路或PLC控制电路等部分构成。其中，变频器和PLC根据电路系统功能、规模、节能及自动化控制需求不同为选装部分。

中央空调室内机与室外机电路系统配合工作，控制相关电气部件的工作状态，并以此控制

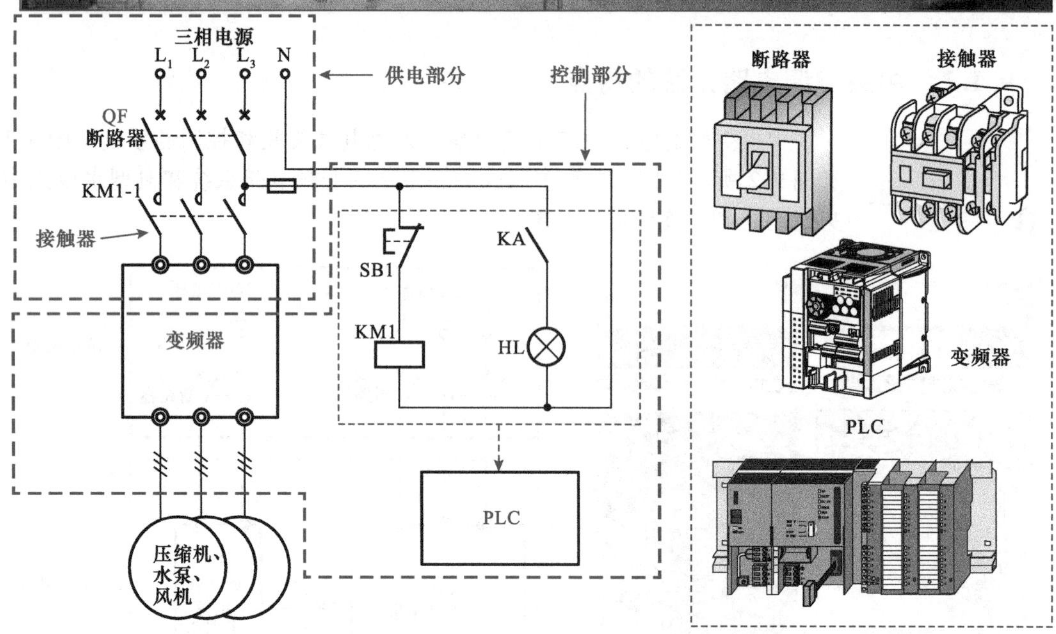

图 9-2　典型水冷式中央空调的 PLC 变频电路系统

整个中央空调系统实现制冷、制热等功能。

在多联式中央空调系统和一些风冷式中央空调系统中，室内、外机大多通过机内微电脑控制板进行控制。

根据中央空调系统的结构特点，其电路系统分布在室外机和室内机两个部分中，电路之间、电路与电气部件之间由接口及电缆实现连接和信号传输，如图 9-3 所示。

图 9-4 为典型中央空调电路系统的工作框图，可以看到，室外机电路系统除与多个室内机电路系统相关联外，还控制变频压缩机、定频压缩机、四通阀、电子膨胀阀、温度传感器等电气部件的工作。

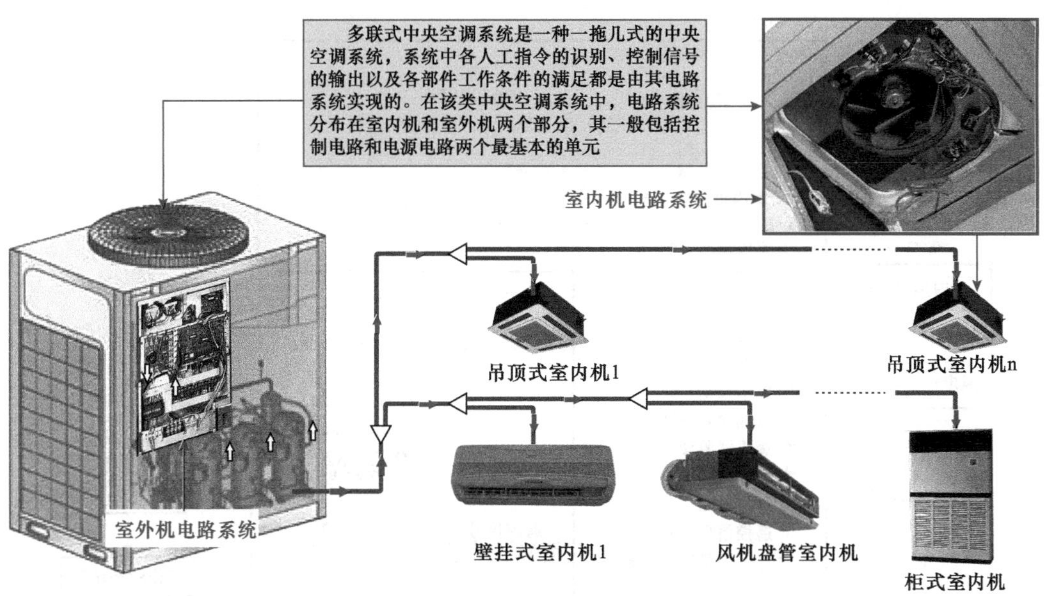

图9-3　多联式中央空调的控制电路

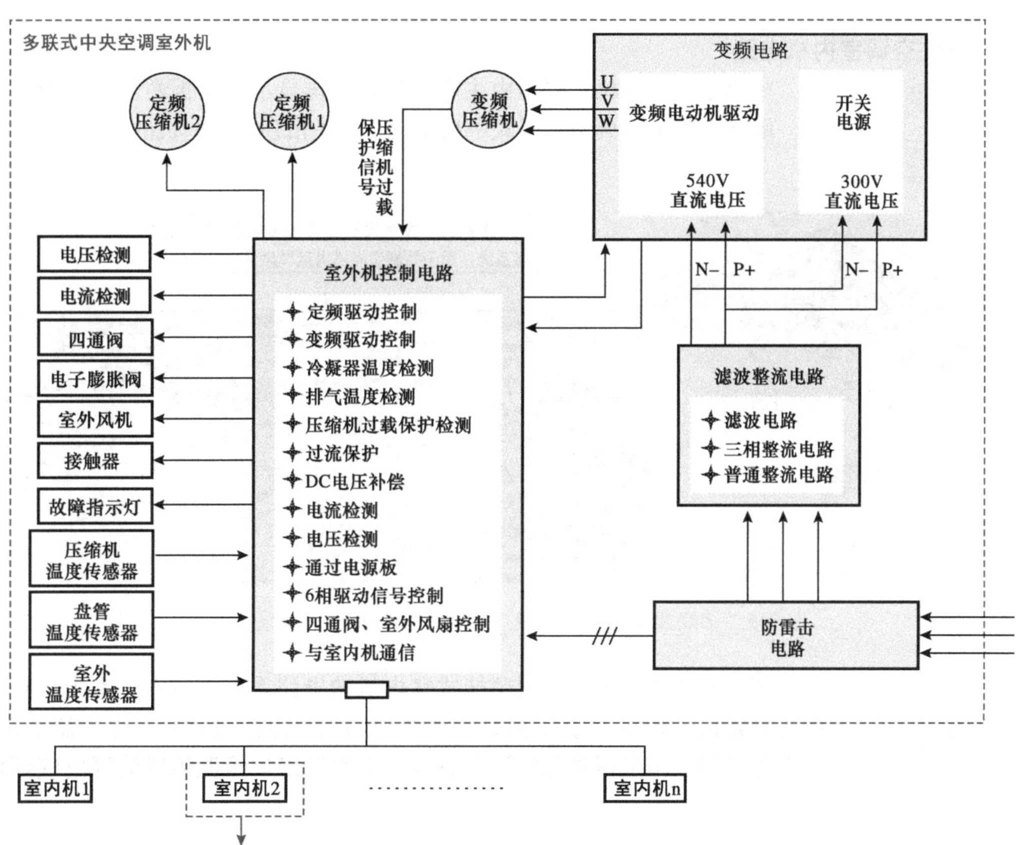

图9-4　中央空调电路系统的工作框图

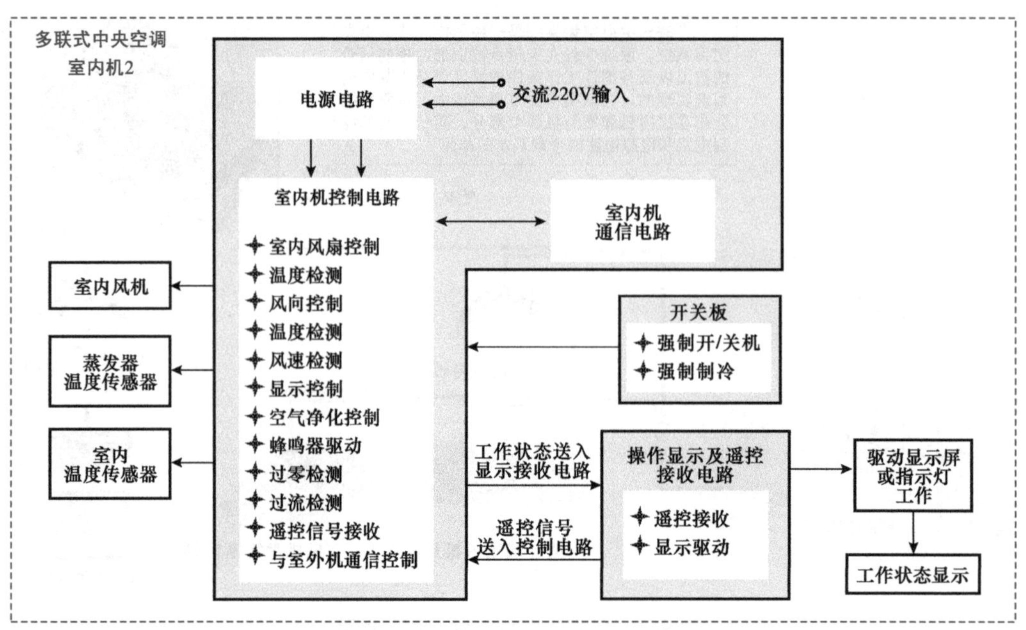

图 9-4　中央空调电路系统的工作框图（续）

1. 中央空调室内机电路

中央空调室内机主要是由主电路板和操作显示电路板两块电路板构成的。图 9-5 所示为典型多联式中央空调系统中吊顶式室内机的电路系统。

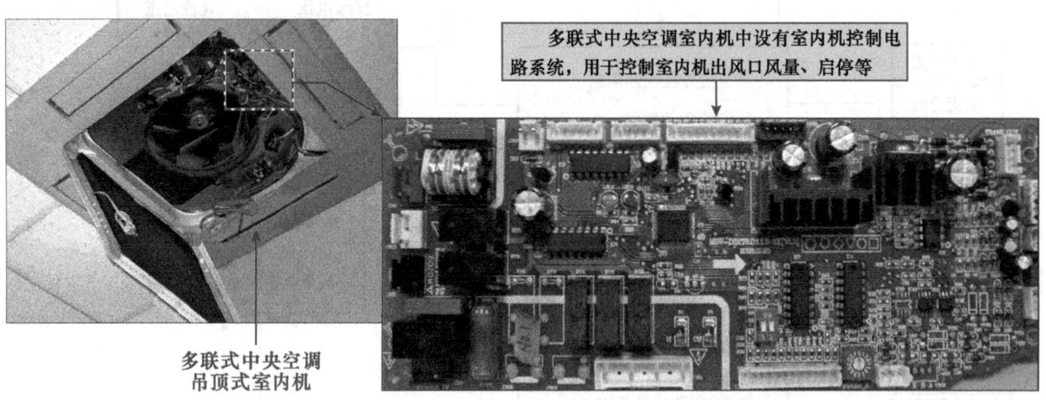

图 9-5　多联式中央空调系统中吊顶式室内机的电路系统

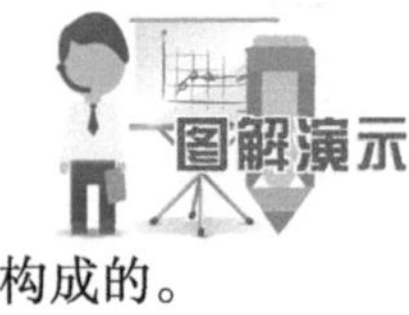

图 9-6 为典型中央空调壁挂式室内机的电路系统接线图。室内电路系统主要是由主控电路板及相关的送风电动机、摇摆电动机、电子膨胀阀、室温传感器、蒸发器中部管温传感器、蒸发器出口管温传感器等电气部件构成的。

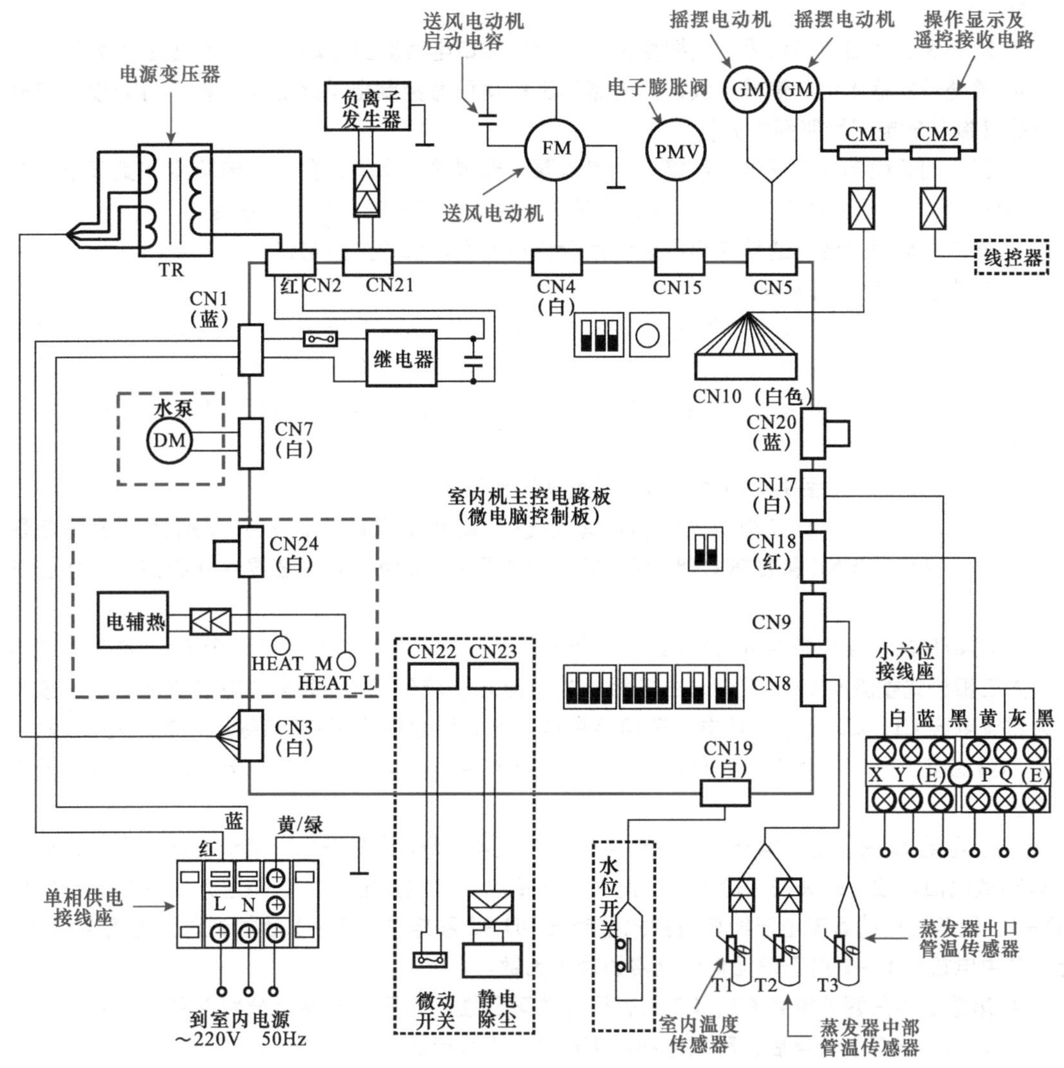

图 9-6　典型中央空调壁挂式室内机的电路系统接线图

室内机的工作受遥控发射器的控制，遥控发射器可以将空调器的开机/关机、制冷/制热功能转换、制冷/制热的温度设置、风速强弱、导通板的摆动等控制信号编码成脉冲控制信号，以红外光的方式传输到设在室内机中的遥控接收器，遥控接收器将光信号变成电信号，并送到微处理器中。主控电路中的微处理器芯片对遥控指令进行识别，并根据指令内容调用存储器中的程序，并按照程序对空调器的各部分进行控制。

相关资料

室内机主控电路板中设有数据存储或程序存储器用以存储数据或程序，在微处理器芯片内设有存储器（ROM）。当微处理器收到制冷启动指令后，根据指令内容从 ROM 中调用出相应的程序，于是微处理器便根据程序进行控制，主要控制项目分别如下：

① 首先由主继电器启动接口电路输出驱动信号使继电器（安装在主控电路板上）动作，接通交流 220V 电源，为室内机的相关电路供电。

② 分别由微处理器的风扇电动机控制接口电路输出控制信号，经驱动电路使室内送风电动

机旋转。

③ 微处理器输出控制信号，经摇摆电动机驱动接口电路输出驱动信号启动摇摆电动机。

④ 微处理器输出控制信号，经接口电路输出驱动信号控制电子膨胀阀关闭、打开以及打开程度等（制热时电子膨胀阀打开）。

⑤ 图中的虚线部分为预设功能接口，如水泵、电辅热、水位开关、静电除尘和负离子发生器等部分，可作为选用接口。另外，接口 CN19 不接水位开关时，需用导线短接。

⑥ 室内微处理器通过通信接口将控制指令传输至室外机的主控电路。

2. 中央空调室外机电路

图 9-7 为典型中央空调室外机的电路系统接线图，可以看到，该电路主要是由主控电路、变频电路、防雷击电路、整流滤波电路以及相关的变频压缩机、定频压缩机、风机、温度传感器、四通阀、电子膨胀阀等电气部件构成的。

图 9-7 中的基本信号处理过程如下：

① 三相电源经接线座后送入室外机电路中，一路分别经三个熔断器 FUSE 和磁环 CT80 后，送入滤波器 L－1 中，经滤波器滤除杂波后，输出三相电压。

② 初始状态，接触器 KM1 未吸合，前级送来的三相电压中的两相经四个 PTC 热敏电阻器后送入三相桥式整流堆 BD－1 中，由三相桥式整流堆整流后输出 540V 左右的直流电压，该电压为滤波电容 C1、C2 充电。其中，在初始供电状态，流过四个 PTC 热敏电阻器的电流较大，PTC 本身温度上升，从而使电阻增大，使输出的电流减小，可有效防止加电时后级电容的充电电流过大。

③ 上电约 2s 后，主控电路输出驱动信号使接触器 KM1 线圈得电，带动其触点吸合，此时 PTC 热敏电阻器被短路失去限流作用。此时，三相电经接触器触点后直接送入三相桥式整流堆 BD－1，经整流后的直流电压经普通桥式整流堆 BD－2 和电抗器 L－1 后加到滤波电容 C1、C2 上。其中电抗器 L－1 用于增强整个电路的功率因数。

④ 串联的两只滤波电容 C1、C2 具有很强的耐压性，这只电容器上分别并联一只水泥电阻 R1、R2，用于当系统断电后，释放电容器 C1、C2 中残存的电量。

⑤ 由滤波电容 C1、C2 将整流电路输出的直流电压滤除杂波干扰后，输出稳定的 540V 左右的直流电压，该电压加到变频电路中，为变频电路中的变频模块供电，上述过程为变频电路专用的整流滤波电路。

⑥ 三相电经接线座后送入室外机电路中，另一路送入防雷击电路中，其中一相经防雷击电路中整流滤波后输出 300V 的直流电压，该电压加到变频电路中的开关电源部分，开关电源输出 +5V、+12V、+24V 直流电压为变频电路中电子元器件提供工作条件。

⑦ 主控电路的变频电路驱动接口输出驱动信号到变频电路中，经变频模块进行功率放大后输出 U、V、W 三相驱动信号，驱动变频压缩机启动。

⑧ 主控电路室外风机驱动接口输出室外风机的驱动信号，使室外风机开始运行。

⑨ 当室内机能力需要较大时，室外机主控电路输出定频压缩机启动信号，控制接触器 KM2 线圈得电，带动 KM2 触点吸合，接通定频压缩机供电，启动定频压缩机运行。若系统中有多个定频压缩机，其开启时间需要间隔 5s。

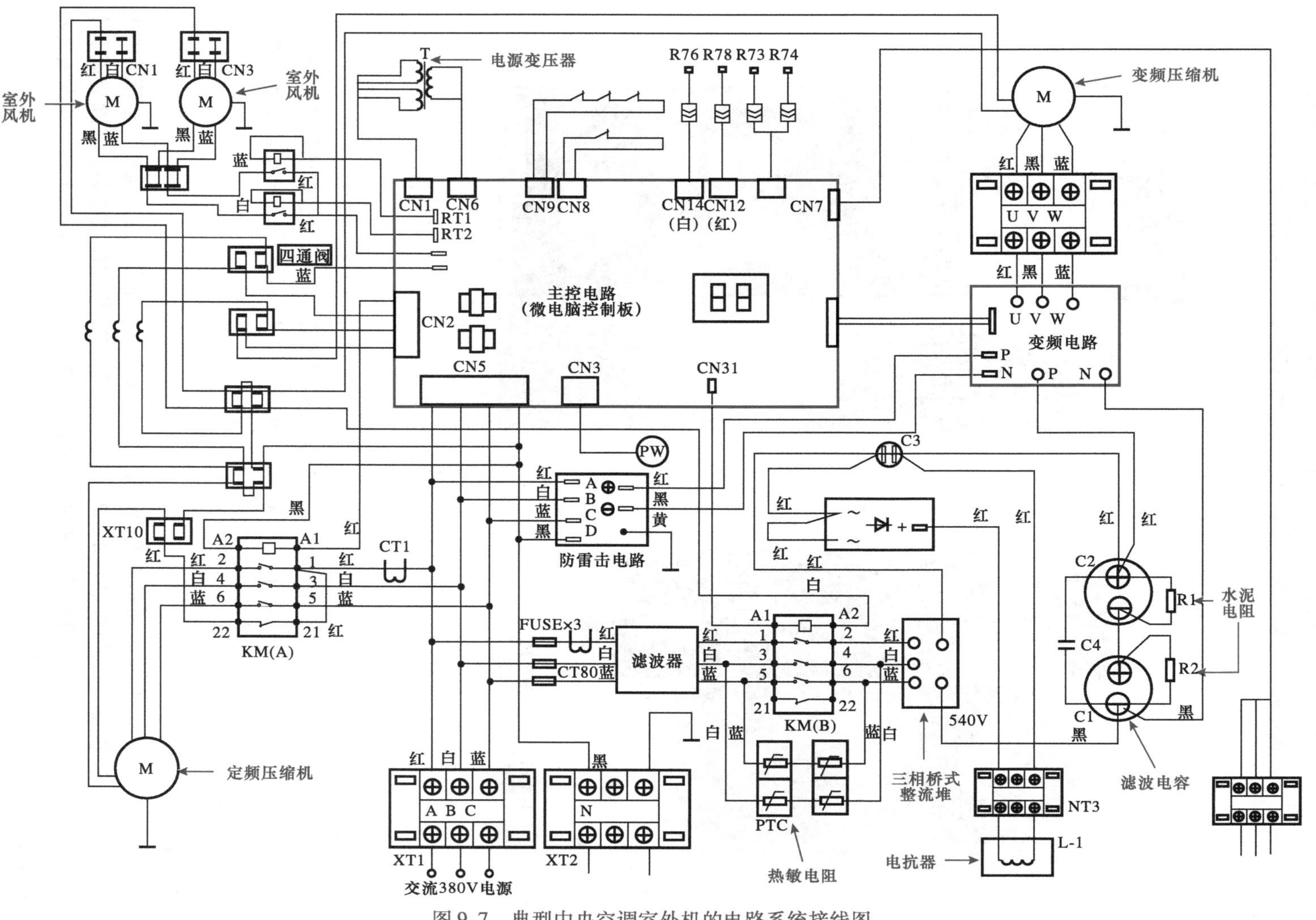

图 9-7　典型中央空调室外机的电路系统接线图

图9-8所示为典型中央空调室外机电路系统（日立SET－FREE系列）。通常，在室外机电路中，主要有交流输入（带防雷击电路）电路、整流滤波电路、变频电路、主控电路及三相电输入接线座等部分。

图9-8　典型中央空调室外机电路系统（日立SET－FREE系列）

（1）交流输入电路

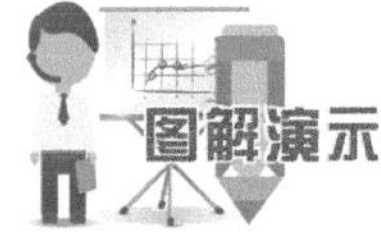

在中央空调系统中，连接交流电源并进行滤波的电路被称之为交流输入电路，该电路中还设有防雷击电路，图9-9所示为美的智能变频中央空调室外机交流输入及防雷击电路的实物外形。

（2）整流滤波电路

图9-10所示为美的智能变频中央空调室外机电路系统中的整流滤波电路部分。滤波电容C1/C2、水泥电阻R1/R2构成滤波电路，滤除交流电中的杂波；三相桥式整流堆、普通桥式整流堆等与室外机中的三相电输入接线座等构成了室外机的供电电路。

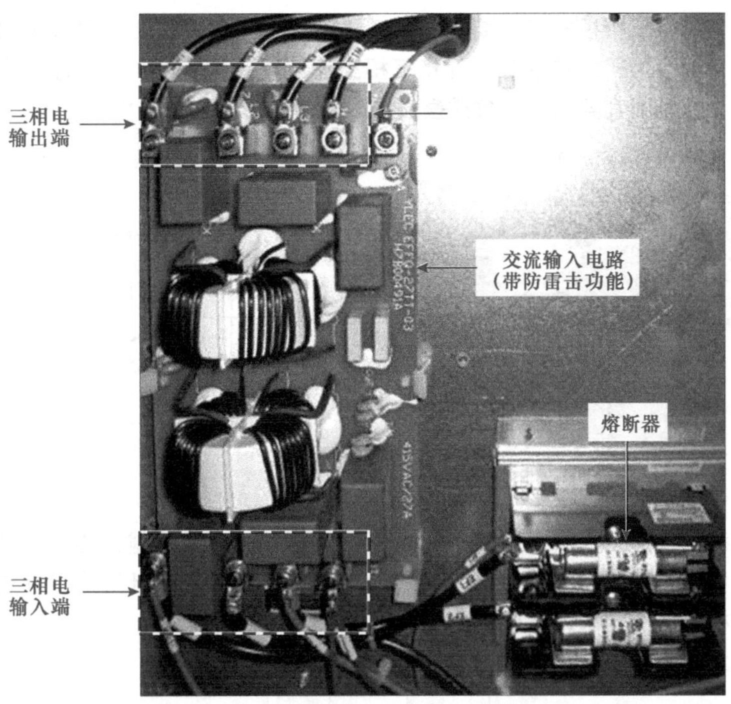

图 9-9　美的智能变频中央空调室外机交流输入及防雷击电路的实物外形

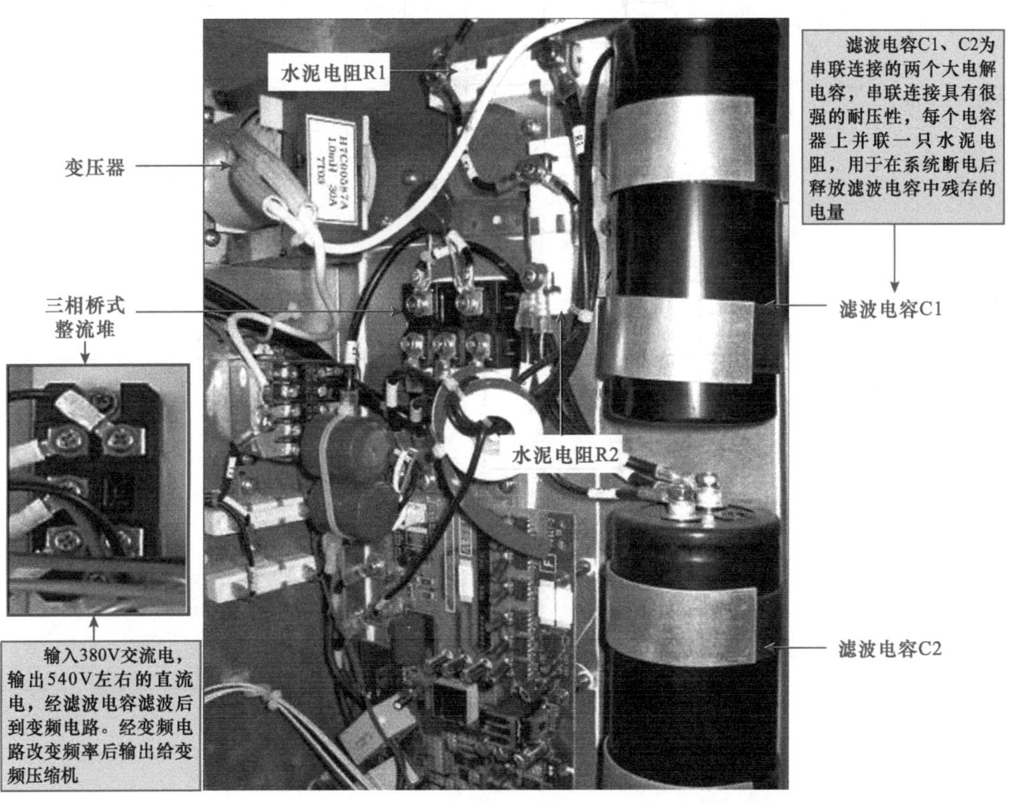

图 9-10　美的智能变频中央空调室外机的整流滤波电路

三相桥式整流堆是由六只整流二极管按桥式全波整流电路的形式连接并封装为一体构成的，可将三相交流点整流为540V左右的直流电压，图9-11所示为其典型三相桥式整流堆的实物外形和内部结构。

三相桥式整流堆

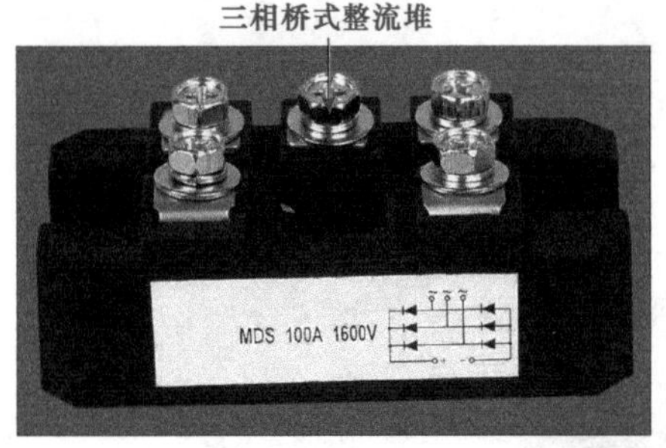

三相桥式整流堆符号

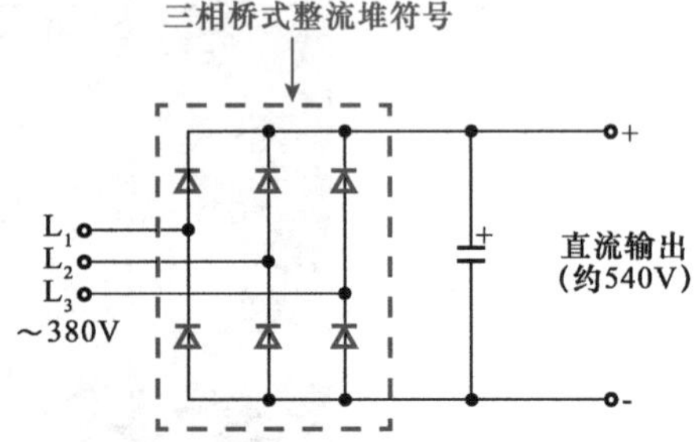

图9-11　三相和单相桥式整流堆的典型实物外形和内部结构

三相桥式整流电路的工作原理如图9-12所示，可以将三相交流输入电源分解成三个单相整流电路的整流过程，分别如图9-12a、b、c所示。每一相整流与输出与单相桥式整流电路的工作状态相同。三相整流的效果为三相整流合成的效果。

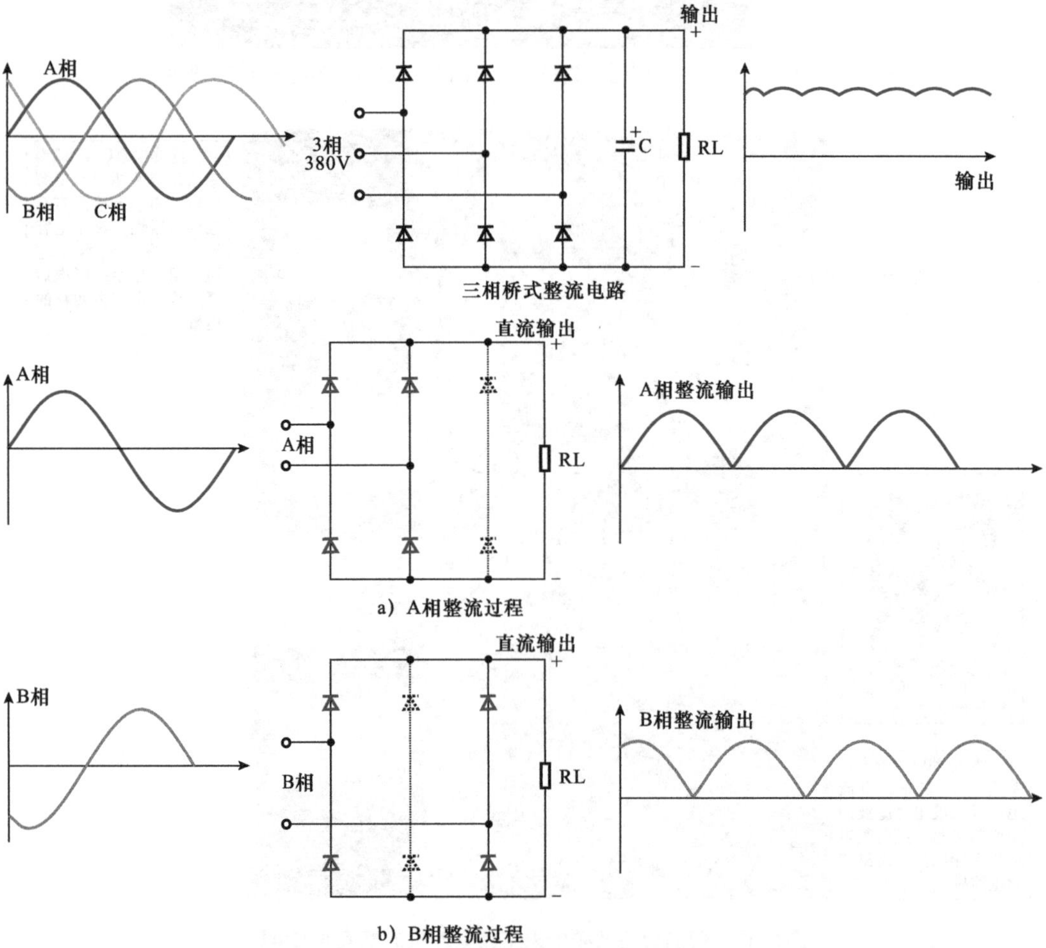

A相　B相　C相　3相 380V　C　RL　输出

三相桥式整流电路

A相　直流输出　RL　A相整流输出

a) A相整流过程

B相　直流输出　RL　B相整流输出

b) B相整流过程

图9-12　三相桥式整流电路工作原理

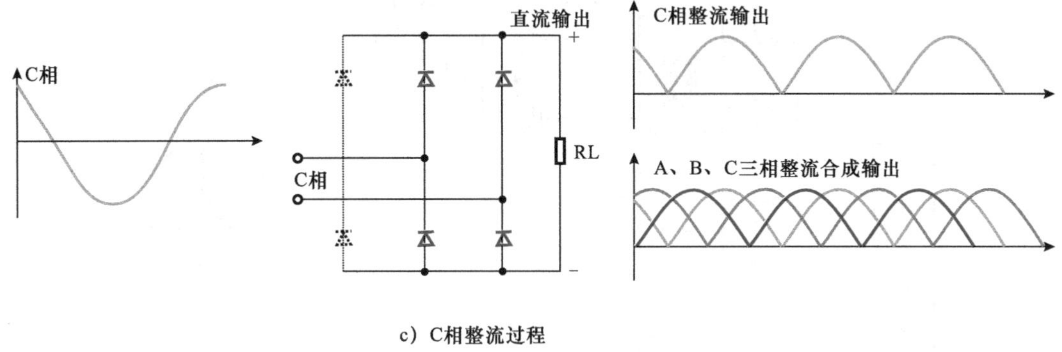

c）C相整流过程

图 9-12　三相桥式整流电路工作原理（续）

（3）变频电路

变频电路是整个中央空调室外机电路系统的核心部分，也是用弱电（主控板）控制强电（压缩机驱动电源）的关键。变频电路中一般包含自带的开关电源和变频模块两个部分，其中高频变压器与其外围元件构成开关电源电路，在该电路板的背面为变频模块部分，如图 9-13 所示。

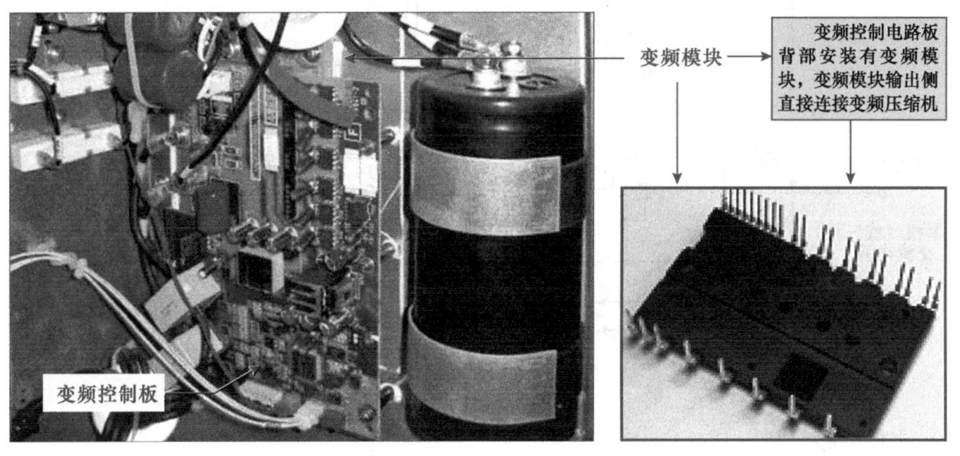

图 9-13　美的智能变频多联式中央空调室外机中的变频电路

目前，中央空调室外机的变频电路广泛采用变频模块实现变频驱动，如图 9-14 所示，该模块是将控制电路、电流检测、逻辑控制和功率输出电路集成在一起的变频控制驱动模块，在变频空调中得到了广泛的应用。

不论变频电路的结构形式有什么不同，其变频模块部分都有五个接线端子，其中 P、N 端为逆变器电路直流电源的输入端，而 U、V、W 三端为变频压缩机连接端。

图 9-15 是变频控制电路简图，交流供电电压经整流电路先变成直流电压，再经过晶体管电路变成三相频率可变的交流电压去控制压缩机的驱动电动机。该电动机通常有两种类型，即三相交流电动机和三相交流永磁转子电动机，后者的节能和调速性能更为优越。逻辑控制电路通常由微处理器组成。

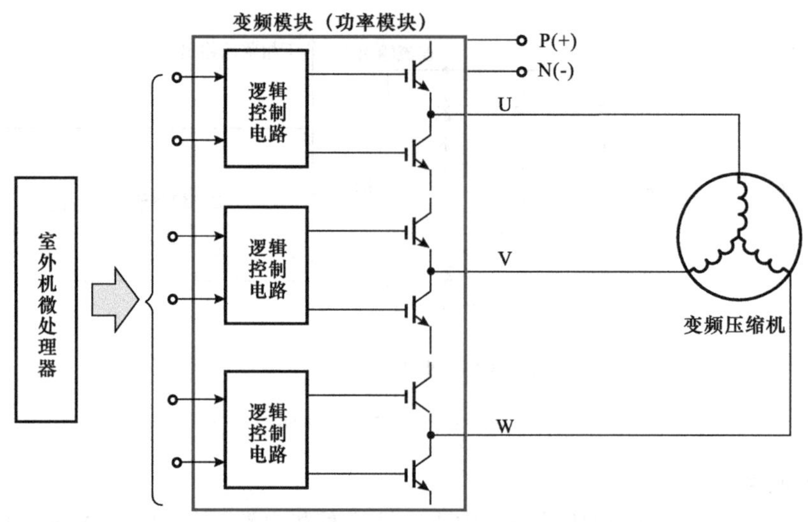

图 9-14　变频功率模块构成的变频电路

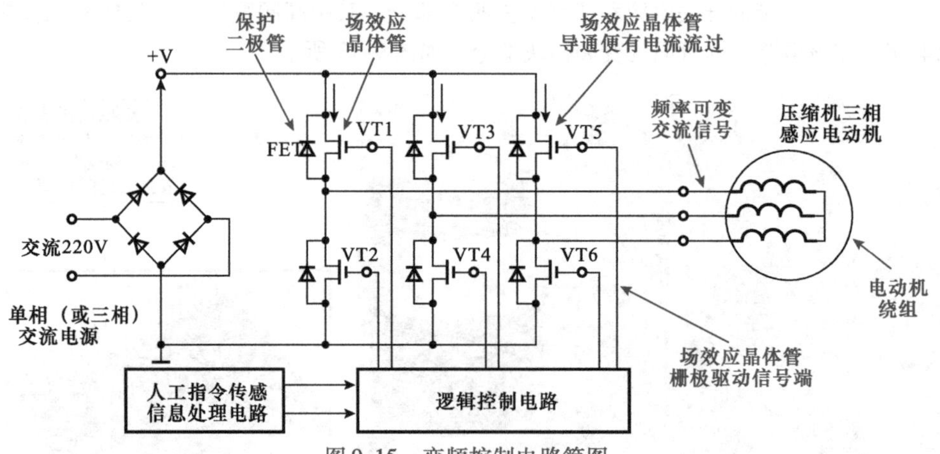

图 9-15　变频控制电路简图

（4）主控电路

图 9-16 所示为主控电路实物外形及结构组成。可以看到，主控电路中安装有很多集成电路、接口插座、变压器及相关电路，其中芯片 IC41、IC31、IC18 为主控电路板上的核心元件，也是室外机部分的控制核心。

图 9-17 所示为美的 V 系列第三代智能变频中央空调室外机主控电路板的实物外形及结构。图中序号①～⑪接口的含义分别为：①CN30：接电表；②CN29：接室外监控器；③CN22：定频压缩机 2 排气温度传感器；④CN23：定频压缩机 1 排气温度传感器；⑤CN28：多个模块组合时，接下一个模块；⑥CN16：接室外环境温度传感器 T4 和室外管温传感器；⑦CN17：变频压缩机排气温度传感器；⑧CN31：接高压压力开关（4.4MPa 断开，3.3MPa 导通）；⑨CN32：接低压压力开关（0.05MPa 断开，0.15MPa 导通）；⑩CN6：接变频电路接口 CN2，提供 +5V 及 +12V 的电压；⑪CN4：接变频电路。

交流风扇控制板
主控电路板
直流风扇控制板
变压器

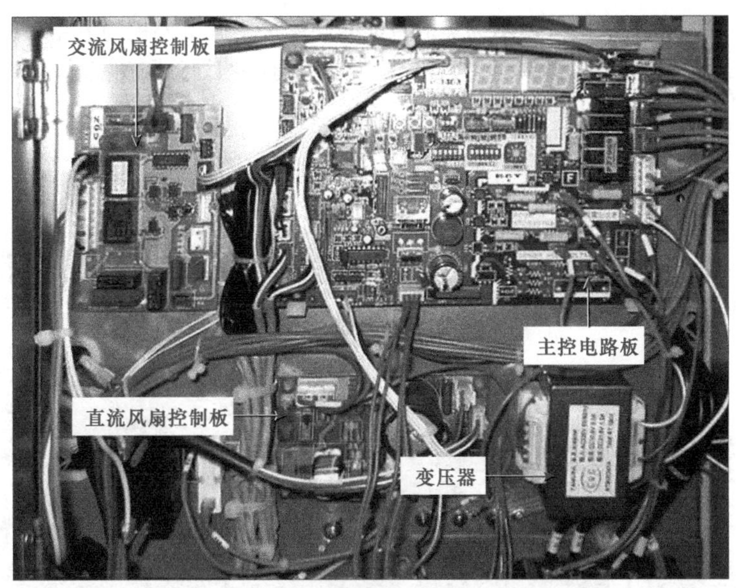

图 9-16　典型中央空调室外机主机电路系统主控电路板

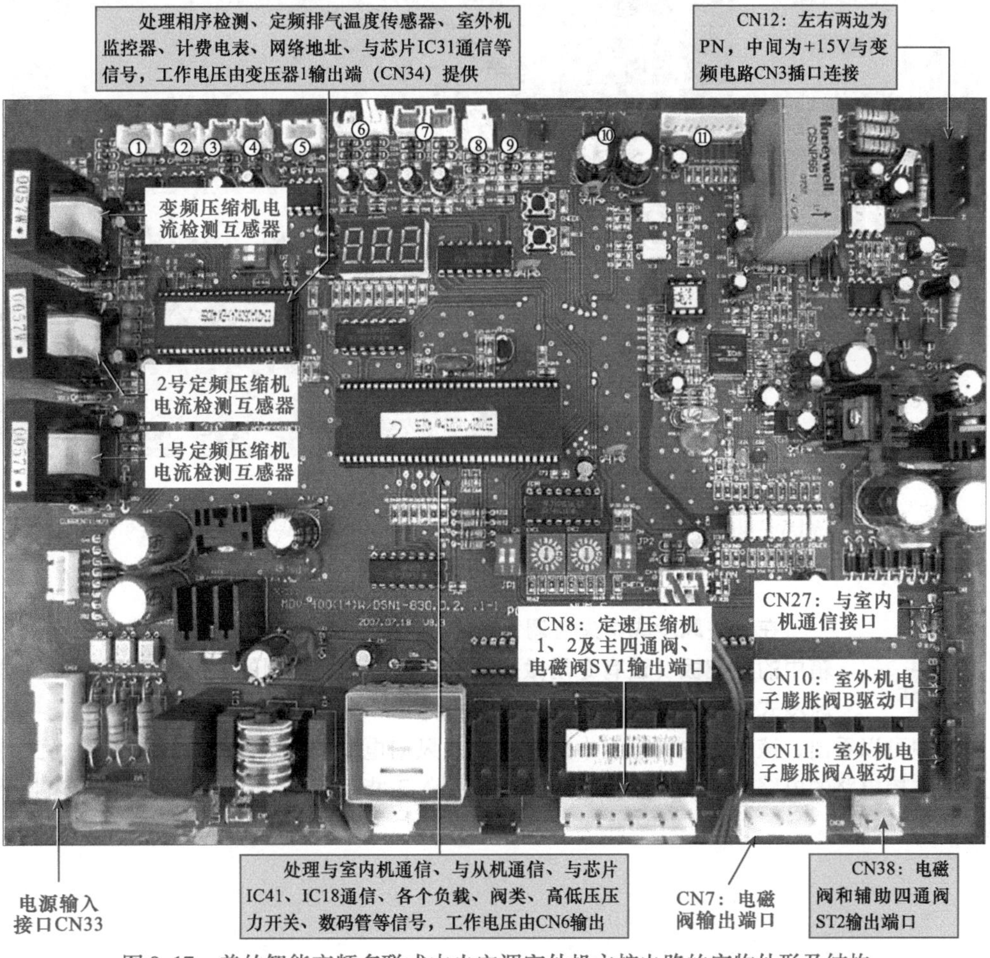

处理相序检测、定频排气温度传感器、室外机监控器、计费电表、网络地址、与芯片IC31通信等信号，工作电压由变压器1输出端（CN34）提供
CN12：左右两边为PN，中间为+15V与变频电路CN3插口连接
变频压缩机电流检测互感器
2号定频压缩机电流检测互感器
1号定频压缩机电流检测互感器
CN27：与室内机通信接口
CN8：定速压缩机1、2及主四通阀、电磁阀SV1输出端口
CN10：室外机电子膨胀阀B驱动口
CN11：室外机电子膨胀阀A驱动口
电源输入接口CN33
处理与室内机通信、与从机通信、与芯片IC41、IC18通信、各个负载、阀类、高低压压力开关、数码管等信号，工作电压由CN6输出
CN7：电磁阀输出端口
CN38：电磁阀和辅助四通阀ST2输出端口

图 9-17　美的智能变频多联式中央空调室外机主控电路的实物外形及结构

图 9-18 所示为美的智能变频中央空调室外机的电路系统。虽然各中央空调电路的结构形式各异，但单元电路的划分和功能基本相同。

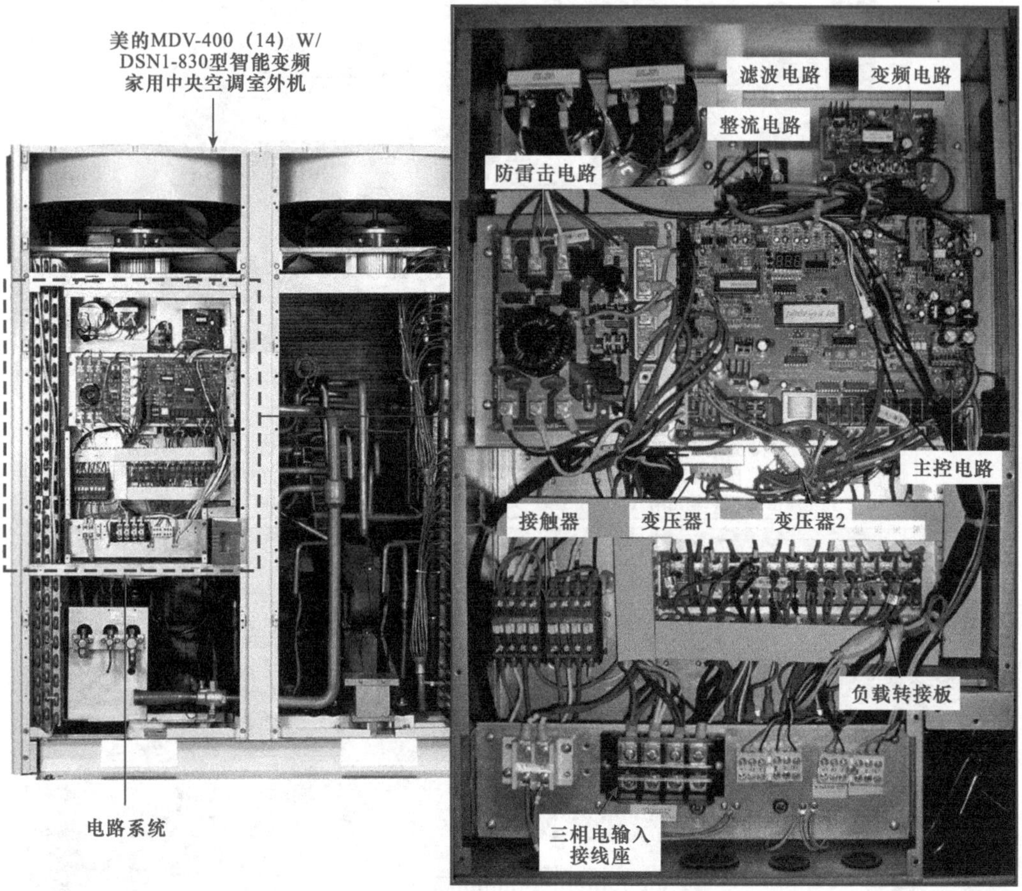

美的MDV-400（14）W/DSN1-830型智能变频家用中央空调室外机
电路系统
滤波电路
变频电路
整流电路
防雷击电路
主控电路
接触器
变压器1
变压器2
负载转接板
三相电输入接线座

图 9-18　美的 MDV－400（14）W/DSN1－830 型智能变频多联式中央空调室外机的电路系统

在一些风冷式中央空调系统中，空调风冷机组的各工作状态由电路控制箱中的主控板（设有专用微处理器芯片）进行控制的，例如，图 9-19 为典型风冷式中央空调机组的电气原理图。

从图中可以看出，该系统空调机组中的压缩机、风扇电动机等设备在接通电源后，工作状态直接受主控电路的电路板控制，主控电路通过识别人工指令信号、传感器检测信号来控制系统运行状态。

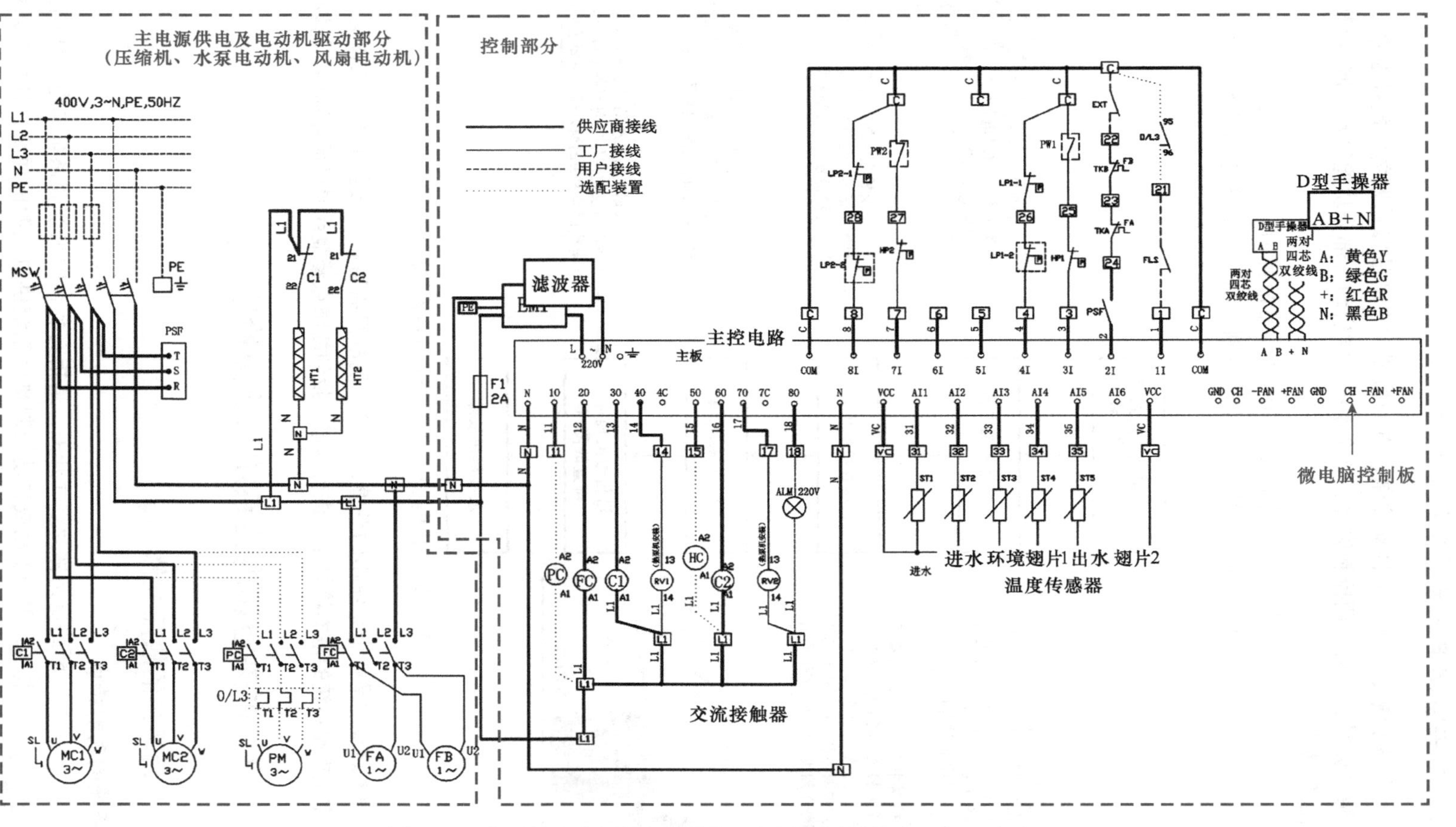

图 9-19 典型风冷式机组电路系统电气原理图（约克 YHAC 系列）

9.1.2 中央空调电路系统的检修流程

中央空调电路系统是一个具有自动控制、自动检测和自动故障诊断的智能控制系统，若该系统出现故障常会引起中央空调控制失常、整个系统不能启动、部分功能失常、制冷/制热异常以及启动断电等故障。

从电路角度，当中央空调出现异常故障时，主要先从系统的电源部分入手，排除电源故障后，再针对控制电路、负载等进行检修，其基本检修流程如图 9-20 所示。

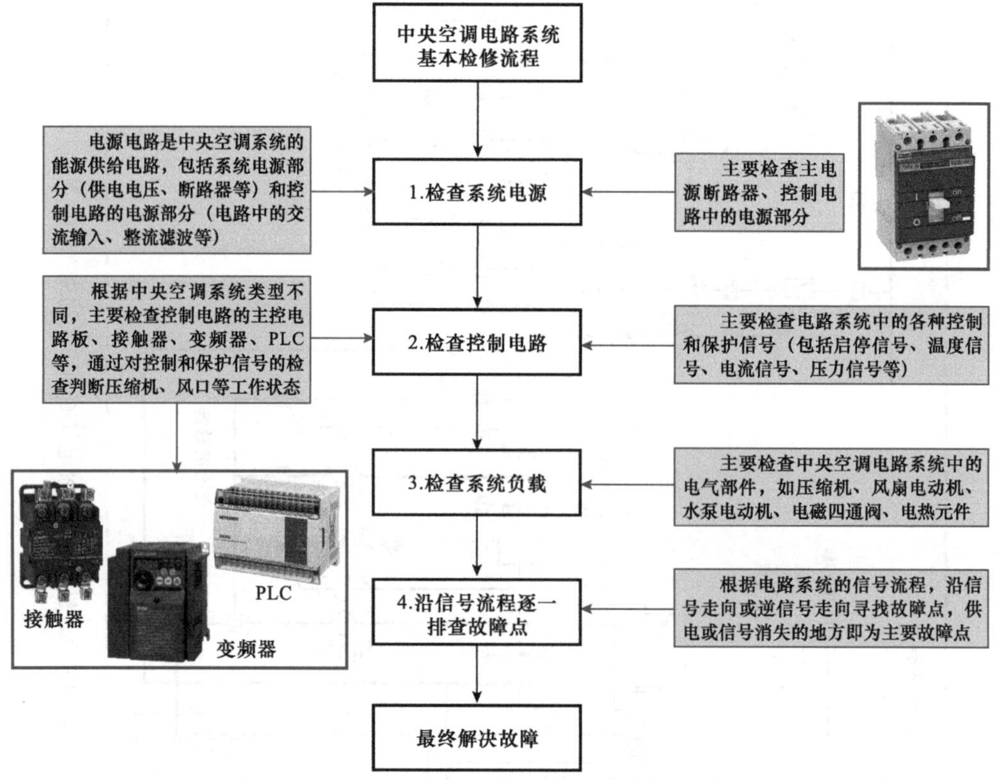

图 9-20 中央空调电路系统的基本检修流程

中央空调电路系统是整个系统中的关键，一旦出现故障将直接导致整个系统工作失常故障，可根据中央空调电路系统的基本检修流程进行检修，找到故障点修复或更换损坏部件，排除故障。

9.2 中央空调电路系统的故障检修

9.2.1 断路器的故障检修

1. 断路器的功能特点

断路器又称为空气开关，是指安装在中央空调系统总电源线路上的一种电器，用于手动或自动控制整个系统供电电源的通断，且可在系统中出现过流或短路故障时自动切断电源，起到保护作用。另外，也可以在检修

系统或较长时间不用控制系统时，切断电源，起到将中央空调系统与电源隔离的作用。图 9-21 所示为中央空调电路系统中常用断路器的外形。

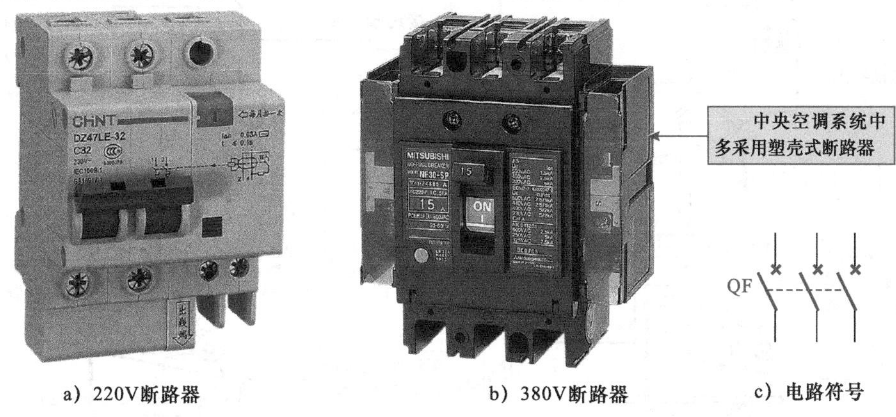

a）220V断路器　　b）380V断路器　　c）电路符号

图 9-21　中央空调电路系统中常用断路器的外形

断路器具有操作安全、使用方便、安装简单、控制和保护双重功能、工作可靠等特点，在中央空调系统中应用十分广泛。

断路器手动或自动通断状态通过其内部机械和电气部件联动实现。图 9-22 所示为断路器在“开”与“关”两种状态下，内部触头及相关装置的关系和动作状态。

当手动控制操作手柄使其位于“开”（“ON”）状态时，触头闭合，操作手柄带动脱钩动作，连杆部分则带动触头动作，触头闭合，电流经接线端子 A、触头、电磁脱扣器、热脱扣器后，由接线端子 B 输出。

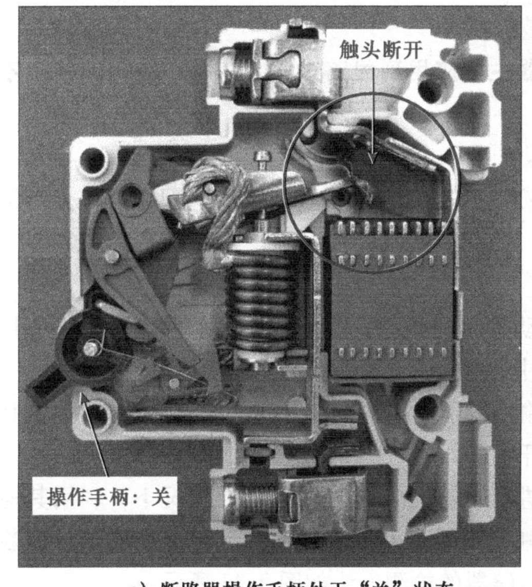

a）断路器操作手柄处于“关”状态

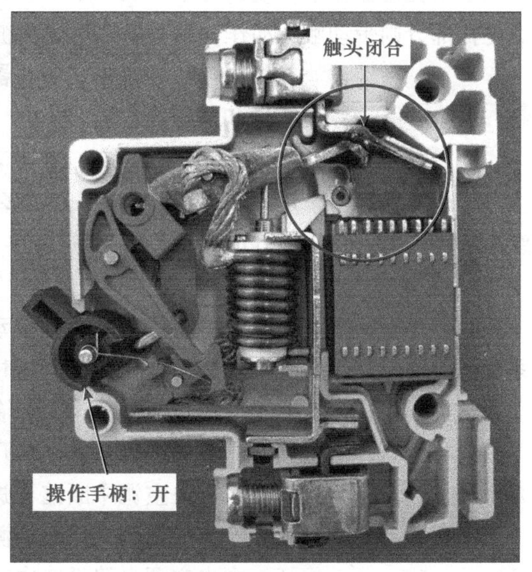

b）断路器操作手柄处于“开”状态

图 9-22　塑壳式低压断路器通断两种状态

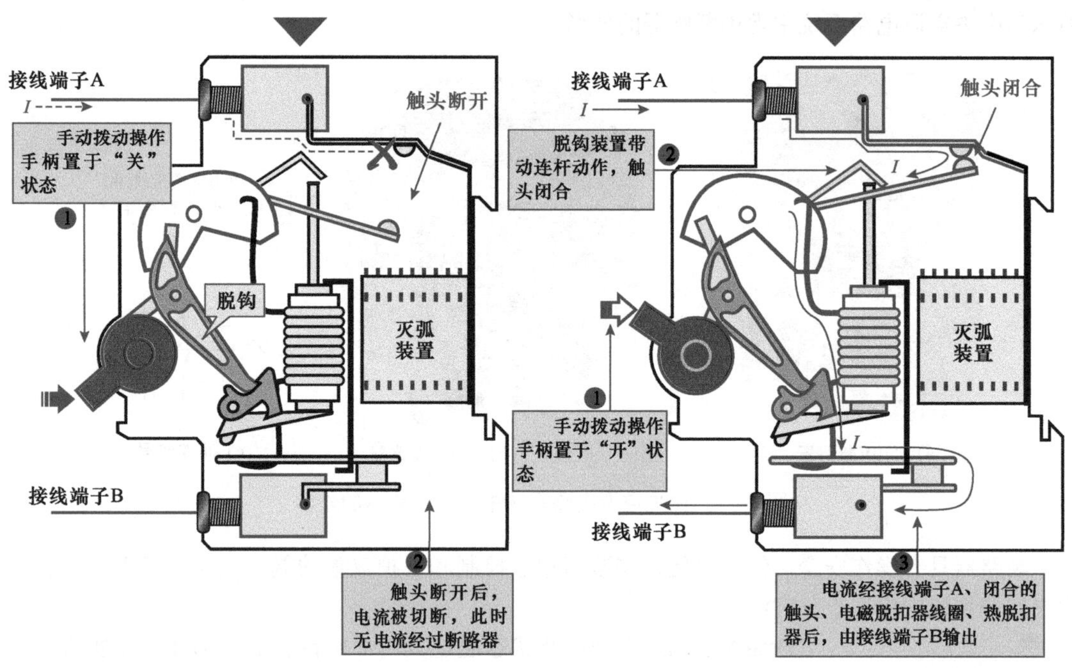

图 9-22　塑壳式低压断路器通断两种状态（续）

当手动控制操作手柄使其位于“关”（“OFF”）状态时，触头断开，操作手柄带动脱钩动作，连杆部分则带动触头动作，触头断开，电流被切断。

在中央空调系统中，断路器主要应用到线路过载、短路、欠压保护或不频繁接通和切断的主电路中。

室外机或机组多采用 380V 断路器，室内机多采用 220V 断路器。断路器选配时可根据所接机组最大功率的 1.2 倍进行选择。

2. 断路器的检修方法

断路器是一种既可以通过手动控制又可以自动控制的器件，用于在中央空调电路系统中控制系统电源通断。当怀疑中央空调电路系统故障时，应检查电源部分的主要功能部件。

正常情况下，当其处于接通状态时，输入和输出端子之间也处于接通状态（即通电）；当其处于断开状态时，输入和输出端子之间也处于断开状态。

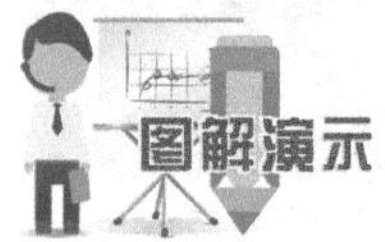

在对中央空调中断路器进行检修时，可以在断电的情况下，利用其通断状态特点，借助万用表检测断路器输入端子和输出端子之间的阻值判断好坏。中央空调电路系统中断路器的检测方法如图 9-23 所示。

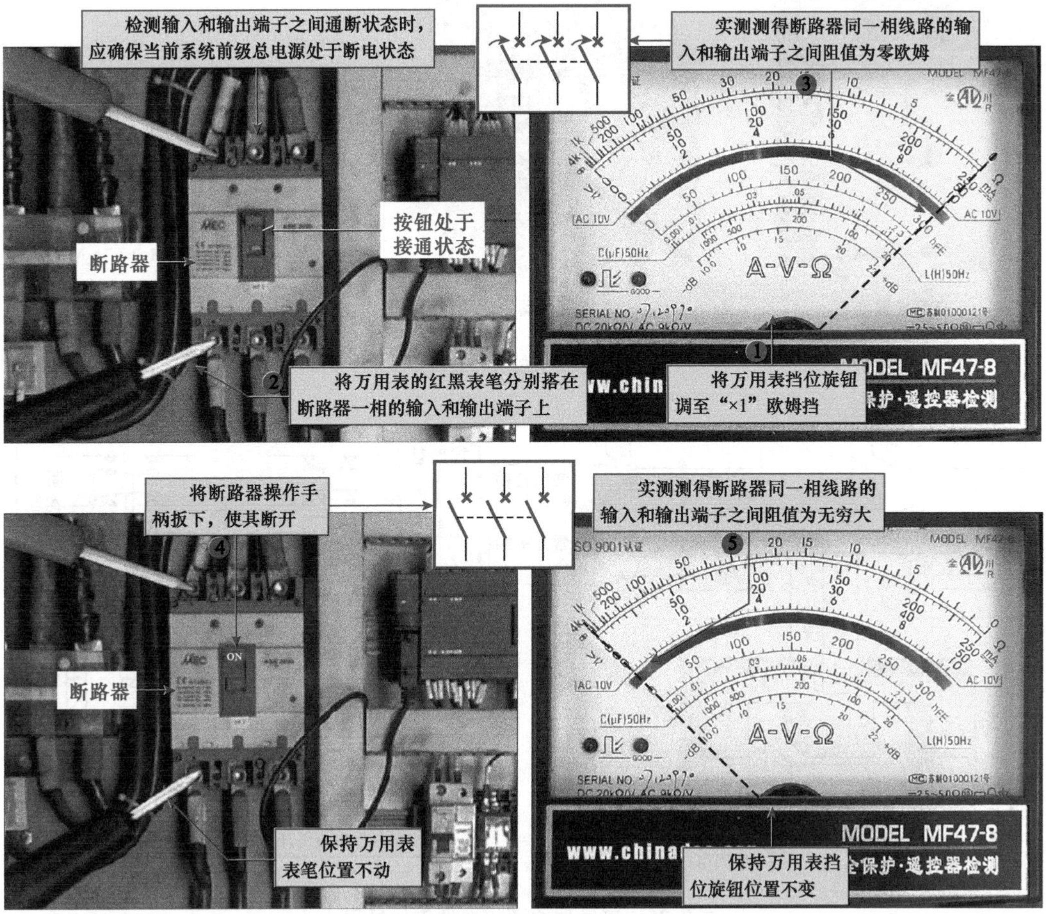

图 9-23　中央空调电路系统中断路器的检测方法

正常情况下，当断路器处于断开状态时，其输入和输出端子之间的阻值应为无穷大；当断路器处于接通状态时，其输入和输出端子之间的阻值应为零；若不符合这一规律，说明断路器损坏，应用同规格断路器进行更换。

9.2.2　交流接触器的故障检修

1. 交流接触器的功能特点

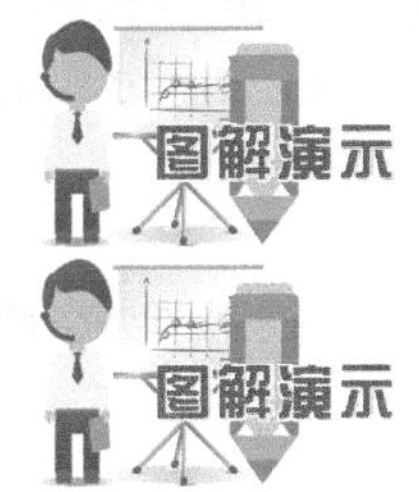

交流接触器在中央空调系统中的应用十分广泛，主要作为压缩机、风扇电动机、水泵电动机等交流供电侧的通断开关使用，来控制这些设备电源的通断。图 9-24 所示为典型交流接触器的实物外形及电路符号。

接触器中主要包括线圈、衔铁和触点几部分。工作时的核心过程即在线圈得电状态下，使上下两块衔铁磁化相互吸合，衔铁动作带动触点动作，如常开触点闭合，常闭触点断开，如图 9-25 所示。

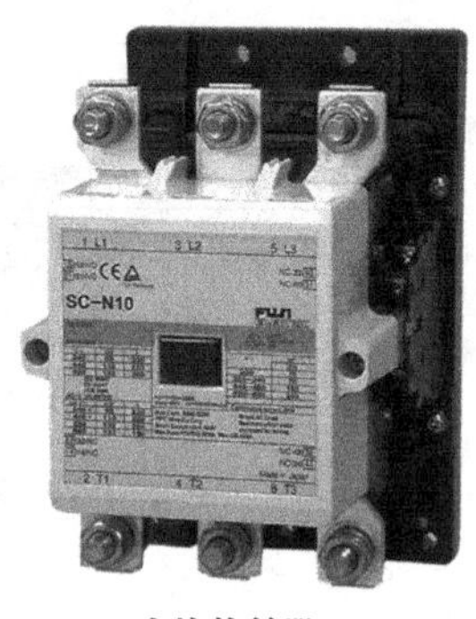

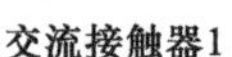

交流接触器2
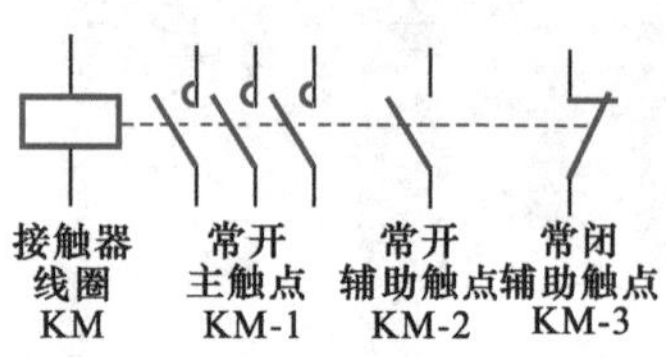

电路符号

图 9-24　典型交流接触器的实物外形及电路符号

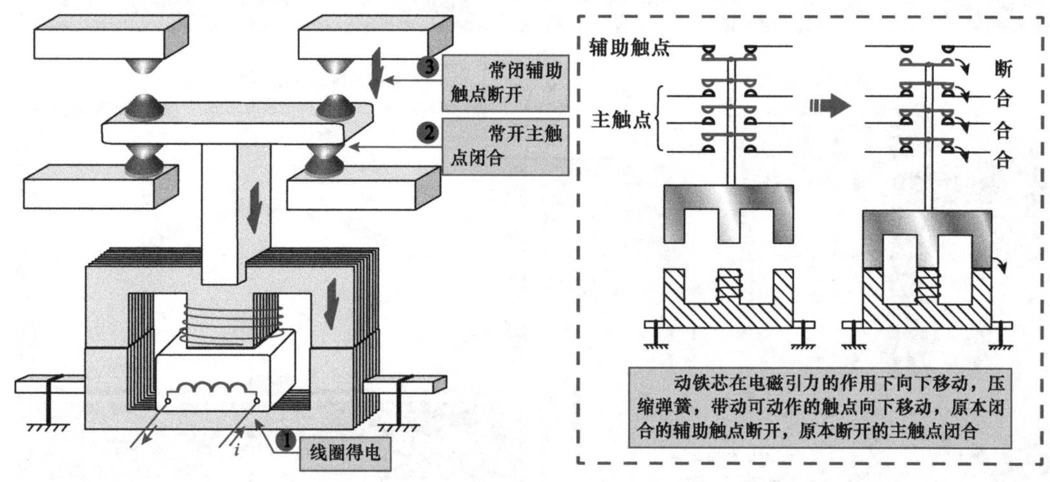

图 9-25　接触器线圈得电的工作过程

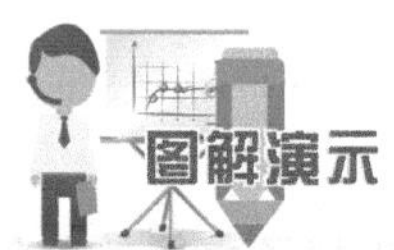

在实际控制电路中，接触器一般利用主触点来接通和分断主电路及其连接负载，用辅助触点来执行控制指令，例如，图 9-26 所示为中央空调水系统中水泵的启停控制电路，可以看到，上述控制电路中的交流接触器 KM 主要是由线圈、一组常开主触点 KM－1、两组常开辅助触点和一组常闭辅助触点构成的。

在上述控制系统中闭合断路器 QF，接通三相电源。

电源经交流接触器 KM 的常闭辅助触点 KM－3 为停机指示灯 HL2 供电，HL2 点亮。

按下启动按钮 SB1，交流接触器 KM 线圈得电。

常开主触点 KM－1 闭合，水泵电动机接通三相电源启动运转。

同时，常开辅助触点 KM－2 闭合实现自锁功能；常闭辅助触点 KM－3 断开，切断停机指示灯 HL2 的供电电源，HL2 熄灭；常开辅助触点 KM－4 闭合，运行指示灯 HL1 点亮，指示水泵电动机处于工作状态。

2. 交流接触器的检修方法

交流接触器是中央空调电路系统中的重要元件，主要是利用其内部主触点来控制中央空调负载的通断电状态，用辅助触点来执行控制的指令。

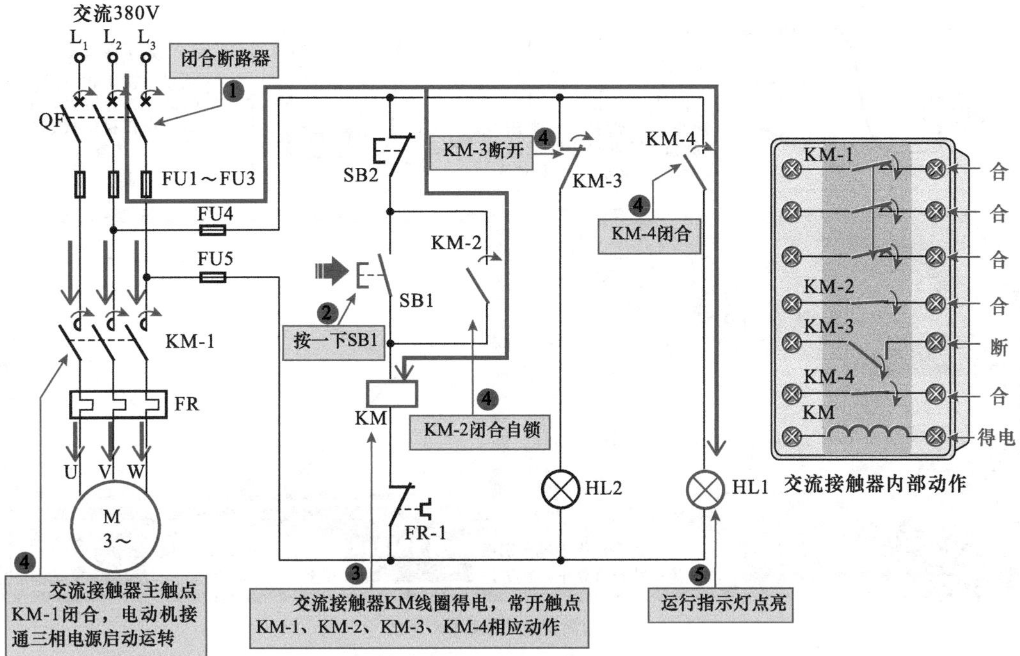

图 9-26　三相交流电动机的启动过程

交流接触器在中央空调电路系统中主要安装在控制配电柜中，用来接收控制端的信号，然后线圈得电触点动作（常开触点闭合，常闭触点断开），负载开始通电工作；当线圈失电释放后，各触点复位，负载断电并停机。

若交流接触器损坏，则会使造成中央空调不能启动或正常运行。判断其性能的好坏主要是使用万用表判断交流接触器在断电的状态下，线圈及各对应引脚间的阻值是否正常。中央空调电路系统中交流接触器的检测方法如图 9-27 所示。

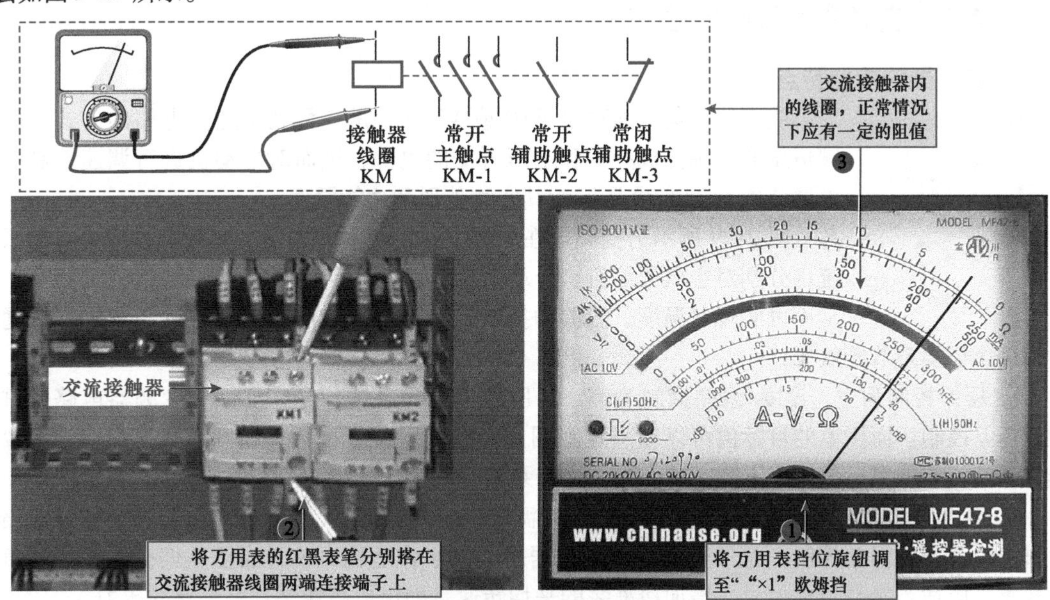

a）检测交流接触器线圈阻值

图 9-27　中央空调电路系统中交流接触器的检测方法

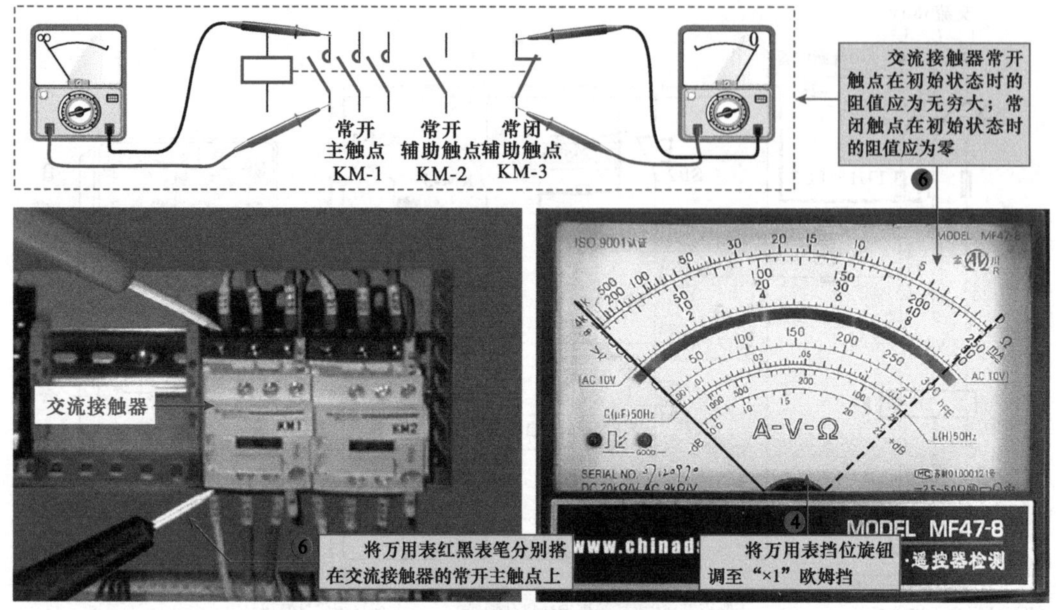

b）检测交流接触器触点阻值

图 9-27　中央空调电路系统中交流接触器的检测方法（续）

当交流接触器内部线圈得电时，会使其内部触点做与初始状态相反的动作，即常开触点闭合，常闭触点断开；当内部线圈失电时，其内部触点复位，恢复初始状态。

因此，对该接触器进行检测时，需依次对其内部线圈阻值及内部触点在开启与闭合状态时的阻值进行检测。由于是断电检测接触器的好坏，因此，检测常开触点的阻值为无穷大，当按动交流接触器上端的开关按键，强制接通后，常开触点闭合，其阻值正常应为零欧姆。

9.2.3　变频器的故障检修

1. 变频器的功能特点

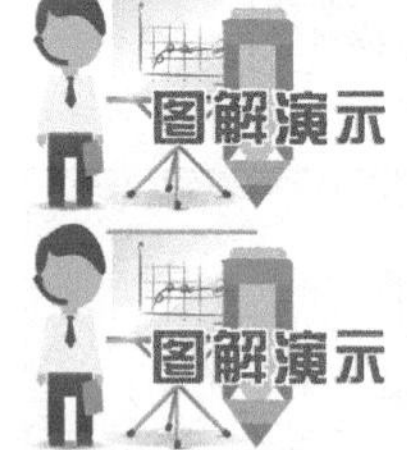

变频器的英文缩写是 VFD 或 VVVF，是一种利用逆变电路的方式将恒频恒压的电源变成频率和电压可变的电源，进而对电动机进行调速控制的电器装置，图 9-28 所示为其实物外形和功能原理。

图 9-29 所示为变频器在中央空调系统中的应用。变频器在中央空调系统中分别对主机压缩机、冷却水泵电动机、冷冻水泵电动机进行变频驱动，从而可实现对温度、温差的控制，有效实现节能。该类控制系统中可以通过两种途径实现节能效果：

① 压差控制为主，温度/温差控制为辅。以压差信号为反馈信号，反馈到变频器电路中进行恒压差控制。而压差的目标值可以在一定范围内根据回水温度进行适当调整。当房间温度较低时，使压差的目标值适当下降一些，减小冷冻泵的平均转速，提高节能效果。

② 温度/温差控制为主，压差控制为辅。以温度/温差信号为反馈信号，反馈到变频器电路中进行恒温度、温差控制，而目标信号可以根据压差大小作适当调整。当压差偏高时，说明负荷较重，应适当提高目标信号，增加冷冻泵的平均转速，确保最高楼层具有足够的压力。

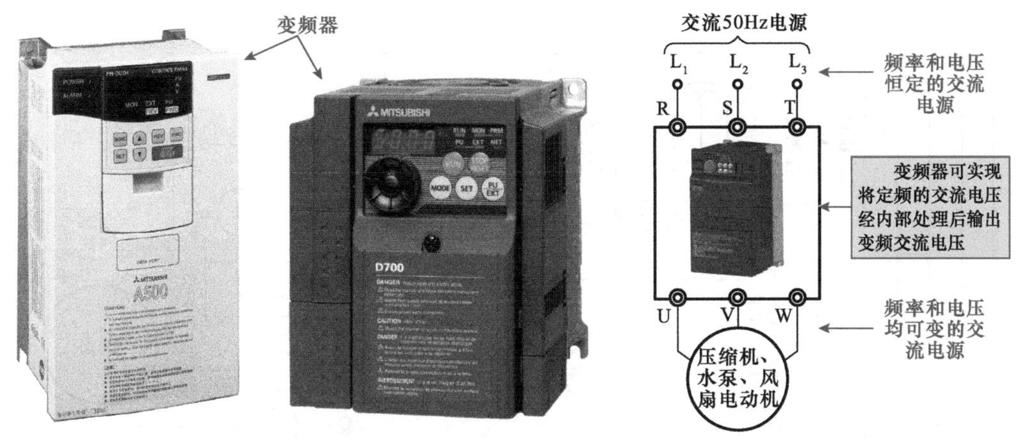

图 9-28　典型变频器的实物外形和功能原理

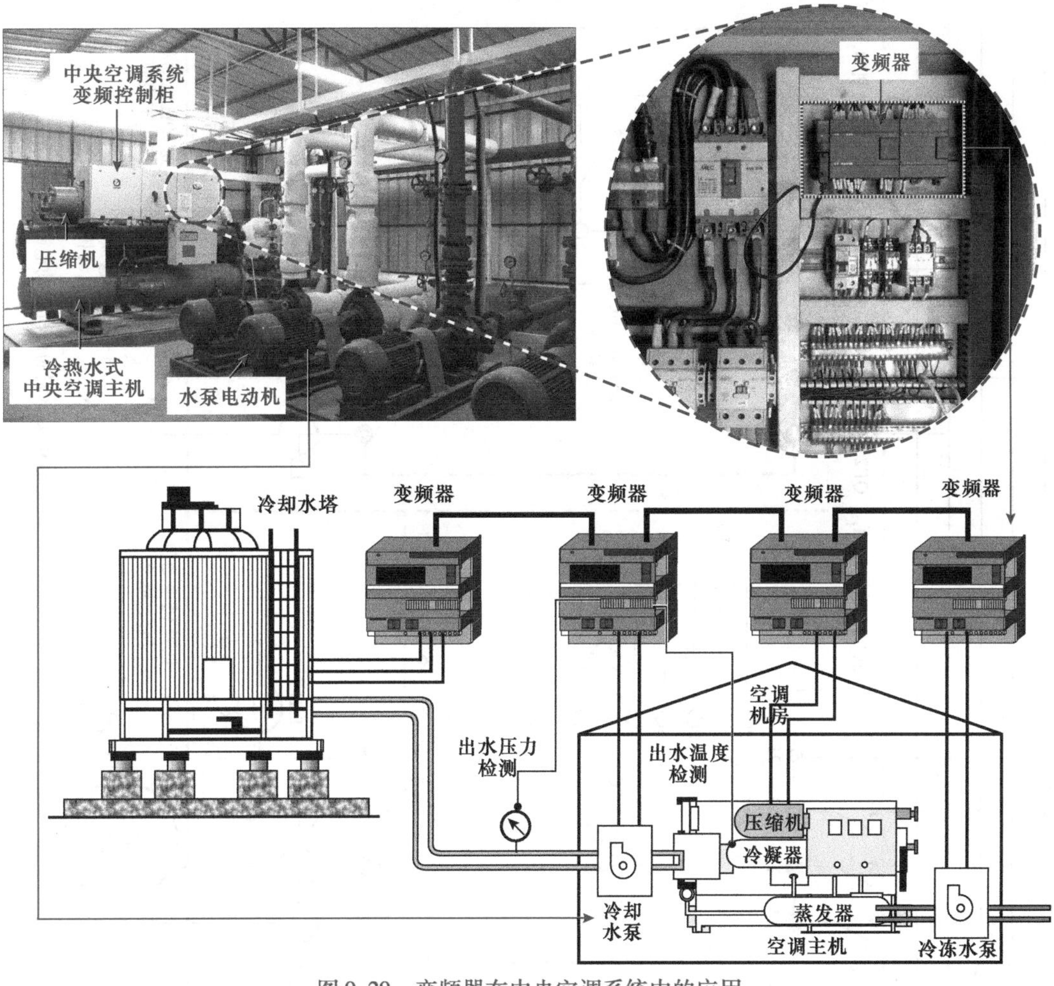

中央空调系统变频控制柜
压缩机
冷热水式中央空调主机
水泵电动机
变频器
冷却水塔
变频器
变频器
变频器
变频器
空调机房
出水压力检测
出水温度检测
压缩机
冷凝器
蒸发器
冷却水泵
空调主机
冷冻水泵

图 9-29　变频器在中央空调系统中的应用

2. 变频器的应用特点

图解演示

图 9-30 所示为中央空调系统中的变频控制电路。该变频控制电路采用三台西门子 MidiMaster ECO 通用型变频器分别控制中央空调系统中的回风

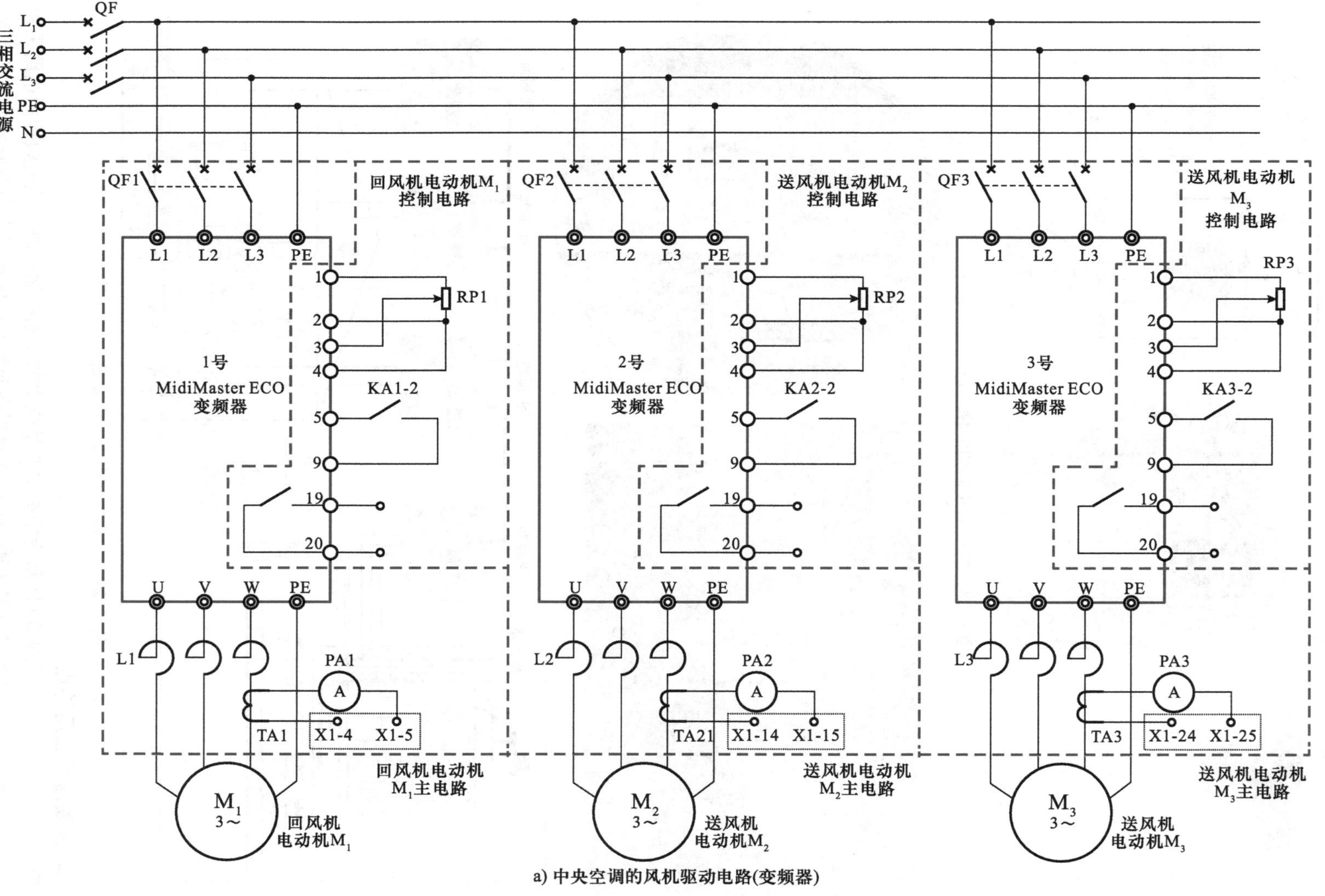

a) 中央空调的风机驱动电路(变频器)

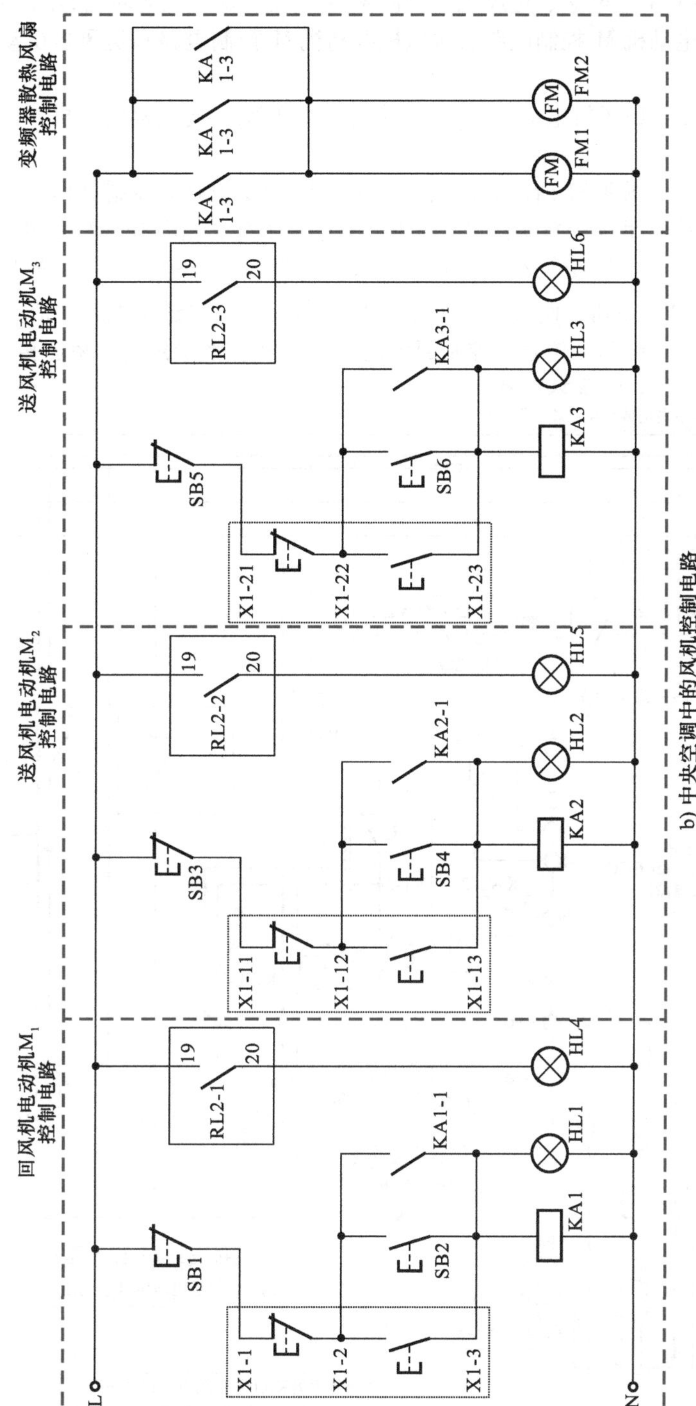

b) 中央空调中的风机控制电路

图 9-30　中央空调风机驱动及控制电路

机电动机 M_1 和送风机电动机 M_2、M_3。

可以看到，中央空调中的变频器控制电路主要由主电路和控制电路两大部分构成。其中主电路包括回风机电动机 M_1 主电路、送风机电动机 M_2 主电路和送风机电动机 M_3 主电路三个部分；控制电路包括回风机电动机 M_1 控制电路、送风机电动机 M_2 控制电路和送风机电动机 M_3 控制电路三个部分。

该中央空调系统中的回风机电动机 M_1、送风机电动机 M_2、送风机电动机 M_3 的变频控制方式相同。

图 9-31 所示为回风机电动机 M_1 的变频启动控制过程。该控制电路中，首先闭合总断路器 QF 接通中央空调系统三相电源，然后闭合断路器 QF1，接通 1 号变频器主电路供电电源，然后按下控制电路中的启动按钮 SB2，接通中间继电器 KA1 供电回路，使其 KA1 触点动作，向 1 号变频器输入启动信号，1 号变频器启动工作并输出相应的变频驱动信号，控制回风机电动机 M_1 按照给定的频率运转。

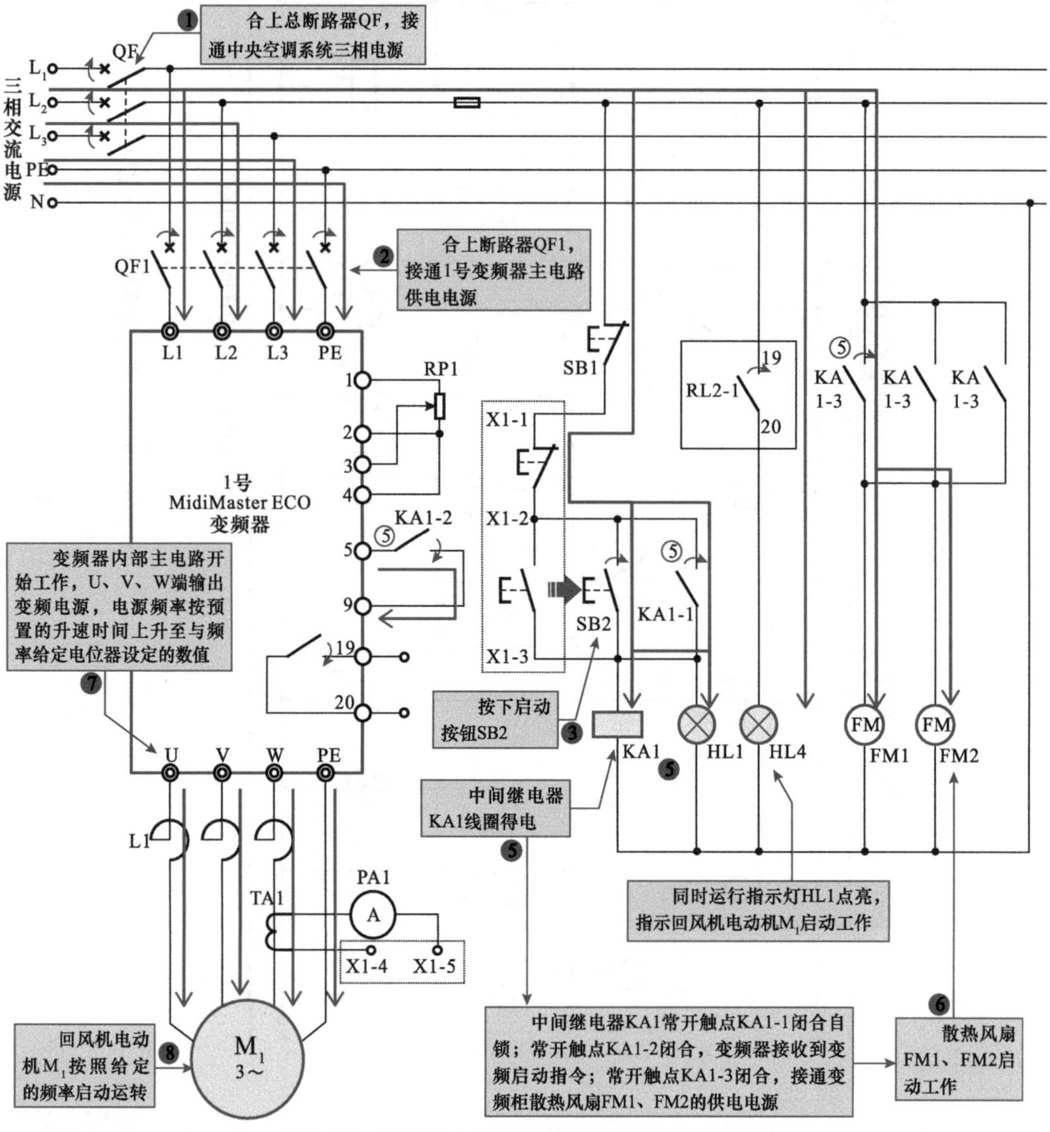

图 9-31　回风机电动机 M_1 的变频启动控制过程

相关资料

在上述电路工作过程中，当回风机电动机 M_1 控制电路出现故障时，1 号变频器的 19、20 端子断开，故障指示灯 HL4 点亮，指示回风机电动机 M_1 控制电路出现故障。

图解演示

图 9-32 所示为回风机电动机 M_1 的变频停机控制过程。当需要回风机电动机 M_1 停机时，按下停止按钮 SB1，切断中间继电器 KA1 的供电回路，使其 KA1 的触点复位，向 1 号变频器输入停机信号，1 号变频器接收到停机信号后，输出相应的变频停机驱动信号，控制回风机电动机 M_1 按照给定的停机频率运转，直至停机。

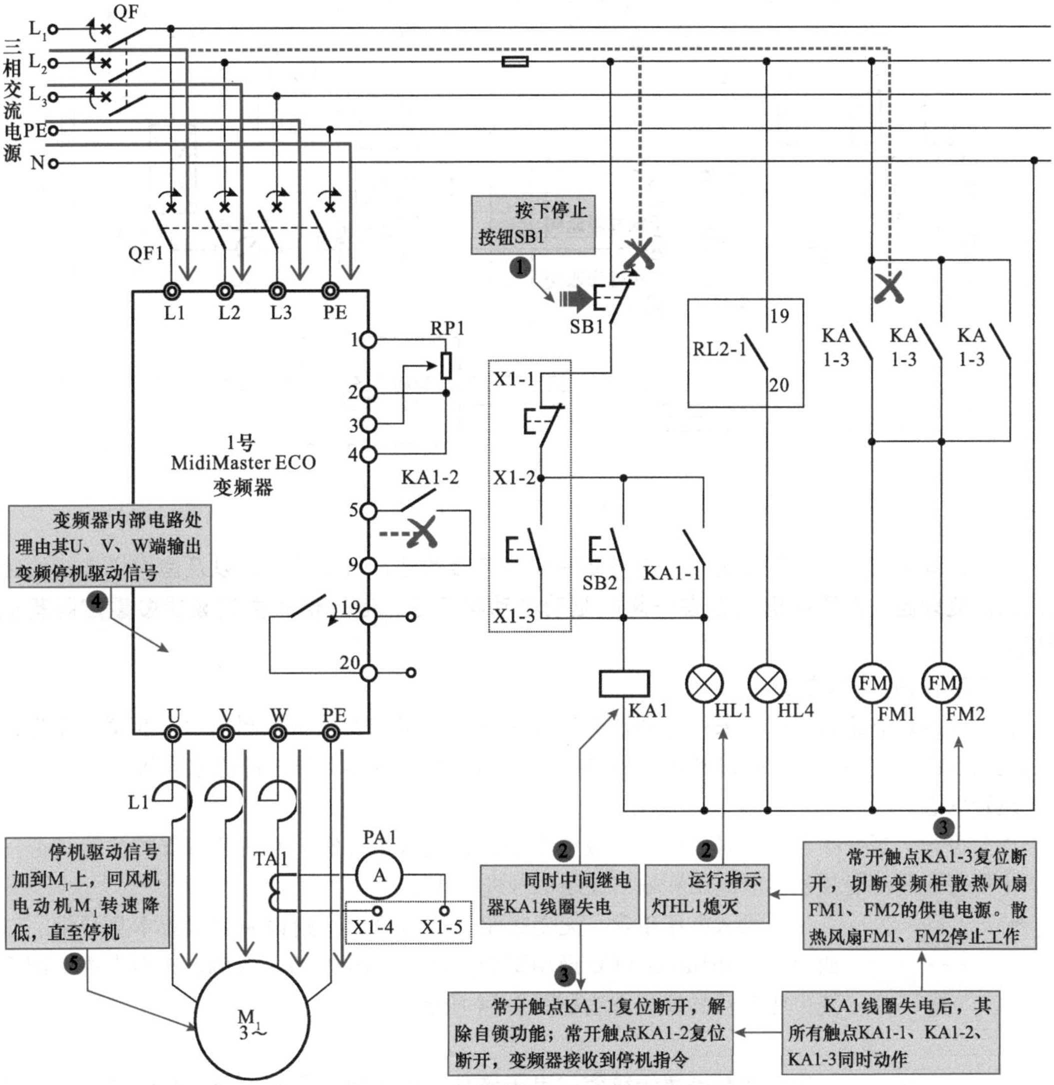

① 按下停止按钮SB1

② 同时中间继电器KA1线圈失电

② 运行指示灯HL1熄灭

③ 常开触点KA1-1复位断开，解除自锁功能；常开触点KA1-2复位断开，变频器接收到停机指令

③ 常开触点KA1-3复位断开，切断变频柜散热风扇FM1、FM2的供电电源。散热风扇FM1、FM2停止工作

KA1线圈失电后，其所有触点KA1-1、KA1-2、KA1-3同时动作

④ 变频器内部电路处理由其U、V、W端输出变频停机驱动信号

⑤ 停机驱动信号加到M_1上，回风机电动机M_1转速降低，直至停机

图 9-32 回风机电动机 M_1 的变频停机控制过程

大型中央空调的结构和控制方式相对更加复杂，特别是在一些大功率中央空调的电路系统中一般会采用专用的控制柜进行控制；而且随着 PLC 和变频技术的发展，目前大多数中央空调的电路系统采用 PLC 或变频器进行

控制。

除此之外，目前很多多联式中央空调中也采用了先进的变频技术，通过变频器控制整个系统冷气时的过热度、暖气时的过冷度，分配给适合各房间负载的最佳制冷剂，进而实现节能并提高舒适性。图 9-33 所示为变频器在一个小型多联式中央空调系统中的应用实例。该图例为一拖三变频中央空调的应用。

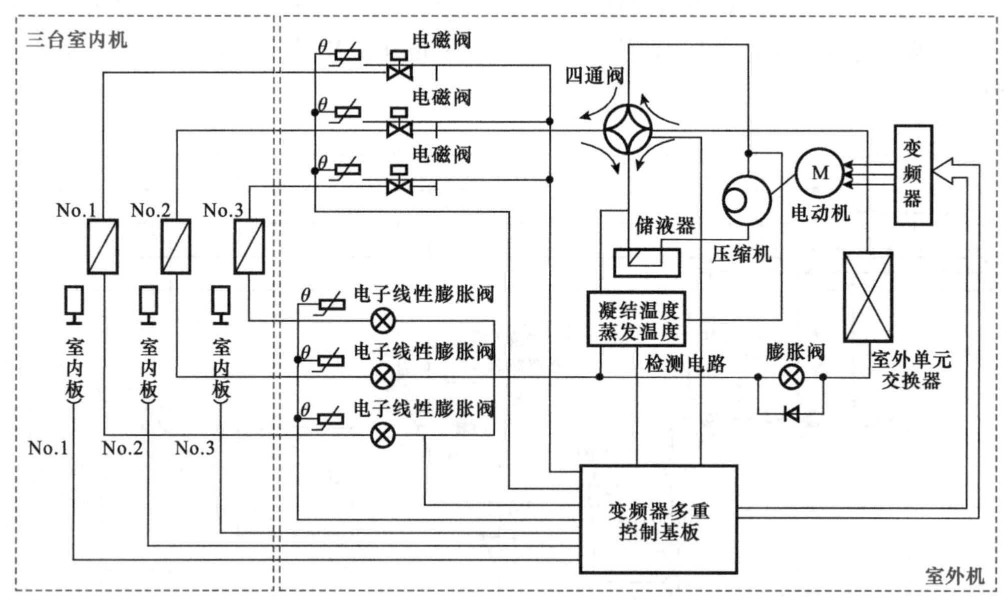

图 9-33　一拖三变频空调器的控制系统

一拖三变频空调器的室外机有三组与制冷管路连接的液、气管接口，以及室内机连接线路接线板。变频器与同压缩机结合在一起的驱动电动机相连，运行信号由变频器多重控制基板提供。

3. 变频器的检修方法

在中央空调电路系统中，采用变频器进行控制的电路系统安装于控制箱中，变频器作为核心的控制部件，主要用于控制冷却水循环系统（冷却水塔、冷却水泵、冷冻水泵等）以及压缩机的运转状态。

由此可知，当变频器异常时往往会导致整个变频控制系统失常。判断变频器的性能是否正常，主要可通过对变频器供电电压和输出控制信号进行检测。

若输入电压正常，无变频驱动信号输出，则说明变频器本身异常。以西门子 MidiMaster ECO 通用型变频器（见图 9-30）为例。典型中央空调系统中变频器的检测方法如图 9-34 所示。

由于变频器属于精密的电子器件，内部包括多种电路，所以对其进行检测时除了检测输入及输出外，还可以通过对显示屏中显示的故障代码进行故障排除，例如三菱 FR－A700 变频器，若其显示屏显示“E. LF”，则表明变频器出现了输出缺相的故障，应正常连接输出端子以及查看输出缺相保护选择的值是否正常。

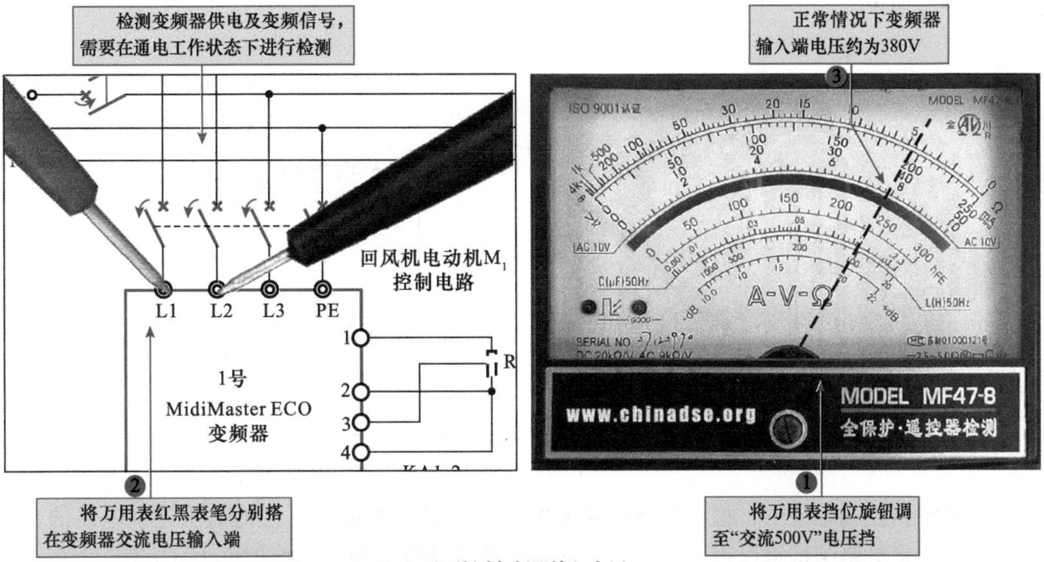

检测变频器供电及变频信号，需要在通电工作状态下进行检测

正常情况下变频器输入端电压约为380V

回风机电动机M_1控制电路

1号 MidiMaster ECO 变频器

将万用表红黑表笔分别搭在变频器交流电压输入端

将万用表挡位旋钮调至“交流500V”电压挡

a）检测变频器输入电压

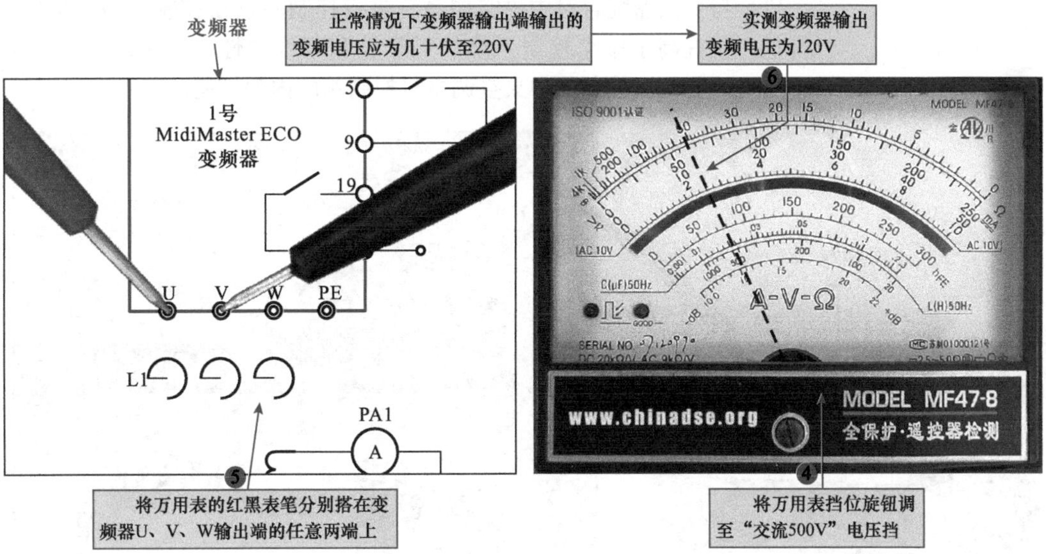

变频器

正常情况下变频器输出端输出的变频电压应为几十伏至220V

实测变频器输出变频电压为120V

1号 MidiMaster ECO 变频器

将万用表的红黑表笔分别搭在变频器U、V、W输出端的任意两端上

将万用表挡位旋钮调至“交流500V”电压挡

b）检测变频器输出信号波形

图9-34　典型中央空调系统中变频器的检测方法

变频器的使用寿命也会受外围环境的影响，例如，温度、湿度等。所以在安装变频器的位置，应是在其周围环境允许的条件下进行。此外，对于连接线的安装也要谨慎，如果误接的话，也会损坏变频器。为了防止触电，还需要将变频器接地端进行接地。

9.2.4　PLC的故障检修

1. PLC的功能特点

PLC的英文全称为Programmable Logic Controller，即可编程序控制器，图9-35所示为其实物外形，是一种将计算机技术与继电器控制技术结合起来的现代化自动控制装置，广泛应用于农机、机床、建筑、电力、化工、

交通运输等行业中。

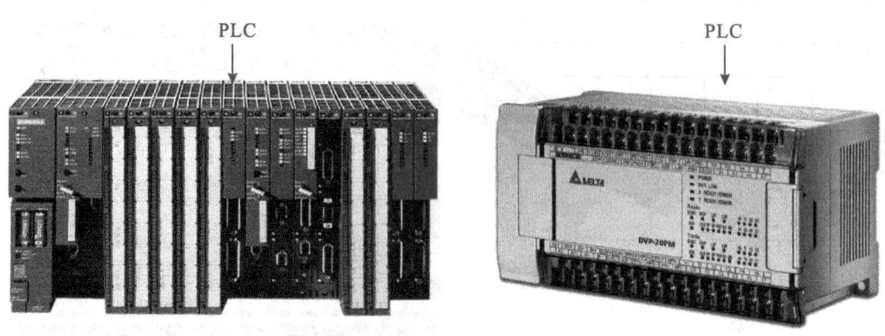

图 9-35　电动机变频控制系统中常用 PLC 的实物外形

在中央空调控制系统中，很多控制电路采用了 PLC 进行控制，不仅提高了控制电路的自动化性能，也使得电路结构得以很大程度地简化，后期对系统的调试、维护也十分方便。

PLC 与变频器配合对中央空调系统进行控制不仅使控制电路结构复杂性降低，更提高了整个控制系统的可靠性和可维护性。图 9-36 所示为由 PLC 与变频器配合控制的中央空调主机控制箱的内部结构。

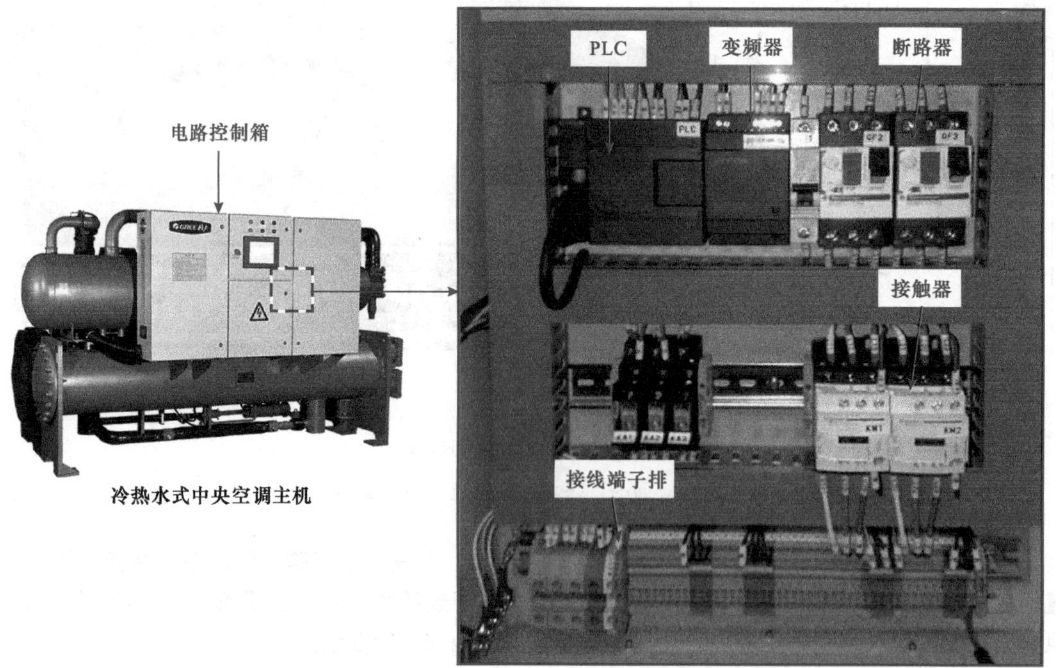

图 9-36　由 PLC 与变频器配合控制的中央空调主机控制箱的内部结构

图 9-37 所示为由典型西门子变频器和 PLC 构成的中央空调电路系统，可以看到该控制系统主要由西门子变频器（MM430）、PLC 触摸屏（西门子 S7－200）等构成。

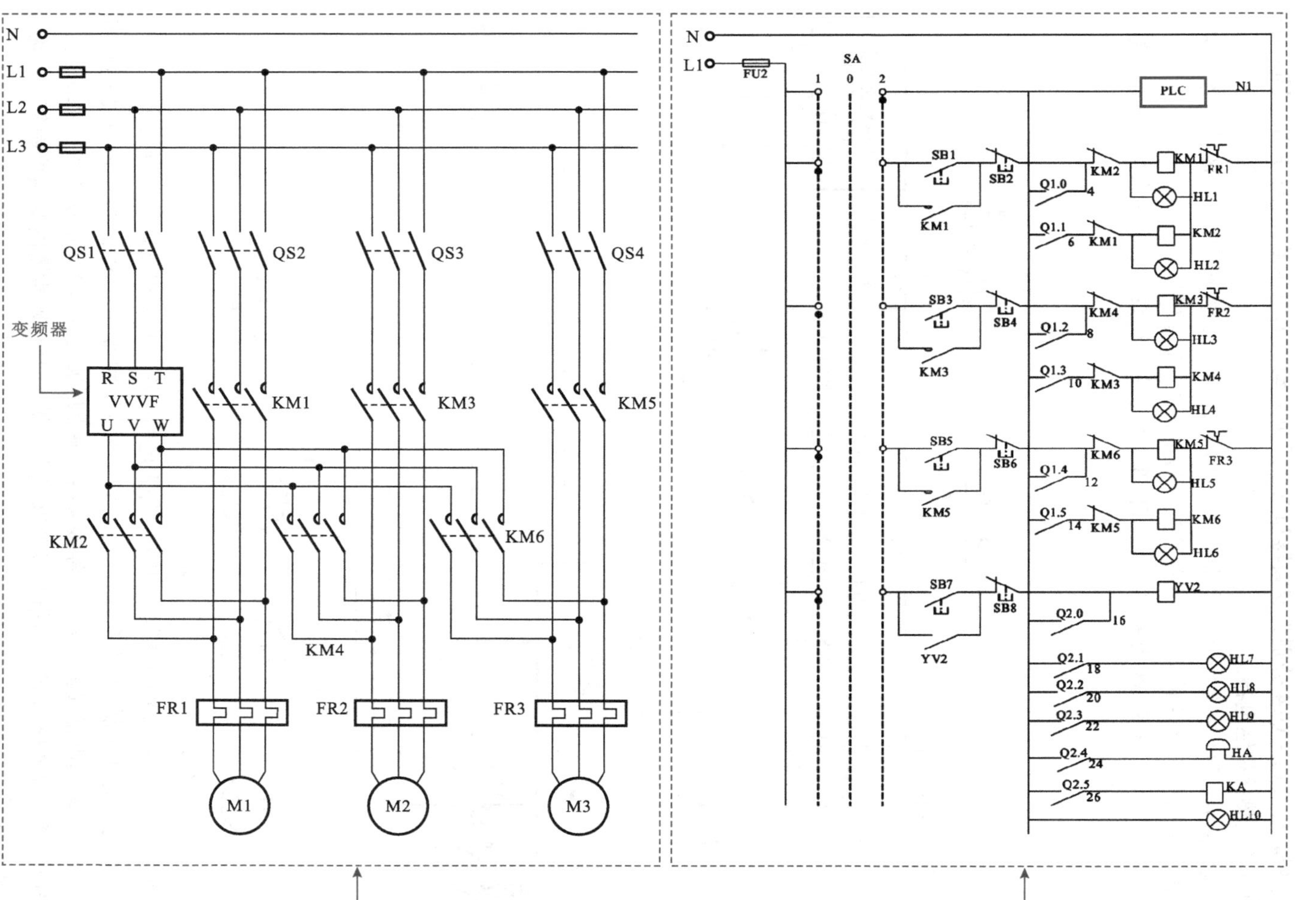

图 9-37　由 PLC 模块控制的中央空调水循环系统示意图

从图中可以看到，中央空调三台风扇电动机 M1 ~ M3 有两种工作形式：一种是受变频器 VVVF 和交流接触器 KM2、KM4、KM6 的变频控制；一种是受交流接触器 KM1、KM3、KM5 的定频控制。

在主电路部分，QF1 ~ QF4 分别为变频器和三台风扇电动机的电源断路器；FR1 ~ FR3 为三台风扇电动机的过热保护继电器。

在控制电路部分，PLC 控制该中央空调送风系统的自动运行；按钮 SB1 ~ SB8 控制该中央空调送风系统的手动运行。这两种运行方式的切换受转换开关 SA1 控制。

图 9-38 为采用变频器和 PLC 的中央空调系统中冷却水泵的电路控制原理图。

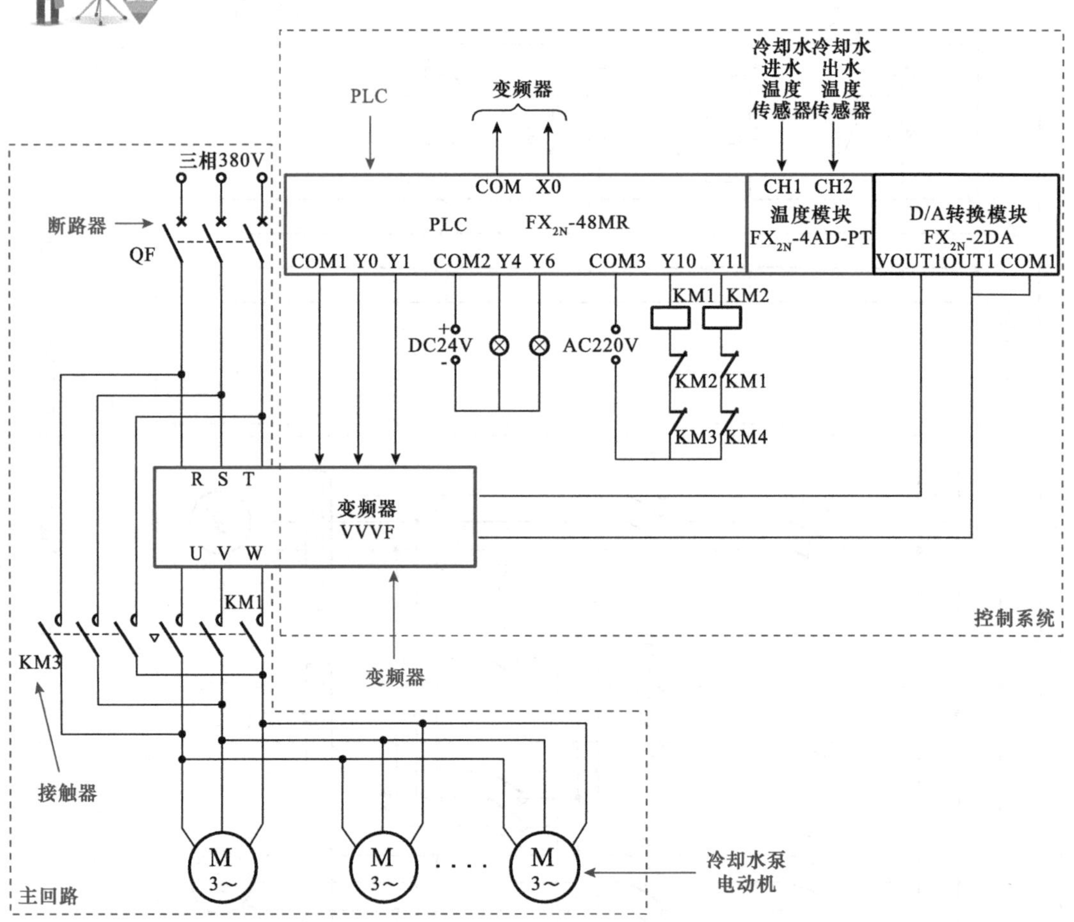

图 9-38 典型中央空调系统中冷却水泵的电路控制原理图

该驱动控制系统是由 VVVF 变频器、PLC、外围电路和冷却水泵电动机等部分构成的。

三相交流电源经总断路器 QF 为变频器供电，该电源在变频器中经整流滤波电路和功率输出电路后，由 U、V、W 端输出变频驱动信号，经接触器主触点后加到冷却水泵电动机的三相绕组上。

变频器内的微处理器根据 PLC 的指令或外部设定开关，为变频器提供变频控制信号；温度模块通过外接传感器感测温差信号，并将模拟温差信号转换为数字信号后，送入 PLC 中，作为 PLC 控制变频器的重要依据。

电动机启动后，其转速信号经速度检测电路检测后，为 PLC 提供速度反馈信号，当 PLC 根据温差信号做出识别后，经 D/A 转换模块输出调速信号至变频器，再由变频器控制冷却水泵电动机的转速。

一般来说，在用 PLC 进行控制过程中，除了接收外部的开关信号以外，还需要对很多连续变化的物理量进行监测，如温度、压力、流量、湿度等，其中温度的检测和控制是不可缺少的，通常情况下是利用温度传感器感测到连续变化的物理量，然后再变为电压或电流信号，经变送器转换和放大为工业标准信号，然后再将这些信号连接到适当的模拟量输入模块的接线端上，经过模块内的模数转换器，最后再将数据送入 PLC 内进行运算或处理后通过 PLC 输出接口到设备中。

2. PLC 的检修方法

PLC 在中央空调系统中主要是与变频器配合使用，共同完成中央空调系统的控制，使控制系统简易化，并使整个控制系统的可靠性及维护性得到提高。

判断中央空调系统中 PLC 本身的性能是否正常，应检测其供电电压是否正常，若供电电压正常的情况下，没有输出则说明 PLC 异常，则需要对其进行检修或更换。中央空调系统中 PLC 的检测方法如图 9-39 所示。

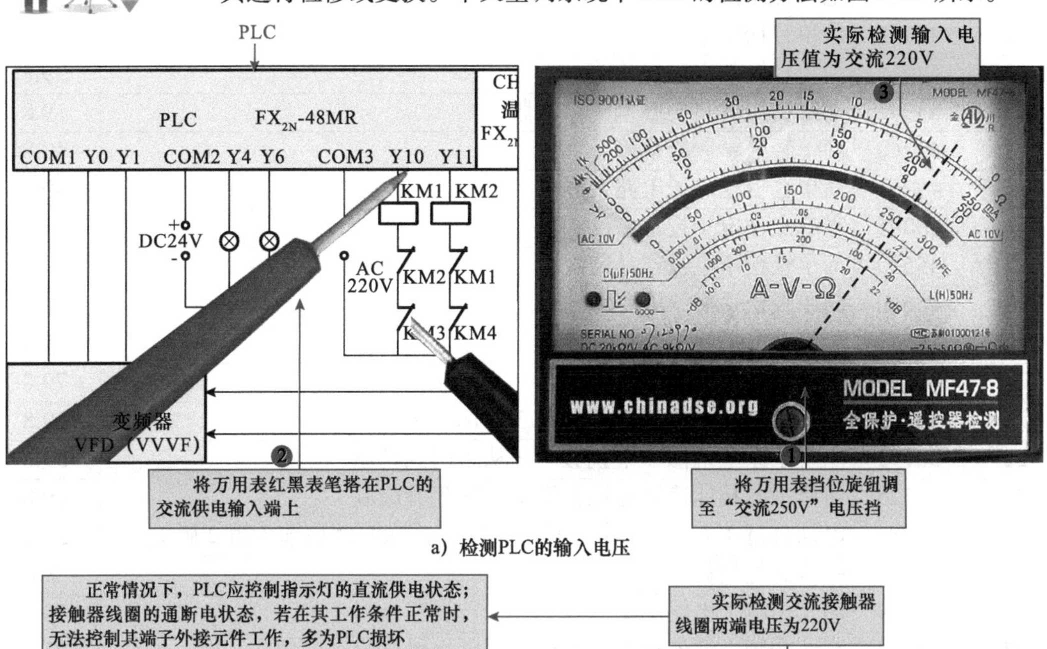

a）检测PLC的输入电压

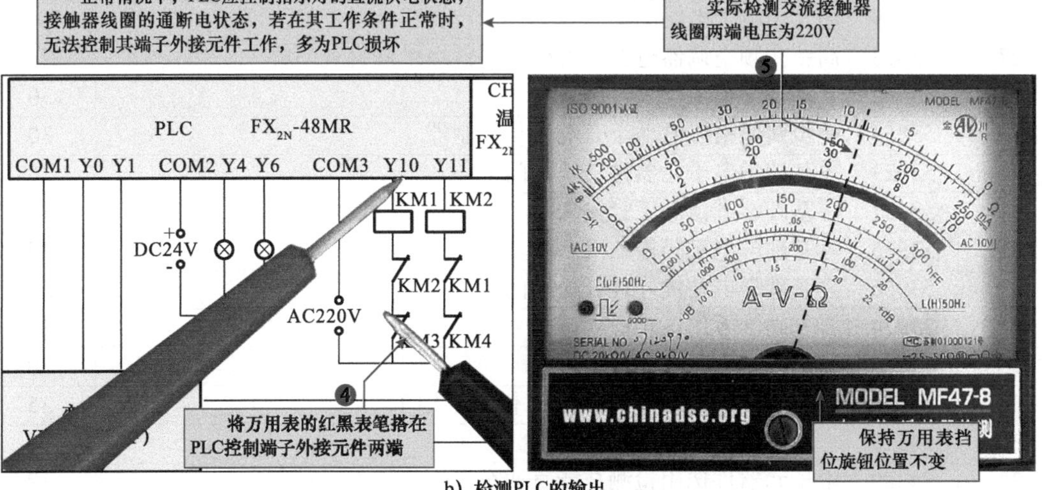

b）检测PLC的输出

图 9-39　中央空调系统中 PLC 的检测方法

机械工业出版社部分精品同类书

序　号	书　号	书　名	定　价
1	28447	学电子元器件从入门到成才	29.8
2	30203	音响调音快易通 问答篇 第 2 版	20
3	30676	从零开始学电工	39.8
4	31250	电子实用电路 300 例	19
5	36791	电动自行车使用和典型故障维修图解	18
6	37408	电子产品工艺与装配技能实训	34.8
7	37946	中央空调维修技能“1 对 1”培训速成	45
8	43232	双色图解万用表检测电子元器件	49.8
9	43579	图解万用表使用从入门到精通	49.8
10	43627	电工常用操作技能随身学	35
11	44918	简单轻松学电工检修	49.8
12	44919	简单轻松学电动机检修	39.8
13	44942	电工实用电路 300 例（第 2 版）	19.8
14	45260	简单轻松学制冷维修	49.8
15	45261	简单轻松学电子电路检测	49.8
16	45398	零起点学电子技术必读	99
17	45535	简单轻松学电子产品装配	49.8
18	45660	简单轻松学电子电路识图	44.9
19	46509	装修水电工看图学招全能通	59.8
20	50227	小家电维修看图动手全能修	79.8
21	50747	实物图解电工常用控制电路 300 例（第 2 版）	59.8
22	50792	图解小家电维修一本就够——从入门到精通	59.8
23	52525	装修水电技能速通速用很简单（双色升级版）	49.8
24	52781	电动自行车 / 三轮车电气故障诊断与排除实例精选（第 2 版）	39.8
25	52979	一步到位精修电动自行车	30
26	53039	超实用电工电路图集	79.9
27	53463	高新变频空调器电控板解析与零件级维修直观图解	79
28	53692	零基础学电工仪表轻松入门	30
29	53856	一步到位精修电动车充电器与控制器	30
30	53923	零基础学电子元器件轻松入门	35
31	53931	零基础学维修电工轻松入门	30
32	53965	零基础学电工轻松入门	35
33	53966	零基础学电动机修理轻松入门	30
34	53974	零基础学万用表轻松入门	30
35	54005	零基础学电工识图轻松入门	30
36	54156	零基础学家电维修与拆装技术轻松入门	35
37	54323	一步到位精修电动车蓄电池	25
38	54389	电子元器件选用检测技能直通车	39
39	56689	全彩图解装修水电实战全攻略	39.9

读者需求调查表

亲爱的读者朋友：

您好！为了提升我们图书出版工作的有效性，为您提供更好的图书产品和服务，我们进行此次关于读者需求的调研活动，恳请您在百忙之中予以协助，留下您宝贵的意见与建议！

个人信息

姓名：		出生年月：		学历：	
联系电话：		手机：		E-mail：	
工作单位：				职务：	
通讯地址：				邮编：	

1. 您感兴趣的科技类图书有哪些？

□自动化技术　□电工技术　□电力技术　□电子技术　□仪器仪表　□建筑电气

□其他（　　）以上各大类中您最关心的细分技术（如 PLC）是：（　　）

2. 您关注的图书类型有：

□技术手册　□产品手册　□基础入门　□产品应用　□产品设计　□维修维护

□技能培训　□技能技巧　□识图读图　□技术原理　□实操　□应用软件

□其他（　　）

3. 您最喜欢的图书叙述形式：

□问答型　□论述型　□实例型　□图文对照　□图表　□其他（　　）

4. 您最喜欢的图书开本：

□口袋本　□32 开　□B5　□16 开　□图册　□其他（　　）

5. 图书信息获得渠道：

□图书征订单　□图书目录　□书店查询　□书店广告　□网络书店　□专业网站

□专业杂志　□专业报纸　□专业会议　□朋友介绍　□其他（　　）

6. 购书途径：

□书店　□网站　□出版社　□单位集中采购　□其他（　　）

7. 您认为图书的合理价位是（元/册）：

手册（　　）　图册（　　）　技术应用（　　）　技能培训（　　）

基础入门（　　）　其他（　　）

8. 每年购书费用：

□100 元以下　□101～200 元　□201～300 元　□300 元以上

9. 您是否有本专业的写作计划？

□否　□是（具体情况：　　　）

非常感谢您对我们的支持，如果您还有什么问题欢迎和我们联系沟通！

地　　址：北京市西城区百万庄大街 22 号　机械工业出版社电工电子分社　邮编：100037

联 系 人：张俊红　联系电话：13520543780　传真：010-68326336

电子邮箱：buptzjh@163.com（可来信索取本表电子版）

编著图书推荐表

姓名：		出生年月：		职称/职务：		专业：	
单位：				E－mail：			
通讯地址：						邮政编码：	
联系电话：		研究方向及教学科目：					
个人简历（毕业院校、专业、从事过的以及正在从事的项目、发表过的论文）							
您近期的写作计划有：							
您推荐的国外原版图书有：							
您认为目前市场上最缺乏的图书及类型有：							

地址：北京市西城区百万庄大街 22 号　机械工业出版社　电工电子分社

邮编：100037　网址：www.cmpbook.com

联系人：张俊红　电话：13520543780　010—68326336（传真）

E－mail：buptzjh@163.com（可来信索取本表电子版）